Civil 3D-Deutschland, 2. Buch Darstellungs-Stile, Beschriftungs-Stile

Country Kit Deutschland, technische Basis, Version 2018-2019 (Germany)

Exposee

Grundlagen, Funktionalität, Hinweise, Basis-Wissen, Civil 3D in Deutschland, Civil 3D für Deutschland, Stile, Darstellungs-Stile, Beschriftungs-Stile

Dipl.-Ing. (TU) Gert Domsch
www.gert-domsch.de

1 „Civil 3D - Deutschland" Voraussetzungen und Unterschiede zum AutoCAD

Sehr geehrter Leser,

diese Unterlage ist die Verdichtung meiner beruflichen Tätigkeit, die Verdichtung von mehr als 10 Jahren Trainer CIVIL 3D.

In diesem Buch werden Basis-Elemente und -Funktionen beschrieben. Diese Basis-Elemente und -Funktionen stellen die technische Grundlage der Software dar und sind für das Verständnis sehr wichtig.

Civil 3D ist nicht AutoCAD! Im Civil 3D sollte das Thema „Darstellungs-Stile" und „Beschriftungs-Stile", nicht mit „Visuelle Stile" im AutoCAD 3D, Bemaßungs-Stile oder „Text-Stile" im AutoCAD 2D verwechselt werden.

Schwerpunkt dieses zweiten Buches ist vorrangig „Civil 3D – Deutschland (Country Kit Deutschland)". Das erste Buch bietet einen Einstieg in die Besonderheiten, die für Civil 3D gelten und soll die daraus resultierenden Arbeitsweisen zeigen. Das hier vorliegende zweite Buch ist als Ergänzung zum ersten Buch zu verstehen. Im ersten Buch sind die konstruktiven Funktionen, die Grundlagen der Konstruktion erläutert. Im Wesentlichen greifen diese Funktionen auf fertige, bereits geladene Darstellungs- und Beschriftungs-Stile zurück. In diesem, dem zweiten Buch, werden die Stile selbst näher beschrieben und zum Teil Funktionen erläutert, die sich aus den Besonderheiten der Stile ergeben.

Die Civil 3D-Stile selbst zu verstehen, halte ich für die wichtigste Grundlage im Verständnis der Software. Insbesondere danke ich Herrn Neswadba für einen Tipp zum Thema „Ausdruck". Hier gibt es Besonderheiten, die ich selbst nicht erkannt hatte. Vielen Dank!

Oftmals werde ich gefragt, warum ist Civil 3D so kompliziert? Leider muss ich darauf antworten, Civil 3D ist nicht kompliziert. Civil 3D ist der Schritt in eine neue Welt. Wir verabschieden uns schrittweise von 32bit-Software und bekommen mehr und mehr 64bit-Software. Wir bekommen Software, die die Möglichkeiten der 64bit-Betriebssysteme nutzt. Der „Layer" und die Orientierung am Layer scheint Schritt für Schritt der Vergangenheit anzugehören. Das Neue ist der „Stil". Der Stil steuert gleichzeitig die Ansicht oder die Darstellungseigenschaft in 2D, in 3D, in Längs- und Querprofil und das eventuell auch für den Entwurf, das Schema oder die Übersichts- und Ausführungsplanung.

Leider ist nicht zu erwarten, dass die CAD- oder allgemein die Softwareentwicklung, einen Schritt zurück geht. Es ist zu erwarten, dass dieses Konzept, so oder ähnlich, der neue Standard im CAD wird.

Auch wenn es vielfach nicht erforderlich erscheint, dieses Konzept komplett und umfänglich zu verstehen. Jeder CAD-Nutzer sollte sich darüber informieren. Es wird die Zeit kommen in der das 32bit Konzept (der Layer) verschwindet, so wie die Bedeutung der Firma REISS, die einmal Zeichengeräte herstellte. Leben und arbeiten heißt auch Veränderung!

Noch ein Hinweis, das Buch oder meine Bücher ersetzen in keiner Weise die Civil 3D Hilfe oder andere Autodesk-Publikationen. Meine Unterlagen bieten lediglich eine andere Sicht auf die Dinge, eine andere Sicht auf diese Software „Civil 3D". Gleichzeitig versuche ich, wenn möglich, eine aus meinem Blickwinkel, eine eventuell praxis-orientierte Erläuterung zu bieten. Einige Funktions-Namen, Menübezeichnungen oder -Begriffe halte ich für eventuell unglücklich gewählt. Einige Begriffe und Funktionen in der Software „Civil3D" verlangen eventuell nach einer zusätzlichen, zweiten Erläuterung.

Mit freundlichen Grüßen

Dipl.-Ing. (TU) Gert Domsch

P.S.

Die in diesem Buch verwendeten DGMs wurden auf der Basis von Daten erstellt, die im ersten Buch angesprochen sind und als Download auf meiner Internetseite kostenfrei zur Verfügung gestellt werden. Das heißt für den Leser, das hier vorliegende zweite Buch knüpft auch technisch an das erste Buch an.

Inhalt:

1 „Civil 3D - Deutschland" Voraussetzungen und Unterschiede zum AutoCAD 6
   1.1 Vorwort 6
   1.2 Civil 3D xx - Voraussetzung für Deutschland 7
   1.3 „Vier" große Unterschiede zum AutoCAD 9
      1.3.1 Stile (Darstellungs- und Beschriftungs-Stile) 9
      1.3.2 Civil 3D-Einheit, Koordinatensysteme 17
      1.3.3 Objekt-Layer 19
      1.3.4 Höhenbezug, Höhenbezugssystem 20
   1.4 „Kanal", technische Besonderheit 21
   1.5 „Druckleitungsnetz", technische Besonderheiten 22

2 Darstellungs-Stil 25
   2.1 Zugang zum Darstellungs-Stil 25
   2.2 Änderungs- und Bearbeitungs-Option 27
      2.2.1 Darstellungs-Stil wechseln, austauschen (Planen, Bearbeiten – Plotten, Präsentieren) 29
      2.2.2 Darstellungs-Stil „Neu erstellen" (Darstellungs-Eigenschaften ändern) 30
      2.2.3 Die Funktion „... Stil bearbeiten" ist eventuell nicht zu empfehlen! 32
      2.2.4 „keine Darstellung" (Objekte ausschalten) 33

3 Darstellungs-Stil-Eigenschaften, Liste der Darstellungs-Optionen 34
   3.1 Punkt (Civil 3D-, COGO-Punkt), Begriffsdefinition 34
      3.1.1 Punkt (Civil 3D-, COGO-Punkt), Punkt-Stil (Symbol) 34
   3.2 Punktdateiformate, Importformat 39
   3.3 Beschreibungsschlüsselsatz (Vermessungs-Code-Zuordnung, Vermessungs-Code-Tabelle) 42
   3.4 DGM (Digitales Geländemodell), Begriffsdefinition 43
      3.4.1 DGM-Darstellungs-Stil 48
      3.4.2 DGM Analyse-Funktionen (Erweiterung des Darstellungs-Stils) 79
   3.5 Mengenmodell (Sonder-DGM), Begriffsdefinition 123
      3.5.2 Mengenmodell, Darstellungs-Stil 124
   3.6 Elementkante, Begriffsdefinition 128
      3.6.1 Elementkante, Darstellungs-Stil 128
   3.7 Verschneidung, Begriffsdefinition 135
      3.7.1 Verschneidung, Darstellungs-Stil 136
   3.8 Achse, Begriffsdefinition 139
      3.8.1 Achse, Darstellungs-Stil 140
      3.8.2 Darstellungs-Stil „Achkonstruktion-Hauptachsen (20xx)" (...Deutschland.dwt) 142
      3.8.1 Darstellungs-Stil „Planausgabe Achsen (20xx)" (...Deutschland.dwt) 144
      3.8.2 Darstellungs-Stil „Achse Kanal Leitung (20xx)" (...Deutschland.dwt) 145

3.9		Gradiente, Begriffsdefinition	146
	3.9.1	Gradiente, Darstellungs-Stil	147
	3.9.2	Darstellungs-Stil „Gradientenkonstruktion (20xx)" (...Deutschland.dwt)	149
	3.9.3	Darstellungs-Stil, „Planausgabe – Gradienten [20xx]" (...Deutschland.dwt)	151
	3.9.1	Darstellungs-Stil, „Geländelinie in DUNKELGRÜN [20xx]" (...Deutschland.dwt)	152
3.10		Höhenplan, Begriffsdefinition	153
	3.10.1	Höhenplan, Darstellungs-Stil	156
3.11		Querschnitt, Code-Stil-Satz, Begriffsdefinition	165
	3.11.1	Querschnitt	165
	3.11.2	Querschnitts-Elemente ohne Codierung, ohne „Namen"	168
	3.11.3	Nachträgliche Codierung	174
3.12		3D-Profilkörper, Begriffsdefinition	189
	3.12.1	3D-Profilkörper, Darstellungs-Stil	192
3.13		Querprofillinien, Begriffsdefinition	194
	3.13.1	Querprofillinien, Darstellungs-Stil	194
	3.13.2	Querprofillinien, Darstellungs-Stil, Querprofil („... Deutschland.dwt")	195
3.14		Querprofil, Begriffsdefinition	195
	3.14.1	Querprofil, Darstellungs-Stil	196
	3.14.2	Darstellungs-Stil „Geländelinie in DUNKELGRÜN [2014]" „... Deutschland.dwt"	197
3.15		Querprofilplan, Begriffsdefinition	197
	3.15.1	Querprofilplan, Darstellungs-Stil	198
3.16		Mengenberechnung aus Querprofilen, Begriffsdefinition	200
	3.16.1	Mengenberechnung aus Querprofilen. Darstellungs-Stil	200
3.17		Parzellen, Begriffsdefinition	202
	3.17.1	Parzellen Darstellungs-Stil	203
	3.17.2	Parzellen Darstellungs-Stil, „RE2012 – GEW – dauerhaft zu belasten [2015]"	206
3.18		Gebiete, Begriffsdefinition	207
	3.18.1	Gebiete	207
	3.18.2	Erläuterung „Gebietszuordnung" zwischen Achsen und Parzellen	208
3.19		„Einzugsgebiet" Begriffsdefinition	211
	3.19.1	Einzugsgebiet, Darstellungs-Stil	211
3.20		„Kanal", Rohre, Begriffsdefinition	212
	3.20.1	„Kanal", Rohre/Haltungen, Darstellungs-Stil	213
	3.20.2	Erläuterung „Lageplan (2D)", Rohre/Haltungen	216
	3.20.3	Erläuterung „Modell (3D)", Rohre/Haltungen	219
	3.20.4	Erläuterung „Längsschnitt (Höhenplan)", Rohre/Haltungen	220
	3.20.5	„Längsschnitt (Höhenplan)", kreuzende Rohre/Haltungen	223
	3.20.6	„Längsschnitt (Höhenplan)", Staulinie, Energiehöhenlinie	225

1 „Civil 3D - Deutschland" Voraussetzungen und Unterschiede zum AutoCAD

- 3.20.7 Erläuterung „Querprofil (Querprofilplan)", Rohre/Haltungen 225
- 3.21 „Kanal", Schächte/Bauwerke, Begriffsdefinition 227
  - 3.21.1 Erläuterung „Lageplan (2D)", Schächte/Bauwerke 230
  - 3.21.2 Erläuterung „Modell (3D)", Schächte/Bauwerke 233
  - 3.21.3 Erläuterung „Längsschnitt (Höhenplan)", Schächte/Bauwerke 233
  - 3.21.4 Erläuterung „Querprofil (Querprofilplan)", Schächte/Bauwerke 236
- 3.22 „Kanal", Netzkomponenten-Liste (Komponentenliste) 239
- 3.23 „Druckleitung", Rohre Darstellungs-Stil, Begriffsdefinition 245
  - 3.23.1 „Druckleitung", Rohre Darstellungs-Stil 246
  - 3.23.2 Erläuterung „Lageplan (2D)" 248
  - 3.23.3 Erläuterung „Modell (3D)" 251
  - 3.23.4 Erläuterung „Längsschnitt (Höhenplan)" 252
  - 3.23.5 Erläuterung „Querprofil (Querprofilplan)" 255
- 3.24 „Druckleitung", Anschlussstück, Begriffsdefinition 255
  - 3.24.1 Erläuterung „Lageplan (2D)" 256
  - 3.24.2 Erläuterung „Modell (3D)" 257
  - 3.24.3 Erläuterung „Längsschnitt (Höhenplan)" 258
  - 3.24.4 Erläuterung „Querprofil (Querprofilplan)" 258
- 3.25 „Druckleitung", Ausbauteile, Begriffsdefinition 259
  - 3.25.1 Erläuterung „Lageplan (2D)" 259
  - 3.25.2 Erläuterung „Modell (3D)" 261
  - 3.25.3 Erläuterung „Längsschnitt (Höhenplan)" 261
  - 3.25.4 Erläuterung „Querprofil (Querprofilplan)" 261

4 Alternative Darstellung von 3D-Elementen am Beispiel „Volumenkörper" 263
- 4.1 Längsschnitt-Optionen 264
- 4.2 Querprofil-Optionen 266

5 Beschriftungs-Stil, Beschriftungs-Satz 268
- 5.1 Zugang zum Beschriftungs-Stil 268
- 5.2 Äderungs- und Bearbeitungs-Optionen 273
  - 5.2.1 Beschriftungs-Stil wechseln, austauschen, bearbeiten 273
  - 5.2.2 Beschriftungs-Stil „Neu erstellen" (Beschriftungs-Eigenschaften ändern) 282
  - 5.2.3 Sonderfunktion (Anmerkungspalette, Ausdrücke) 297
  - 5.2.1 Beschriftungen ein- und ausschalten, Einstellung „_keine Darstellung", löschen 304

6 Beschriftungs-Stil-, Beschriftungs-Satz-Eigenschaften, Erläuterung an Beispielen 307
- 6.1 Punktbeschriftung 307
  - 6.1.1 Bestandteile der Punktbeschriftung (Inform., Allgem, Layout, ...) 309
- 6.2 Achse, Achsbeschriftungs-Satz 317
  - 6.2.1 „Achse", Erläuterung der Beschriftungs-Basis, Basis-Bestandteile, Basis-Funktionen, -Optionen 319

6.2.2	Bestandteile eines Beschriftungs-Satzes „Achse", Erläuterung einzelner Achs-Beschriftungs-Stile (-Elemente)	326
6.3	Gradiente (konstruierter Längsschnitt), -Beschriftungs-Satz	347
6.3.1	Bestandteile eines jeden Längsschnitt-Beschriftungselementes (Grdienten-TS-Punkt, Tangentenschnittpunkt)	352
6.3.2	Bestandteile des Beschriftungssatzes (Linien und Beschriftung im Höhenplan - Gradienten [2015])	354
6.4	Querschnitt, Beschriftungs-Optionen im Code-Stil-Satz	359
6.5	„Kanal", Beschriftung	362
6.5.1	„Kanal", Beschriftung von Haltungen	363
6.5.2	„Kanal", Beschriftung von Schächten	366
6.6	Beschriftung Druckleitungs-Netze	370
6.6.1	„Druckleitung ", Beschriftung von Rohren	370
6.6.2	„Druckleitung ", Beschriftung von Anschlussstücken	373
6.6.3	„Druckleitung ", Beschriftung von Ausbauteilen	375
6.7	Höhenplan-Band-Beschriftungs-Satz, (Querprofilplan-Band-Beschriftung)	377
6.7.1	Hinweis, Höhenbezugssystem (DHHN, müNN)	378
6.7.2	Bezugshöhe (Wert, Berechnung, Änderung)	381
6.7.3	Band Zeile (Umrahmung, Linienfarbe eines Bandes, Zahleneigenschaften)	385
6.7.4	Band, Zeile, Bezeichnung (Text)	388
6.7.5	Band, Zeile, berechneter Wert (Zahl)	392
6.8	Elementkanten	402
6.9	Parzellenbeschriftung	406
6.10	Freie Beschriftungen (Beschriftungen, die nicht zur Norm oder zum Standard gehören)	409
6.11	Hinweis Verschneidung-, 3D-Profilkörper-Beschriftung	414
6.12	Funktion: Ausdrücke	414
6.12.1	Problemanalyse (Analyse der IST-Situation)	414
6.12.2	Optionaler Lösungsansatz	417
6.13	Tabellen	423
7	Beschriftung alternative Bauteile „Volumenkörper"	443
8	Stilbesonderheiten beim Export nach AutoCAD (Objektlayer, Layer „0")	445
8.1	Objekt-Layer, Objektbeschriftung auf Layer „Null"	447
Ende	447	

1 „Civil 3D - Deutschland" Voraussetzungen und Unterschiede zum AutoCAD

1.1 Vorwort

Das erste Buch „Civil 3D – Deutschland" beschreibt den Einstieg in das Thema Civil 3D. Der erste Einstieg in das Thema Civil 3D sollte in Deutschland nicht ohne installiertem „Country Kit – Deutschland 20xx (Versions-Nummer)" erfolgen.

Das hier vorliegende zweite Buch setzt sich zum Ziel, schrittweise den technischen Hintergrund zu erläutern, mit dem Schwerpunkt „Stile" (Darstellungs-Stile und Beschriftungs-Stile).

Civil 3D unterscheidet sich grundlegend vom AutoCAD durch die konsequente Verwendung und Zuordnung von „Stilen". In dieser Form, wie hier im Civil 3D sind Darstellungs-Stile und Beschriftungs-Stile ein neues Funktionsprinzip. Die grundlegenden Stile für Deutschland werden mit der Installation, und mit der beim Start des Programms geladenen Vorlage, bereitgestellt.

Der Unterschied bei der Installation zwischen den Profilen Civil 3D „Deutsch (Metrisch)" und Civil 3D „Germany" sollte bekannt sein. Der Unterschied zwischen diesen beiden Profilen ist unbedingt zu berücksichtigen.

- Civil 3D „Deutsch (Metrisch)"

- Civil 3D „Germany"

(Basis des ersten und zweiten Buches)

Dem Neu-Einsteiger, in das Thema Civil 3D, ist unbedingt zu empfehlen, das Profil „Civil 3D Germany" zu benutzen. Gerade dieses Profil kommt der deutschen Vorstellung sehr nahe. Die Funktionen der Software sind in diesem Profil in Deutschland am besten zu erklären.

- Download, optionale Bezugsquelle für das „Country Kit Deutschland"

www.knowledge.autodesk.com/de

Hinweis:

Das Country Kit 2020 liegt seit Herbst 2019 vor. Das County Kit 2021 wird im Herbst 2020 erwartet. Einen genauen Termin für das Erscheinen des jeweils neuen Country Kits gibt es nicht, weil die Weiterentwicklung des Civil 3D jeweils eine komplette Überarbeitung des Country Kits verlangt und es hier zu nicht vorhersehbaren Komplikationen mit den landesspezifischen Anforderungen kommt.

Gert Domsch, CAD-Dienstleistung

1.2 Civil 3D xx - Voraussetzung für Deutschland

Bereits im ersten Buch „Civil 3D – Deutschland", 3. Kapitel, „Civil 3D, Voraussetzung für Deutschland" sind das „Country Kit Deutschland", die Installation und Hinweise zum Test des Profils beschrieben.

Auch die folgenden Kapitel und Beschreibungen benutzen Stile und Einstellungen, die als Bestandteil des „Country Kit Deutschland" geladen sind. Die Basis der Funktionalität bleibt die Vorlage „Autodesk Civil 3D 2019 Deutschland.dwt" (im Buch auch „...Deutschland.dwt" bezeichnet).

Als Bestandteil des Profils „Civil 3D Germany" wird die Vorlage (Template) „_AutoCAD Civil 3D 20xx Deutschland.dwt" geladen und diese noch leere Zeichnung besitzt die anschließend beschriebenen Stile (Darstellungs-Stile und Beschriftungs-Stile).

Hinweis:

Die geladenen Darstellungs- und Beschriftungs-Stile der Version 2020 unterscheiden sich nur unwesentlich von der Version 2019. Es ist zu erwarten, dass auch die Version 2021 keine wesentliche Änderung dieses Konzeptes bringt. Die Weiterentwicklung von Version zu Version erfolgt nach meinem Kenntnisstand in der Datenbank, in der Kommunikation, in der dynamischen Verknüpfung der Objekte untereinander (unabhängige Meinung des Autors).

Das heißt im gestarteten Civil 3D ist als Bestandteil der noch leeren Zeichnung eine große Datenmenge geladen. Die geladenen Stile, der eigentliche Datenhintergrund ist im „Projektbrowser", Karte „Einstellungen" zu erkennen.

Es ist nicht möglich alle geladenen Stile im Bild zu zeigen. In der „... Deutschland.dwt" sind ca. 500 Stile geladen. Das folgende Bild zeigt nur eine kleine Auswahl der für die DGM-Darstellung angebotenen Stile.

- DGM Darstellungs-Stile, als Bestandteil der „.... Deutschland.dwt"

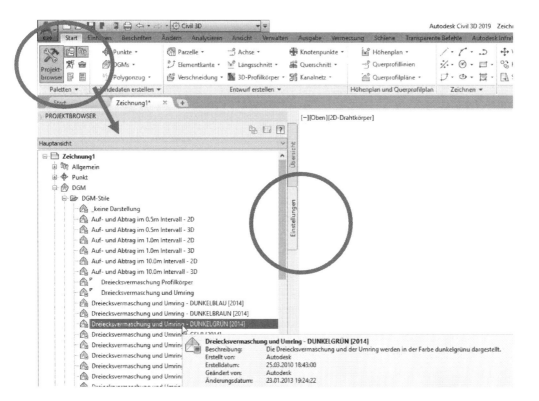

1 „Civil 3D - Deutschland" Voraussetzungen und Unterschiede zum AutoCAD

Ist das Profil „Civil 3D Deutsch (Metrisch)" gestartet, so wird folgende Vorlage (Template) als erste noch leere Zeichnung geöffnet.

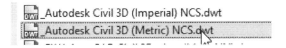

- DGMs - Darstellungs-Stile als Bestandteil dieser „Vorlage".

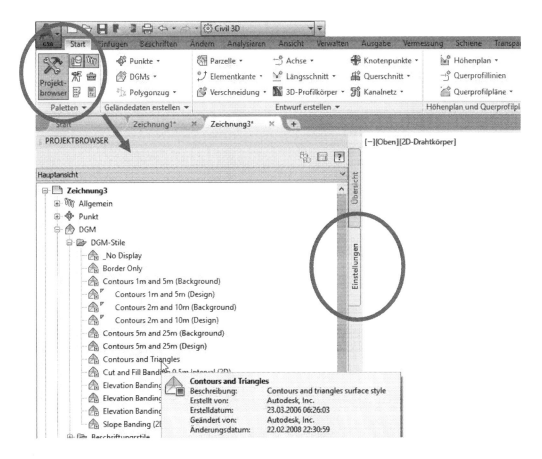

Das heißt der Einsteiger wird, im Fall Profil „Deutsch (Metrisch)", obwohl er im deutschen Menü unterwegs ist, mit englischen Einstellungen, mit englischen Begriffen konfrontiert. Der Unterschied in den Basis-Einstellungen der Vorlage (Deutsch „Metrisch" oder Germany) hat eine enorme und nicht zu unterschätzende Größenordnung.

Ein zweiter wesentlicher Unterschied ist auch die geladene Datenmenge (Spalte - Größe) der geladenen Vorlage.

Nach meiner Erfahrung orientiert man sich in Österreich, Luxemburg und Süd-Tirol auch gern an der „... Deutschland.dwt" - Vorlage. Die deutschen Stil-Bezeichnungen bieten auch hier ein gutes, erstes Verständnis für die Software.

Es geht nicht um ein technisches „GUT" oder „BÖSE", um ein „RICHTIG" oder „FALSCH", es geht um ein erstes technisches Verständnis. Was machen diese Stile? Warum sind diese Stile wichtig? Was ist der Unterschied zum AutoCAD? Der Einsteiger muss wissen, dass er mit dem Laden der Vorlagen, alle wesentlichen Eigenschaften lädt, die für eine erfolgreiche und produktive Umsetzung eines Projektes entscheidend sind.

Dabei ist die „Vorlage" (... Deutschland.dwt) nur das sichtbare Zeichen der „deutschen Umgebung". Das Country Kit installiert einen ganzen Pfad mit Daten, Einstellungen, und Berechnungs-Normen, die landesspezifische Einstellungen enthalten. Das folgende Bild zeigt den Ordnerbaum des installierten „Country Kit Deutschland" (Einzelplatz-Installation).

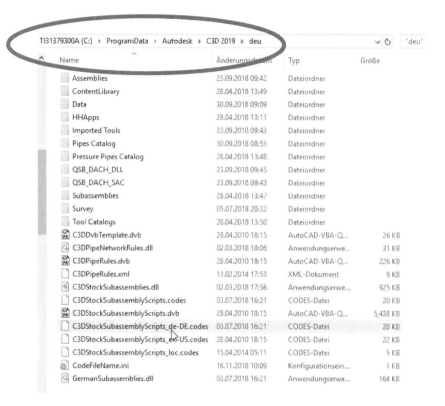

1.3 „Vier" große Unterschiede zum AutoCAD

Nicht nur allein mit der Auswahl der Vorlage ergeben sich große Unterschiede zum AutoCAD. Persönlich sage ich, es gibt „vier" wesentliche Unterschiede zum AutoCAD.

1.3.1 Stile (Darstellungs- und Beschriftungs-Stile)

Der erste und größte Unterschied, sind Stile (Darstellungs- und Beschriftungs-Stile). Diese Stile bestimmen die Darstellung und die Beschriftung eines jeden Objektes.

Was bedeutet das?

An einem kleinen Beispiel, dem Zeichnen einer Achse wird die Bedeutung der Stile, die mit der Vorlage geladen sind, in Bildern erläutert. Innerhalb der „Vorlage" stehen folgende geladenen Stiele für das Objekt „Achse" als Darstellungs- und Beschriftungs-Option zur Verfügung.

„... Deutschland.dwt"   „... (Metric) NCS.dwt"

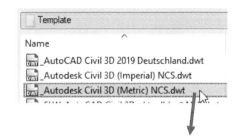

Unterschiede in den Vorlagen, unterschiedliche Darstellungs- und Beschriftungs-Stile (Projekt-Browser, Karte Einstellungen):

Darstellungs-Stile:

 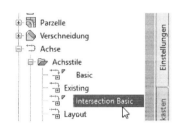

Beschriftungs-Stile:

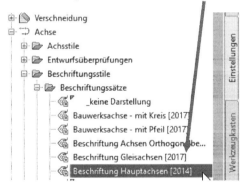 

Innerhalb der „...Deutschland.dwt" und der „...(Metric) NCS.dwt" wird eine Achse erstellt.

Im Menü wird der Befehl „Werkzeuge zum Erstellen von Achsen" gewählt. Der Befehl ist in beiden Versionen gleich.

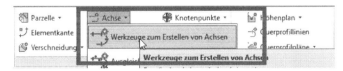

Die Funktion beginnt mit der Objektdefinition.

Zuordnung des Darstellungs-Stils:

Zuordnung des Beschriftungs-Stils:

Der Werkzeugkasten ist geöffnet. Es folgt das Zeichnen der Achse. Der Werkzeugkasten ist in beiden Versionen gleich.

Hinweis:
Werkzeugkästen sind im Civil 3D an das Objekt gebunden. Es gibt für Civil 3D-Funktionen keine allgemeingültigen Werkzeugkästen.

Die Darstellung und die Beschriftung der Achse richtet sich nach den bei der Objektdefinition geladenen Stilen (Darstellungs- und Beschriftungs-Stile).

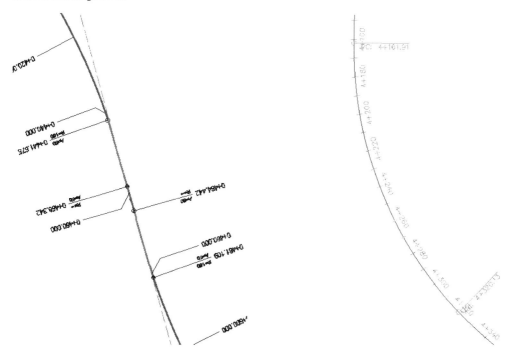

Das Objekt ist mit diesem Stil-Aufruf keinesfalls endgültig und für immer bestimmt. Wenn erforderlich kann jederzeit am Objekt der Darstellungs- und Beschriftungs-Stil gewechselt werden. Auch ein Austausch von Stilen zwischen Zeichnungen ist möglich (Drag & Drop).

Die folgenden Bilder zeigen das Ändern des Darstellungs-Stils. Es werden ausschließlich Stile verwendet, die bereits in der Zeichnung vorhanden- oder bereits geladen sind.

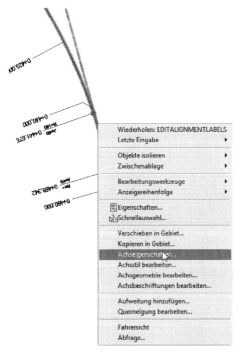

Als Bestandteil der Objekteigenschaften (hier Achseigenschaften) wird auf der Karte „Information" der dem Objekt zugeordnete Darstellungs-Stil angezeigt.

Hier ist gleichzeitig der Wechsel des Darstellungs-Stils möglich.

Wechsel des Darstellungs-Stils:

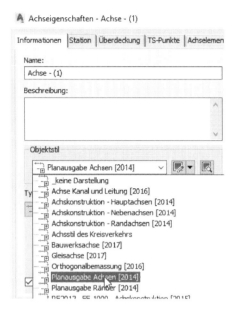 

Die Darstellung (Farbe) ist entsprechend der „Darstellungs-Stil" Auswahl geändert.

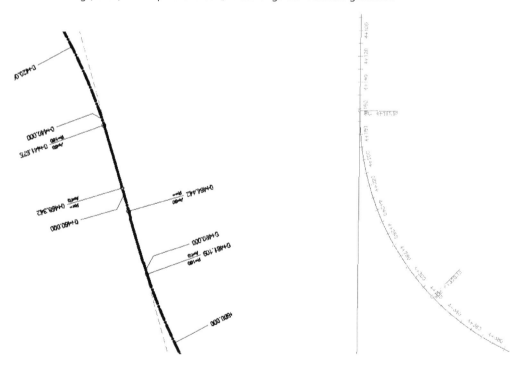

In ähnlicher Art und Weise ist auch der Wechsel der Beschriftung, der Wechsel der Beschriftungseigenschaft möglich. Jederzeit kann der Beschriftungs-Satz am Objekt ausgetauscht oder verändert werden.

In den folgenden Bildern wird eine Änderung der Beschriftungseigenschaft, des Beschriftungssatzes gezeigt. Der neu aufgerufene Beschriftungssatz ist eine Sammlung einzelner Beschriftungs-Stile und wird bereits mit der „…Deutschland.dwt" geladen. Anschließend wird das Zurücksetzen auf die Ausgangseinstellung gezeigt.

1 „Civil 3D - Deutschland" Voraussetzungen und Unterschiede zum AutoCAD

Es wird das Entfernen der klassischen Straßenbeschriftung gezeigt und eine optionale Änderung auf eine reine Stations-Beschriftung von 5m vorgestellt.

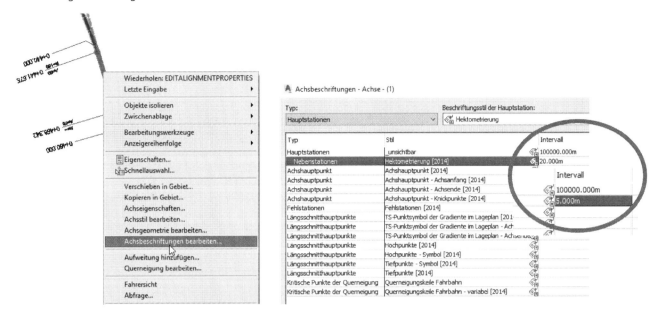

Löschen einzelner Beschriftungs-Stile (Bestandteile der Beschriftung, Zeilen)

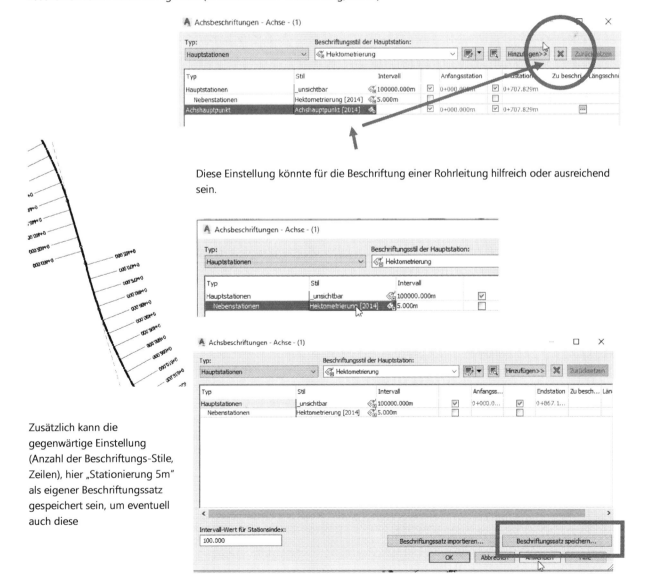

Diese Einstellung könnte für die Beschriftung einer Rohrleitung hilfreich oder ausreichend sein.

Zusätzlich kann die gegenwärtige Einstellung (Anzahl der Beschriftungs-Stile, Zeilen), hier „Stationierung 5m" als eigener Beschriftungssatz gespeichert sein, um eventuell auch diese

1 „Civil 3D - Deutschland" Voraussetzungen und Unterschiede zum AutoCAD

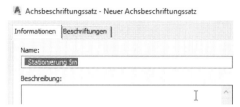

Beschriftungseigenschaft mehrfach (an anderen Achsen) oder erneut zu verwenden. Der geänderte Beschriftungs-Satz ist gespeichert.

Die Änderung der Beschriftung ist abgelegt und kann beliebig verwendet werden. Es kann jedoch auch der vorherige Beschriftungs-Satz erneut geladen sein.

Der Beschriftungssatz für eine Straßenachse ist mit dieser Änderung nicht zerstört oder defekt. Der Beschriftungssatz lässt sich jederzeit neu laden.

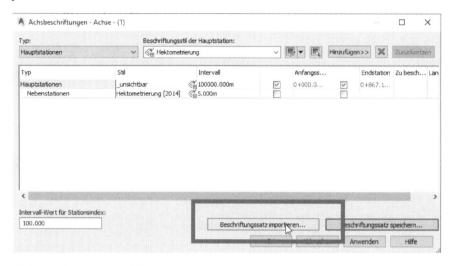

Als Bestandteil der Auswahl steht die gesamte Liste an Beschriftungs-Sätzen, die in der Vorlage („... Deutschland.dwt") geladen sind, zur Verfügung.

Bestandteil der Liste ist auch der neu angelegte Beschriftungs-Satz „_Stationierung 5m".

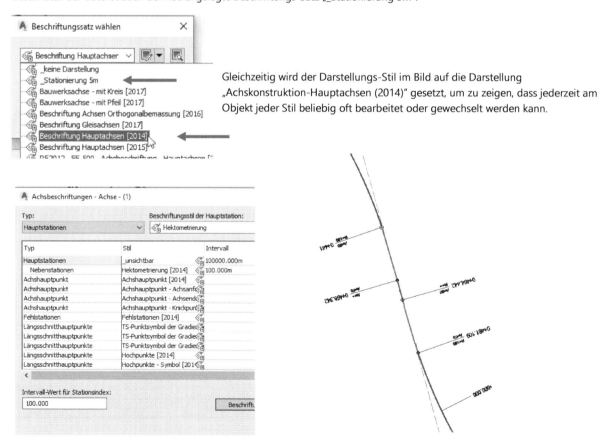

Gleichzeitig wird der Darstellungs-Stil im Bild auf die Darstellung „Achskonstruktion-Hauptachsen (2014)" gesetzt, um zu zeigen, dass jederzeit am Objekt jeder Stil beliebig oft bearbeitet oder gewechselt werden kann.

Gert Domsch, CAD-Dienstleistung

1 „Civil 3D - Deutschland" Voraussetzungen und Unterschiede zum AutoCAD

Die Bilder und Erläuterungen sollen zeigen, im CIVIL 3D ist das Arbeiten mit Stilen und das Verstehen der Stile eine wichtige Voraussetzung. Es ist wichtig zu wissen, was bedeutet jedes einzelne Darstellungs- oder Beschriftungs-Element. Darstellungs- oder Beschriftungs-Sätze sind eine Sammlung von mehreren Darstellungs- oder Beschriftungs-Stilen.

Im Civil 3D werden Objekte mit Befehlen neu erstellt. Eine nachträgliche Änderung oder Bearbeitung erfolgt nicht in erster Linie über Befehle oder mit Layer-Eigenschaften. Die Anpassung der Darstellung oder Beschriftung erfolgt eher über eine Stil-Anpassung oder Stil-Zuordnung. Die Eigenschaften des Objekt-Layers treten eher in den Hintergrund.

Da die Stile (Darstellungs-Stil, Beschriftungs-Stil) sehr komplex sind und gleichzeitig bis zu 4 Ansichten steuern, sollten die Eigenschaften der verwendeten Stile bekannt sein. Gleichzeitig ist das Verwenden und Arbeiten mit Plot-Stift-Tabellen (*.ctb-Datei) eher nicht mehr zu empfehlen. Die Eigenschaften der Stile sind zu komplex und zu umfangreich. Im Civil 3D empfehle ich zu jedem Objekt minimal zwei Stile zu verwenden, ein „Konstruktions-Stil" und einen „Plot-Stil" (eventuell auch „Auftraggeber-Stil").

Zum Thema Stile ist entsprechend noch viel zu sagen und zu schreiben. Ein Stil besitzt eventuell 100x mehr Eigenschaften als ein Layer. Komplette technische Konstruktionen oder Beschriftungen haben mehrere Unter-Elemente. Ein Stil steuert alle diese Unter-Elemente in allen Phasen des Projektes (2D-, 3D-, alle Längsschnitt- und Profilansichten).

Im Bild sind die Eigenschaften eines AutoCAD-Layers zu sehen.

Zum Vergleich dazu zeigen die nächsten Bilder Eigenschaften eines Civil 3D Darstellungs-Stils (Beispiel: Rohr, Haltung).

Ein Darstellungs-Stil steuert alle Eigenschaften des Objektes in bis zu 4 Ansichten. Diese Darstellungs- und Beschriftungs-Stile werden auf den nächsten Seigen ausführlicher erklärt. Hier ist nur ein Ausschnitt der Ansicht „Lageplan (2D) und Modell (3D) zu sehen.

- Lageplan   - Modell (3D)

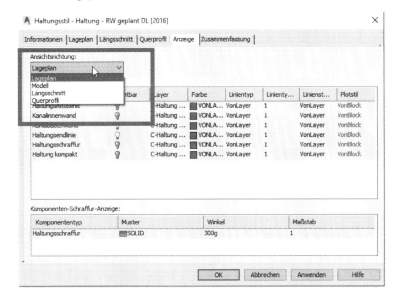

- **Stil-Bezeichnung**
- **2D Eigenschaften (Lageplan) der Ansichten, Lageplan, Höhenplan, Querprofilplan**
- **3D Eigenschaften (Modell)**
- **zusätzliche Eigenschaften für die Ansichten Lageplan, Höhenplan, Querprofilplan**

Während die Stil-Zuordnung zu den Objekten den großen und entscheidenden Unterschied zum AutoCAD ausmachen, gibt es drei weitere entscheidende Unterschiede, die der Leser jedoch in keinem Fall mit dem Thema „Darstellungs-Stil" oder „Beschriftungs-Stil" in Verbindung bringen sollte. Nachfolgend aufgeführte Themen sind im Profil „Civil 3D – Germany" zum Teil anders geregelt als im AutoCAD oder im Profil „Civil 3D Deutsch (Metrisch)". Diese Unterschiede gilt es unbedingt zusätzlich zum Darstellungs- und Beschriftungs-Stil zu beachten!

1.3.2 Civil 3D-Einheit, Koordinatensysteme

Im Civil 3D sind gleichzeitig Bestandteile von 3 Autodesk-CAD-Produkten geladen, ein AutoCAD (Arbeitsbereich: „Zeichnen und Beschriften" und „3D-Modelling"), Bestandteile des MAP (Arbeitsbereich „Planung und Analyse") und Civil 3D (Arbeitsbereich „Civil 3D").

Ein Wechsel zwischen diesen drei Produkten ist über die genannten Arbeitsbereiche möglich.

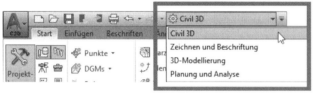

Alle drei Programme haben eine eigene Charakteristik, eigene Objekte und das Wichtigste, einen eigenen technischen Hintergrund (Einheit und Optionen). Ich empfehle in der Praxis diese Besonderheiten unbedingt zu beachten! Diese Besonderheiten ergeben sich aus den Aufgaben der Programmbestandteile und aus der Tatsache, dass alle drei Programme auch in der Version 2019 (auch 2020 Stand 01.01.2020) nicht zu einer Einheit verschmolzen sind. Alle drei Programme existieren eher parallel nebeneinander.

AutoCAD (einfaches Zeichnen und Beschriften)

- o Aufgaben: Entwurf oder Skizzieren
- o Die AutoCAD-Einheit wird über die Systemvariable „_units" gesteuert.
- o Es gibt keine Funktion um bewusst „Koordinatensysteme" aufzurufen oder zu verwenden

MAP (Datenverbindung, Fremd-Format-Import, GIS)

- o Aufgaben: Datenverbindung „ESRI-SHP", Geodaten-Server „WMS", „WFS", und viele weitere.
- o Das MAP hat eigene „Optionen" („_mapoptions") und übernimmt Einheiten und Koordinatensysteme der zugeordneten Daten.
- o Im MAP ist der Aufruf von Koordinatensystemen - und die Umrechnung der Daten beim Wechsel von Koordinatensystemen möglich.
- o MAP ist an Koordinatensysteme gekoppelt.

1 „Civil 3D - Deutschland" Voraussetzungen und Unterschiede zum AutoCAD

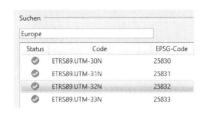

o Es gibt eigene „MAP-Layer" mit „Karten-Objekten"

Civil 3D (objektorientiertes-, dynamisches Konstruieren von Objekten, die ausschließlich für den Ing.-Bau programmiert sind)

o Aufgaben: 3D-Konstruktion mit dem Ziel „Ausführungsplanung" (Leistungsphase 5) und Export der Daten
o Civil 3D hat eine eigne Systemvariable zur Bestimmung der Einheit. Es gibt nur die Einheit „Fuß" oder „Meter".
o In der „...Deutschland.dwt" ist die Einheit „Meter" und Winkeleinheiten „Neugrade" vorgegeben (rechter Winkel 100gon, Altgrad oder Dezimalgrad sind möglich).
o Es ist kein Koordinatensystem voreingestellt. Optional wäre ein Koordinatensystem-Aufruf möglich.

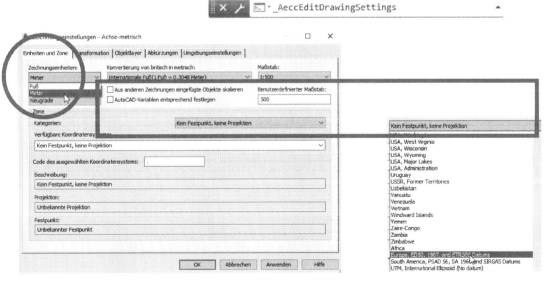

Hinweis:

Die Civil 3D-Einstellung kann die Einheit der anderen beiden Programme bestimmen (AutoCAD, MAP)!

1.3.3 Objekt-Layer

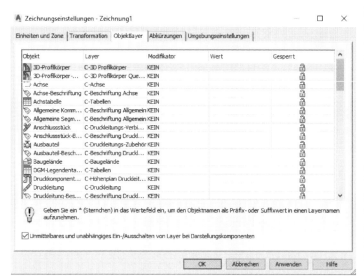

Das Profil „Germany" mit der „...Deutschland.dwt" setzt eigene Civil 3D-Layer für alle Objekte (von „3D -Profilkörper" und „Achse" bis „Trianguliertes DGM" oder „Verschneidung").

Auf der Karte „Objekt-Layer" ist unbedingt die Verwendung von „Präfix" oder „Suffix" mit einem entsprechenden Eintrag in der Spalte „Wert" zu testen. Mit einem solchen Eintrag würde jedem Objekt der „Objekt-Name" im Layer ergänzt. Das kann bei vielen praktischen Problemen hilfreich sein.

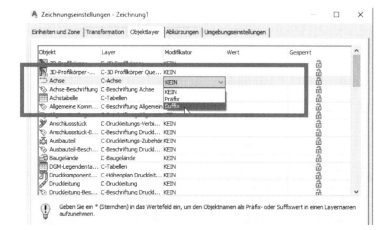

Hinweis-1:

Eine getrennte Steuerung der „Sichtbarkeit", bei zum Beispiel mehreren Achsen im Projekt und für das Drucken (Steuerungs-Option im Ansichtsfenster) ist erst mit separaten Layern möglich!

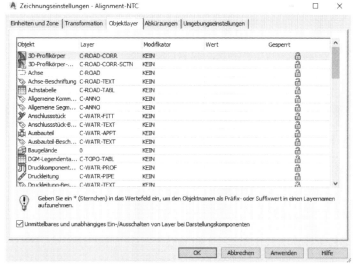

Hinweis-2:

Das Profil „Deutsch (metrisch)" mit der Vorlage „...(Metric) NCS.dwt" bezeichnet die Objekt-Layer anders, eher englisch.

Hinweis-3:

Als Objekt-Layer durchgehend den Layer „Null" eingetragen zu haben, kann eine sinnvolle Option sein. Erläuterungen dazu gibt das letzte Kapitel dieses Buches „Stilbesonderheiten beim Export nach AutoCAD (Objektlayer, Layer „0")".

1.3.4 Höhenbezug, Höhenbezugssystem

Es gibt eine weitere Besonderheit, nur im Profil „Germany". In der „…Deutschland.dwt" sind benutzerspezifische Zeichnungseinstellungen vorgegeben.

Die „…Deutschland.dwt" setzt für den Höhenbezug in den Zeichnungseigenschaften den Begriff „DHHN" (Deutsches Haupt-Höhen-Netz), der später für das Höhenbezugssystem als Bezeichnung an allen Höhen- und Querprofilpläne geschrieben wird. Die Übergabe erfolgt als Blockaufruf im Beschriftungsband.

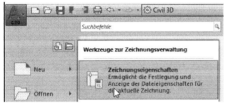

Dieser Begriff wird von dieser Stelle als Block übergeben (Höhenbezug für HP).

Der Begriff „DHHN" (Deutsches Haupt-Höhen-Netz) ist gegen jeden anderen Begriff austauschbar (Text).

Das Profil „Deutsch (metrisch)" mit der Vorlage „…(Metric) NCS.dwt" setzt den Höhenbezug einzeln als Teil des Höhenplan- und Querprofilplan-Stils. Als Teil der „Planbeschriftung" kann auch hier der Begriff für das Höhenbezugssystem eingetragen sein.

Das folgende Bild zeigt den Zugang zum Darstellungs-Stil und die Bearbeitungsoptionen für einen Höhenplan, Darstellungs-Stil Höhenplan der „…(Metric) NCS.dwt". In dieser Vorlage ist das Höhenbezugssystem hier eingetragen.

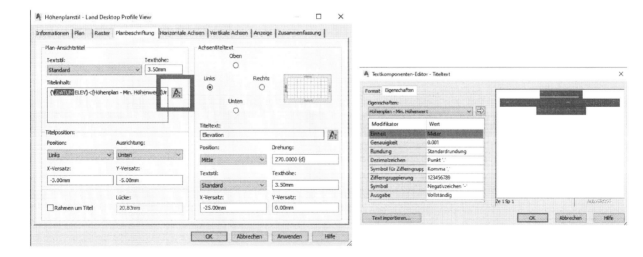

Gert Domsch, CAD-Dienstleistung

1 „Civil 3D - Deutschland" Voraussetzungen und Unterschiede zum AutoCAD

1.4 „Kanal", technische Besonderheit

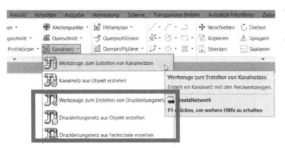

Obwohl die Funktionen „Kanal" und „Druckleitung" in einem Pull-Down Menü eingetragen sind, sind beide Konstruktions-Varianten technisch sehr verschieden.

Die Funktion Kanal funktioniert nur mit der später kurz erläuterten, passenden Komponentenliste (Netzkomponentenliste).

Diese Komponentenliste importiert während der Konstruktion die 3D-Leitungen und 3D-Schächte aus dem hier im Bild gezeigten Kanalnetzkatalog, Funktion „Kanalnetzkatalog festlegen".

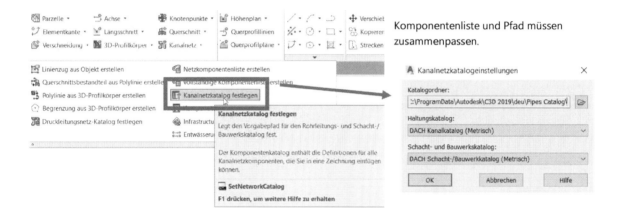

Komponentenliste und Pfad müssen zusammenpassen.

Die Katalogbestandteile sind bearbeitbar. Das heißt die Darstellung muss nicht auf die mit der Standard-Installation geladenen Bestandteile beschränkt sein. Die hier gezeigten Elemente sind die Standard-Bestandteile der „... Deutschland.dwt".

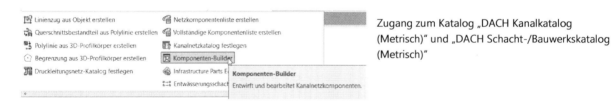

Zugang zum Katalog „DACH Kanalkatalog (Metrisch)" und „DACH Schacht-/Bauwerkskatalog (Metrisch)"

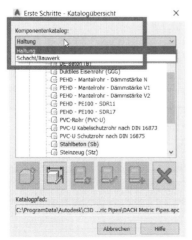

Aufruf für den Haltungs- oder Schachtkatalog, Aufruf für Schächte oder Haltungen.

Haltungen: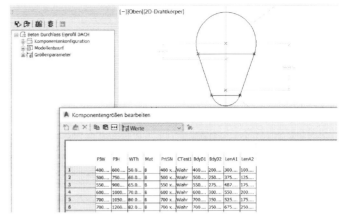

Schächte: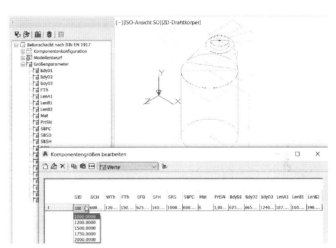

Zusätzlich gibt es mit der Version 2019 den „IPE" (Infrastructure Parts Editor). Mit diesem Werkzeug kann der Nutzer Kanalbestandteile in das Civil 3D importieren, die mit Inventor konstruiert sind (vorzugsweise Schächte oder Einläufe).

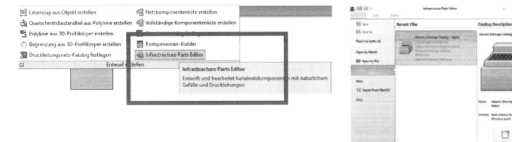

1.5 „Druckleitungsnetz", technische Besonderheiten

Obwohl die Funktionen „Kanal" und „Druckleitung" in einem Pull-Down Menü eingetragen sind, sind beide technisch sehr verschieden.

1 „Civil 3D - Deutschland" Voraussetzungen und Unterschiede zum AutoCAD

Die Funktion „Druckleitungsnetz" verlangt einen anderen, einen eigenen Leitungs-Katalog.

Die in der „... Deutschland.dwt" geladenen Rohreigenschaften verlangen den entsprechenden und passenden Druckleitungsnetz-Katalog.

Dieser Katalog importiert auch erst während der Konstruktion die 3D-Leitungen und 3D-Bauteile aus dem hier gezeigten Pfad.

Der hier gezeigte Katalog ist Bestandteil der „... Deutschland.dwt".

Der Zugang zu diesem Katalog ist außerhalb von Civil 3D.

Um diesen Katalog zu zeigen oder eventuell zu bearbeiten, ist ein außerhalb von Civil 3D befindliches Programm zu starten, der „Inhaltkatalog-Editor".

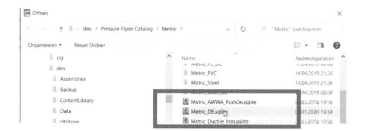

Der Druckleitungskatalog ist keine Tabelle mehr, sondern eher eine mehrschichtige Datenbank.

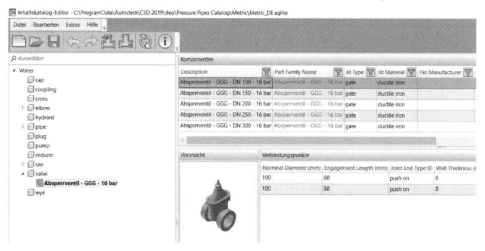

Diese komplexere Datenbank wird notwendig, weil ein Rohrdurchmesser, ein Rohrquerschnitt mehrere Druckstufen haben kann, und ein Abzweig kann auf mehrere, andere Durchmesser und Druckstufen verzweigen.

Der Katalog kann mittels Import-Schnittstelle beliebig ergänzt oder erweitert werden.

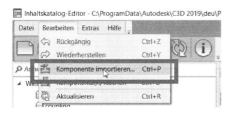 

Hinweis:

Zum Erstellen eines Bauteils und zum Importieren in diesen Katalog (CONTENT-Datei) gibt es bis zur Version 2019 (Stand Dezember 2019) keinen Befehl in der Multifunktionsleiste.

Für einen Export eines Bauteils in das Format „CONTENT" ist der Befehl „PUBLISHPARTCONTENT" in die Befehlszeile einzugeben.

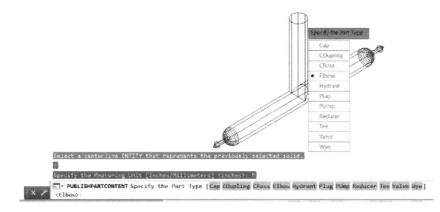

Mit dem Befehl PUBLISHPARTCONTENT wird die *.CONTENT – Datei oder werden *.Content-Daten generiert.

2 Darstellungs-Stil

Der Darstellungs-Stil steuert die zeichnerische Darstellung der Konstruktionselemente. Dieser Darstellungs-Stil ist in keiner Weise mit dem Text-Stil, Linien-Typ oder Linien-Stil im AutoCAD zu verwechseln. Ein Konstruktionselemente im Civil 3D besteht aus mehreren Unterelementen durchaus aus 40 oder 50 Symbolen, Linien, Bögen, Polylinien, Hilfslinien Schraffuren (Flächen, 2D oder 3D). Für alle diese Untereigenschaften oder -Objekte verwendet Civil 3D AutoCAD-Funktionen für Symbole, Linien-Typ, Linien-Stärke und farbliche Darstellung. Die Basis bleibt AutoCAD. AutoCAD-Elemente bleiben bei gesprengten Civil 3D-Konstruktionselementen nachweißbar.

Neu im Civil 3D ist, diese Unterelemente werden in bis zu vier Ansichten zusammengefasst und steuern die Civil 3D-Konstruktionselemente in allen technisch erforderlichen Ansichten. Vielfach können die Civil 3D Objekte mit anderen Civil 3D Objekten kommunizieren. Der Darstellungs-Stil beinhaltet ausnahmslos alle Elemente der Darstellung eines Civil 3D-Objektes in allen 2D- und 3D-Ansichten!

2.1 Zugang zum Darstellungs-Stil

Beispiel: „Achse"

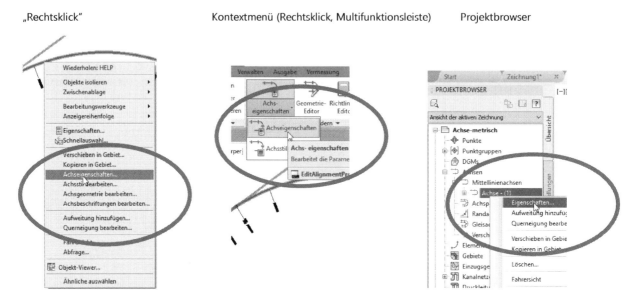

„Rechtsklick" Kontextmenü (Rechtsklick, Multifunktionsleiste) Projektbrowser

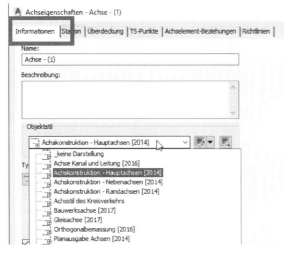

Alle drei Funktionen führen zum gleichen Ziel, dem Zugang zum Darstellungs-Stil (Karte „Information"). Auf diesem Weg sind die Auswahl, - Kontrolle oder - Neuzuweisung des Darstellungs-Stils bei einem Objekt möglich.

Nachfolgend wird als Beispiel der Zugang zum Darstellungs-Stil an einem DGM und an einem Kanal-Rohr (Haltung) in Bildern gezeigt.

Die gezeigte Vorgehensweise gilt für alle anderen Civil 3D Objekte in gleicher Weise.

2 Darstellungs-Stil

Beispiel: „DGM"

„Rechtsklick"   Kontextmenü (Rechtsklick, Multifunktionsleiste)   Projektbrowser

 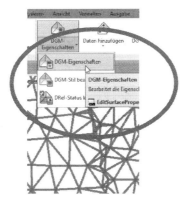 

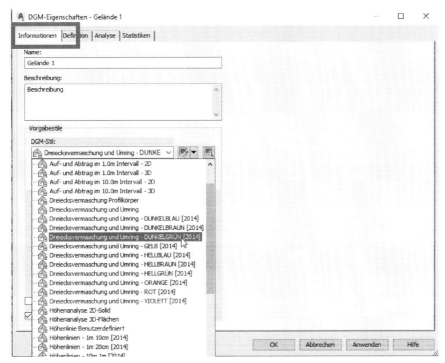

Alle drei Funktionen führen zum gleichen Ziel. Es ist wiederum der Zugang zum Darstellungs-Stil gegeben (Objekt-Eigenschaften, Karte „Information).

Auf diesem Weg sind Auswahl, Kontrolle oder Neuzuweisung des Darstellungs-Stils bei einem Objekt, hier einem DGM, möglich.

Beispiel: „Rohr"

„Rechtsklick"   Kontextmenü (Rechtsklick, Multifunktionsleiste)   Projektbrowser

 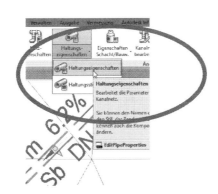 

2 Darstellungs-Stil

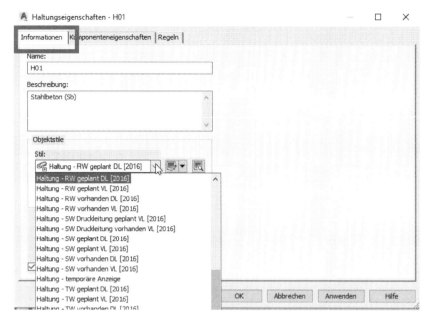

Alle drei Funktionen führen zum gleichen Ziel, Zugang zum Darstellungs-Stil für ein Rohr (Karte „Information") unabhängig ob es ein „Kanal-" oder Druckleitungsrohr ist.

Auf diesem Weg sind Auswahl, Kontrolle oder Neuzuweisung des Darstellungs-Stils bei einem Objekt, hier bei einem Kanal-Rohr (Haltung) möglich.

2.2 Änderungs- und Bearbeitungs-Option

Persönlich empfehle ich den Zugang zum Darstellungs-Stil mit der Auswahl des Objektes im Projektbrowser und anschließend „Rechtsklick", dann „Objekt-Eigenschaften", Karte „Information" zu beginnen.

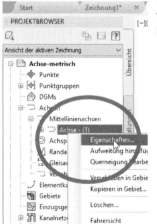

Hier ist rechts neben dem Stil-Auswahlfeld die Funktion „Aktuelle Auswahl bearbeiten" verfügbar. Der Zugang auf diese Art und Weise sollte gewählt werden, wenn der Darstellungs-Stil ausschließlich „zur Information" betrachtet oder kontrolliert wird.

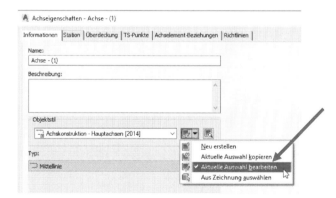

Eine optionale Kontrolle eines „Darstellungs-Stils" erfolgt von rechts nach links, beginnend auf der Karte „Anzeige". Zu beachten ist auf der Karte „Anzeige", der Darstellungs-Stil steuert die Darstellungseigenschaften eines Objektes in bis zu vier Ansichten!

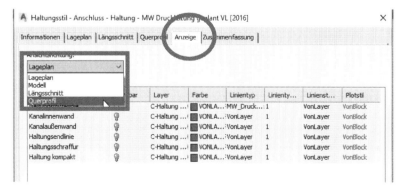

2 Darstellungs-Stil

 Lageplan = „Ansicht: Oben" = 2D

 Model = ISO Ansicht = 3D

 Längsschnitt = Schnitt = Höhenplan = längs- oder parallel zu Achse (entspricht eventuell der Ansicht von der Seite, „Rechts")

 Querprofil = Querprofilplan = Schnitt rechtwinklig zur Achse (entspricht eventuell der Ansicht von „Vorn")

Ein in Civil 3D konstruiertes Objekt besitzt immer und zu jedem Zeitpunkt alle technischen Bestandteile, die für eine Konstruktion auch weltweit nachgefragt werden. Ein Darstellungs-Stil zeigt eventuell nicht alle zur Verfügung stehenden Konstruktionsbestandteile in jeder der Ansichten an. Ein Darstellungs-Stil zeigt nur die Bestandteile, die in der Ansicht sinnvoll sind oder landesspezifisch bei einer bestimmten Konstruktion nachgefragt werden.

Beispiel: „Rohr" (Haltung)

In der „…. Deutschland.dwt" gibt es zwei große Gruppen von Darstellungs-Stilen für Rohre. Eine Gruppe trägt im rechten Teil des Namens die Bezeichnung „DL" und die andere Gruppe wird, rechts im Namen, mit „VL" bezeichnet. Der Unterschied zwischen den beiden geladenen Darstellungs-Stilen für Rohre oder Haltungen sind nur an- oder abgeschaltete -, einzelne Eigenschaften im Darstellungs-Stil.

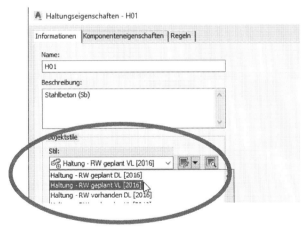

Die Unterelemente des Rohres werden im Hintergrund in beiden Fällen komplett und technisch identisch mitgeführt!

- Haltung – RW geplant DL [2016] („DL" steht für „Doppel-Line", das heißt „Außenwand"!

- Haltung – RW geplant VL [2016] („VL" steht für „Voll-Linie", das heißt „Mittel-Linie" mit vergrößerter Linienstärke!

Haltung – RW geplant DL [2016]

- Alle Details des Rohres sind gezeichnet, sind da, einige davon sind nicht sichtbar (ausschalten). Auch die Mittellinie ist da, aber aus!
- Von allen Details sind ausschließlich Außenwand und Haltungsendlinie sichtbar.

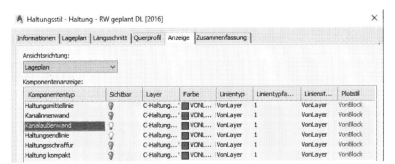

Haltung – RW geplant VL [2016]

- Hier ist wiederum nur die Mittellinie an. Außenwand, End-Linie und alle weiteren Details sind ab geschalten.

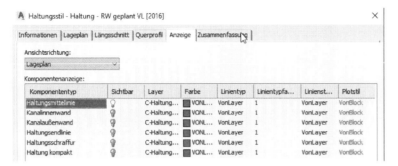

Für die Praxis bedeutet das, jeder Darstellungs-Stil besitzt immer alle Eigenschaften des Objektes und jedes Objekt kann von Projektanforderung zu Projektanforderung mehr oder weniger dieser Eigenschaften zeigen.

Das bedeutet aber auch, der Benutzer sollte alle Eigenschaften des aufgerufenen Darstellungs-Stils verstehen, oder der Name des Darstellungs-Stils sollte verständlich die -Stil-Eigenschaft beschreiben oder wiedergeben. Der Benutzer sollte am Namen erkennen, welche der verfügbaren Objekt-Eigenschaften beim Aufruf des -Stils angezeigt werden und welche Eigenschaften nur ausgeschalten sind, jedoch jederzeit optional zur Verfügung stehen!

2.2.1 Darstellungs-Stil wechseln, austauschen (Planen, Bearbeiten – Plotten, Präsentieren)

Innerhalb einer Projektbearbeitung werden Darstellungs-Stile sicher mehrfach geändert oder gewechselt.

Beispiel: „Achse"

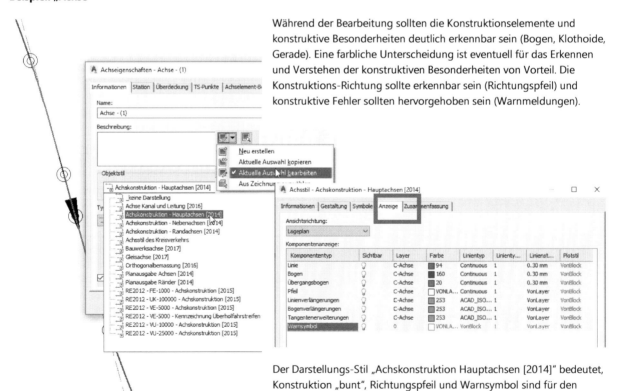

Während der Bearbeitung sollten die Konstruktionselemente und konstruktive Besonderheiten deutlich erkennbar sein (Bogen, Klothoide, Gerade). Eine farbliche Unterscheidung ist eventuell für das Erkennen und Verstehen der konstruktiven Besonderheiten von Vorteil. Die Konstruktions-Richtung sollte erkennbar sein (Richtungspfeil) und konstruktive Fehler sollten hervorgehoben sein (Warnmeldungen).

Der Darstellungs-Stil „Achskonstruktion Hauptachsen [2014]" bedeutet, Konstruktion „bunt", Richtungspfeil und Warnsymbol sind für den Lageplan „AN", das heißt in diesem Fall für „2D".

Gleichzeitig liegen alle Konstruktions-Elemente auf dem Layer „C-Achse" und es wird der Linien-Typ, die Linien-Breite und der Linientyp-Faktor vorgegeben. Ist die Konstruktion der Achse abgeschlossen, so können einige der konstruktiven Besonderheiten in den Hintergrund treten. Um das zu erreichen, kann ein Auftraggeber- bezogener „Darstellungs-Stil" oder ein Plot- bezogener „Darstellungs-Stil" zugeordnet sein.

2 Darstellungs-Stil

Diese Änderung wäre durch den Wechsel zum Darstellungs-Stil „Planausgabe Achsen [2014]" realisierbar.

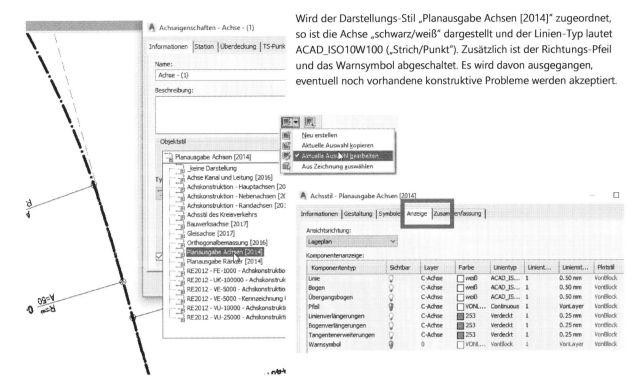

Wird der Darstellungs-Stil „Planausgabe Achsen [2014]" zugeordnet, so ist die Achse „schwarz/weiß" dargestellt und der Linien-Typ lautet ACAD_ISO10W100 („Strich/Punkt"). Zusätzlich ist der Richtungs-Pfeil und das Warnsymbol abgeschaltet. Es wird davon ausgegangen, eventuell noch vorhandene konstruktive Probleme werden akzeptiert.

Der Darstellungs-Stil „Planausgabe Achsen [2014]" bedeutet: Konstruktion „schwarz/weiß", Linien-Typ „Strich/Punkt", Richtungspfeil und Warnsymbol sind „AUS", für die Darstellung im Lageplan (2D).

2.2.2 Darstellungs-Stil „Neu erstellen" (Darstellungs-Eigenschaften ändern)

Soll ein Darstellungs-Stil umfangreich bearbeitet werden, so wird die Funktion „Aktuelle Auswahl kopieren" empfohlen. Im anschließend gezeigten „DGM"-Beispiel wird angenommen, es wird ein Darstellungs-Stil benötigt, der nicht als Bestandteil der „... Deutschland.dwt" vorliegt. Es wird die Funktion „Aktuelle Auswahl kopieren" gewählt.

Hinweis:

Wann und warum „Neu erstellen"?

Diese Funktion ist zu empfehlen, wenn ein generell neuer „Darstellungs-Stil" benötigt wird, bei dem alle Eigenschaften und Einstellungen zu überarbeiten sind.

Wenn ein neuer Darstellungs-Stil erforderlich ist, bei dem alle 4 Ansichten, mit allen Eigenschaften von Layer bis Linientyp für alle Unterelemente neu zu erstellen ist, dann ist eher die Funktion „Neu erstellen" zu wählen.

Wann und warum „Aktuelle Auswahl kopieren"?

Die Grundeistellung passt bei den meisten Eigenschaften für das Objekt. Die angelegten Layer können beibehalten bleiben, diese sind eventuell nicht zu ändern. Der zugeordnete Darstellungs-Stil ist nur in wenigen oder einzelnen Eigenschaften zu ändern. In diesem Fall ist eher „Aktuelle Auswahl kopieren" zu wählen. Ein Darstellungs-Stil hat in bis zu 4 Ansichten, mit durchaus 100 Unter-Einstellungen (Einstellungen für jede einzelne Ansicht!).

Beispiel: „DGM" (Darstellungswechsel 2D - 3D)

In einem DGM sind Haltungen und Schächte dargestellt. Um den schnellen Nachweis zu erbringen, dass alle Haltungen unterhalb des Geländes liegen, kann ein DGM-Darstellungs-Stil unterschiedliche 2D- und 3D-Eigenschaften haben. Das ist möglich, ohne den Darstellungs-Stil am Objekt zu wechseln.

Der aktuell dem DGM zugewiesene Darstellungs-Stil zeigt in der 2D-Ansicht Höhenlinien an. Für die 3D Ansicht könnte es von Vorteil sein 3D-Flächen zu sehen (geschlossene farbige Flächen).

2 Darstellungs-Stil

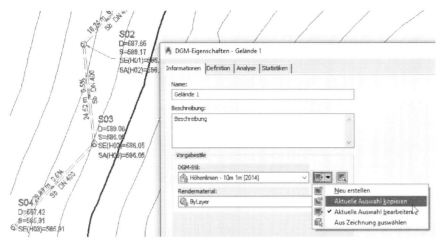

Der Darstellungs-Stil wird kopiert.

Der neue Name sollte die zukünftigen Eigenschaften wiedergeben.

Die 2D-Eigenschaften werden nicht verändert. Es ist nicht erforderlich diese zu ändern.

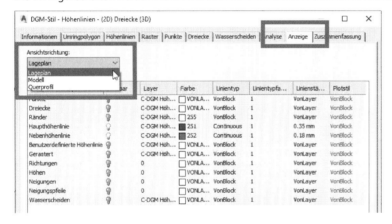

Innerhalb der 3D-Eigenschaft werden die Höhenlinien deaktiviert, die „Dreiecke" eingeschalten und die Farbe Grün zugewiesen. Weitere Eigenschaften werden nicht geändert.

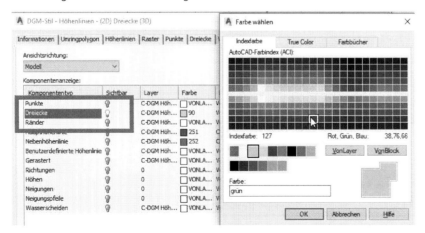

2D-Darstellung   3D-Darstellung „Schattiert" (Ansicht: von links, oben)

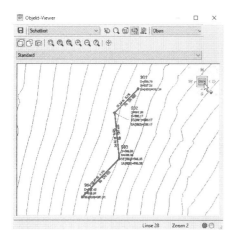

3D-Darstellung „Schattiert" (Ansicht: von links, unten, Ausschnitt) Alle Schächte und Haltungen (Rohre) sind unterhalb des DGMs zu sehen.

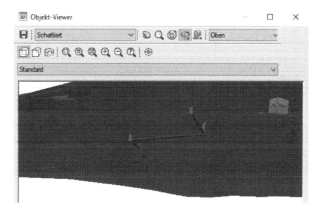

2.2.3 Die Funktion „... Stil bearbeiten" ist eventuell nicht zu empfehlen!

Es gibt die Funktion „DGM"-Stil bearbeiten (diese Funktion gibt es für alle Objekte, „Objekt"-Stil bearbeiten). Die Funktion ist teilweise im Projektbrowser und teilweise bei „Rechtsklick" wählbar. Diese Funktion zu nutzen, wird von mir eher nicht empfohlen (der Autor).

Warum nicht?

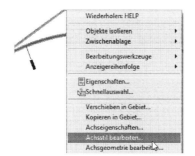

1.   Man erkennt nicht den Namen des Darstellungs-Stils, der dem Objekt zugewiesen ist!

Beispiel: Ein DGM hat den Darstellungs-Stil „Dreiecksvermaschung und Umring" zugewiesen und dieser Darstellungs-Stil wird mit der Funktion in der Art und Weise bearbeitet, dass die Dreiecke nicht mehr zu sehen sind. Zum Beispiel die Eigenschaft „Dreiecke" wird im Lageplan (2D) ausgeschalten. Wenn der Darstellungs-Stil keine Dreiecke mehr zeigt und ganz andere Eigenschaften zu sehen sind, aber der Name „Dreiecksvermaschung und Umring" lautet, so liegt bei vielen die Vermutung nahe, das Objekt wäre defekt. Warum sind keine Dreiecke zu sehen?

Hinweis:

Von einer solchen Eigenschaftenänderung (Darstellungs-Stil) ist der AutoCAD-Layer des Objektes nicht betroffen!

2. Der Darstellungs-Stil, den man bearbeitet, kann mehrfach verwendet sein. Eventuell werden dann bei einer Änderung eines Darstellungs-Stils mehrere Objekte gleichzeitig geändert. Das kann zu großer Verwirrung führen!

„Darstellungs-Stil-Name" und „Darstellungs-Stil-Eigenschaften" sind nicht miteinander verbunden. Der „Darstellungs-Stil-Name" und die „Beschreibung" sollten die Eigenschaften eindeutig wiedergeben, die als „Darstellungs-Eigenschaften" eingestellt sind!

Das Ändern einer „Darstellungs-Stil-Eigenschaft" sollte immer auch eine Änderung des „Darstellungs-Stil-Namens" oder auch der Darstellungs-Stil-Beschreibung einschließen.

2.2.4 „keine Darstellung" (Objekte ausschalten)

Wenn alles über Stile (Darstellungs-Stile) gesteuert ist, stellt sich die Frage, wie schalte ich ein Objekt aus und wieder an? Wie macht man im Civil 3D ein Objekt sichtbar oder unsichtbar, eventuell ist die Option Objektlayer, Modifikator nicht aktiviert, das heißt ein zielgerichtetes Ein- und Ausschalten einzelner Objekte mit Hilfe der Layer-Steuerung ist nicht zu empfehlen oder nicht möglich.

Hinweis:

- Wenn diese Funktion nicht aktiviert ist, liegen alle technisch gleichen Objekte auf dem gleichen Layer, dem Objekt-Layer.

Folgende Alternative ist in der „...Deutschland.dwt" zu empfehlen. Für einen Großteil der Objekte ist der Darstellungs-Stil „_keine Darstellung" vorgegeben. Wird der Darstellungs-Stil „_keine Darstellung" ausgewählt, so sind im Objekt alle Unterobjekte ausgeschalten und damit das Objekt selbst nicht mehr sichtbar! Mit der Auswahl dieses Darstellungs-Stils ist gleichzeitig am Objekt, als Objekteigenschaft die „Unsichtbarkeit" dokumentiert. Das Objekt ist da aber im Moment nicht sichtbar, „_keine Darstellung".

Beispiel: „DGM"

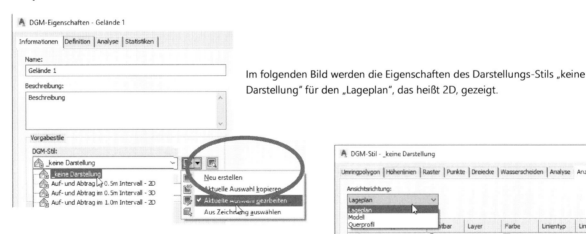

Im folgenden Bild werden die Eigenschaften des Darstellungs-Stils „keine Darstellung" für den „Lageplan", das heißt 2D, gezeigt.

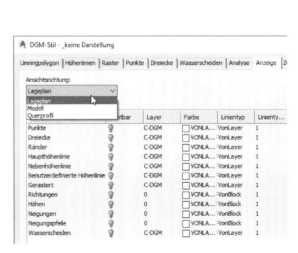

Alle Unterobjekte sind in diesem -Stil ausgeschalten.

3 Darstellungs-Stil-Eigenschaften, Liste der Darstellungs-Optionen

3.1 Punkt (Civil 3D-, COGO-Punkt), Begriffsdefinition

Der „Civil 3D Punkt" ist in keiner Weise mit dem AutoCAD-Punkt, einem Block oder einer im Civil 3D zusätzlich vorhandenen Punkt-Kategorie, dem DGM-Punkt zu verwechseln.

Hinweis:

Im Civil 3D wird der Nutzer durchaus mit bis zu 6 Kategorien von „Punkten" konfrontiert. Sechs Kategorien, die umgangssprachlich als „Punkt" bezeichnet werden. Technisch verlangen alle diese sechs Punktkategorien eigene Funktionen, Befehle und eine eigene Arbeitsweise.

- AutoCAD – Punkt
- AutoCAD – Block (AutoCAD – Block mit- und ohne Attribut)
- AutoCAD – Gruppe
- MAP -Kartenobjekt
- Civil 3D – Punkte (COGO – Punkt)
- Civil 3D – DGM Punkt

Der Civil 3D – Punkt (in der Hilfe auch COGO-Punkt genannt) ist ein Datenbank-Punkt (der Autor). Das heißt dem Punkt ist eine Datenbank hinterlegt, deren Eigenschaften zur Symboldarstellung und zur Beschriftung benutzt werden kann. Diese Datenbank ist erweiterbar, so dass Eigenschaften am Punkt geführt werden können, die nicht zum klassischen Vermessungspunkt gehören (Beispiel: Vermessungsdatum, Name des Vermessers)

3.1.1 Punkt (Civil 3D-, COGO-Punkt), Punkt-Stil (Symbol)

In diesem Abschnitt wird das Civil 3D-Punkt-Symbol (Punkt-Stil erläutert). Dazu wird ein neuer „Punkt-Stil" angelegt.

Information

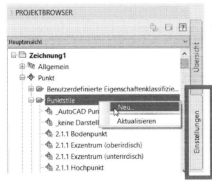

In der Karte „Information" wird der Name vergeben (Punktbezeichnung). Der vorgegebene Name „Neuer Punktstil" wird für die Beschreibung nicht geändert.

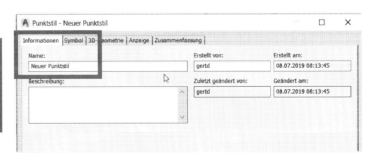

Die Darstellungs-Stile werden insgesamt von rechts nach links gelesen oder vorgestellt. Dabei hat die Karte „Zusammenfassung" eine Sonderstellung. Die wichtigste Karte ist in jedem Darstellungs-Stil die Karte „Anzeige".

Zusammenfassung

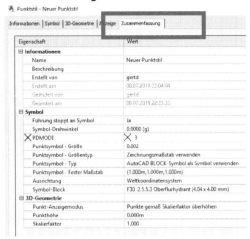

In jedem Darstellungs-Stil, wie auch als Bestandteil des Punkt-Stils, werden auf der letzten Karte „Zusammenfassung" alle getroffenen Einstellungen nochmals wiederholt und in kompakter Form dargestellt.

Hinweis-1:

In den nachfolgenden Kapiteln wir diese Karte „Zusammenfassung" eher nicht mehr gezeigt oder die Karte „Zusammenfassung" wird selten erläutert, weil diese Karte alle Karten vorher (rechts von „Zusammenfassung") lediglich nochmals in komprimierter Form zeigt oder wiederholt.

Der erfahrene Benutzer wird auf dieser Karte Einstellungen vornehmen. Diese Karte lässt auch Eingaben zu.

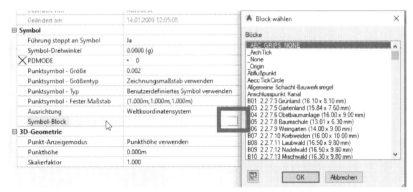

Hinweis-2:

Der Zugang zur Bearbeitung (Feld) ist oftmals unterschiedlich. Teilweise ist in der Spalte „Wert" auf der entsprechenden Zeile, im Feld links oder rechts auf ein spezielles Symbol zu „klicken" oder es ist in das Feld selbst zu klicken. Die richtige Vorgehensweise ist nicht immer einfach zu erkennen.

Anzeige

Auf der Karte „Anzeige" werden für den Civil 3D -Punkt die Sichtbarkeits-, Layer-, Farbe-, Linientyp- und Linienstärke-Eigenschaften vorgegeben. Diese Einstellungs-Optionen sind für vier Ansichten einstellbar.

- Lageplan (2D-Darstellung)

Der Punkt kann einen Layer für das Symbol und einen Layer für die Beschriftung vorgegeben bekommen. Wie bei allen anderen Darstellungs-Stilen auch, sind die bereits angelegten Layer frei wählbar oder änderbar. Innerhalb der Layer Auswahl besteht auch die Option neue AutoCAD-Layer anzulegen („Neu").

Es gibt Sonderbedingungen, bei denen man den Layer „Null" eingestellt lässt (Siehe letztes Kapitel „Stilbesonderheiten"). Und es gibt Rahmenbedingungen, die einen besonderen Layer erfordern. Das hängt stark mit der Zusammenarbeit und der Weitergabe der Daten in digitaler Form oder Papier zusammen.

Hinweis-1:

Die hier aufgerufenen- oder neu angelegten Layer entsprechen der AutoCAD-Layer-Funktion und sind AutoCAD kompatibel. Es gibt keine spezifischen Civil 3D Layer.

Hinweis-2:

In den 4 Ansichten können abweichende Einstellungen vorliegen, die durchaus nicht unbedingt mit „Logik" zu erklären sind. Die in der „… Deutschland.dwt" angelegten Voreinstellungen entsprechen vielfach den Anforderungen im Straßenbau oder werden mit der Zielstellung Civil 3D erfolgreich zu präsentieren vorgenommen.

- Modell (3D-Darstellung)

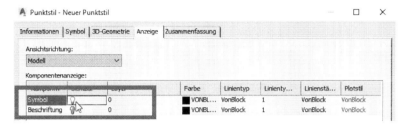

Es wird nur das Symbol gezeigt. Die Punktbeschriftung ist ab geschalten.

- Längsschnitt (Höhenplan)

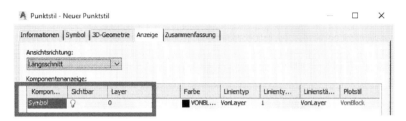

- Querprofil (Querprofilplan)

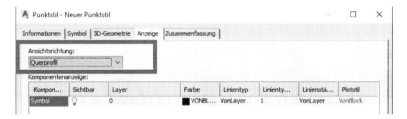

3D-Geometrie

Auf der Karte 3D-Geometrie ist die verwendbare Höhe steuerbar. In den meisten Fällen wird „Punktehöhe verwenden" gewählt, so entspricht die Höhe dem „Z"-Wert.

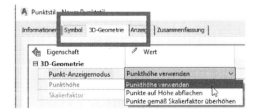 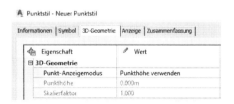

Mit der Funktion „Punkte auf Höhe abflachen" ist eine Höheneingabe, Höhenvorgabe möglich. Im Extremfall kann die Höhe auf „Null" gesetzt sein.

3 Darstellungs-Stil-Eigenschaften, Liste der Darstellungs-Optionen

Optional wird das „Skalieren" der Punkthöhe angeboten. Damit ist eine Überhöhung der Punkthöhe möglich.

Alle diese Option der Steuerung von Punkthöhen außer „Punktehöhe verwenden" entsprechen eher nicht der klassischen Vermessung und den klassischen Vorgehensweisen einer Planung. Punkthöhen und später auch DGM-Eigenschaften sollten das Gelände besser 1:1 abbilden. Längsschnitte (Civil 3D Höhenplan) und Querprofil-Pläne (Profilansichten) bekommen, wenn erforderlich eine Überhöhung. Eine eventuelle positive oder negative Überhöhung in der Schnitt-, oder Profil-Ansicht zu wählen, wäre eher der klassische Weg innerhalb einer Infrastruktur-Planung.

Symbol

Die Karte „Symbol" beinhaltet die Symbolzuweisung. Es gibt drei wesentliche Einstellungen, die für das Erzeugen des Punktsymbols zu nutzen sind.

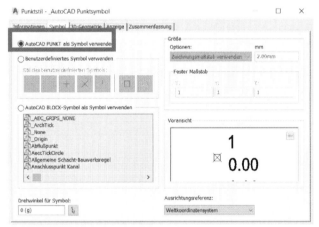

Zuerst wird die Option „AutoCAD-Punkt als Symbol verwenden" gezeigt.

Die unter Arbeitsbereich „Zeichnung und Beschriften", Dienstprogramme, Punktstil aufgerufene Einstellung wird in diesem Fall als Punktstil (Punktsymbol) verwendet.

Arbeitsbereich: „Zeichnen und Beschriften"

Hinweis-1:

Die allgemeine Voreinstellung für das AutoCAD-PUNKT Symbol ist „Dot". Dieser kleine „Klecks" wird oftmals nicht wahrgenommen! Es wird bei Auswahl dieses Punkt-Darstellungs-Stils eine Änderung auf ein anderes Symbol empfohlen.

 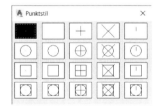 

3 Darstellungs-Stil-Eigenschaften, Liste der Darstellungs-Optionen

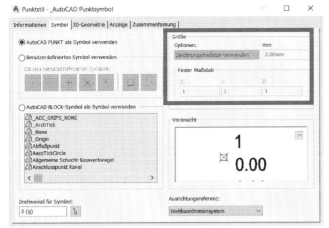

Hinweis-2:

Die Punkt-Stil Einstellungen „verhältnismäßig zum Bildschirm" oder „in absoluten Einheiten" ist zu beachten. Diese Einstellung gehört zum Standard-Funktionsumfang von AutoCAD und sollte mit dem Civil 3D Punkt-Darstellungs-Stil nicht verwechselt werden!

Die Kategorien „Größe" und „Optionen" sind im Fall „AutoCAD PUNKT als Symbol verwenden" nicht aktivierbar.

Wird die Option „Benutzerdefiniertes Symbol verwenden" aktiviert, so sind als Bestandteil von Civil 3D vorbereitete Symbole aufrufbar.

Diese vorbereiteten Symbole können mit „Größen-Optionen" kombiniert sein. Zu empfehlen sind entweder die Voreinstellung „Zeichnungsmaßstab verwenden" oder „Größe in absoluten Einheiten verwenden".

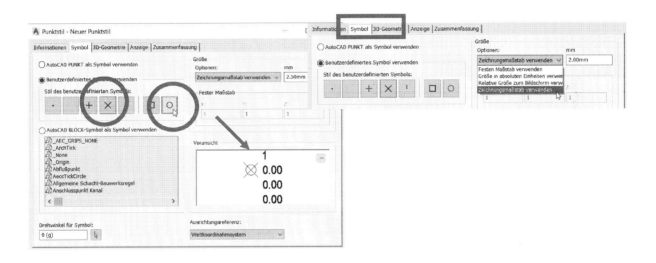

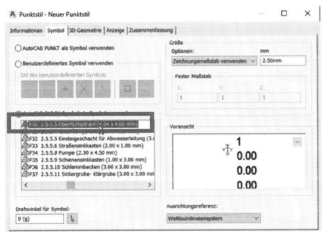

Die dritte Option ist der Aufruf eines Blockes als Punktsymbol.

Als Bestandteil der „...Deutschland.dwt" sind bereits Blöcke geladen (die Blöcke entsprechen der RAS-VERM) und sind damit als Punktsymbol innerhalb der noch leeren Zeichnung verfügbar.

Die Liste der geladenen Blöcke ist als Bestandteil der Funktion „Einfügen" sichtbar. Beispielhaft wird hier das Symbol „Oberflur-Hydrant" gezeigt.

3 Darstellungs-Stil-Eigenschaften, Liste der Darstellungs-Optionen

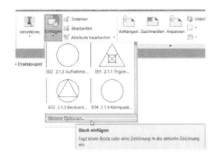
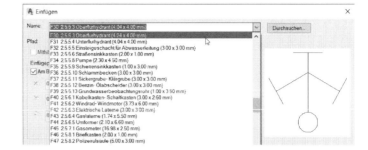

Für diese Option wird ebenfalls die
Schaltflächen „Größe" freigegeben. Die als Punkt-Symbol aufgerufenen Blöcke sind mit „Größen-Optionen" kombinierbar. Zu empfehlen ist entweder die Voreinstellung „Zeichnungsmaßstab verwenden" oder „Größe in absoluten Einheiten verwenden".

Blockaufruf als Symbol: Darstellungs-Optionen (Größe) und Block:

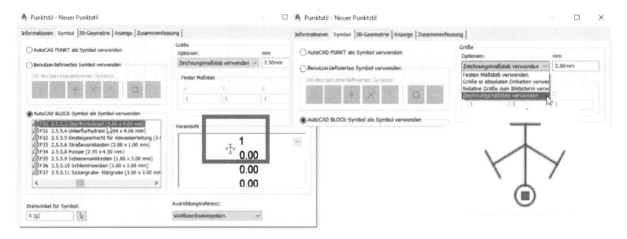

3.2 Punktdateiformate, Importformat

Der Import von Vermessungspunkten, das Lesen der Spalten für Punktnummer, Rechtswert, Hochwert, Punkthöhe und eventuell Vermessungs-Code wird auch durch einen Stil gesteuert. Es gibt bereits für die am häufigsten vorkommenden Punktdateien vorbereitete Import-Formate (Stile). Civil 3D bietet aber auch an, eigene Import-Formate zu entwickeln oder zu schreiben.

Werden eigene Punktdateiformate geschrieben, so ist ein Austausch dieser Eigenschaften zwischen Zeichnungen per Drag & Drop möglich. Diese Punktdateiformate verhalten sich wie alle anderen Stile.

Die Buchstaben in der Namensgebung der Formate stehen für Datenbank-Felder und haben folgende Bedeutung:

    P – Punktnummer (es sind nur numerische Werte zugelassen, nur mathematisch eindeutige Zahlen oder Zahlenfolgen)
    N- Punkt-Name (zweite -, von der Punktnummer unabhängige Punktbezeichnung. Hier sind alphanumerische Werte zugelassen.)
    R- Rechtswert, X-Koordinate
    H- Hochwert, Y-Koordinate
    Z- Punkthöhe, Z-Koordinate
    B- Beschreibung, Kurzbeschreibung, entspricht dem deutschen „Vermessungs-Code"

Das nächste Bild zeigt eine Auswahl solcher Punktdatei-Import-Stile (-Formate).

3 Darstellungs-Stil-Eigenschaften, Liste der Darstellungs-Optionen

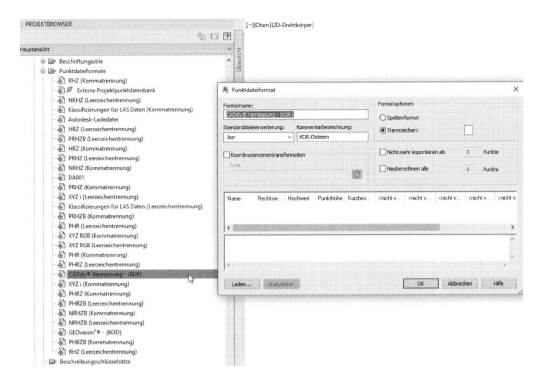

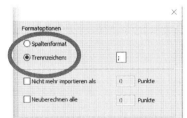

Vorbereitet ist der Import für Trennzeichen „Komma" und „Leerzeichen".

Es ist jedoch auch möglich eigene Importformate zu definieren mit einer eigenen Datenreihenfolge und Semikolon oder Tabulator als Trennzeichen (Spaltenformat).

Für einen Punktimport stehen folgende weitere vorbereitete Datenbank-Felder zur Verfügung.

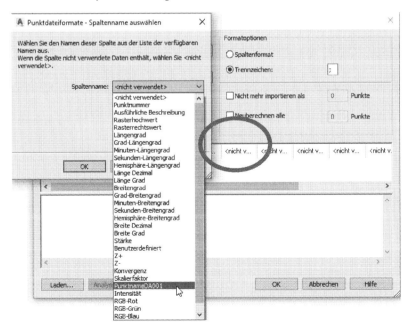

Diese Datenbankfelder sind zusätzlich noch erweiterbar, um eigene Themen in die Datenbank zu übernehmen. Die im Bild gezeigte Funktion ist Bestandteil des Projektbrowser, Karte „Einstellungen".

3 Darstellungs-Stil-Eigenschaften, Liste der Darstellungs-Optionen

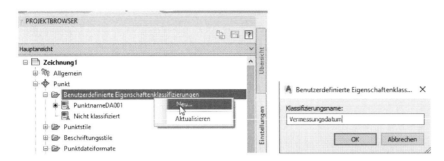

Jede neue Eigenschaft ist hinsichtlich des Daten-Formates zu klassifizieren.

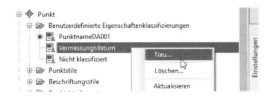

Ist das Datenbank-Feld erstellt, so kann es als Bestandteil eines Importformates verwendet werden.

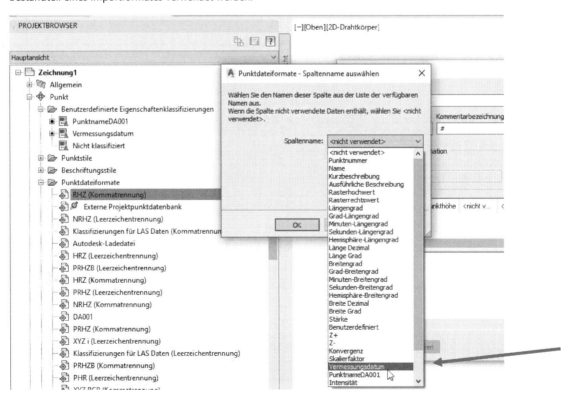

3.3 Beschreibungsschlüsselsatz (Vermessungs-Code-Zuordnung, Vermessungs-Code-Tabelle)

Der Beschreibungsschlüssel-Satz (deutsch: Code-Tabelle) ist ein Stil, der die Zuordnung von Vermessungs-Code (Civil 3D: „Kurzbeschreibung") und Punktsymbol (Civil 3D: „Punkt-Stil") steuert.

Die Liste der „Beschreibungsschlüsselsätze" ist in der „... Deutschland.dwt" leer, weil es in Deutschland keine Norm gibt, die eindeutig festlegt, welches Symbol („Punkt-Stil") welchem Vermessungs-Code („Kurzbeschreibung") zu zuordnen ist.

Aus diesem Grund kann kein Beschreibungsschlüssel von Autodesk für Deutschland vorbereitet sein.

In der Praxis legt jeder Vermesser selbst fest, wie der Vermessungs-Code (Civil 3D: „Kurzbeschreibung") für einen Baum, ein Straßenrand oder eine Hausecke lautet. Diese Kurzbeschreibung wird als 3-stellige, 4-stellige oder auch 5-stellige Zahlenfolge überall frei festgelegt.

Im Beschreibungsschlüsselsatz ist eingetragen, welcher Zahlenfolge welche Punkteigenschaft zu zuordnen ist. Hier kann neben dem Punkt-Stil (Symbol) auch die Punkt-Beschriftung (Beschriftungs-Stil), ein übergeordneter Layer und vieles mehr aufgerufen sein.

Dieser „Beschreibungsschlüsselsatz" ist einmalig neu anzulegen. Wird ein eigener „Beschreibungsschlüsselsatz" geschrieben, so ist ein Austausch dieser Eigenschaften zwischen Zeichnungen per Drag & Drop möglich. Dieser Beschreibungsschlüsselsatz verhält sich wie alle anderen Stile.

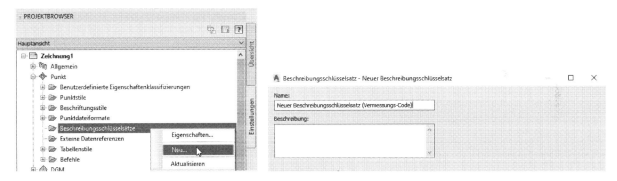

Der Beschreibungsschlüssel ist anschließend zu bearbeiten, Funktion „Schlüssel bearbeiten".

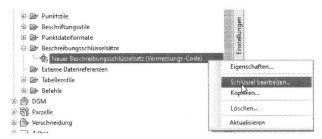

Der Beschreibungsschlüssel-Satz kann vor dem Punktimport erstellt sein, er kann aber auch nach dem Punkt-Import erstellt, bearbeitet oder per Drag & Drop bereitgestellt werden. Der Zeitpunkt der der Bereitstellung spielt keine Rolle.

Schritt für Schritt werden jedem Vermessungs-Code Eigenschaften wie Punktstil (Symbol) und Beschriftung (Punkbeschriftungs-Stil) zugewiesen.

Alle in der Zeichnung bereits erstellten Punkt-Stile, Beschriftungs-Stile und Layer sind frei wählbar.

Das nächste Bild zeigt einen Beschreibungsschlüsselsatz erstellt für einen Punkt-Code und die Symbolzuweisung zum Vermessungs-Code „040" (Civil 3D: Kurzbeschreibung).

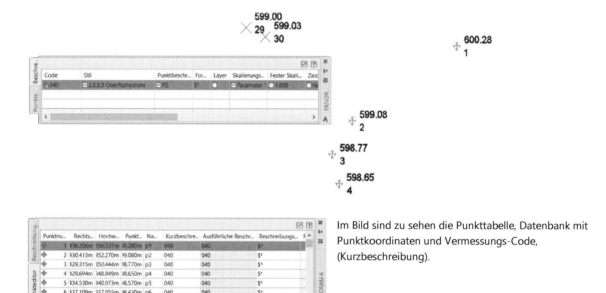

Im Bild sind zu sehen die Punkttabelle, Datenbank mit Punktkoordinaten und Vermessungs-Code, (Kurzbeschreibung).

3.4 DGM (Digitales Geländemodell), Begriffsdefinition

Civil 3D erstellt eine ganze Reihe eigner Objekte, die teilweise anders bezeichnet sind, wie in fachlich ähnlicher Software, deutscher Software oder Software, die sich an einen ähnlichen Kundenkreis richtet. Zum Teil gibt es auch Objekte mit gleicher Bezeichnung, diese sind jedoch technisch komplett anders zu handhaben oder haben neue technische Eigenschaften. Genauso wie Civil 3D nicht AutoCAD ist, ist auch in der gesamten CAD-Welt, DGM nicht immer gleich DGM!

Der Begriff DGM ist ein Sammelbegriff für eine geschlossene Fläche, geschlossene Oberfläche (engl. „Surface", deutsch DGM, „Digitales Geländemodell"). Warum wird diese „geschlossene Oberfläche" (DGM) gebraucht?

Der Vermesser liefert Punkte (Höhepunkte), die in einer einzelnen Position die Höhe des Geländes, des Bezugshorizontes beschreiben. Dabei kann er nicht wissen, wo die Planung eventuell die Achse, die Schnittlinie oder der Straßenachse verlaufen werden oder wo Elemente der Planung später eingezeichnet sind. Der Vermesser liefert diese Punkte nur mit dem Anspruch die „Ist"-Situation, die wahre Geländesituation möglichst genau zu beschreiben. Diese Beschreibung kann zuerst nur im „Punkt" erfolgen.

- Vermessungspunkte, punktuelle Information

Auch im Fall Laser-Scanner ist das nicht anders. Hier wird lediglich die Anzahl der Punkte größer sein und damit wird die „Ist-Situation" eventuell besser beschrieben. Aber man kann auch hier nicht davon ausgehen, dass die Konstruktion entlang dieser Laser-Punkte führt oder diese Punkte berührt. Im Bild ist eine Achse dargestellt, die keine der Vermessungs-Punkte berührt.

- Konstruktionselement „Achse"

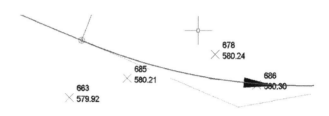

Ein DGM verbindet die Vermessungspunkte linear miteinander und stellt so eine geschlossene Fläche her. Schneidet das Konstruktionselement diese verbindenden „Linien" (Linien oder Kanten des DGMs) so kann der Rechner eine Höhe bestimmen.

Der Rechner ermittelt den Schnittpunkt der Konstruktionslinie mit der Dreiecksflächen-Kante und interpoliert die Höhe in der Regel linear. Das heißt, aus dem Schnittpunkt mit der Dreiecks-Kante wird die Höhe berechnet. Dieser berechnete Schnittpunkt ist später die Voraussetzung für den Längsschnitt, den Höhenplan, die Querprofilpläne oder Mengenberechnungen.

- Schnittpunkte zwischen DGM-Kante (LINIE, grün) und Achse

- abgeleiteter Höhenplan (Längsschnitt mit Höhenplan und Bandbeschriftung)

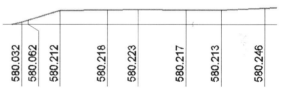

Diese Technik, Herstellung eines DGMs oder virtuelle Reproduktion der realen Geländesituation am Computer, ist seit langem Stand der Technik und wird in jeder Infrastruktur-Software benutzt, um den Bezug zum Gelände herzstellen (Vermessung, Straßenbau, Kanal Rohre/Leitung, usw.).

Das DGM ist die wichtigste Voraussetzung, an Hand der virtuellen Gelände-Situation und innerhalb einer Planungs-Fläche, die Position für das Planungsobjekt berechnen zu können.

Worin besteht nun der Unterschied zwischen dem Civil-DGM und DGMs anderer Software?

Benutzt man zum Test den DXF-Datenaustausch. Das heißt, lässt man sich Zeichnungen anderer Software-Hersteller, die ein DGM enthalten, im DXF-Format schicken und öffnet diese im Civil 3D, so bekommt man kein Civil 3D – DGM angezeigt.

Untersucht man die gelieferten Zeichnungsbestandteile, so entsteht folgender Eindruck (Einschätzung des Autors).

- Software-Hersteller wie Zum Beispiel „Caddy ++" liefern unter dem Begriff „DGM" AutoCAD-Linien mit 3D-Eigenschaften.
- Hersteller von AutoCAD-Applikationen liefern unter dem Begriff „DGM" das Zeichnungselement „3D-Fläche".
- Landes-Vermessungsämter liefern unter dem Begriff „DGM-1", DGM-5" oder „DGM-10" Koordinaten-Punkte (x-Koordinate, y-Koordinate, z-Koordinate) im Rasterabstand der Bezeichnung.

Das heißt für den Anwender „DGM" ist nicht gleich „DGM". Bei nahezu jeder ähnlich gelagerten Software, die auch ein DGM als Basis der Konstruktion erstellt, ist davon auszugehen, dass ein „Software-spezifisches" Konzept für das DGM vorliegt.

3 Darstellungs-Stil-Eigenschaften, Liste der Darstellungs-Optionen

Der Begriff „DGM" unterliegt einer Entwicklung, die einher geht mit der Entwicklung der Hardware. Das Objekt DGM ist von Software-Hersteller zu Software-Hersteller technisch sehr verschieden. Das Gleiche ist immer nur der Begriff, der technische Hintergrund kann sehr weit abweichen!

Das CIVIL 3D-DGM ist für 64bit Software entwickelt. Man muss sogar sagen, das Civil 3D-DGM geht weit über die bisherigen Vorstellungen eines DGMs hinaus. Das Civil 3D-DGM berechnet gleichzeitig als Bestandteil des DGMs mehrere Unterobjekte.

Ein Civil 3D DGM ist mehr als „Dreiecke" und Interpolation von Punkt-Höhen in jeder Position. Das Civil 3D-DGM kann viel mehr!

Im folgenden Text werden diese Unterobjekte erläutert und es wird gleichzeitig auf deren Funktion eingegangen. So zeigt zum Beispiel der Darstellungs-Stil „Dreiecksveraschung und Umring" (voreingestellter erster Darstellungs-Stil), beim Neu-Erstellen eines DGMs augenscheinlich nur Dreiecke und den Umring in grün. In Wahrheit besitzt das DGM jedoch bereits im Hintergrund mehrere Elemente, die noch unsichtbar sind.

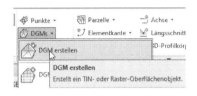 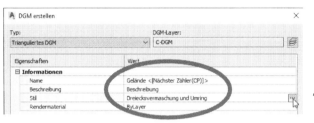

Wird ein neues DGM angelegt, so wird auf der Karte Information der Name des Darstellungs-Stils vergeben. Es gibt Hinweise zum Autor des Darstellungs-Stils und zum Zeitpunkt der Erstellung. Die Karten Information gehört in dieser Form zu jedem Darstellungs-Stil.

Lesen und Kontrollieren eines jeden Darstellungsstils erfolgten von rechts nach links.

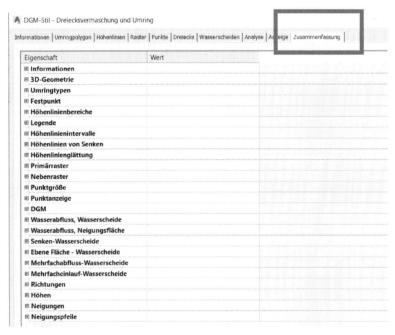

Hinweis:

Die Karte „Zusammenfassung" wird in der nachfolgenden Beschreibung nicht näher erklärt. Die Karte „Zusammenfassung" beinhaltet lediglich in kompakter Form alle Eigenschaften (links von Zusammenfassung).

Die Eigenschaften aller anderen Karten werden im Einzelnen erläutert. Der technisch interessante Teil beginnt mit der Karte „Anzeige".

3 Darstellungs-Stil-Eigenschaften, Liste der Darstellungs-Optionen

Der Darstellung-Stil steuert auch hier mehrere Ansichten. Im Fall DGM werden drei Ansichten angeboten. Das Civil 3D DGM ist eine neue Generation von DGM mit einer technischen Aussagekraft für alle Sparten der Infrastruktur-Planung. Die technischen Aussagen werden gleichzeitig für mehrere Ansichten angeboten „Lageplan" entspricht 2D, „Modell" entspricht 3D und „Querprofil" entspricht der y-z Ansichtsrichtung.

- Lageplan (2D)

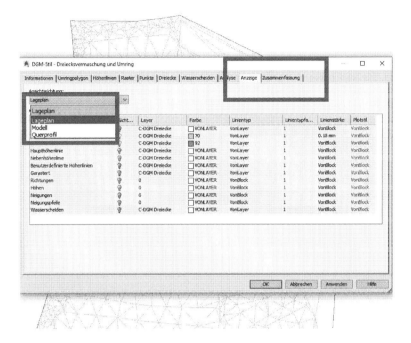

- Modell (3D)

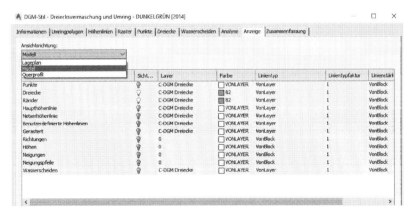

- Querprofil

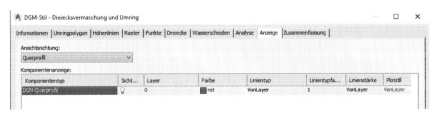

Hinweis:

Ab der Version 2019 sollte im Modell (3D) die Rand-Option „Ränder" ab geschalten sein. Die Option „Ränder" führt zu einer zusätzlichen Fläche, die vor allem in der 3D-Darstellung („Modell") störend sein kann. Eventuell ist dieser störende Effekt abhängig von der verwendeten Grafikkarte.

Diese Art von Software und das komplette Beherrschen dieser Software kann alle bisherigen Abläufe und Arbeitsschritte (Leistungsphasen) verändern.

3 Darstellungs-Stil-Eigenschaften, Liste der Darstellungs-Optionen

Man kann mit dem Auftraggeber Online-Diskussionen, Online-Präsentationen führen oder vorbereiten, um eventuell die Anzahl von ausgeplotteten Projekt-Varianten zu verringern.

Die folgenden zwei Bilder zeigen Einstellung eines einzelnen DGMs mit einer 2D-Darstellung, Höhenlinien im Abstand 1m, zusätzlich dazu eine Höhenlinien-Beschriftung und ein MV-Block (Baum) und anschließend den Wechsel in eine 3D-Darstellung (Modell).

Ansicht: Lageplan (oben)

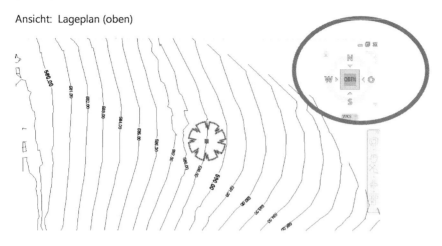

Ansicht: 3D-Darstellung des gleichen DGMs (leicht gekippt)

Ein- und derselbe Darstellungs-Stil kann für 2D und 3D unterschiedliche Darstellungs-Varianten enthalten. Der Wechsel hin zu der farblichen 3D-Darstellung ist voreingestellt und erfolgt automatisch mit dem Wechsel der Ansicht.

Hinweis:
Im Civil 3D empfiehlt es sich die Objekte für eine Darstellung im
3D extra auszuwählen und anschließend den „Objekt-Viewer" zu benutzen.
Im Objekt-Viewer ist die Auswahl der visuellen Stile zu beachten. Es wird „Schattiert" oder „Realistisch" empfohlen.

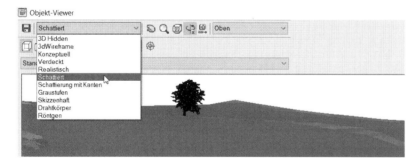

Das Navigieren und Orientieren im 3D ist mit dem „Objekt-Viewer" unter der Beachtung einer reduzierten Objekt-Auswahl einfacher.

Es steht zu jedem Objekt eine 3D-Darstellung sofort und zeitgleich zur Verfügung.

Diese 3D-Darstellung kann das Projekt, die Projektdiskussion innerhalb einer Firma oder das Gespräch mit dem Auftraggeber unterstützen.

Hinweis:

Die Beschreibung der Bestandteile des Civil 3D DGMs bezieht sich in diesem Buch im Wesentlichen auf den „Lageplan" (2D) und „Modell" (3D). Die dritte Ansicht „Querprofil" ist für ein einzelnes DGM eher unbedeutend, weil diese Ansicht im Querprofilplan nochmals abweichend ausgewählt werden kann. Die Ansicht „Querprofil" gilt eher für den Fall „3D-Profilkörper" und die Funktion „3D-Profilkörper-Querprofil-Editor".

In der „3D-Profilkörper-Querprofil-Editor"-Ansicht „Querprofil" ist das DGM in der eingestellten „Querprofil-Ansicht" zu sehen. Das folgende Bild zeigt diese Ansicht.

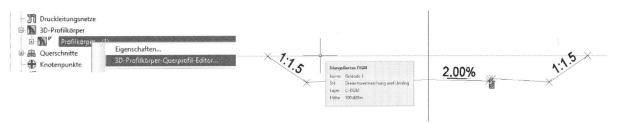

Es wird empfohlen im Querprofil-Plan später eine eigene DGM-Darstellung zu wählen, die meist von der im Darstellungs-Stil gezeigten Form abweicht. Im Querprofil-Plan ist eine eher kontrastreiche Darstellung zu allen anderen Objekten des Querprofil-Plans von Interesse.

3.4.1 DGM-Darstellungs-Stil

Für das Buch, diese Beschreibung der DGM-Eigenschaften, wird ein neuer „DGM-Stil" angelegt (Darstellungs-Stil). In der Karte „Information" wird der Name vorgegeben (Stil-Bezeichnung). Der automatisch eigetragene Name „Neuer DGM-Stil wird hier nicht geändert.

Die Erläuterung der DGM-Darstellungs-Stile muss von rechts nach links erfolgen, beginnend mit der Karte „Anzeige".

3 Darstellungs-Stil-Eigenschaften, Liste der Darstellungs-Optionen

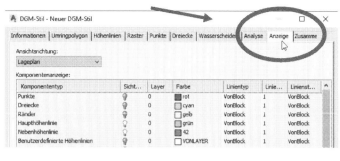

Im Fall DGM-Darstellungs-Stil ist zu beachten, dass die Karte „Anzeige" und die dazugehörige Objekteigenschaft als Einheit zu sehen sind (Karten links von „Anzeige").

Das heißt, nur wenn die DGM Eigenschaft „Höhenlinien" an geschalten ist, so ist die Karte „Höhenlinien" zu beachten. Hier sind die Eigenschaften der angezeigten Höhenlinien definiert.

Unabhängig von der Sichtbarkeit werden alle Elemente der Karte „Anzeige" gleichzeitig berechnet und liegen immer vor.

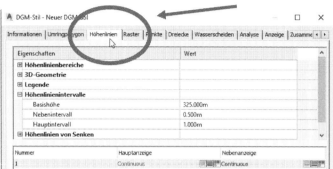

Höhenlinien (Haupthöhenlinie, Nebenhöhenlinie)

Für die folgenden Bilder werden nur Haupt- und Nebenhöhenlinie eingeschaltet.

- Lageplan (2D):

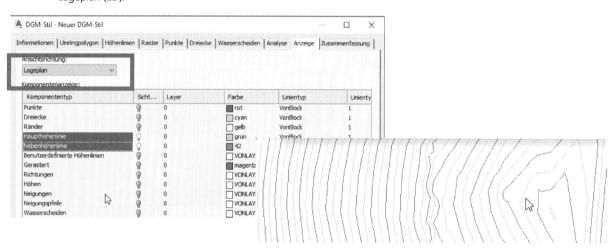

- Modell (3D)

Für das Modell wird eine im Detail abweichende Einstellung gewählt. Der Sinn der abweichenden Einstellung wird zu einem späteren Zeitpunkt erläutert.

- Querprofil

Eine Einstellung für das Querprofil existiert, ist jedoch technisch hier eher ohne Bedeutung.

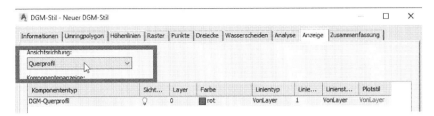

Im Fall die Höhenlinien werden eingeschalten, so sollten die Eigenschaften der dazugehörigen Karte, hier „Höhenlinien", kontrolliert werden.

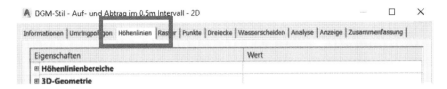

Die Einstellungen auf der Eigenschaften-Karte „Höhenlinien" ist sehr umfangreich und entspricht allen Vorstellungen oder Anforderungen, die alle Bereiche der Infrastruktur-Planung betreffen und weltweit zu dem Thema nachgefragt werden. Aus diesem Grund gibt es auch Eigenschaften oder Funktionen, die keiner deutschen Norm entsprechen und daher in Deutschland unverständlich erscheinen.

Hinweis:

In einigen DGM-Darstellungs-Stilen der „…. Deutschland.dwt" sind einzelne amerikanische Darstellung oder Eigenschaften (Höhenlinien von Senken) auch innerhalb von deutschen Darstellungs-Stilen an geschalten also nicht deaktiviert (Stand 01.01.2020)!

Die Werte diese Eigenschaften werden nachfolgend erläutert.

Höhenlinienbereiche

Unabhängig von der Karte „Anzeige" kann die Farbgebung an dieser Stelle überschrieben sein.

Beispiel: Für die Darstellung einer Wasseroberfläche werden Höhenlinien benötigt, die in Abhängigkeit von der Wassertiefe den Farbton „Blau" variieren.

Mit den Optionen der Karte Höhenlinien ist eine Variation von Höhenlinienbereiche möglich, die den Farbton in Abhängigkeit von einer Eigenschaft variieren können. Eine solche Eigenschaft kann, zum Beispiel, die angesprochene Wassertiefe sein.

- Haupt-Farbschema, Neben-Farbschema

Die Farben für Haupt- und Nebenhöhenlinien sind variierbar innerhalb vorgegebener Schemata.

3 Darstellungs-Stil-Eigenschaften, Liste der Darstellungs-Optionen

- Werte gruppieren nach, Anzahl der Bereiche, Bereichsgenauigkeit, Farbschema verwenden

Die Art der Berechnung ist vielfältig variierbar. Dazu gehört, dass die Anzahl der Bereiche und die Bereichsgenauigkeit gesteuert werden kann und diese zusätzliche Farbgebung ist aktivierbar und deaktivierbar.

Im folgenden Bild ist die Beschreibung der Funktion „Werte gruppieren nach" dargestellt. Der Text ist eine Kopie aus der Civil 3D Hilfe (Civil 3D, Originaltext):

Gruppieren nach

Gibt die Eigenschaften für die Richtungsbereicherstellung an:

- **Gleiches Intervall**: Unterteilt die Daten in die angegebene Anzahl von Bereichen, angefangen beim Mindestwert bis zum Höchstwert. Bei dieser Methode werden die Daten häufig zu allgemein dargestellt, wobei sich viele Werte in einer Gruppe und in den anderen Gruppen eher weniger Werte befinden können.
- **Quantil**: Unterteilt die Daten so, dass die angegebene Anzahl von Bereichen jeweils eine gleiche Anzahl von Werten enthält. Diese Methode wird auch als Gleiche Anzahl bezeichnet und eignet sich am besten, wenn die Datenwerte linear, d. h. gleichmäßig verteilt sind.
- **Standardabweichung**: Berechnet und teilt die Daten basierend darauf, inwieweit die Datenwerte vom arithmetischen Mittelwert abweichen. Diese Methode ist am effektivsten, wenn die Daten eine in etwa normale Verteilung zeigen (glockenförmiger Bogen). Wegen dieser Bogenvorgabe ist es am sinnvollsten, sie für eine gerade Anzahl von Bereichen zu verwenden. Standardabweichungen werden oft verwendet, um hervorzuheben, wie weit unter bzw. über dem Mittelwert ein bestimmter Wert liegt.

Diese in „Höhenlinienbereiche" getroffenen Einstellungen führt im unteren Bereich der Maske zu einer Liste von Werten, die die Farbvorgabe der Karte Anzeige überschreiben. Die Darstellung der Linien kann zusätzlich mit Linientyp, Linienstärke und Farbe geändert sein. Im nachfolgenden Bild ist bei zwei Höhenlinien die Linienstärke erhöht (erste Nebenhöhenlinie 0,35).

 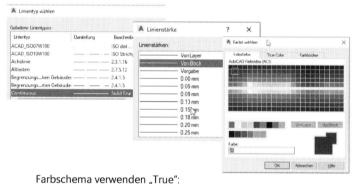

Farbschema verwenden „False":

Die im Bild gezeigten Farben entsprechen der Karte Anzeige.

Farbschema verwenden „True":

Die im Bild gezeigte Farbgebung entspricht dem neu entwickelten Schema.

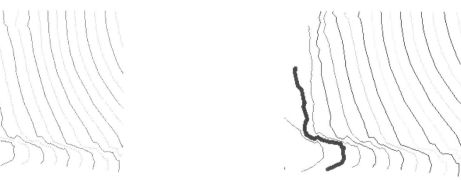

3D-Geometrie

Technisch ist es möglich, das DGM in der Höhendarstellung zu verändern „Abflachen" oder „Überhöhen". „Abflachen kann im Extremfall auch „ohne Höhe" oder „Höhe NULL" bedeuten. Im Zusammenhang mit Vermessungsdaten oder Gelände-Daten ist diese Option, an dieser Stelle, nicht zu empfehlen.

Vermessungsdaten oder Gelände-Daten werden eher real wiedergegeben. Die Schnitt-Funktionen (Höhenplan oder Querprofilplan) können überhöhte Schnitte oder Profile wiedergeben. Der wichtigste Aspekt für einen Entscheidung an dieser Stelle ist die Höhenbeschriftung. Die Einstellungen sollten so gewählt sein, dass immer eine reale Höhenbeschriftung möglich ist.

Hinweis:

Im Zusammenhang mit der Funktion „Messen" oder „Bemaßung" ist die eingestellte 3D-Höhe zu beachten. Ist die Einstellung „DGM-Höhe verwenden" aufgerufen, wird eine gemessene Länge als 3D-Länge (schräge Länge) zurückgegeben!

Legende

Alle DGM Funktionen und die damit verbundenen Darstellungen können mit einer Legende „verknüpft" sein. „Verknüpft" wird die Funktion deshalb genannt, weil die Legende dynamisch mit dem DGM verbunden sein kann. Das heißt, bei einer Änderung des DGMs kann sich die Legende automatisch ändern.

Das Erstellen der Legende wird im Bereich „Beschriftung", „Tabellen hinzufügen" gestartet.

Die Befehlszeile meldet „Ungültiger Optionstitel"? Es wird eine leere- oder keine Legende im Fall „Höhenlinien" (Option „E") erstellt. Die Ursache hierzu ist nicht klar. Ein Test in der Version 2020 führt zu dem gleichen Problem. Eine Anfrage bei Autodesk wurde erstellt (Stand 20.08.19)

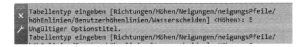

Autodesk hat bereits am 20.08.19 geantwortet, vielen Dank (konkret: Herr Neswadba)! Um das Problem zu umgehen bietet Herr Neswadba die Eingabe von „_c" an (engl. für Contour lines).

Die Funktion erstellt die Legende. Leider bleibt die Legende leer.

Es ist zu beachten, die „Legendenfunktion ist wiederum mit der Funktion „Farbschema verwenden „False" oder „True" verknüpft (DGM Darstellungs-Stil, Karte: „Höhenlinien", Funktion: Höhenlinienbereiche).

Farbschema verwenden „False":

Farbschema verwenden „True":

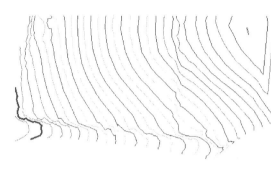

Bedauerlicherweise bleiben weitere Fragen offen.

Warum zeigt die Legende die zugeordneten Farben nicht an? Die Eigenschaften der Legendentabelle wurden untersucht (Thema Beschriftung: Tabellen) Eine Farbzuordnung erscheint nicht möglich? Die Tabelleneigenschaften werden an dieser Stelle nicht gezeigt. Als Bestandteil des Kapitels „Beschriftungs-Stile" wird auch auf Tabellen näher eingegangen.

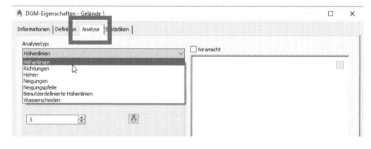

Zur DGM Eigenschaft gehört eine übergeordnete Karte Analyse. Hier kann die Anzahl der Höhenlinien nochmals unabhängig von der Darstellungs-Stil-Eigenschaft überschrieben werden.

Als Anzahl der Bereiche wird jetzt „5" gewählt.

Eine Änderung dieser Eigenschaft ändert nicht sichtbar die Anzahl der Höhenlinien, sondern die Abstufung der Farben in jetzt 5 Bereiche? Die Legendentabelle zeigt die Höhenbereiche an.

3 Darstellungs-Stil-Eigenschaften, Liste der Darstellungs-Optionen

Eine Option zum Einfügen der Farben zur Legende scheint zu fehlen?

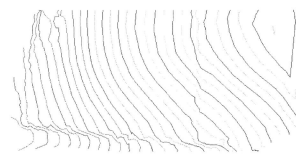

Hinweis:

Im Zusammenhang mit Höhenlinien wird eine Beschriftung angeboten, die auch dynamisch mit der Höhenlinien-Darstellung verknüpft ist. Diese Beschriftung benennt die genaue Höhenposition bei vorgegebenem Höhenlinien-Abstand.

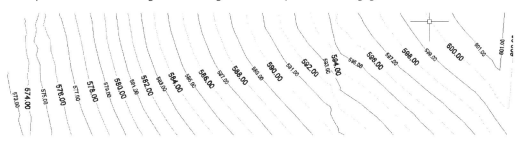

In den folgenden Bildern der Beschreibung wird die gleiche Beschriftung mit unterschiedlichen Intervallen der Höhenlinien gezeigt. Die Beschriftung ist nicht neu erstellt, die Beschriftung ist dynamisch mit der DGM-Darstellung verknüpft. Eine weiterführende Beschreibung zu diesem Thema liefert das Kapitel „Beschriftungen".

Höhenintervalle

Die Vorgabe der Höhenlinien-Intervalle beinhaltet eine optionale Vorgabe der Bezugs- oder Basishöhe. Der Startpunkt der Höhenlinien-Berechnung lässt sich damit, auf eine durchaus vom DGM abweichende Höhe, setzen.

Mit der Einstellung für „Nebenintervall" und „Hauptintervall" wird der Abstand der Höhenlinien untereinander festlegen, bzw. die Höhendifferenz, in der eine neue Höhenlinie berechnet wird.

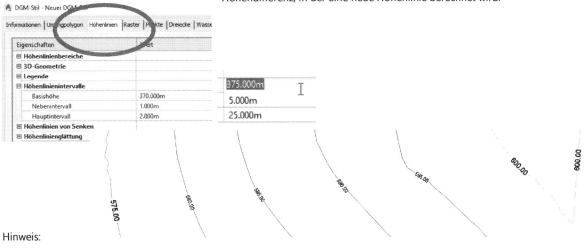

Hinweis:

Das Hauptintervall kann immer nur ein Mehrfaches des Nebenintervalls betragen.

Senken

Senken sind geschlossene Höhenlinien mit DGM-Neigung nach unten und innen. Senken werden mit senkrecht zur Höhenlinie angesetzten, kleinen „Strichen dargestellt".

Die kurzen Linien zeigen in Richtung „Senke", nach „unten". Abstand und Linienlänge sind variierbar. Die eingetragenen Werte beschreiben den Abstand der Linien untereinander. Der voreigestellt Wert besagt, Abstand: 10m und die Länge der Linien, Länge: 2m.

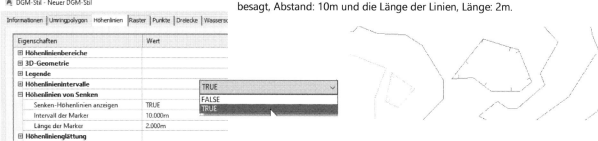

Höhenlinienglättung

Es ist möglich eine Ausrundung von „Ecken" innerhalb der Höhenlinien zu erreichen. Die Größenordnung der Ausrundung ist stufenlos einstellbar.

Die Einstellung der Stärke der Glättungsfunktion ist am unteren Rand der Maske einzustellen. Mit der Einstellung „False" ist die Funktion der Höhenlinienglättung deaktiviert. Ein Wechsel zwischen „Scheitelpunkt hinzufügen" und „Spline" ist nur wichtig, im Fall die Höhenlinien werden als AutoCAD-Linien-Element weitergegeben (Siehe **Ausgabe**, nächste Seite) Damit ist eine Ausgabe als 2D-Polylinie oder Spline möglich.

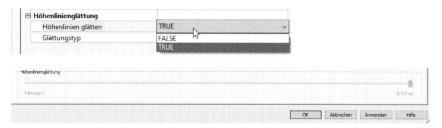

Höhenlinienglättung minimal oder gleich „Null":

Höhenlinienglättung maximal:

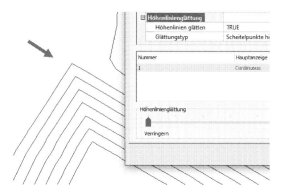
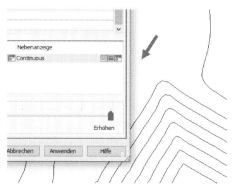

Hinweis - 1:

Ein kleiner Wert im „Höhenlinienabstand" und ein hoher Wert in der „Höhenlinienglättung" kann zum Kreuzen der Höhenlinie führen.

3 Darstellungs-Stil-Eigenschaften, Liste der Darstellungs-Optionen

Hinweis-2:

Eine Trennung dieser Höhenlinien-Eigenschaften (Karte: Höhenlinien) nach Ansicht „Lageplan" und „Modell" ist nicht möglich. Ein Unterschied zwischen Lageplan und Modell ist nur innerhalb der Einstellungen möglich, die die Karte „Anzeige" bietet.

- Modell (3D) - Lageplan (2D-Darstellung)

 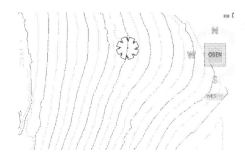

Hinweis - 3:

Eine Farbänderung, ein Farbwechsel zwischen 2D und 3D kann hilfreich sein, um innerhalb von Präsentationen die Ansicht zu erkennen, in der man sich momentan befindet (2D oder 3D).

3D-Darstellung (Analysefunktion deaktiviert)   2D-Darstellung (Analysefunktion deaktiviert)

Ausgabe (Höhenlinien)

Civil 3D erstellt eigene Objekte, die im einfachen AutoCAD oder in ähnlicher CAD-Software nicht lesbar sind. Um ein solches DGM verwendbar zu machen, ist eine Ausgabe möglich. Wird diese Ausgabe genutzt, so entstehen je nach Darstellungsstil oder Darstellungsoption unterschiedliche Zeichnungselemente.

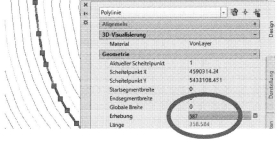

Mit der Funktion „Aus DGM extrahieren" werden aus dem DGM, aufgrund der gewählten Voreinstellung die dargestellten Höhenlinien als 2D-Polylinien mit Erhebung ausgegeben.

Gert Domsch, CAD-Dienstleistung

3 Darstellungs-Stil-Eigenschaften, Liste der Darstellungs-Optionen

Punkte (DGM-Punkte)

Der DGM-Punkt ist in keiner Weise mit dem Civil 3D-Punkt (COGO-Punkt), dem AutoCAD-Punkt oder Block (eventuell Vermessungspunkt) zu verwechseln. Für diese speziellen „DGM-Punkte" werden Bearbeitungsfunktionen angeboten.

Um die im Bild gezeigten Funktionen ausführen zu können, müssen die DGM-Punkte als Bestandteil des Darstellungs-Stils aktiviert oder eingeschalten sein. DGM-Punkte sind in allen in der „...Deutschland.dwt" zur Verfügung gestellten Darstellungs-Stilen ausgeschalten!

DGM-Punkte entstehen in den Ecken der Dreiecksmaschen, einmal durch die Vermessungsinformation, zusätzlich durch Interpolationswerte an Bruchkanten (Ergänzungsfaktoren, Sekanten-Abstand) oder Grenzlinien (Option „weich").

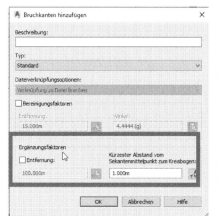

Der Sinn dieser Funktion (DGM-Punkt-Erstellung) besteht darin, Dreiecke an Linienelementen zu verdichten, Dreiecke auf Höhe abzuschneiden oder Bögen sinnvoll in DGMs einzubeziehen.

Der rote Rahmen zeigt:

Bruchkantenoptionen, die zusätzliche DGM-Punkte erzeugen,
Grenzlinienoption, die DGM-Punkte erzeugt.

Die DGM-Punkte werden im „Lageplan" eingeschalten.

- Lageplan (2D)

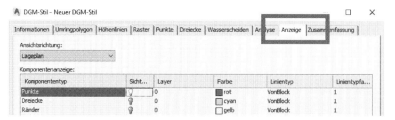

- Modell (3D)

Die DGM-Punkte bleiben im Modell eher ausgeschalten. Im Modell wirkt diese Option eher störend.

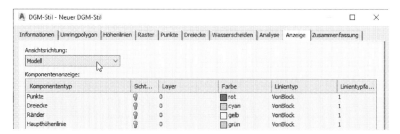

- Querprofil

Die Darstellung Ansicht „Querprofil" ist DGM-Punkte nicht vorgesehen.

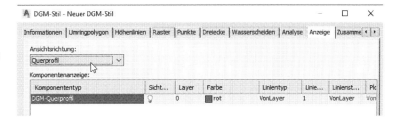

Mit dem Einschalten der Punkte sollten die Eigenschaften der Punkte auf der dazugehörigen Karte „Punkte" kontrolliert werden, als Voraussetzung für die Sichtbarkeit und Bearbeitbarkeit. DGM-Punkte werden zusätzlich durch folgende Eigenschaften bestimmt.

3D-Geometrie

Es gibt verschiedene Optionen der DGM-Punkt-Darstellung, Höhe verwenden, überhöht oder abgeflacht. Abgeflacht heißt, eine Darstellung eventuell auch „ohne Höhe".

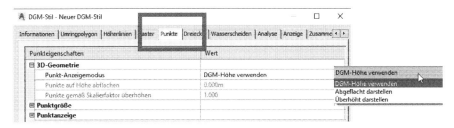

Technisch ist es möglich, mit dieser Funktion die Höhendarstellung des DGM-Punktes unabhängig von den anderen Objekten zu verändern, „Abflachen" oder „Überhöhen". Im Zusammenhang mit der Funktion „Messen" oder „Bemaßung" ist die 3D-Höhe zu beachten. Eine gemessene Länge wird eventuell als 3D-Länge (schräge Länge) zurückgegeben. Dieses „Abflachen" (im Extremfall auch ohne Höhe) kann beim DGM-Punkt Sinn machen, wenn in jeder Situation die horizontale Entfernung zu messen ist.

Vermessungsdaten oder Gelände-Daten werden eher real wiedergegeben. Die Schnitt-Funktionen (Höhenplan oder Querprofilplan) dienen eher zum überhöhten Wiedergeben von Schnitt- oder Profil-Ansichten. Der wichtigste Aspekt für eine Entscheidung an dieser Stelle ist die Höhenbeschriftung, die Funktionen sollte so gewählt sein, dass immer eine reale Höhenbeschriftung möglich ist.

Punktgröße

Für die Darstellungs-Größe des DGM-Punktes ist bevorzugt die Funktion „Zeichnungsmaßstab" zu verwenden. Mit dieser Einstellung verhält sich der DGM-Punkt, hinsichtlich der zoomstufen-abhängigen Darstellung, wie der CIVIL 3D-Punkt (COGO-Punkt).

Punktanzeige

Die Darstellung der DGM-Punkte ist für verschiedene DGM-Funktionen variabel einstellbar. Das sollte in erster Linie dazu genutzt werden, um die Herkunft der Punkte zu verdeutlichen.

3 Darstellungs-Stil-Eigenschaften, Liste der Darstellungs-Optionen

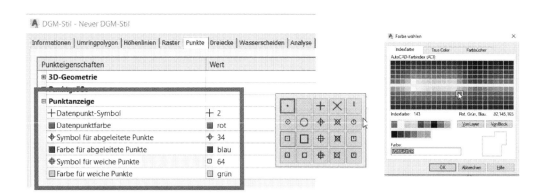

DGM Dreiecks-Flächen und interpolierte Punkte sind im Beispiel mit einem einfachen Kreuz und „VONLAYER" (Rot) dargestellt.

Bruchkante mit Ergänzungsfaktor (1m) und ausschließlich DGM-Punkt-Darstellung

DGM-Punkte und Dreiecksflächen

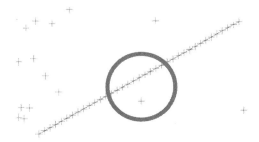

Abgeleitete Punkte sind im folgenden Beispiel mit einem einfachen Kreuz und Kreis, Farbe „Blau" dargestellt. Abgeleitete Punkte sind Bestandteil der Funktion „Bearbeitungen", DGM-glätten".

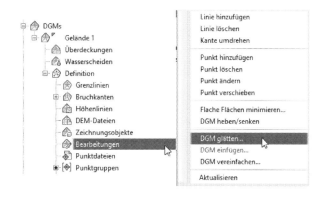

Bruchkante mit Ergänzungsfaktor (1m) und ausschließlich DGM-Punkt-Darstellung

DGM-Punkte und Dreiecksflächen

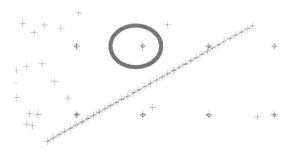
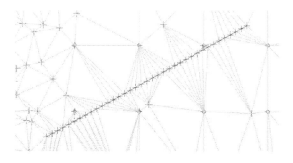

 Weiche Punkte sind im Beispiel mit einem Quadrat und Punkt, Farbe „Grün" dargestellt. Weiche Punkte entstehen an abgeschnittenen Dreiecken als Bestandteil der Funktion „Grenzlinien".

Bruchkante mit Ergänzungsfaktor (1m) und ausschließlich DGM-Punkt-Darstellung

DGM-Punkte und Dreiecksflächen

Hinweis:

Im Zusammenhang mit der Installierten „DACH-Extension" besteht die Möglichkeit, DGM-Punkte zu beschriften. Das Einschalten der DGM-Punkte scheint in der Version 2019 aus der DACH-Extension entfernt zu sein? Die Funktion meldet einen Fehler?

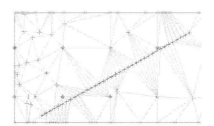

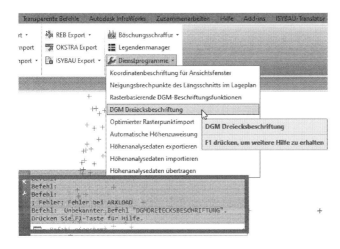

Die im Bild dargestellte DGM-Punktbeschriftung wurde in der Version 2018 erstellt.

Hinweis:

Die DGM-Punkt-Beschriftung ist maßstabs-abhängig wie alle Civil 3D -Beschriftungen.

3 Darstellungs-Stil-Eigenschaften, Liste der Darstellungs-Optionen

Ausgabe (DGM-Punkte)

Mit der Funktion aus „Aus DGM extrahieren" werden aus den DGM-Punkten AutoCAD-Punkte mit 3D-Eigenschaften erstellt.

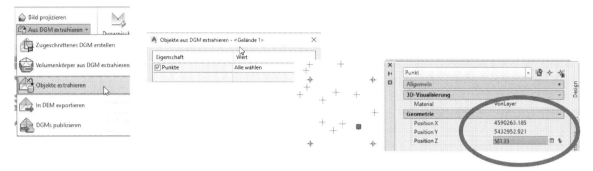

Dreiecke

Dreiecke sind die lineare Verbindung der Vermessungsinformation unabhängig vom Element-Typ und ergänzender Faktoren. Technisch sind es im Hintergrund des Civil 3D DGMs auch 3D-Flächen, die in einem übergeordneten Objekt zusammengefast sind.

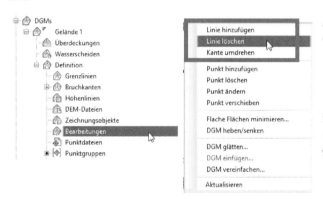

Als Bestandteil der Funktion DGM - „Bearbeitungen" werden diese 3D-Flächen auch als „Linien" oder „Kanten" bezeichnet.

Speziell die Funktion Dreiecke wird eingeschaltet, andere Eigenschaften werden, zur Erläuterung der Dreiecke, ab geschalten.

- Lageplan (2D)

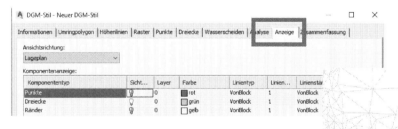

- Modell (3D)

Im Modell (3D) bleiben die Dreiecke eingeschaltet. Zu empfehlen ist, diesen Dreiecken eventuell im Modell eine andere Farbe zu geben. Damit wären die Dreiecke in den Ansichten (2D und 3D) besser voneinander zu unterscheiden. Im Bild bleibt die Farbe für 2D und 3D gleich, auf „grün".

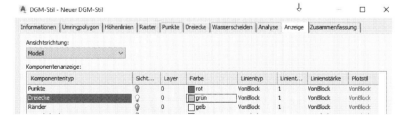

3 Darstellungs-Stil-Eigenschaften, Liste der Darstellungs-Optionen

- Querprofil

Im Bereich „Querprofil" gibt es für die „Dreiecke" keine Optionen.

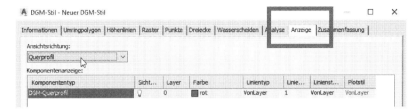

Mit dem Einschalten der Funktion wird die Karte Dreiecke kontrolliert. Hier gibt es nur eine Eigenschaft.

3D-Geometrie

Es gibt verschiedene Optionen das DGM darzustellen, überhöht oder abgeflacht, abgeflacht heißt eventuell auch „ohne Höhe".

Technisch ist es möglich, die Höhendarstellung der Dreiecke zu verändern „Abflachen" oder „Überhöhen". Im Zusammenhang mit Vermessungsdaten oder Gelände-Daten ist diese Option an dieser Stelle nicht zu empfehlen.

Vermessungsdaten oder Gelände-Daten werden eher real wiedergegeben. Die Schnitt-Funktionen (Höhenplan oder Querprofilplan) können die DGM-Ansicht sinnvoller überhöht wiedergeben. Der wichtigste Aspekt für einen Entscheidung an dieser Stelle ist die Höhenbeschriftung. Die Funktionen sollten so gewählt sein, dass immer eine reale Höhenbeschriftung möglich ist. Im Zusammenhang mit der Funktion „Messen" oder „Bemaßung" ist die 3D-Höhe zu beachten. Eine gemessene Länge wird eventuell als 3D-Länge (schräge Länge) zurückgegeben.

Hinweis:

Die Darstellung der DGM-Dreiecke ist zum Erstellen des DGMs wichtig. Für die weitere Projektarbeit sollte ein zweiter DGM-Stil, mit eingeschalten Höhenlinien vorbereitet sein. Innerhalb der Projektarbeit werden diese DGM-Stiele mehrfach gewechselt, um unterschiedliche Darstellungen zur Kontrolle des DGMs zu erreichen. Diese verschiedenen Darstellungen ermöglichen es auch, die DGM-Eigenschaften für verschiedene Planungsaufgaben zu nutzen. Das DGM wird so anschaulicher.

Dreiecke, Ausgabe (verschiedene Daten-Optionen)

Es gibt mehrere Funktionen DGMs oder Dreiecke an andere Programme oder Schnittstellen weiterzugeben. Die aus meiner Sicht wichtigsten drei Funktion werden hier gezeigt.

1. Volumenkörper aus DGM extrahieren
2. Objekte extrahieren
3. In DEM exportieren (DEM-„Autodesk", GEOTIFF-„GIS", ESRI

Mit der ersten Funktion werden Volumenkörper erstellt. Mit der zweiten Funktion werden aus den Dreiecken 3D-Flächen erstellt. Mit der dritten Funktion werden optionale Austausch-Formate geschrieben.

3 Darstellungs-Stil-Eigenschaften, Liste der Darstellungs-Optionen

Civil 3D Konstruktion:

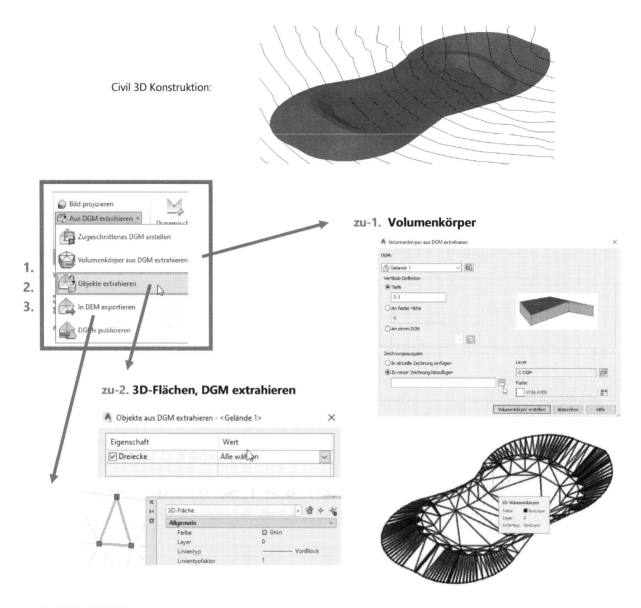

1.
2.
3.

zu-1. **Volumenkörper**

zu-2. **3D-Flächen, DGM extrahieren**

zu-3. **DEM, GEOTIF**

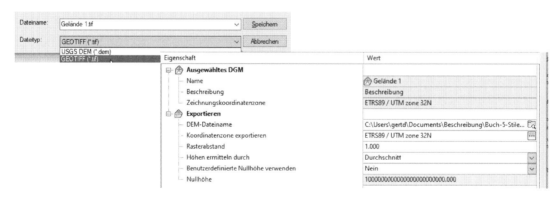

Hinweis:
Das Bild zeigt die Darstellung der Daten im Format „GEOTIFF". Die Bezeichnung GEOTIFF entspricht im Autodesk-Umfeld der Bezeichnung „DEM".

Ränder

Ränder dienen auch im Civil 3D DGM zur Eingrenzung des DGMs. Ein DGM-Rand wird jedoch bereits mit der Erstellung des DGMs automatisch erstellt und ist damit immer und permanent vorhanden. Das Zeichnen von Randlinien und das manuelle Zuweisen des gezeichneten Randes ist im Civil 3D eine Zusatzfunktion. Die Eingrenzung eines DGMs wird vorzugsweise durch Parameter erzeugt. Erst wenn die Eingrenzung über Parameter technisch nicht hinreichend möglich ist, wird das manuelle Zuweisen gezeichneter Grenzlinien empfohlen.

Empfehlung:

Als Bestandteil der DGM-Funktion wird der Rand auch für die 3D-Ansicht automatisch erstellt. Ab der Version 2019 sollten Ränder jedoch im „Modell" ausgeschalten sein. Der Rand bildet im Zusammenhang mit einigen visuellen Stilen (Zum Beispiel: „Schattiert") eine zusätzliche Fläche.

Beispiel:
DGM mit Wasserbecken und eingeschalteter   DGM mit Wasserbecken und ausgeschalteter Rand-Linie,
(rot), Darstellung 3D (Modell)   Rand-Eigenschaft (rot), Darstellung 3D (Modell)

Nachfolgend ist ausschließlich der „Rand" eingeschalten. In den Bildern wird ausschließlich der Rand gezeigt.

- Lageplan (2D, blau)

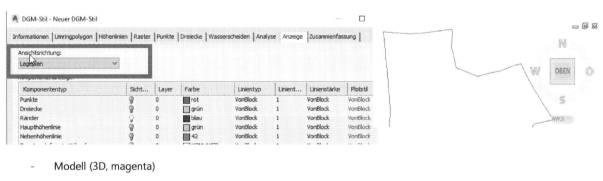

- Modell (3D, magenta)

3 Darstellungs-Stil-Eigenschaften, Liste der Darstellungs-Optionen

- Querprofil

Für die Darstellung der Randlinie gibt es hier keine Option.

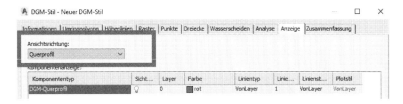

Die Randlinie wird in den DGM-Eigenschaften „Umringpolygon" genannt und besitzt folgende Eigenschaften.

3D-Geometrie

Auch hier sind verschiedene 3D-Optionen verfügbar. Es wird empfohlen „3D-Höhe verwenden" zu behalten. Im Fall es werden 2D-Eigenschaften gebraucht, bestehen anschließend Optionen aus dem 3D-Rand eine Linie mit 2D-Eigenschaften zu erstellen.

Umringtypen

Civil 3D bietet äußere und innere Ränder an. Für die Praxis heißt das, man kann auch ein- oder mehrere „Löcher" in das DGM scheiden. Man kann innerhalb eines Bebauungsgebietes die Flächen für Häuser oder eine Bebauung aus dem DGM „herausschneiden" um die Mutterboden-Andeckung oder Rasenflächen als 2D- oder 3D-Fläche zu ermitteln. Die Fläche (in m²) wird als „DGM-Eigenschaft", Karte: „Statistiken", „Erweitert" permanent und dynamisch mitgeführt.

Allgemeine DGM-Eigenschaften (Statistiken)

Als Bestandteil der Bearbeitung wird die 2D- und die 3D-Fläche mitgeführt. Zahlenwerte können in die Zwischenablage kopiert werden. Damit ist die einfachste Übergabe an andere Programme gegeben. Es existieren zusätzlich eine Vielzahl von Übergaben und Protokolle, auf die hier nicht eingegangen wird.

Das Darstellen der „Ränder" (innen und außen) wird unbedingt empfohlen. Die Einstellung „True" sollte bleiben.

In den folgenden Bildern werden einige Besonderheiten der Randlinie gezeigt.

Um die Funktionen zu verdeutlichen werden zusätzlich zur Randlinie „Dreiecke" eingeblendet.

Einschalten von ausschließlich „Rand" (blau):   Einschalten von „Rand" (blau) und „Dreiecke" (grün):

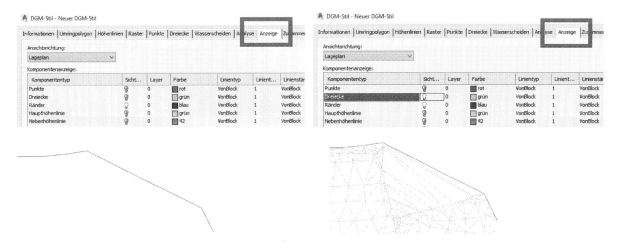

Option: automatische Eingrenzung (DGM-Eigenschaft, Karte: „Definition") „Max. Dreieckslänge", Wert: 30m

Reaktion von „Rand" (blau):   Einschalten von „Rand" (blau) und „Dreiecke" (grün):

Nachfolgend wird das manuelle Zeichnen einer Grenzlinie und das Hinzufügen zum DGM gezeigt. 2D-Polylinien und 3D-Polylinien können als Randlinie verwendet werden. Es sind äußere - und innere Grenzen möglich. Ränder können Bögen haben. Wichtig ist lediglich, dass innerhalb der gezeichneten Ränder keine „selbstüberschneidenden Bestandteile" vorliegen (Polylinie, die eine Schleife bildet, Polylinien die sich selbst überschneidet, kreuzt).

- Optionale AutoCAD-Funktionen für gezeichnete „Ränder"

 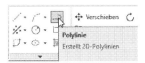 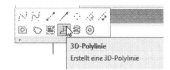

3 Darstellungs-Stil-Eigenschaften, Liste der Darstellungs-Optionen

Hinzufügen einer manuell gezeichneten „äußeren Randlinie" (Typ: Außen):

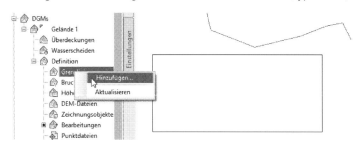 

Darstellung nur „Rand" (blau):   Darstellung „Rand" (blau) und „Dreiecke" (grün):

Hinzufügen einer manuell gezeichneten „inneren Randlinie" (Typ: Verbergen):

 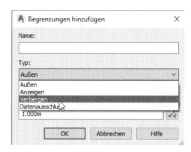

Darstellung nur „Rand" (blau):   Darstellung „Rand" (blau) und „Dreiecke" (grün):

 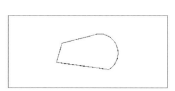 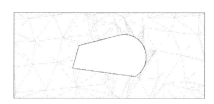

Die optionale Eigenschaft „weich" wird empfohlen immer einzuschalten.

Rand „Verbergen, Weich" aktiviert   Ergebnis: Die Dreiecke werden am „Rand" abgeschnitten

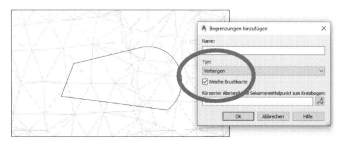 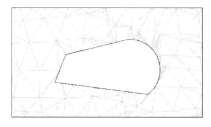

Diese Option ist wie AutoCAD als „kreuzen" oder „wählen" zu verstehen. Wird diese Option nicht aktiviert, so sind nur die Dreiecke ausgeblendet, die komplett und vollständig innerhalb der Grenze liegen.

3 Darstellungs-Stil-Eigenschaften, Liste der Darstellungs-Optionen

Rand „Verbergen, Weich" nicht aktiviert

Ergebnis: Es werden nur die Dreiecke ausgeblendet, die komplett innerhalb der Grenze liegen.

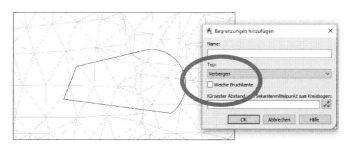
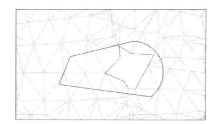

Festpunkt

Das Ändern der Eigenschaft „Rand der Bezugshöhe anzeigen" wird nicht empfohlen. „False" sollte eingestellt bleiben.

In den folgenden beiden Bildern ist die Einstellung „Rand der Bezugshöhe anzeigen" auf „FALSE" gestellt. Mit dieser Einstellung bleibt der Rand im Modell (3D) auf der 3D-Höhe.

2D:

3D:

In den folgenden beiden Bildern ist die Einstellung „Rand der Bezugshöhe anzeigen" auf „TRUE". Mit dieser Einstellung zeigt der Rand bis herunter auf die Bezugshöhe (Im Beispiel „0").

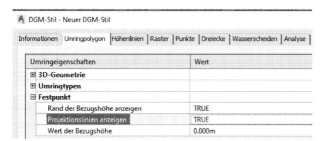

2D:

3D:

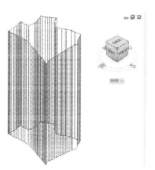

Hinweis:

Teilweise wird die Darstellung der „Projektionslinien als Volumenkörper interpretiert. Mit der Darstellung der „Projektionslinien" wird aus dem DGM kein „Volumenkörper"!

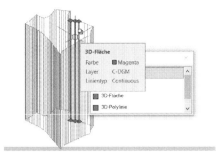

Ausgaben

Randlinien können, so wie andere Elemente auch, ausgegeben werden. Diese Elemente sind nach der Ausgabe 3D-Polylinien.

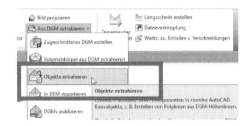 

Alle AutoCAD-Bearbeitungsoptionen für 3D-Polylinien liegen für diese ausgegebenen 3D-Polylinien uneingeschränkt vor.

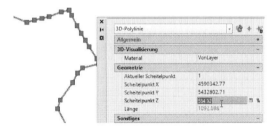 

Civil 3D bietet zusätzlich die Option aus der 3D-Polylinie 2D-Polylinie zu erstellen, um weitere Datenaustauschfunktionen abzudecken.

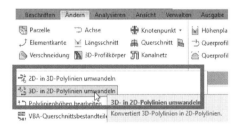 

Benutzerdefinierte Höhenlinien

Die Funktion „Benutzerdefinierte Höhenlinie" ist am besten mit Beispielen aus dem Wasserbau zu erklären. Mit diesem Werkzeug können zum Beispiel Retentionsflächen angelegt oder ausgewertet werden.

Die klassische Frage im Wasserbau ist die Frage nach der Wasserverteilung bei einem bestimmten Wasserstand. Zusätzlich lässt sich mit dieser „Benutzerdefinierten Höhenline" das dazugehörige Wasservolumen berechnen. Die „Benutzerdefinierte Höhenlinie" ist die Funktion, um bei einem vermessenen- oder konstruierten Becken den minimalen, den mittleren und den maximalen Wasserstand oder die Wasserausbreitung zu ermitteln. Gleichzeitig wird die Voraussetzung für die Ermittlung des Wasservolumens geschaffen.

Hinweis:

Diese Funktion gilt für ruhendes Wasser und ermittelt die horizontale Wasser-Verteilung. Im Fall fließendes Wasser ist die Erweiterung „River and Flood" zu installieren. Diese Erweiterung kann auf der Basis des Civil 3D-DGMs den Wasserspiegel eines fließenden Gewässers berechnen In diesem Fall wird die zur Verfügung stehende Querschnittsfläche für das abfließende Wasser ermittelt.

3 Darstellungs-Stil-Eigenschaften, Liste der Darstellungs-Optionen

Ein DGM ist erstellt. Als Darstellungs-Stil wurde „Dreiecke" gewählt. Die Funktion „Benutzerdefinierte Höhenlinie" wird, als Bestandteil des DGM-Darstellungs-Stils, zusätzlich eingeschaltet.

Der Zugang erfolgt auf der Karte „Information" der DGM-Eigenschaften.

Ziel ist es, in dem Wasserbecken rechts im folgenden Bild, den Wasserstand zu ermitteln, bei dem das Wasser beginnen wird, ab zu laufen. Der maximale Wasserstand ist erreicht, wenn das Wasser noch nicht abläuft. Anschließend wird der Wasserstand ermittelt, der 25cm unter dieser Höhe- und wiederum nochmals 50cm unter dieser Höhe liegt.

Die Eigenschaft „benutzerdefinierte Höhenlinie" wird zusätzlich zur Eigenschaft „Dreiecke" im Darstellungs-Stil eingeschalten. Die zugeordnete Eigenschaft (Farbe, Linieneigenschaft, usw.) ist hier eher von untergeordneter Bedeutung, weil diese durch eine zweite -, übergeordnete Funktion später überschrieben werden (DGM-Eigenschaften „Analyse").

- Lageplan (2D)

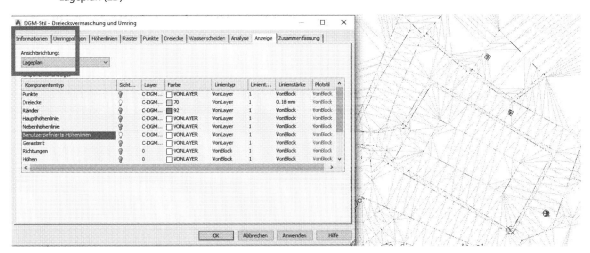

Die Sichtbarkeit der „Benutzerdefinierte Höhenlinie" kann ebenfalls in mehreren Ansichten gesteuert sein.

- Modell (3D)

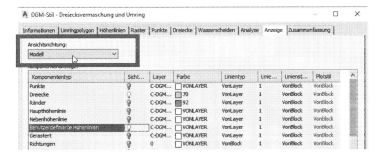

3 Darstellungs-Stil-Eigenschaften, Liste der Darstellungs-Optionen

Auf der Karte Analyse wird die Analyse-Funktion „Benutzerdefinierte Höhenlinie" ausgewählt.

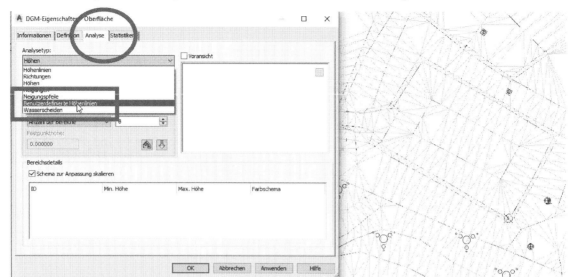

Es werden drei benutzerdefinierte Höhenlinien erstellt. Alle Eigenschaften, die Civil 3D voreinstellt, lassen sich editieren oder bearbeiten. Auf diese Funktionsweise wird in den folgenden Kapiteln nochmals eingegangen.

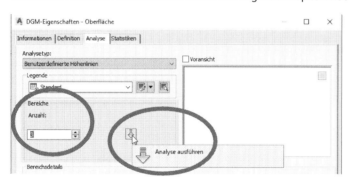

Das DGM wird zuerst durch Civil 3D automatisch in drei gleiche Teile aufgeteilt.

Die automatische Aufteilung kann jederzeit wiederholt und mehrfach durch zielgerichtete Werte verbessert werden, um die Aussage bezogen auf das Wasserbecken zu präzisieren.

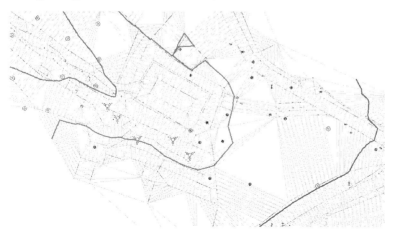

Die für 1-2 Sekunden ruhende Maus kann mit der Funktion „Tool-Tipps" in jedem beliebigen Bereich Informationen zu den umgebenden Objekten anzeigen. Mit dieser Funktion wird die ungefähre Auslaufhöhe ermittelt. Im Beispiel liegt diese bei ca. 294.67m.

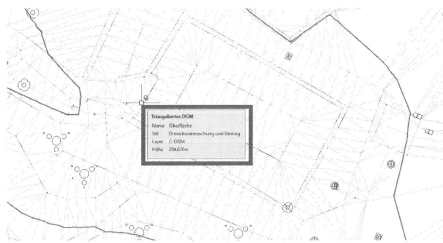

Mit der ungefähr ermittelten Auslaufhöhe werden die automatisch erzeugten drei „Benutzerdefinierten Höhenlinien" korrigiert. Es stellt sich heraus, dass die höchste „Benutzerdefinierten Höhenlinie" bei der Höhe 294.67, „rot" nicht geschlossen ist. Das heißt das Wasser läuft bei dieser Höhe aus dem Becken heraus.

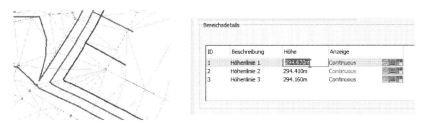

Mit den Werten (Zahlen) kann man spielen oder „arbeiten", um die optimale Position oder Ausbreitung zu finden. Jeweils mit dem Schalter „Anwenden" wird die neue Ausbreitung berechnet.

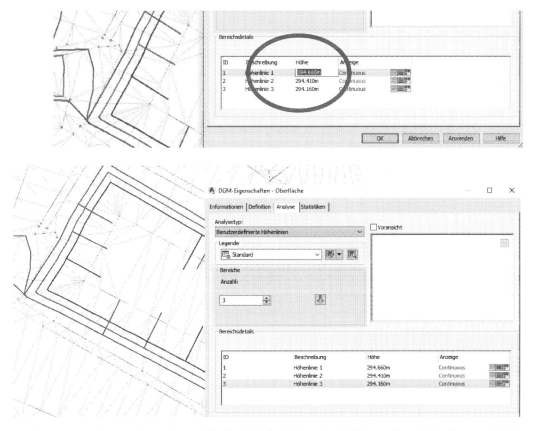

Um das Wasservolumen zu berechnen, schließen sich die Schritte „Aus DGM extrahieren" der „Benutzerdefinierten Höhenlinien" an. Dieser Schritt dient dazu die Benutzerdefinierten Höhenlinien als „Polylinien" mit Erhebung, als quasi Höheninformation oder

3 Darstellungs-Stil-Eigenschaften, Liste der Darstellungs-Optionen

„Vermessungsinformation" auszugeben oder zu erstellen. Das ist wiederum die Voraussetzung, diese Ausgabe (Polylinien) in jeweils ein neues DGM einzubinden.

- „Aus DGM extrahieren"

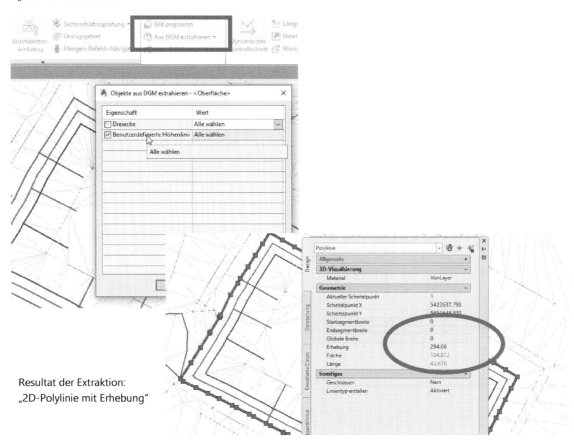

- Resultat der Extraktion: „2D-Polylinie mit Erhebung"

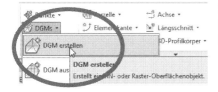

Es werden drei neue DGMs erstellt. Die zuvor erstellten „Benutzerdefinierten Höhenlinien" werden anschließend als „Bruchkanten" diesen neuen DGMs hinzugefügt.

Konkave - oder konvexe Bereiche einer solchen Linien können zu Irritationen in der Mengenberechnung führen. Eventuell sind

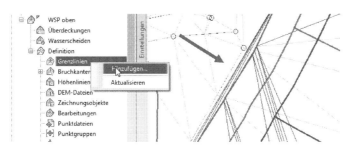

die DGMs auf die „Benutzerdefinierten Höhenlinien" einzugrenzen. Ohne Eingrenzung gibt es eventuell eine „Auf"- und eine „Abtrags-Menge". Um solche Irritationen auszuschließen, ist eine Eingrenzung zu empfehlen.

Hinweis-1:

Die gleiche Polylinie, die als „Bruchkante" hinzugefügt wurde, kann gleichzeitig auch „Grenzlinie" sein.

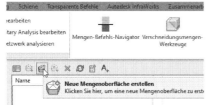

Mit den korrekt erstellten DGMs ist eine Mengenberechnung zwischen DGMs möglich (Civil 3D „Mengen-Befehls-Navigator").

Hinweis-2:

Mengenberechnungen sind im Civil 3D keine Volumenkörper. Eine Mengenberechnung ist ein eigenes DGM mit Sonderfunktionen und Sondereigenschaften ein „Mengenmodell" (Siehe Kapitel Mengenmodell).

3 Darstellungs-Stil-Eigenschaften, Liste der Darstellungs-Optionen

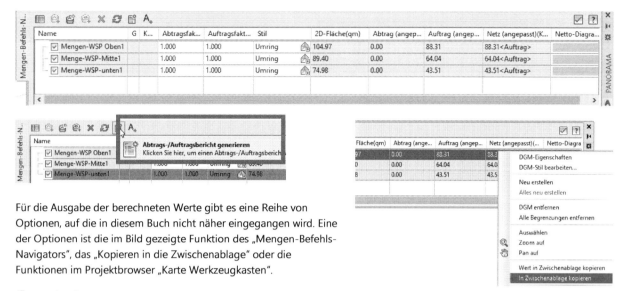

Für die Ausgabe der berechneten Werte gibt es eine Reihe von Optionen, auf die in diesem Buch nicht näher eingegangen wird. Eine der Optionen ist die im Bild gezeigte Funktion des „Mengen-Befehls-Navigators", das „Kopieren in die Zwischenablage" oder die Funktionen im Projektbrowser „Karte Werkzeugkasten".

Gerastert

Die Funktion „Gerastert" kann das DGM in eine alternative Darstellung umrechnen, in ein „Raster".

Die empfohlene und damit erste Darstellung für ein neu erstelltes DGM wird meist „Dreiecke" sein. Die Darstellung Dreiecke" ist sehr sinnvoll, da jede Änderung, wie das Hinzufügen von Elementen zum Beispiel Bruchkanten, Civil 3D-Punkte oder Bearbeitungen (Linien löschen) unmittelbar zu sehen ist, unmittelbar das DGM ändern können.

„Gerastert", die Darstellung des DGMs als Raster ist eine alternative Darstellung der DGM-Fläche, die im Zusammenhang mit 3D-Präsentationen von Vorteil sein kann. Ein Raster rechnet die Dreiecke (TIN) um, im Allgemeinen in Quadrate (im Civil 3D auch Rechtecke, Rhomben oder Quadrate).

Eine Darstellung in „Dreiecke" ist für die technische „Richtigkeit" von Bedeutung. Eine Darstellung im „Raster" kann eine Darstellung glätten und harmonischer erscheinen lassen. Das Darstellen in einem Raster kann eine Präsentation unterstützen, weil hier Ecken und Kanten durch einen zielgerichteten „Rasterabstand" geglättet sind.

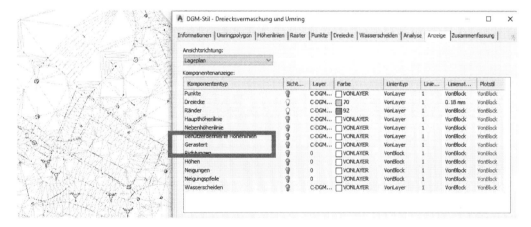

Die Eigenschaft „Gerastert" wird eingeschaltet. Diese Eigenschaft steht in der 2D- und 3D-Ansicht zur Verfügung.

- Lageplan (2D)

3 Darstellungs-Stil-Eigenschaften, Liste der Darstellungs-Optionen

- Modell (3D)

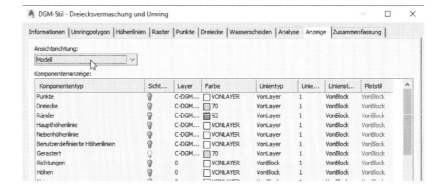

- Querprofil

Hinweis:

DGMs in der Darstellung „Dreiecke" lassen sich mit Material belegen (Render-Material), Schattiert darstellen oder mit Bildern belegen (Luftbild). „Gerasterte" DGMs lassen diese Darstellungsvielfalt nicht zu.

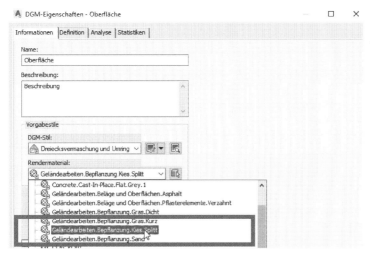

Bei gerasterten DGMs ist eine Materialzuweisung eher nicht möglich (der Autor). Hier kann es jedoch von Version zu Version Unterschiede geben.

Eine optionale „Render-Material"-Zuweisung zum DGM ist Bestandteil der „DGM-Eigenschaft".

Render-Material-Auswahl: „Geländearbeiten Bepflanzung, Kies, Splitt"

Darstellung Wasserbecken in Dreiecken 3D (AutoCAD, visueller Stil „Schattiert"):

3 Darstellungs-Stil-Eigenschaften, Liste der Darstellungs-Optionen

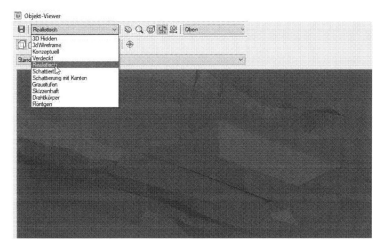

Darstellung Wasserbecken in Dreiecken 3D:
(AutoCAD, visueller Stil „Realistisch",
Geländearbeiten Bepflanzung, Kies, Splitt)

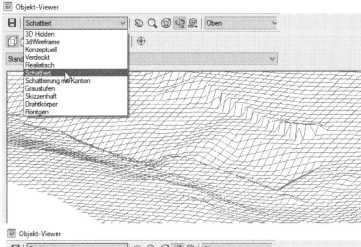

Darstellung Wasserbecken „gerastert" 3D
(AutoCAD, Visueller Stil „Schattiert",
Geländearbeiten Bepflanzung, Kies, Splitt)

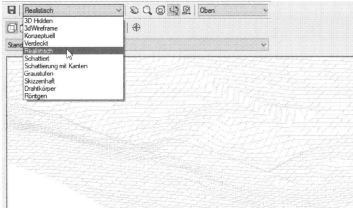

Darstellung Wasserbecken in Gerastert 3D
(AutoCAD, visueller Stil „Realistisch",
Geländearbeiten Bepflanzung, Kies, Splitt)

Zur Eigenschaft „Gerastert" gehört die Karte „Raster". Diese Karte bestimmt die Art und Weise der Rasterung. In der Karte „Raster" sind die Einstellungen für den Rasterabstand hinterlegt. Die Karte ist unbedingt zu beachten, um ein optimales Ergebnis zu erhalten.

3D-Geometrie

Es gibt verschiedene Optionen das „Raster" darzustellen, überhöht oder abgeflacht. Abgeflacht heißt eventuell auch „ohne Höhe".

Technisch ist es möglich, die Höhendarstellung, das heißt alle DGM-Elemente zu verändern, auch die Elemente des „Raster". Die Elemente kann man „Abflachen" oder „Überhöhen". Im Zusammenhang mit Vermessungsdaten oder Gelände-Daten ist diese Option an dieser Stelle nicht zu empfehlen.

Vermessungsdaten oder Gelände-Daten werden eher real wiedergegeben. Die Schnitt-Funktionen (Höhenplan oder Querprofilplan) können die Überhöhung vielfach sinnvoller übernehmen. Der wichtigste Aspekt für eine Entscheidung an dieser Stelle ist die Höhenbeschriftung. Die Funktionen sollten so gewählt sein, dass immer eine reale Höhenbeschriftung möglich ist. Im Zusammenhang mit der Funktion „Messen" oder „Bemaßung" ist die 3D-Höhe zu beachten. Eine gemessene Länge wird eventuell als 3D-Länge (schräge Länge) zurückgegeben.

Unabhängig aller dieser von mir geäußerten Bedenken, wäre jedoch eine solche Darstellung (überhöht und abgeflacht) parallel und gleichzeitig möglich. Das in den Bildern gezeigte DGM besteht aus Daten, die räumlich unmittelbar übereinander in einer Zeichnung liegen.

- Raster „Überhöht dargestellt"

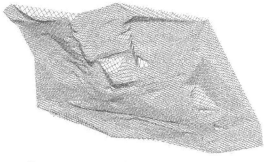

- Dreiecke „DGM Höhe verwenden" (reale Höhe)

- DGM-Punkte „ohne Höhe" (Abgeflacht dargestellt, Höhe: Null)

Primärraster

Die Einstellung „Primärraster" beinhaltet den Abstand des vertikalen Rasters. Dazu gehört der Abstand und der Winkel der Linien, die im Raster-Abstand verteilt werden. Um das zu verdeutlichen wurde im Bild das „Nebenraster" abgeschaltet (False).

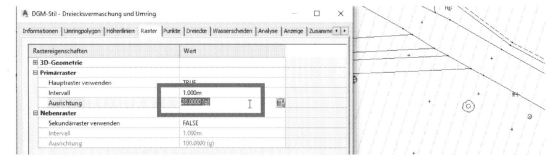

3 Darstellungs-Stil-Eigenschaften, Liste der Darstellungs-Optionen

Nebenraster

Die Einstellung „Nebenraster" beinhaltet den Abstand des horizontalen Rasters. Dazu gehört der Abstand und der Winkel der Linien, die im Raster-Abstand verteilt werden. Um das zu verdeutlichen wurde im Bild das „Primärraster" abgeschalten (False).

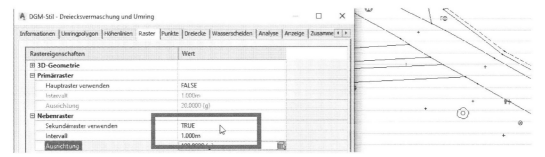

In den folgenden Darstellungen wurden beide Raster (Haupt- und Nebenraster) wieder aktiviert, und der Rasterabstand verändert, um die Darstellungsoptionen zu zeigen. Der Raster-Abstand wird auf 0.1m verringert.

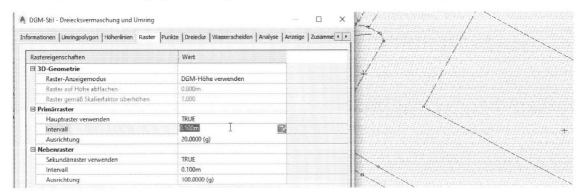

Darstellung Wasserbecken „Gerastert" 3D (Visueller Stil „Schattiert", Raster-Abstand 0.1m)

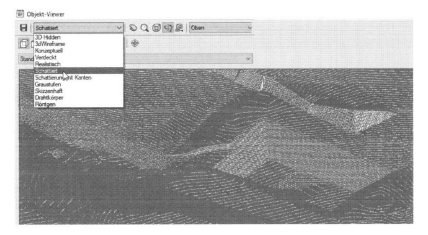

Ausgabe

Für eine Ausgabe oder das Verdeutlichen von optionalen Schnittstellen wurde das Raster auf „1m" gestellt. Mit der Funktion „Objekte extrahieren" ist auch hier eine Ausgabe möglich.

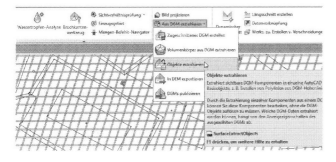

Als Resultat entstehen 3D-Polylinien, die in nahezu jeder CAD-Software verwendbar sind.

Darstellung 2D, „Oben"

Darstellung 3D, „SW"

Im Bild ist der Unterschied zwischen DGM „Raster" und 3D-Darstellung mit 3D-Polylinien nicht zu erkennen. Die 3D-Polylinien haben exakt die Position der „Raster"-Linien (Haupt- und Nebenraster).

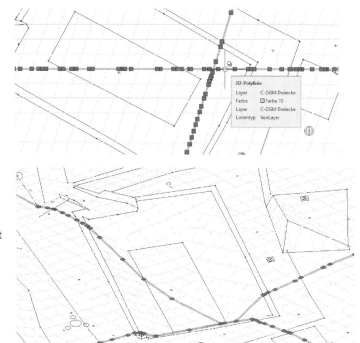

3.4.2 DGM Analyse-Funktionen (Erweiterung des Darstellungs-Stils)

Mit der Funktion „Richtungen" fangen für mich die Analyse-Funktionen an (der Autor). Civil 3D erstellt nicht nur ein DGM für das „Urgelände" oder den „Bestand". Jede Konstruktion kann selbst immer in einem weiteren, neuen DGM enden, um anschließend eventuell die Mengenberechnung aus Oberflächen oder aus Querprofilen zu nutzen. Zusätzlich kann das DGM auch ausgewertet werden, um Informationen aus der Lage des konstruierten DGMs zu bekommen oder für die Konstruktion weiterer Bestandteile des Projektes. Die Auswertung wird hier „Analyse" bezeichnet.

Mit den Analysefunktionen kann das konstruierte DGM hinsichtlich seiner Eigenschaften ausgewertet werden. Nur ein Beispiel wäre die Bestimmung der Dreiecksmaschen-Neigung oder -Richtung, um eventuelle Korrekturen an der Konstruktion auszuführen. Je nach Konstruktion sind alle Optionen offen.

Teilweise ist es auch so, dass nicht jeder Analyse-Funktion hier und sofort ein praktischer Bezug zu zuordnen ist. Teilweise erscheint es so, dass man von Seiten Autodesk hinein programmiert hat, was hinein zu programmieren geht! Der Anwender kann entscheiden, wie er die Funktion nutzt. Eventuell können sich auch Programmierer oder Software-Produzenten angesprochen fühlen, die Funktionen als Basis für neue Entwicklungen zu nutzen.

Die Analyse-Funktionen werden durch drei wesentliche Einstellungen oder funktionale Zusammenhänge bestimmt:

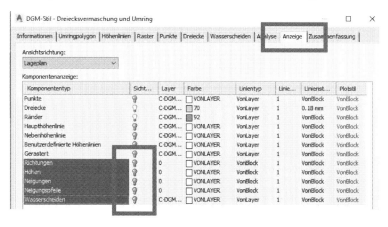

1. **Die Analyse-Funktion (Eigenschaft) muss auf der Karte „Anzeige" eingeschalten sein (Bestandteil des DGM-Darstellungs-Stils).**

3 Darstellungs-Stil-Eigenschaften, Liste der Darstellungs-Optionen

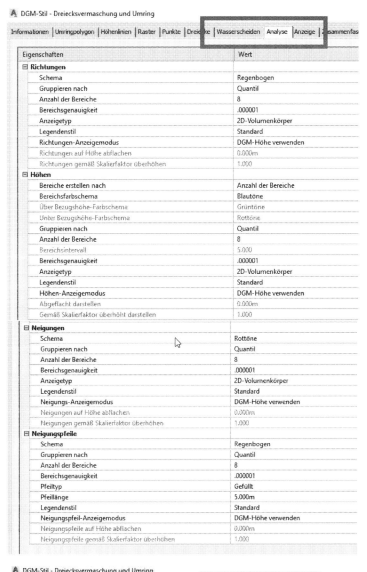

2. Es gibt Grundeinstellungen für diese Funktionen „Analyse", die Karte: Analyse des Darstellungs-Stils.

(Diese Analyse-Funktion oder Karte wird ab hier im Text jeweils „rot" gekennzeichnet.).

Hier gibt es:

- Richtungen
- Höhen
- Neigungen
- Neigungspfeile

Für die Grundeinstellung der „Wasserscheiden"-Analyse gibt es eine eigene Karte.

3 Darstellungs-Stil-Eigenschaften, Liste der Darstellungs-Optionen

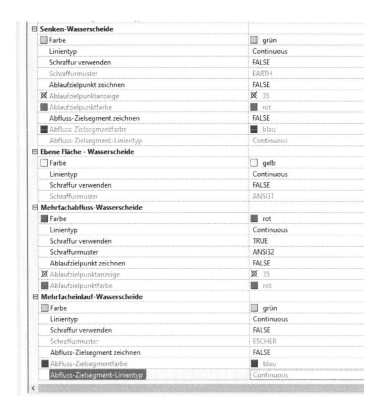

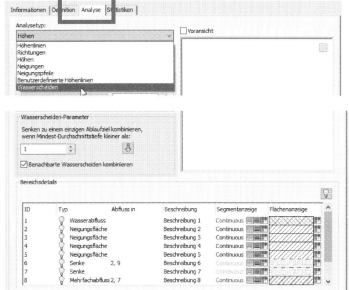

Die Grundeistellungen können durch die Analyse-Funktion selbst überschrieben werden. Hierzu ist der Darstellungs-Stil zu verlassen. Diese Karte gehört zu den DGM-Eigenschaften.

Diese Analyse-Funktion wird hier im folgenden Text jeweils „blau" gekennzeichnet.

Hier werden Funktionen angeboten, die die Voreinstellung des DGM-Stils (Karte Anzeige und Karte Analyse) überschreiben können.

Alle Einstellungen und Farbfestlegungen der Karte „Analyse" (DGM-Eigenschaften) können als Legende (Legendentabelle) ausgegeben sein.

Die optionale Ausgabe einer Legendentabelle gehört im Civil 3D zu den Beschriftungsfunktionen.

Gert Domsch, CAD-Dienstleistung

3 Darstellungs-Stil-Eigenschaften, Liste der Darstellungs-Optionen

Als Grundlage zur Erläuterung der „Analyse-Funktionen" wird ein einfaches DGM gewählt oder gezeigt. Dieses Ausgangs-DGM ist mit der Darstellung „Dreiecksvermaschung und Umring [DUNKELGRÜN]" erstellt. Viele der Funktionen sind etwas verständlicher, wenn man die Basis des DGMs vor Augen hat. In diesem Fall sind meist Dreiecke die deutlichste und anschaulichste Basis.

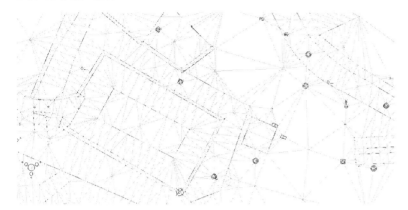

Diese Dreiecke bleiben die Grundlage der zu erläuternden Analyse-Funktionen, auch wenn die Dreiecke eventuell in den folgenden Bildern nicht sichtbar sind.

Folgende Funktionen gehören zu Analyse:

- **Richtungen**
- **Höhen**
- **Neigungen**
- **Neigungspfeile**
- **Benutzerdefinierte Höhenlinien** (Die „benutzerdefinierten Höhenlinien" werden hier nicht nochmals erläutert.)
- **Wasserscheiden**

Alle „Analysefunktionen" können parallel oder gleichzeitig benutzt werden. Im Buch werden die Funktionen einzeln vorgestellt.

Richtungen

Die Funktion „Richtungen" wird eingeschalten. Eine Aktivierung der Funktion ist auch hier für mehrere Ansichten möglich. Richtungen ist eine Funktion, die die Dreiecksflächen hinsichtlich der 2D-Winkel-Richtung auswertet, unabhängig von der Neigung oder Höhe. Die 2D-Winkel-Richtung kann auch als Ost-, Nord-, West- oder Süd-Richtung verstanden sein.

Für den Bau oder das Planen von Photovoltaik-Anlagen könnte die Richtung einen wichtigen Schritt zum Finden der optimalen Lage bedeuten.

Das Vorgeben einer Farbe ist auf der Karte „Anzeige" nicht erforderlich oder eher nicht möglich. Für alle einzelnen Ansichten wird die Farbe innerhalb der Funktion „Analyse" besser und anschaulicher überschrieben.

- Lageplan (2D):

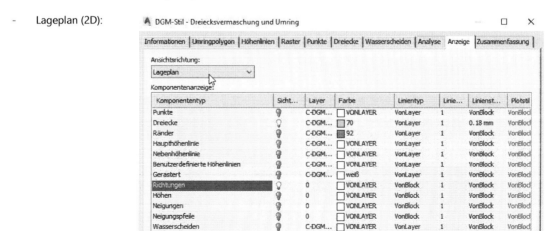

3 Darstellungs-Stil-Eigenschaften, Liste der Darstellungs-Optionen

- Modell (3D):

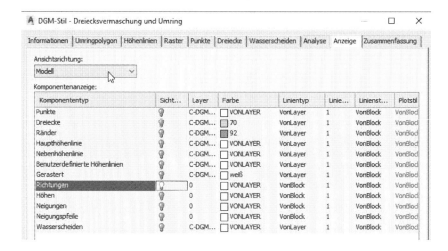

- Querprofil

Eine Einstellungs-Option für die Ansicht der „Richtungen" gibt es nicht im „Querprofil".

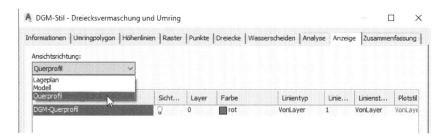

Es wird von der der Karte „Anzeige" zur 1. Karte „Analyse" gewechselt.

Richtungen/ Schema

Ein Schema ist in erster Linie die Definition einer farblichen Darstellung. Diese farbliche Darstellung kann abgestuft- (Blautöne, Rottöne) oder fachspezifisch erfolgen („Land", farbliche Abstufung für Gelände, ähnlich topographischer Karten). In den Bildern wird „Regenbogen" benutzt, um die Funktion „Richtungen" besser zu verdeutlichen.

- 2D (Lageplan)

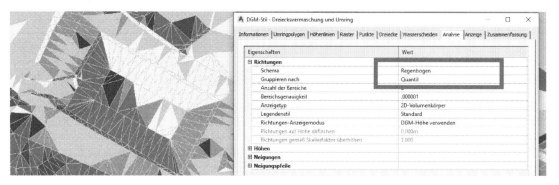

Es sind verschiedene Farb-Schemata für verschiedene Darstellungs-Modi wählbar. Innerhalb der 2D- und 3D-Ansichten ist die Kenntnis um die gewählte Einstellung und die verschiedenen zur Verfügung stehende Optionen von Vorteil.

- 3D (Modell)

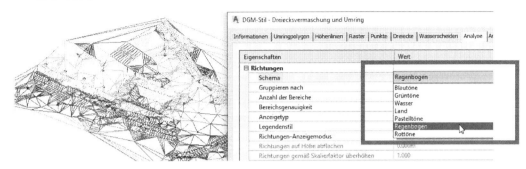

Richtungen/ Gruppieren nach

Das „Gruppieren nach" ist eine Berechnungsfunktion, die im Zusammenhang mit der Anzahl der Bereiche steht. Die Art der Berechnung kann in drei Modi erfolgen. Zur Erläuterung wird hier die Civil 3D-Hilfe zitiert. Hier ist bevorzugt „Quantil" zu wählen.

Der Text ist eine Kopie aus der Civil 3D Hilfe (Autodesk, Originaltext):

Gruppieren nach

Gibt die Eigenschaften für die Richtungsbereicherstellung an:

- **Gleiches Intervall**: Unterteilt die Daten in die angegebene Anzahl von Bereichen, angefangen beim Mindestwert bis zum Höchstwert. Bei dieser Methode werden die Daten häufig zu allgemein dargestellt, wobei sich viele Werte in einer Gruppe und in den anderen Gruppen eher weniger Werte befinden können.
- **Quantil**: Unterteilt die Daten so, dass die angegebene Anzahl von Bereichen jeweils eine gleiche Anzahl von Werten enthält. Diese Methode wird auch als Gleiche Anzahl bezeichnet und eignet sich am besten, wenn die Datenwerte linear, d. h. gleichmäßig verteilt sind.
- **Standardabweichung**: Berechnet und teilt die Daten basierend darauf, inwieweit die Datenwerte vom arithmetischen Mittelwert abweichen. Diese Methode ist am effektivsten, wenn die Daten eine in etwa normale Verteilung zeigen (glockenförmiger Bogen). Wegen dieser Bogenvorgabe ist es am sinnvollsten, sie für eine gerade Anzahl von Bereichen zu verwenden. Standardabweichungen werden oft verwendet, um hervorzuheben, wie weit unter bzw. über dem Mittelwert ein bestimmter Wert liegt.

Richtungen/ Anzahl der Bereiche

Mit der Anzahl der Bereiche wird in diesem Fall die Anzahl der auszuwertenden Richtungen vorgeben. Die hier vergebene Anzahl hat jedoch eine untergeordnete Bedeutung und kann an anderer Stelle mehrfach überschrieben sein. Die Angaben zur Anzahl auf der später gezeigten 2. Karte „Analyse" hat für mich eine höhere Priorität.

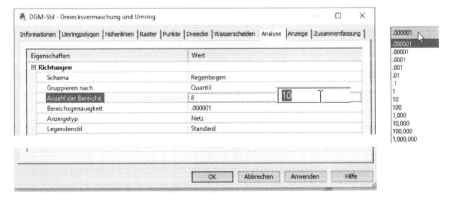

Richtungen/ Bereichsgenauigkeit

Die Bereichsgenauigkeit beschreibt die Anzahl der Nachkommastellen bei der Berechnung der Bereiche. Ein Ändern oder zurücksetzten der Nachkommastellen wird nicht empfohlen.

3 Darstellungs-Stil-Eigenschaften, Liste der Darstellungs-Optionen

Die Karte „DGM-Stil" wird geschlossen und es wird auf die 2. Karte „Analyse" gewechselt (DGM-Eigenschaft). Die Farbgebung und der Sinn der Farbgebung, Gruppieren nach und Bereichsgenauigkeit sind am Besten im Zusammenhang mit der 2. Karte

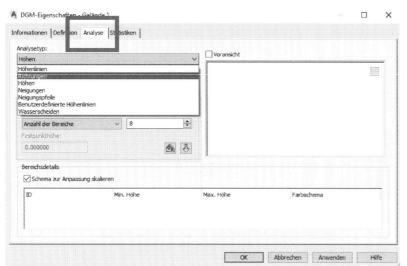

„Analyse" und der hier zur Verfügung gestellten Funktion „Anzahl der Bereiche" zu verstehen. In der Karte „Analyse" des Darstellungs-Stils sind weitere Einstellungen möglich, bzw. es können die Voreinstellungen nochmals variiert werden.

Die vorgegebenen Eigenschaften aus dem Darstellungs-Stil können hier optional angepasst, verändert oder so eingestellt werden, dass eine Auswertung oder Beurteilung des DGMs entstehen kann.

Hinweis:
Die Darstellung der Einheiten, hier Winkel-Einheiten, ist abhängig von den „Civil 3D-Einheiten". Hier gilt die Basiseinstellung von Civil 3D („Neugrad", Civil 3D- Zeichnungseinstellungen, Vollkreis 400 gon, Civil 3D Bezeichnung „(g)"). Die AutoCAD-Einheiten (Einheiten) gelten hier nicht, weder die Einheiten für die Konstruktion noch die Einstellung für die Bemaßung.

Civil 3D- Einheiten: AutoCAD-Einheiten (Die Bezeichnung für „Neugrad" lautet in AutoCAD „Grad", für die Bemaßung wiederum „Neugrad".)

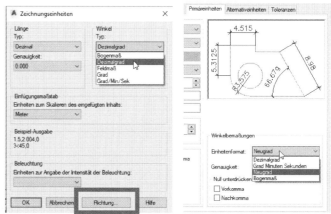

Zur Erläuterung der farblichen Darstellung, in Abhängigkeit von der Ausrichtung der Dreiecke, wird nochmals auf einen Zusammenhang mit AutoCAD hingewiesen (_units, Einheiten).

Die Basiseinstellung der Winkelrichtung (Winkel-Bezug) ist „Nord". Das entspricht 100gon (Neugrad) und wird hier nicht geändert.

Währen Civil 3D die anderen Einstellungen der Systemvariablen „_units" (Einheiten) ignoriert, wird die Orientierung, die Richtungssteuerung übernommen.

3 Darstellungs-Stil-Eigenschaften, Liste der Darstellungs-Optionen

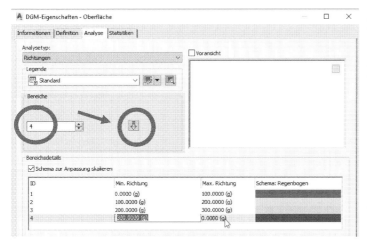

Zur Erläuterung der Darstellung werden nur vier Winkelbereiche gewählt (vier Himmelsrichtungen) und diesen Bereichen werden vier Farben zugeordnet. Die Darstellung ist unabhängig von der Vorgabe und komplett überschreibbar, um ein optimales Auswerteergebnis zu erzielen.

Die Dreiecke werden in Abhängigkeit von der Richtung im Raum (AutoCAD-Winkel-Richtung) eingefärbt.

Richtung: Ost bis Nord „Rot"
Nord bis West „Grün"
West bis Süd „Cyan"
Süd bis Ost „Blau"

- Lageplan (2D):

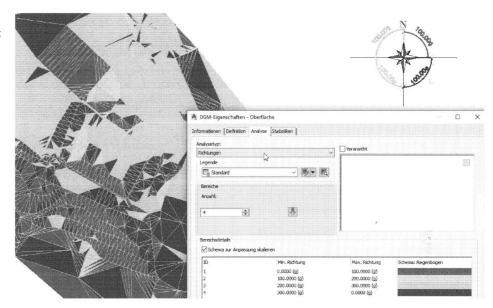

- Modell (3D):

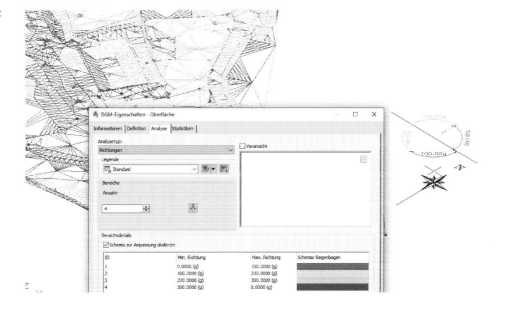

3 Darstellungs-Stil-Eigenschaften, Liste der Darstellungs-Optionen

Richtungen/ Schema-Änderung

Beispiel: Einfärben und Anzeigen einer bestimmten Richtung:

Im nächsten Bild wird die Grundeistellung gezeigt, die der Darstellungs-Stil anbietet. In der Grundeistellung, 1. Karte „Analyse" (Darstellungs-Stil-Eigenschaft) kann ein Basis-Farbschema ausgewählt sein. Die Farbe kann einem Farbschema entsprechen, dass entsprechend kontrastreich zur späteren Richtung gewählt wird.

Die eigentliche „Richtung" (Anzeige oder Auswertung) wird wiederum in der 2. Karte „Analyse" selbst verfeinert (DGM-Eigenschaft).

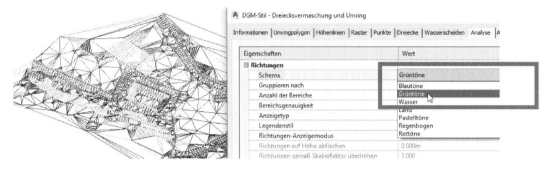

Es wird zur 2. Karte Analyse gewechselt (DGM Eigenschaften). Es wird eine bestimmte Richtung farblich hervorgehoben Nordrichtung (80 gon – 120 gon) „Rot", weil diese Richtung absolut uninteressant ist für Photovoltaik-Module.

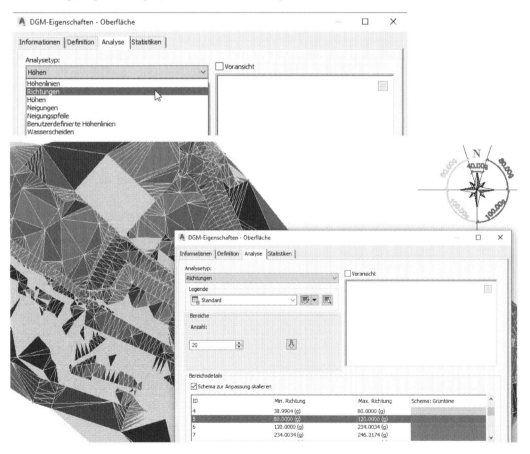

Es werden die Dreiecke mit der Richtung „Nord" angezeigt (+/- 20 gon). Nachfolgend werden weitere Darstellungs-Stil Eigenschaften beschrieben, die optional abrufbar sind (1. Karte Analyse).

3 Darstellungs-Stil-Eigenschaften, Liste der Darstellungs-Optionen

Richtungen/ Anzeigetyp

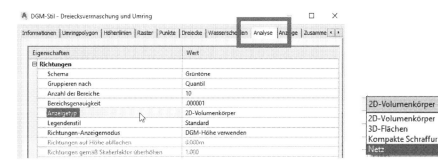

Für eine optionale spätere Ausgabe (Weitergabe an AutoCAD oder andere CAD-Programme), ist die Art der Ausgabe steuerbar. Das eigentliche Objekt (Anzeigetyp) erkennt man erst mit der anschließenden „Datenextraktion". Die Funktion zur Ausgabe ist Bestandteil des Kontext-Menüs „DGMs, Objekte extrahieren".

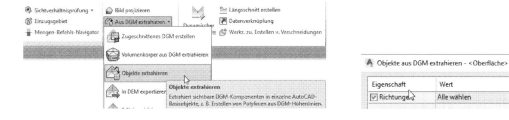

Anzeigetyp, Ausgabe-Option: Civil 3D, „3D-Volumenkörper"

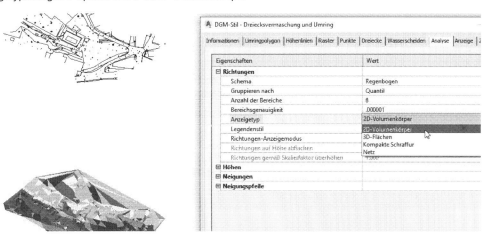

Die Ausgabe als 2D-Volumenkörper wird im AutoCAD als „Körper" wiedergegeben.

Anzeige, Resultat: AutoCAD

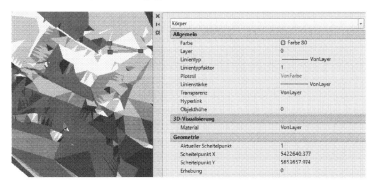

3 Darstellungs-Stil-Eigenschaften, Liste der Darstellungs-Optionen

Anzeigetyp, Ausgabe-Option: Civil 3D, „3D-Flächen"

Die Ausgabe als 3D-Fläche wird im AutoCAD als „3D-Fläche" wiedergegeben.

Anzeige, Resultat: AutoCAD

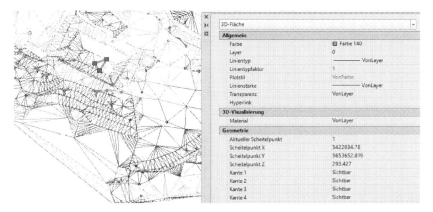

Anzeigetyp, Ausgabe-Option: Civil 3D „kompakte Schraffur"

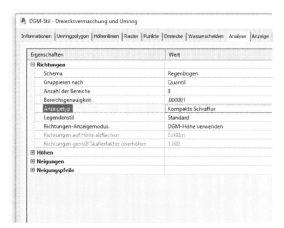

Die Ausgabe als Kompakte Schraffur wird im AutoCAD als „Schraffur" wiedergegeben.

Anzeige, Resultat: „AutoCAD Schraffur"

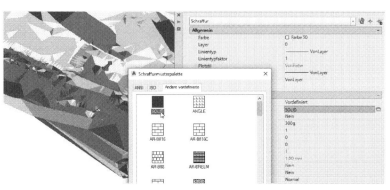

3 Darstellungs-Stil-Eigenschaften, Liste der Darstellungs-Optionen

Anzeigetyp, Ausgabe-Option: Civil 3D, „Netz"

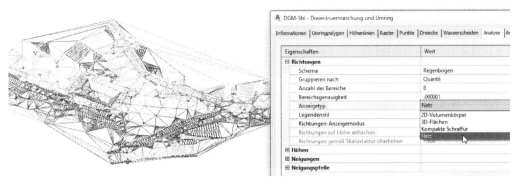

Erstaunlicherweise sind die extrahierten Bestandteile auch 3D-Flächen? Der Typ „Netzt" (Netz-Polygon) wird nicht erstellt?

Die Einstellung „Netz" gibt eine „3D-Fläche" zurück.

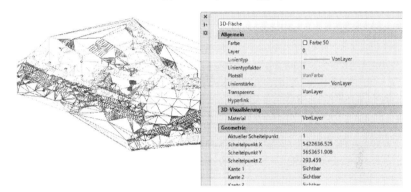

Richtungen/ Legendenfunktion

Als Bestandteil einer jeden Analyse kann mit der Funktion „Beschriftung" eine Legende erstellt sein (DGM-Legendentabelle hinzufügen).

Hinweis:

Der Legenden-Stil lautet bei jeder Analyse-Funktion „Standard". Obwohl es immer der gleiche Name ist handelt es sich um unterschiedliche Stile.

Dieser Legenden-Stil „Standard" kann von Analyse-Funktion zu Analyse-Funktion besondere Einstellungen beinhalten.

Im voreingestellten Tabellen-Stil „Standard" werden die Winkelwerte in einer Einheit zurückgeben, die anders ist, als es die Zeichnungs-Einstellung beschreibt.
Die im Bild gezeigten Änderungen der „Legenden-Tabelle" werden später im Abschnitt Beschriftung, Tabellen näher erläutert.

Tabellen-Format-Einstellung:
Winkelbezeichnung

Tabellen-Format-Einstellung:
Quadranten-Winkel

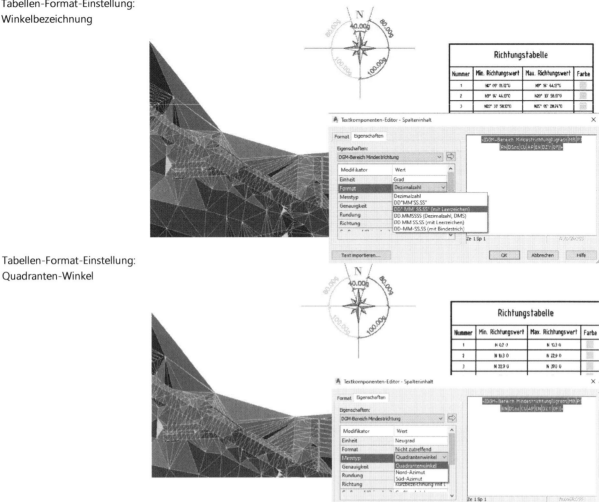

Richtungen/ Richtungen-Anzeigemodus

Technisch ist es möglich, die Richtungsdarstellung auch bezogen auf die Höhe zu verändern „Abflachen" oder „Überhöhen". Im Zusammenhang mit Vermessungsdaten oder Gelände-Daten ist diese Option an dieser Stelle nicht zu empfehlen. Vermessungsdaten oder Gelände-Daten werden eher real wiedergegeben. Die Schnitt-Funktionen (Höhenplan oder Querprofilplan) können oder werden oftmals überhöht wiedergegeben.

Für die nächste neue Funktion ist die vorherige Funktion „Richtungen" abzuschalten, damit die Funktionen einander nicht überlagern. In der Praxis ist eine solche Überlagerung von Stil-Eigenschaften und Analysen möglich oder sogar sinnvoll.

Höhen:

Die Funktion Höhen wird eingeschaltet. Eine Aktivierung der Funktion ist auch hier für mehrere Ansichten möglich. Höhen ist eine Funktion, die die Dreiecksflächen hinsichtlich der Höhe im Raum auswertet, unabhängig von Richtung oder Neigung. Das

Auswerteergebnis zeigt technische Parallelen zu den Höhenlinien, ist jedoch eher eine Flächendarstellung. Der praktische Bezug könnte sich hier aus dem Suchen und Finden von Bereichen im DGM ergeben, die einer bestimmten Höhe entsprechen. Solche Flächen werden für Straßen, Rohrleitungen, flächenhafte Baumaßnahmen oder Retentionsflächen im Wasserbau benötigt.

Eine Farbe wird auch hier nicht voreingestellt, weil diese als Bestandteil der Funktion „Analyse" (DGM-Eigenschaft) zielgerichteter vergeben werden kann.

- Lageplan (2D)

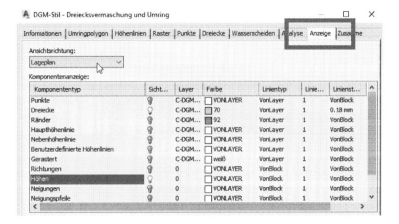

- Modell (3D)

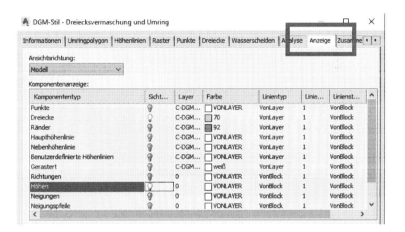

- Querprofil

Eine Einstellungs-Option für die Ansicht der „Höhen" in der „Querprofil"-Ansicht gibt es nicht.

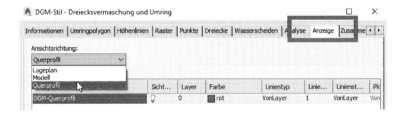

Höhen/ Bereiche erstellen nach, Bereichsschemata, Gruppieren nach, Anzahl der Bereiche, Bereichsgenauigkeit

Die Auswertung der „Höhen" kann nach mehreren Aspekten erfolgen. Je nach Einstellung werden unterschiedliche Farbschemata freigegeben. Für die Eigenschaft „Höhen" ist in „Anzahl der Bereiche" nur ein Farbschema und damit nur eine Farbabstufung (Höhenabhängig) vorgesehen. Die Anzahl der Bereiche, in die das DGM unterteilt wird und die Art der Berechnung, die für die Unterteilung verantwortlich ist (Gruppieren nach), kann vorgegeben sein. Die Bereichsgenauigkeit ist auch frei einstellbar. Eine Änderung wird jedoch nicht empfohlen.

3 Darstellungs-Stil-Eigenschaften, Liste der Darstellungs-Optionen

Alle diese Einstellungen entsprechen dem Kapitel „Richtungen" und werden hier nicht nochmals beschrieben.

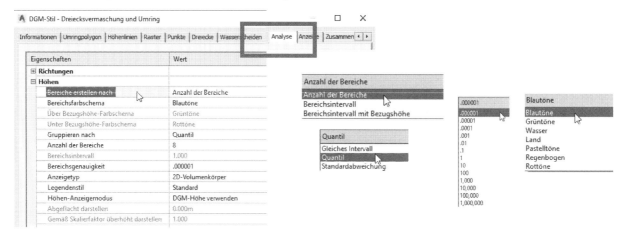

Die Anzahl der Bereiche ist auf „8" festgelegt (im Beispiel „8"). Das Bild zeigt das Ergebnis.

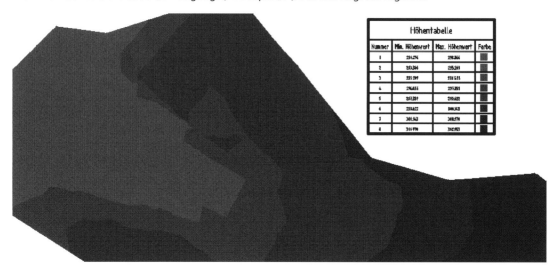

Höhen/ Bereichsintervall

Wird die Einstellung „Bereichsintervall" gewählt, so kann das Höhenintervall vorgegeben sein und die Darstellung entspricht eher einem flächigen Höhenlinienverlauf.

Es wird zu den DGM-Eigenschaften gewechselt, 2.Karte „Analyse".

Die Anzahl der Bereiche ist frei einstellbar.

3 Darstellungs-Stil-Eigenschaften, Liste der Darstellungs-Optionen

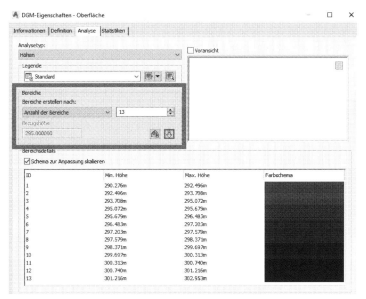

Im Beispiel wird auf der Karte auf „Analyse" anschließend „13" Bereiche gewählt und damit eine Abweichung zur Vorgabe von „8".

Das ist jederzeit und ausdrücklich möglich.

Das Bild zeigt das Ergebnis.

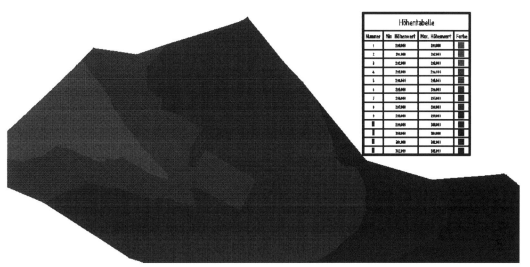

Wird die Einstellung „Bereichsintervall mit Bezugshöhe" gewählt, so können zwei Farb-Schemata vorgegeben sein. Die Darstellung kann zum Beispiel einem „Wasser" - „Gelände" - Wechsel entsprechen. Hier beschräkt sich die zweite Eingabeoption auf eine Intervalleingabe.

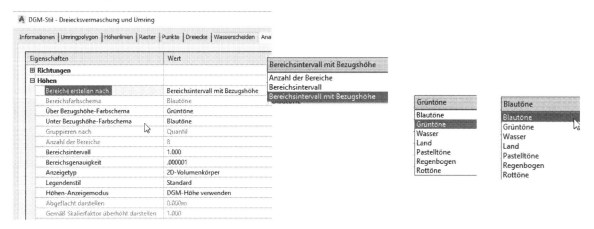

Es wird zu den DGM-Eigenschaften gewechselt, 2.Karte „Analyse".

Gert Domsch, CAD-Dienstleistung

3 Darstellungs-Stil-Eigenschaften, Liste der Darstellungs-Optionen

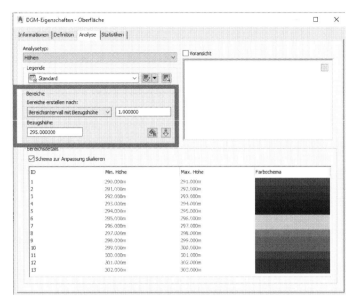

Die Anzahl der Bereiche bestimmt hier die Software. Im Beispiel ermittelt die Software wieder „13" Bereiche. Die Ursache liegt an der vorgegebenen „Bezugshöhe".

Das Bild zeigt das Ergebnis.

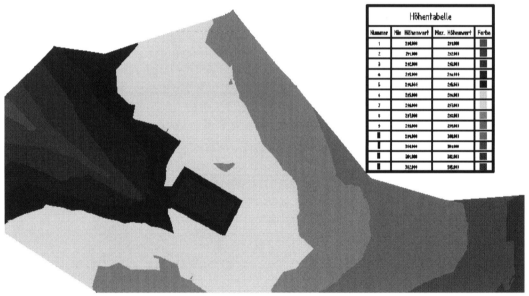

Die Darstellung kann gleichzeitig zwischen 2D- und 3D-Ansicht variieren.

Die Darstellung von 3D-Flächen ist abhängig vom aufgerufenen visuellen Stil (AutoCAD 3D).

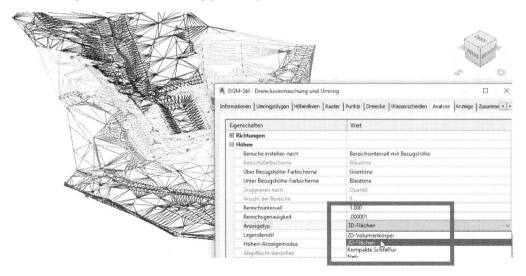

Gert Domsch, CAD-Dienstleistung

3 Darstellungs-Stil-Eigenschaften, Liste der Darstellungs-Optionen

Visueller Stil: Schattiert

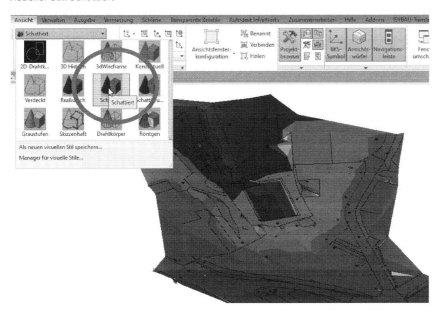

Höhen/ Anzeigetyp

Mit der Funktion „Anzeigetyp" im Darstellungs-Stil sind weitere Einstellungen möglich, die Im Zusammenhang von Ausgabe-Optionen Sinn machen und der vorherigen Beschreibung zum Thema „Richtungen" weitgehend entsprechen.

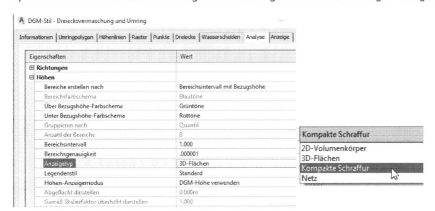

Nachfolgend wird die Schnittstelle „Objekte extrahieren" gezeigt. Es werden die Eigenschaften der Civil 3D -DGM-Elemente beschrieben, die bei verschiedenen Civil 3D-Einstellungen und der anschließenden Ausgabe im AutoCAD zu finden sind.

Anzeigetyp, Ausgabe-Option Civil 3D: „2D-Volumenkörper"

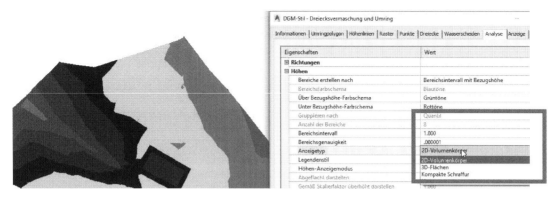

Die Ausgabe als 2D-Volumenkörper wird im AutoCAD als „Körper" wiedergegeben.

AutoCAD: Körper

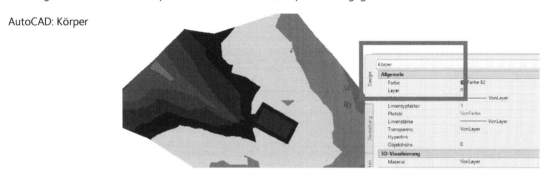

Anzeigetyp, Ausgabe-Option Civil 3D: „3D-Flächen"

Die Ausgabe als 3D-Fläche wird im AutoCAD als „3D-Fläche" wiedergegeben.

AutoCAD: 3D-Fläche

3 Darstellungs-Stil-Eigenschaften, Liste der Darstellungs-Optionen

Anzeigetyp, Ausgabe-Option Civil 3D: „kompakte Schraffur"

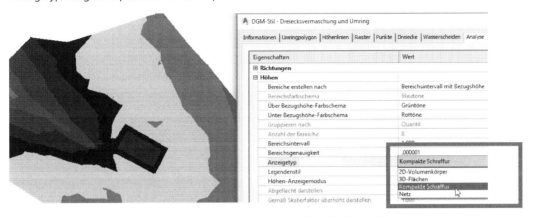

Die Ausgabe als Kompakte Schraffur wird im AutoCAD als Schraffur wiedergegeben.

AutoCAD: Schraffur (Hatch)

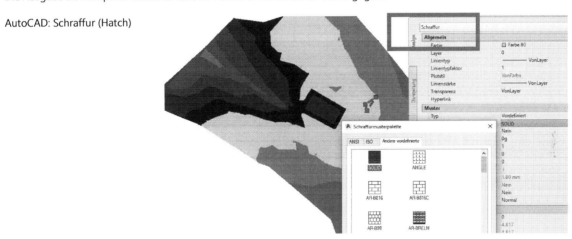

Anzeigetyp, Ausgabe-Option Civil 3D: „Netz"

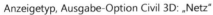

AutoCAD: Es wird kein sichtbares oder registrierbares Ergebnis ausgegeben? Das Ausgabeergebnis bleibt ein Civil 3D-DGM?

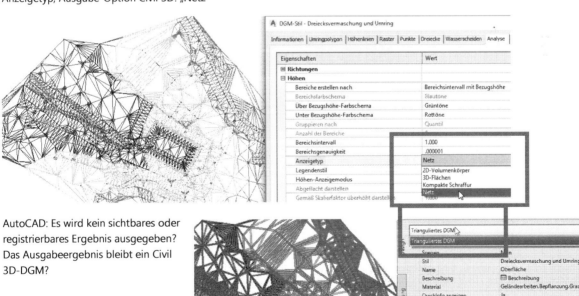

3 Darstellungs-Stil-Eigenschaften, Liste der Darstellungs-Optionen

Um die optische Darstellung zu unterstützen, wird auch zur Option „Höhen" eine Legendentabelle angeboten, die dynamisch mit dem DGM verknüpft sein kann.

Funktion: Beschriftung, DGM-Legendentabelle hinzufügen

Ausgabe-Ergebnis:

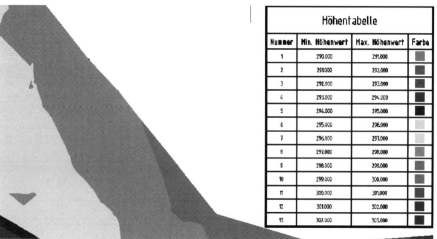

Höhen/ Höhen-Anzeigemodus

Technisch ist es möglich, die Richtungsdarstellung auch bezogen auf die Höhe zu verändern „Abflachen" oder „Überhöhen". Im Zusammenhang mit Vermessungsdaten oder Gelände-Daten ist diese Option an dieser Stelle nicht zu empfehlen.

Vermessungsdaten oder Gelände-Daten werden eher real wiedergegeben. Die Schnitt-Funktionen (Höhenplan oder Querprofilplan) sind vielfach besser geeignet, eine überhöhte Darstellung wiederzugeben.

Neigungen:

Die Funktion Neigungen wird eingeschalten. Eine Aktivierung der Funktion ist auch hier für mehrere Ansichten möglich. „Neigungen" ist eine Funktion, die die Dreiecksflächen hinsichtlich der prozentualen Neigung auswertet, unabhängig von der Richtung.

3 Darstellungs-Stil-Eigenschaften, Liste der Darstellungs-Optionen

- Lageplan (2D):

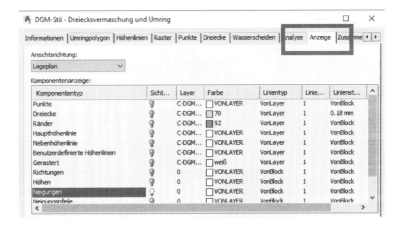

- Modell (3D):

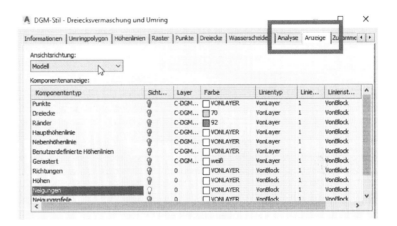

- Querprofilplan:

Für die Ansicht „Querneigung" wird keine Einstellung oder „Neigungs-Option" angeboten.

Neigungen/ Gruppieren nach

Die gezeigte Darstellungseigenschaft „Rottöne" ist abhängig von der Voreinstellung in der Karte „Analyse" und wird in den nächsten Bildern erläutert.

3 Darstellungs-Stil-Eigenschaften, Liste der Darstellungs-Optionen

Neigungen/ Gruppieren nach, Anzahl der Bereiche, Bereichsgenauigkeit

Die Anzahl der Bereiche, in die das DGM unterteilt wird, und die Art der Berechnung, die für die Unterteilung verantwortlich ist (Gruppieren nach), kann vorgegeben sein. Die Bereichsgenauigkeit ist auch frei einstellbar. Eine Änderung wird jedoch nicht empfohlen. Diese Einstellungen entsprechen dem vorherigen Abschnitt „Richtungen" und werden hier nicht nochmals wiederholt beschrieben.

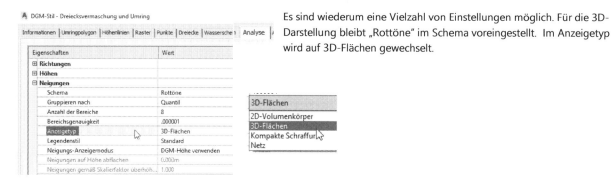

Neigungen/ Anzeigetyp

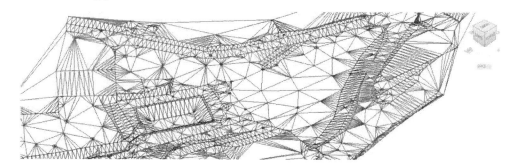

Es sind wiederum eine Vielzahl von Einstellungen möglich. Für die 3D-Darstellung bleibt „Rottöne" im Schema voreingestellt. Im Anzeigetyp wird auf 3D-Flächen gewechselt.

Die Darstellung von 3D-Flächen ist abhängig vom visuellen Stil.

Visueller Stil: 2D-Drahtkörper

Visueller Stil: Schattiert

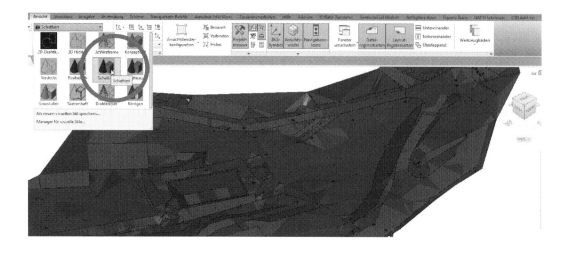

Gert Domsch, CAD-Dienstleistung

3 Darstellungs-Stil-Eigenschaften, Liste der Darstellungs-Optionen

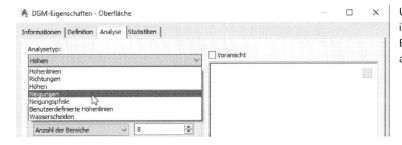

Um die Funktion „Neigungen" zu verstehen, ist es sinnvoll zur 2. Karte „Analyse" der DGM-Eigenschaften zu wechseln und eine Analyse auszuführen.

Die Anzahl der Bereiche wird auf „10" abweichend zur Vorgabe erhöht.

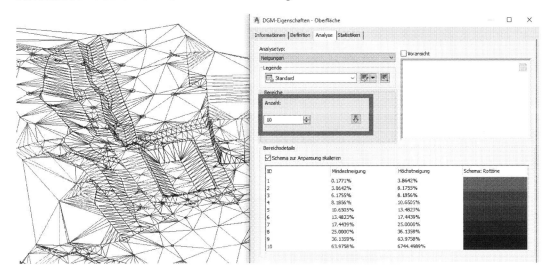

Es ist möglich bestimmte Neigungsbereiche so farblich hervor zu heben, dass diese Bereiche erkennbar sind. Als Beispiel werden drei Bereiche und damit deren Neigung markiert. Die Neigungsbereiche und die Farben sind frei einstellbar.

Farblich hervorzuhebende Bereiche

- 0.5% - 2% „Grün"
- 2% - 4% „Gelb"
- 4% - 6% „Cyan"

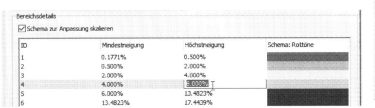
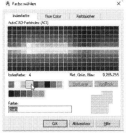

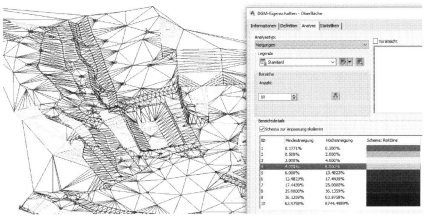

Die Bereiche sind entsprechend markiert.

3 Darstellungs-Stil-Eigenschaften, Liste der Darstellungs-Optionen

Nachfolgend wird die Schnittstelle „Objekte extrahieren" nur gezeigt. Es ist auch hier möglich die Eigenschaften der Civil 3D - DGM-Elemente auszugeben. Bei verschiedenen Civil 3D-Einstellungen werden entsprechende Elemente nach AutoCAD extrahiert.

Diese Funktion ist innerhalb der vorherigen Kapitel ausführlicher beschrieben. Hier wird auf eine ausführliche Darstellung verzichtet.

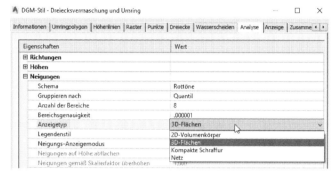

Neigungen/ Legende
Die farbliche Kennzeichnung der Neigungen kann auch als Legende in die Zeichnung eingefügt sein.

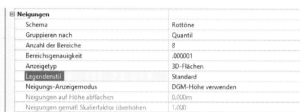

Funktion: Beschriftung, DGM-Legendentabelle hinzufügen. Die Funktion entspricht dem bisher gezeigten Ablauf.

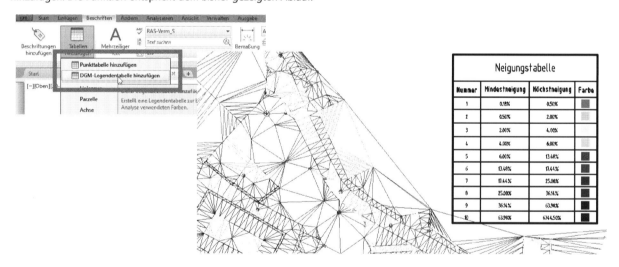

Neigungspfeile:

Die Funktion Neigungspfeile wird eingeschaltet. Eine Aktivierung der Funktion ist auch hier für mehrere Ansichten möglich. „Neigungspfeile" ist eine Funktion, die auf jede einzelne Dreiecksfläche Pfeile setzt, in Abhängigkeit von der prozentualen Neigung. Diese Peile können die Neigungsrichtung anzeigen und zusätzlich kann die Farbe nach Gefälle variieren, um die Größenordnung der Neigung zu verdeutlichen.

Hinweis:

Jeweils pro Dreiecksmasche wird durch die Funktion ein Neigungspfeil gesetzt, der die Neigung der Dreiecksfläche dynamisch beschreibt. Wird das DGM geändert, so ändert sich der Pfeil.

3 Darstellungs-Stil-Eigenschaften, Liste der Darstellungs-Optionen

- Lageplan (2D)

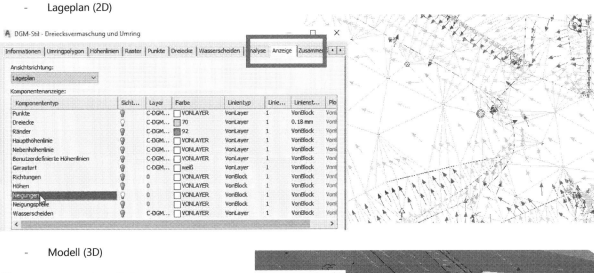

- Modell (3D)

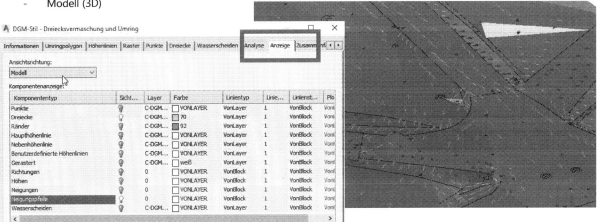

- Querprofil

Für diese Ansicht wird keine Einstellung speziell für „Neigungspfeile" angeboten.

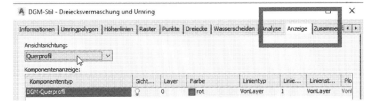

Es erfolgt der Wechsel zu 1.Karte „Analyse".

Neigungspfeile/ Schema

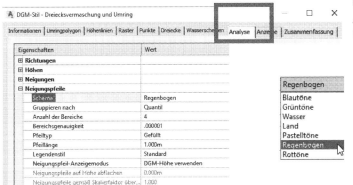

Die vorgegebenen Eigenschaften der „Neigungspfeile" entsprechen allen vorherigen Kapiteln und werden hier nicht nochmals beschrieben.

3 Darstellungs-Stil-Eigenschaften, Liste der Darstellungs-Optionen

Neigungspfeile/ Gruppieren nach, Anzahl der Bereiche, Bereichsgenauigkeit

Alle Einstellungen in diesem Bereich entsprechen den vorherigen Kapiteln und werden hier nicht nochmals wiederholt.

Neigungspfeile/ Pfeiltyp

Der Peilspitzentyp kann verschieden eingestellt sein. Bei kleinen Dreiecken (Dreieckskante kleiner als 2-3m, eventuell Straßen) können „offene" Pfeilspitzen von Vorteil sein.

Neigungspfeile/ Pfeillänge

Die Pfeillänge ist frei einstellbar. Bei Straßen (Dreieckskante ca. 2-3,5m) sollte die Pfeilläge kaum größer als 1m sein.

Neigungspfeile/ Legendenstil

Hinweis:

Als Legendenstil ist immer wieder „Standard" eingetragen. „Standard" ist nur ein „Name" und bedeutet eher „Basiseinstellung für das jeweilige Objekt". Das bedeutet, obwohl der Begriff „Standard" immer der Gleiche ist, kann für jedes Objekt eine andere Tabelle eingestellt sein. Eigentlich wäre hier jede Tabelle zu zeigen oder einzeln zu erläutern.

Eine Erläuterung der Tabellen-Beschriftungs-Stile erfolgt im Kapitel „Beschriftungen, Tabellen".

Um die Arbeitsweise und Hinweise für Nutzer weiterzugeben, wird auf die 2. Karte „Analyse" (DGM-Eigenschaften) gewechselt. Es wird die Funktion „Neigungspeile" ausgewählt.

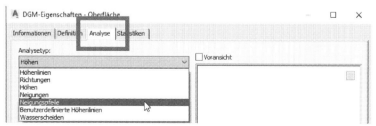

Vorteilhaft ist die Funktion, um innerhalb von Kreuzungen die Fließrichtung des Wassers zu überprüfen. Als Anzahl der Bereiche wähle ich bei Kreuzungen bevorzugt „5" aus. Diese fünf Bereiche werden so editiert, dass Bereiche mit Neigung kleiner 0.5% und größer 8% erkennbar sind. Das Ergebnis folgt in den nächsten Bildern.

3 Darstellungs-Stil-Eigenschaften, Liste der Darstellungs-Optionen

Mit den „Neigungspfeilen ist die Fließrichtung des Wassers erkennbar und die Größenordnung der Neigung. Alles zusammen sind Entscheidungshilfen, um bewusst Regenwasser-Einläufe zu setzen.

Darstellung „2D", mit überarbeiteten Neigungspfeilen, Höhenlinien und Höhenlinien-Beschriftung:

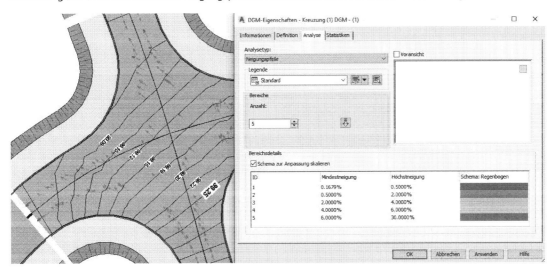

Die Darstellung kann durch eine Legendentabelle komplettiert sein.

Darstellung „3D" (ohne Farbe, Schraffur):

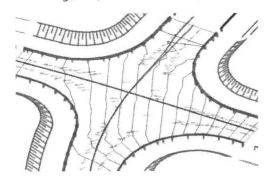

Neigungspfeile/ Neigungspfeil-Anzeigemodus

Alle Einstellungen in diesem Bereich entsprechen den vorherigen Kapiteln und werden hier nicht nochmals wiederholt. An dieser Stelle wird empfohlen, die Einstellung „DGM-Höhe verwenden" beizubehalten.

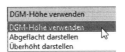

Wasserscheiden:

Für die Erläuterung dieser Funktion wird ausnahmsweise KEIN neuer Darstellungs-Stil angelegt. Es wird der von Civil 3D bereits vorbereitete Darstellungs-Stil „Wasserscheiden" verwendet („... Deutschland.dwt"). In diesem Darstellungs-Stil sind „Dreiecke" (Grau) für 2D vorbereitet und die Funktion Wasserscheiden ist bereits eingeschalten.

Hinweis:

Wird die Wasserscheiden-Funktion aktiviert, so gibt es keine Voransicht. Mit der Aktivierung der Funktion ist noch nichts zu sehen!

- Lageplan (2D)

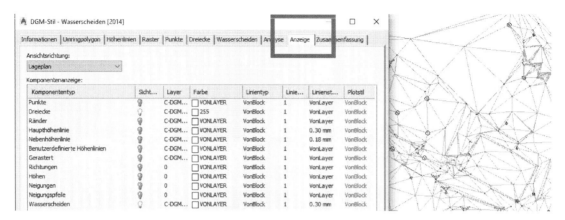

Für das Modell „3D" ist die Wasserscheiden-Darstellung deaktiviert. Civil 3D hat hier nur Rand- und Höhenlinien eingeschalten („... Deutschland.dwt").

- Modell (3D)

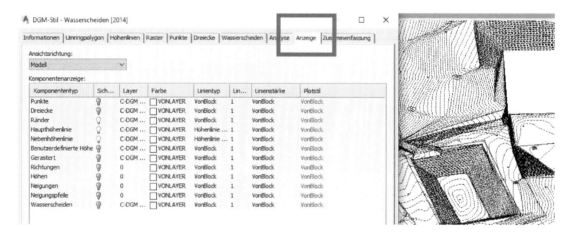

- Querprofil

Für die Ansicht „Querprofil" ist keine Wasserscheidendarstellung vorgesehen.

3 Darstellungs-Stil-Eigenschaften, Liste der Darstellungs-Optionen

Um die Funktion „Wasserscheiden" zu sehen, ist auf die 2. Karte „Analyse" (DGM-Eigenschaft) zu wechseln. Hier ist „Wasserscheiden" auszuwählen.

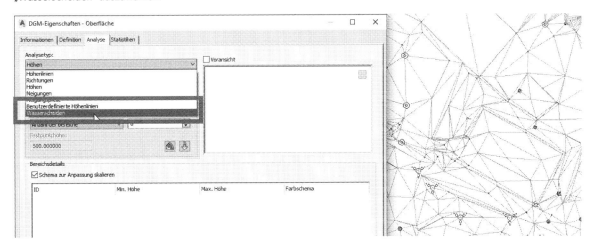

Anschließend wird der Nutzer nach Einstellungen gefragt, die im DGM „Tiefpunkte" oder „Senken" betreffen. „Senken" können optional zu einem einzigen Ablaufziel kombiniert werden. Mit der Funktion „Mindestdurchschnittstiefe kleiner als" können solche Senken zusammengefasst sein. Das könnte zum Beispiel der Grundwasserstand oder eine zu planende Rohrleitung sein, die alles Wasser aufnimmt. Die Option „benachbarte Wasserscheiden kombinieren" ist ähnlich erklärbar.

Beide Schalter werden zuerst nicht aktiviert.

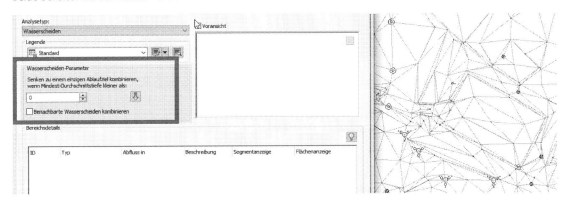

Das Erstellen von „Wasserscheiden" ist mit der Funktion „Analyse ausführen" auszuführen.

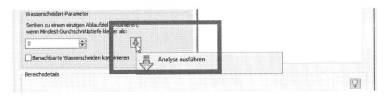

Civil 3D berechnet im vorliegenden Beispiel 62 Flächen? Diese Flächen werden wie folgt bezeichnet.

- **Wasserabfluss**
- **Neigungsfläche**
- **Senke**
- **Ebene Fläche**
- **Mehrfachabfluss**

Die Darstellung des Berechnungsergebnisses erfolgt in der Zeichnung (Bild unten).
Die Erläuterung zu den Begriffen folgt auf den nächsten Seiten.

Mit der „ersten Einstellung" werden im Beispiel 62 Flächen berechnet.

Für die Funktion „Wasserscheiden" steht auch die Beschriftungs-Funktion „Legende" zur Verfügung.
Rechts ist die optionale Darstellung der Legende eingeblendet.

Ergebnis der Wasserscheidenberechnung mit der Civil 3D-Voreinstellung:

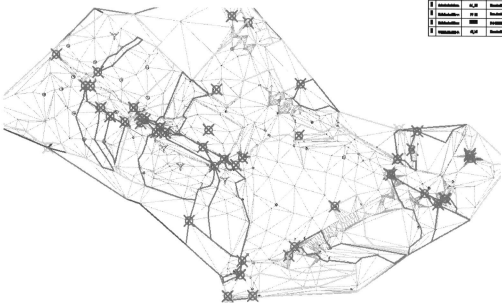

Wird die Funktion mit veränderten Ausgangswerten erneut ausgeführt, so ändert oder verringert sich die Anzahl der Flächen.

- „Senken zu einem einzigen Ablaufziel kombinieren, wenn Mindest-Durchschnittstiefe kleiner als" (gewählter Wert: 0.5)
- „benachbarte Wasserscheiden kombinieren"

3 Darstellungs-Stil-Eigenschaften, Liste der Darstellungs-Optionen

Mit der geänderten Einstellung werden im Beispiel 14 Flächen berechnet. Für eine optionale Bearbeitung der farblichen Darstellung (Schraffur) bietet die Maske rechts zahlreiche Funktionen.

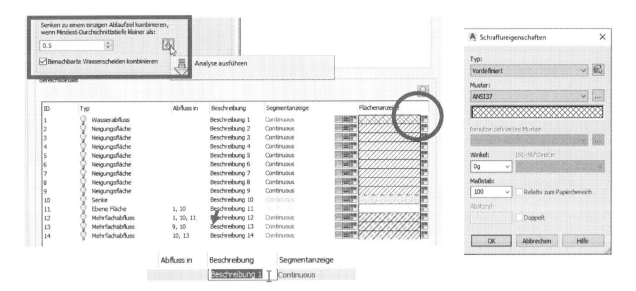

Darstellung des neuen Berechnungsergebnisses in der Zeichnung mit Legende.

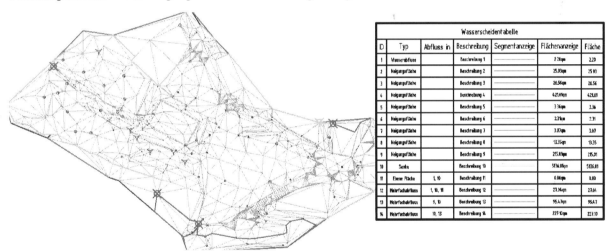

Laut „Wikipedia" sind Wasserscheiden Linien (Grenzen, Kammlinien), die die Richtung des abfließenden Wassers bestimmen. Diese Grenzen oder Linien beschreiben eine Fläche, die als Einzugsgebiet zur Bestimmung der anfallenden Wassermenge bezeichnet wird.

Wikipedia (Original-Text):

Kammwasserscheide

Meist stellt sich eine Wasserscheide als topographischer Höhenzug dar, bei dem die Trennlinie der Einzugsgebiete primär in einer Kammlinie besteht. Diese Kammlinie kennzeichnet die oberirdische Wasserscheide (oder Kammwasserscheide).

Talwasserscheide

Liegt die Grenze zwischen zwei Einzugsgebieten in einer Talsohle, so spricht man von einer Talwasserscheide.

Nach Definition von Wikipedia ist „Wasserscheide" eine Grenze, eine Kante oder eine Linie. Diese Kante oder Linien (Wasserscheiden) umschießen ein Einzugsgebiet. Im Civil 3D erscheint der Begriff „Wasserscheide" teilweise anders definiert zu sein. Das Civil 3D-Objekt „Wasserscheiden" umschließt immer eine Fläche.

Die Civil 3D „Wasserscheide" scheint eventuell eher dem Begriff „Einzugsgebiet" zu entsprechen (Abfluss- und Zufluss-Gebiet, eventuell auch ebene Fläche). Diese Flächen haben eine Randlinie (frei bestimmbarer Linientyp) eine Flächenschraffur (AutoCAD-

Schraffur mit einem frei bestimmbaren Schraffur-Muster), ein Ablauf-Zielpunkt (AutoCAD-Punkt, frei bestimmbares AutoCAD-Punktsymbol). Bei einigen Flächentypen gibt es jedoch keinen „Ziel-Punkt", sondern ein Ziel-Segment mit Linien-Farbe und Linien-Typ. Es entsteht in Sonderfällen ein „Zielsegment" als Resultat der Berechnung. In diesen Fällen ist wahrscheinlich ein einzelner „Zielpunkt" nicht bestimmbar (der Autor).

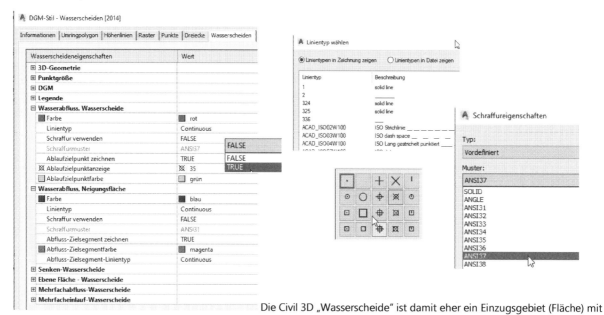

Die Civil 3D „Wasserscheide" ist damit eher ein Einzugsgebiet (Fläche) mit Konzentrations-Punkt oder Konzentrations-Bereich (Punkt oder Segment). Bezieht man sich auf die Wikipedia-Definition, so ist eine „Wasserscheide" (Grenze, Linie) nicht vordergründig erkennbar. Lediglich Teile der Linien, die diese „Wasserscheiden"-Flächen begrenzenden könnten der Wikipedia-Wasserscheiden-Definition entsprechen (der Autor).

Um dieses umfangreiche Paket von Flächen-Funktionen zu beschreiben, werden zum Teil neue Eigenschaften für „Wasserscheiden" erstellt, dessen Funktion hier erklärt werden. Es werden die Civil 3D Vorstellungen oder Civil 3D–„Wasserscheiden" erläutert. Alles zusammen soll einen Überblick zu dieser Funktion liefern.

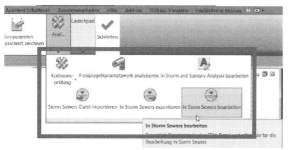

Hinweis:

Die „Wasserscheiden" Analyse ist eventuell nicht direkt als Wasserscheidenbestimmung zu sehen, sondern eher im Zusammenhang mit den zum Lieferumfang gehörenden Berechnungen einzuordnen.

Zum Beispiel sind als Bestandteil der „Storm-Sewer"-Funktion (Wasserabfluss-Berechnung, Rohrdimensionierung) ein „Einzugsgebiet" und ein „Durchfußpunkt" anzugeben. Die Bestimmung der Civil 3D „Wasserscheide", ist eher die Bestimmung einer solchen „Einzugsgebiets-Fläche" mit dem dazu gehörigen „tiefsten Punkt", eventuell „Durchfluss-Punkt". Allein die klare Aussage, ob es hier Flächen oder Bereiche gibt, die in einem tiefen Punkt entwässern, ist für die spätere Planung der Schächte und Sinkkästen wichtig.

Zur weiteren Erläuterung der Funktion „Wasserscheiden" wird ein neuer Darstellungs-Stil erstellt. Zur besseren Veranschaulichung der Resultate bleibt die Eigenschaft „Dreiecke" an. Die Dreiecke erhalten die Farbe 254. Die Eigenschaft der Wasserscheiden bleibt auf der voreingestellten Eigenschaft.

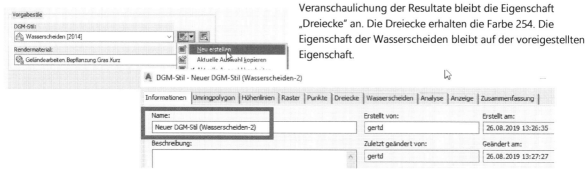

3 Darstellungs-Stil-Eigenschaften, Liste der Darstellungs-Optionen

Der technisch interessante Teil beginnt mit der Karte „Anzeige". Die Karte „Zusammenfassung" beinhaltet auch hier eine Zusammenstellung aller Karten und Eigenschaften. Für die 2D – Ansicht (Lageplan) und die 3D - Ansicht (Modell) wird die gleiche Einstellung gewählt.

- Lageplan (2D)

- Modell (3D)

- Querprofil

Für die Ansicht „Querprofil" ist keine Wasserscheiden-Option vorgesehen.

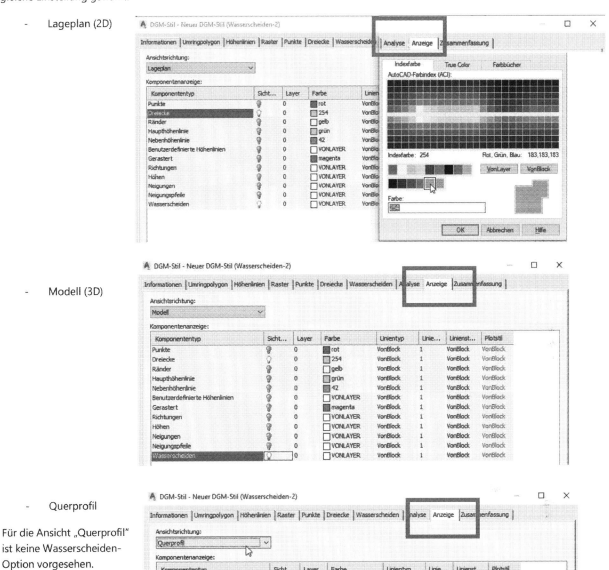

Wasserscheiden/ 3D-Geometie

Alle Einstellungen in diesem Bereich entsprechen den vorherigen Kapiteln und werden hier nicht nochmals wiederholt.

Wasserscheiden/ Punktgröße

An dieser Stelle wird empfohlen auf „Zeichnungsmaßstab verwenden" zu wechseln und für „Wasserscheiden-Einheiten - 1m" zu wählen.

3 Darstellungs-Stil-Eigenschaften, Liste der Darstellungs-Optionen

Auf alle Fälle ist es wichtig wahrzunehmen, welche Einstellungen hier voreingestellt sind.

Wasserscheiden/ DGM

Für die Wasserscheiden existiert ein Beschriftungs-Stil, der in allen Belangen der Civil 3D-Konvention entspricht. Die Beschriftung besitzt auch hier die Civil 3D Einstellungen mit den Karten „Allgemein", „Standard" und Symbol-Text-Trennung".

Hinweis:

Diese Karten und die sich daraus ergebenden Funktionen werden in den späteren Kapiteln zum Thema „Beschriftung" näher beschrieben. Die Karten „Allgemein", „Standard" und „Symbol-Text-Trennung" sind nicht speziell für die Beschriftung von DGMs programmiert oder auf DGMs ausgerichtet. Alle Beschriftungen folgen diesem einheitlichen Konzept. Alle Civil 3D Objekt-Beschriftungen sind über diese Einstellungen oder über diese Karten zugänglich. Die Civil 3D–Objekt-Beschriftung ist generell kein Text oder M-Text (kein AutoCAD)! In den folgenden Bildern wird die Beschriftung der Funktion nur vorgestellt oder gezeigt.

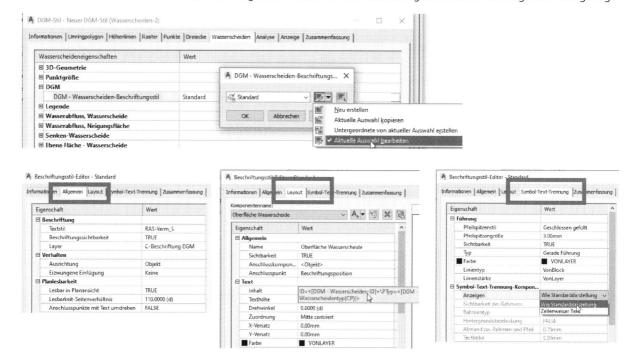

Im Beispiel (Bild) wurde versucht die Beschriftungen, da diese einander überlappen, auseinander zu schieben oder frei zu stellen. Dieses manuelle Verschieben (Freistellen) funktioniert nicht. In den späteren Kapiteln zum Thema Beschriftungen wird gezeigt, diese Funktion des „Freistellens" gehört zum Standard. Es ist noch nicht klar, warum die Karte „Symbol-Text-Trennung" nicht funktioniert, wie erwartet. Im Fall die Beschriftungen überlappen einander, ist kein manuelles Freistellen möglich (Stand 30.11.2020, Version 2019)?

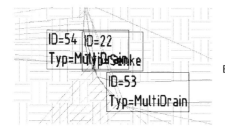

Es gibt mit dem „Anpicken" der Beschriftung keinen „Gripp" (Griff).

3 Darstellungs-Stil-Eigenschaften, Liste der Darstellungs-Optionen

Wasserscheiden/ Legende

Im einführenden Beispiel wurde bereits gezeigt, dass auch hier eine dynamische Legende eingefügt werden kann. Die Funktion wird nicht nochmals gezeigt.

Um die Funktion „Wasserscheiden" selbst, und die einzelnen Flächen, die entstehen näher zu erklären wird Schritt für Schritt jede einzelne Fläche eingeschalten und mit einer separaten Eigenschaft versehen. Diese Vorgehensweise zeigt deutlich jeden Flächen-Typ an und grenzt ihn von allen anderen ab.

Um bestimmte Besonderheiten zu klären, werden mit der Funktion „Objekte extrahieren" alle Wasserscheiden in AutoCAD-Basis-Elemente aufgelöst.

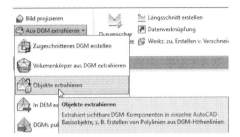 

Mit dieser Vorgehensweise kommt man den Funktionen und Aussagen ein wenig mehr auf den Grund. Untersucht man die Eigenschaften näher (AutoCAD-Eigenschaften), dann wird die Bedeutung etwas klarer und es ergeben sich Verwendungsoptionen innerhalb anderer Programme oder innerhalb anderer Funktionen.

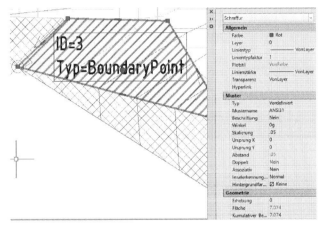

Die Ausgabe (Objekte extrahieren) erstellt optional Flächen, 3D-Polylinien und Punkte.

1. Bestandteil: Fläche und Schraffur

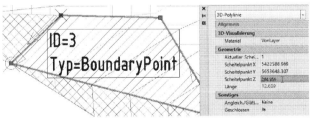

2. Bestandteil: Umring, 3D-Polylinie mit Höhe

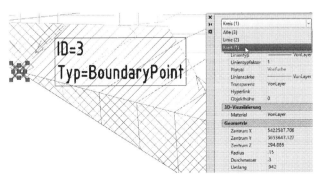

3.1. Bestandteil: Punkt, Ablaufzielpunkt, Kreis, Linien mit 3D-Eigenschaften

3 Darstellungs-Stil-Eigenschaften, Liste der Darstellungs-Optionen

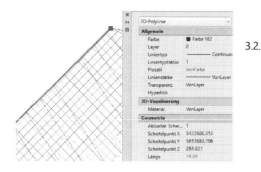

3.2. Bestandteil: Linie, Ablaufzielsegment, 3D-Polylinie

Wasserabfluss, Wasserscheide

Begriffserklärung (der Autor): „Wasserabfluss-Wasserscheiden" sind Flächen deren Neigung nach außen gerichtet ist (bezogen auf die DGM-Fläche) und deren Flächen nach außen entwässert (zum DGM-Rand). „Wasserabfluss-Wasserscheiden" haben einen Ablauf-Zielpunkt.

Die Schraffur der „Wasserabfluss-Wasserfläche" wird bewusst so eingestellt, dass diese Fläche deutlich erkennbar ist (rot, ANSI 31).

Das DGM zeigt drei Einzelflächen am Rand, mit entsprechender Schraffur. Für das Detail-Bild wurde nur eine der drei Flächen ausgewählt.

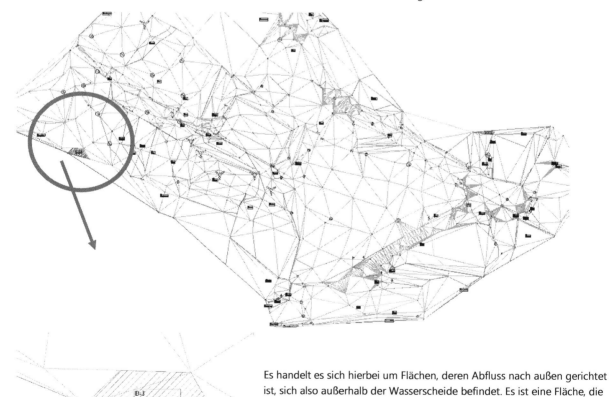

Es handelt es sich hierbei um Flächen, deren Abfluss nach außen gerichtet ist, sich also außerhalb der Wasserscheide befindet. Es ist eine Fläche, die nicht in das DGM-Zentrum entwässert. Der Ablaufzielpunt ist der tiefste Punkt der Fläche.

Gert Domsch, CAD-Dienstleistung

3 Darstellungs-Stil-Eigenschaften, Liste der Darstellungs-Optionen

Wasserabfluss, Neigungsfläche

Begriffserklärung (der Autor): Eine Wasserabfluss-Neigungsflächen ist eine Fläche deren Neigung nach außen gerichtet ist und deren theoretische Wassermenge aus dem DGM abfließt. Für diese Fläche werden keine „Zielpunkte angeboten, sondern nur „Zielsegmente". Das heißt es gibt keinen tiefsten Punkt, sondern nur tiefe „Linien", „Ablauflinie" oder einen tiefen „Rand".

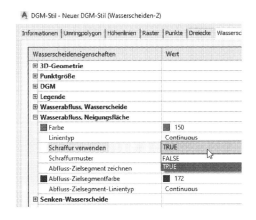

Die Schraffur der „Wasserabfluss-Neigungsfläche" wird bewusst so eingestellt, dass diese Fläche deutlich erkennbar ist (Farbnummer 150, ANSI 37).

Das DGM zeigt Einzelflächen, mit der eingestellte Schraffur am Rand. Das folgende Bild zeigen nur eine der Flächen im Detail.

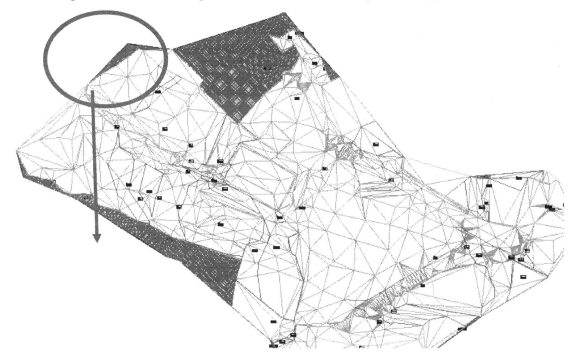

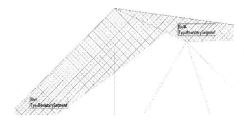

Es handelt sich um, Flächen die komplett nach außen gerichtet sind und keinen Abflusspunkt haben, sondern eine Linie (Ziel-Segment) als Abfluss-Ziel.

Senken-Wasserscheide

Begriffserklärung (der Autor): Senken-Wasserscheide ist eine Fläche, aus der kein Wasser abfließt. In der Senken-Wasserscheide wird das Wasser konzentriert. Der Ablaufzielpunkt oder das Ablaufzielsegment ist der tiefste Punkt in der Fläche.

Hinweis:

Der Unterschied zwischen Zielsegment und Zielpunkt ist im Beispiel kaum zu erklären. Wahrscheinlich liegt er darin, wenn es keine tiefsten Punkt gibt, sondern einen Bereich, der eine tiefste Stelle beschreibt, wird ein Zielsegment als „Linie" mit 3D-Eigenschaften erstellt. Eventuell wäre hier auch der Begriff „Talwasserscheide" anwendbar.

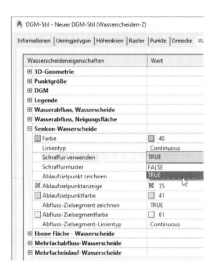

Die Schraffur der „Senken-Wasserscheide" wird bewusst so eingestellt, dass diese Fläche deutlich erkennbar ist (Farbnummer 40, EARTH).

Das DGM zeigt Einzelflächen, mit der eingestellten Schraffur. Ein Detail der Fläche wird nächsten Bild vergrößert gezeigt.

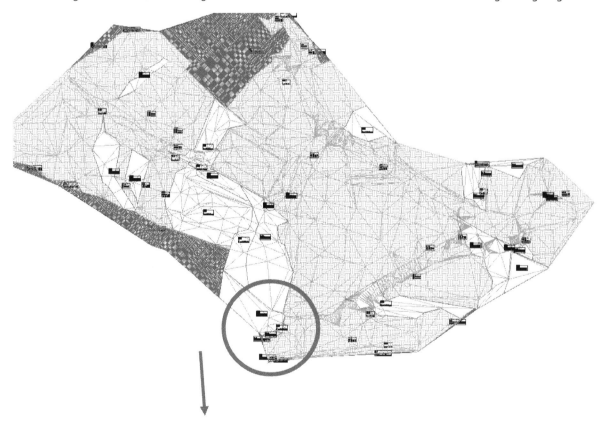

3 Darstellungs-Stil-Eigenschaften, Liste der Darstellungs-Optionen

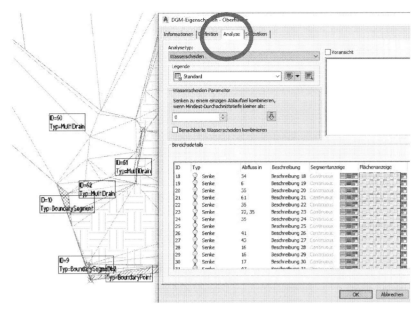

Es werden mehrere Senken erzeugt. Hier macht die Funktion „Benachbarte Wasserscheiden kombinieren" Sinn. Wahrscheinlich bedeutet „Wasserscheiden kombinieren" hier eher „Einzugsgebiete" kombinieren oder zusammenfassen.

Das Resultat wird im nächsten Bild gezeigt.

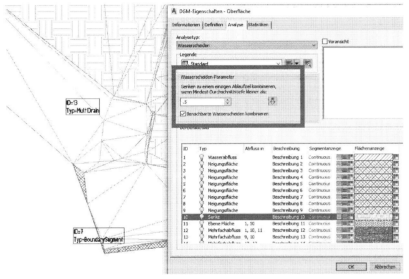

Die Funktion wird aktiviert.

Hinweis:

Mit der Funktion „Senken zu einem einzigen Ablaufziel kombinieren", dem Wert 0.5 und der Option „Benachbarte Wasserscheiden kombinieren" werden die nebeneinander liegenden „Senken" zu einer einzigen „Senke" zusammengefasst.

Es gibt nur noch einen Ablaufpunkt (Markierung), der zugleich auch tiefster Punkt ist und nur noch eine Fläche eine „Senke" (Schraffur: „EARTH") besitzt. Das nächste Bild zeigt das Resultat.

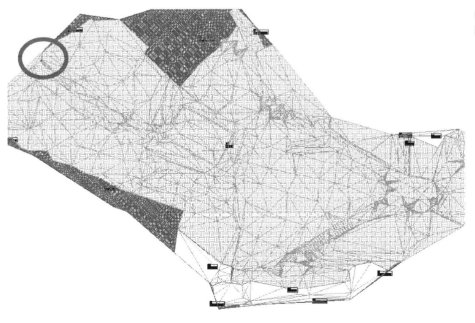

Resultat der Änderung der Einstellung:

3 Darstellungs-Stil-Eigenschaften, Liste der Darstellungs-Optionen

Ebene Fläche

Begriffserklärung (der Autor): Ebene Flächen sind Flächen, die horizontal im Raum liegt, keine Neigung haben und damit weder als „Ablauf" noch als „Zulauf" dem DGM einzuordnen sind. Als Folge haben diese Flächen weder Ablaufzielpunkt noch Ablaufzielsegment.

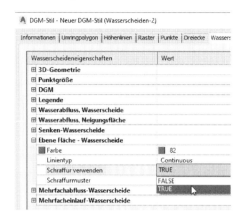 

Die Schraffur der „Ebene Fläche-Wasserscheide" wird bewusst so eingestellt, dass diese Fläche deutlich erkennbar ist (Farbnummer 82, HONEY).

Das DGM zeigt eine Fläche, mit der eingestellten Schraffur. Ein Detail der Fläche wird im nächsten Bild vergrößert gezeigt.

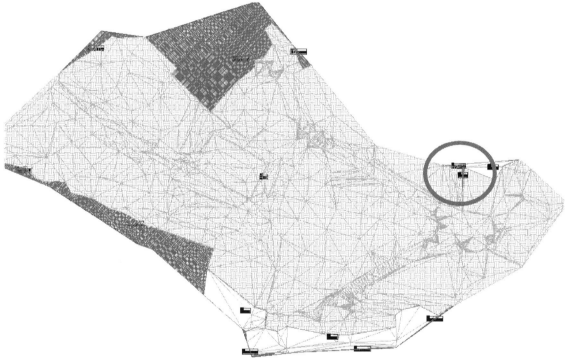

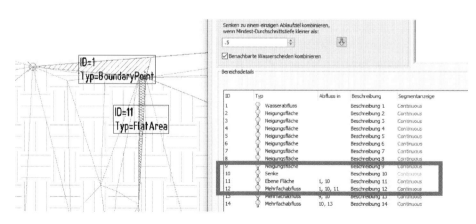

In der Praxis muss man hier eine Entscheidung treffen, eventuell kann man die Fläche ignorieren oder anteilig anderen Flächen zuschlagen.

Mehrfachabfluss-Wasserscheide

Begriffserklärung (der Autor): Mehrfachabfluss-Wasserscheide ist eine Fläche, die innerhalb des DGMs Wasser an mehrere anderen Flächen vorrangig „Senken", abgibt. Mit dieser Erklärung ist leider der Ablaufzielpunkt nicht zu beschreiben. Das Wasser der Fläche selbst entwässert jedoch auch in mehrere der anderen Flächen.

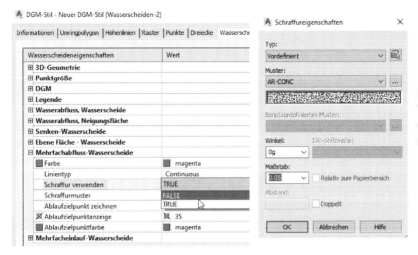

Die Schraffur der „Mehrfachabfluss-Wasserscheide" wird bewusst so eingestellt, dass diese Fläche deutlich erkennbar ist (magenta, AR-CONIC).

Das DGM zeigt Einzelflächen, mit der eingestellten Schraffur.

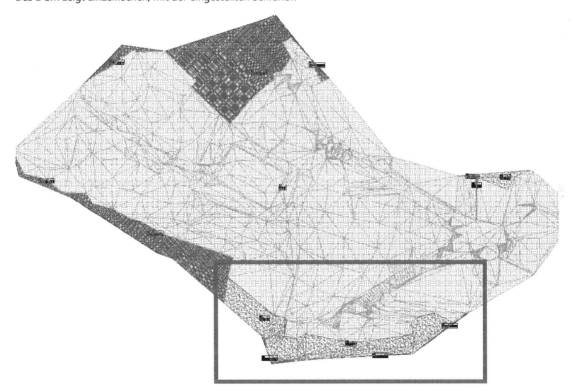

Die Verteilung die Gliederung und die Häufigkeit der Flächen „Mehrfachabfluss-Wasserscheide" hängt von folgenden Einstellungen ab.

- „Senken zu einem einzigen Ablaufziel kombinieren, wenn Mindestdurchschnittstiefe kleiner als"
- „benachbarte Wasserscheiden kombinieren

3 Darstellungs-Stil-Eigenschaften, Liste der Darstellungs-Optionen

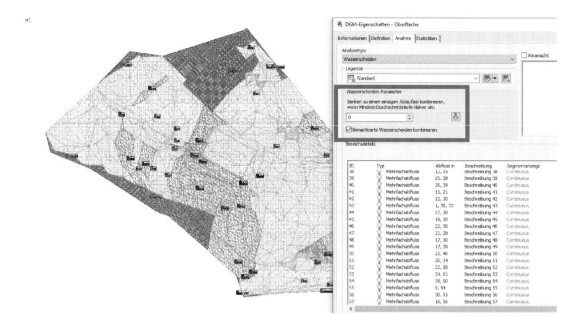

Mit geänderter Einstellung im Bereich Wasserscheiden-Parameter errechnen sich im Beispiel folgende Flächen.

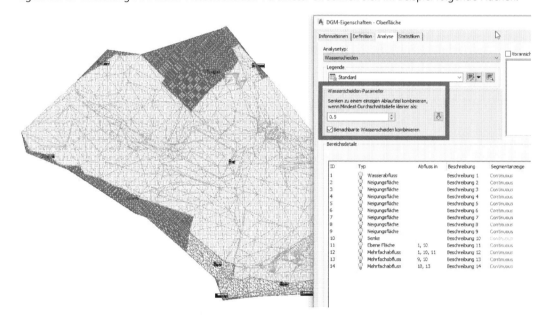

Mehrfacheinlauf-Wasserscheide

Das Objekt oder die Fläche „Mehrfacheinlauf Wasserscheide" ist schwer zu erklären. Für dieses Element gibt es keinen zusätzlichen „Abflussziel-Punkt" nur ein Abflussziel-Segment. Eventuell ist die Erklärung als Talwasserscheide hilfreich.

Die Schraffur der „Mehrfacheinlauf-Wasserscheide" wird bewusst so eingestellt, dass diese Fläche deutlich erkennbar ist (Farbnummer 14, ESCHER).

Im bisher gezeigten Beispiel gibt es keine „Mehrfacheinlauf-Wasserscheide". Im DGM wird als Bestandteil der Funktion keine „Mehrfacheinlauf-Wasserscheide" ausgewiesen.

Um diesen Begriff zu erklären, wird ein neues ein anderes DGM erstellt und mit dem gleichen Darstellungs-Stil versehen. Dieses DGM beschreibt ein Tal mit einer leicht einfallenden Talsohle. Im Bild ist der Darstellungs-Stil „Höhenlinien 10m, 2m" gewählt (Ansicht: 3D, Modell)

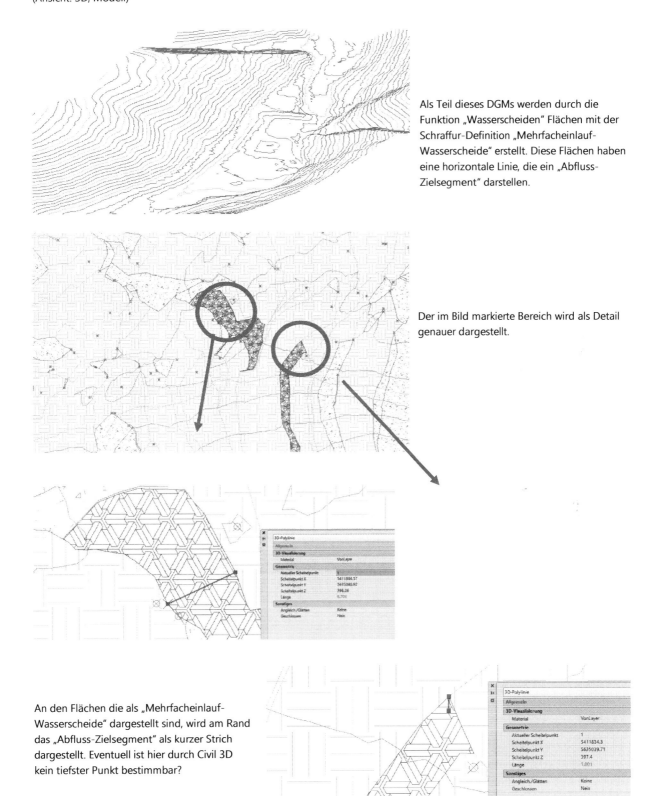

Als Teil dieses DGMs werden durch die Funktion „Wasserscheiden" Flächen mit der Schraffur-Definition „Mehrfacheinlauf-Wasserscheide" erstellt. Diese Flächen haben eine horizontale Linie, die ein „Abfluss-Zielsegment" darstellen.

Der im Bild markierte Bereich wird als Detail genauer dargestellt.

An den Flächen die als „Mehrfacheinlauf-Wasserscheide" dargestellt sind, wird am Rand das „Abfluss-Zielsegment" als kurzer Strich dargestellt. Eventuell ist hier durch Civil 3D kein tiefster Punkt bestimmbar?

Eine 3D-Darstellung beider „Mehrfacheinlauf-Wasserscheiden" zeigt die Linien, die Begrenzung der „Mehrfacheinlauf-Wasserscheiden" im Modell (3D) mit Höhenlinien.

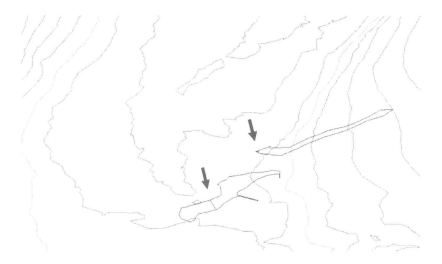

Wasserscheiden/ Zusammenfassung, Fazit (Der Autor):

Die Funktion „Wasserscheiden ist eher eine Funktion „Einzugsgebiete". Es werden Flächen bestimmt, von denen Wasser abfließt und Flächen, in denen sich Wasser sammelt oder konzentriert. Eine „Wasserscheide", im Sinn der „Wikipedia" Definition (Kammwasserscheide, Talwasserscheide), wird nicht direkt und unmittelbar berechnet.

Es besteht keine direkte Möglichkeit eine Kammwasserscheide oder Talwasserscheide als Bestandteil der Funktion „Wasserscheide" zu generieren. Alternativ können mit der Funktion „Objekte extrahieren" 3D-Polylinien aus den einzelnen Flächen generiert werden, das heißt diese werden vom DGM abgetrennt. Mit den AutoCAD-Editierfunktionen lässt sich dann eine Kammwasserscheide eventuell auch eine Talwasserscheide zusammensetzen. (Stand 30.11.2019, Version 2019).

3.5 Mengenmodell (Sonder-DGM), Begriffsdefinition

Das Mengenmodell ist ein spezielles DGM, nur für die Mengenberechnung aus Oberflächen (DGM). Als Voraussetzung dienen zwei DGMs. Diese beiden DGMs müssen eine gemeinsame Fläche oder Flächenbereich haben. Wenn beide innerhalb der gemeinsamen Flächen ein Volumen bilden, wird diese berechnet. Dabei ist es unerheblich, ob sich beide DGMs berühren oder nicht. Berühren sich beide DGMs nicht, rechnet die Software im gemeinsamen Bereich senkrecht hoch oder herunter.

Civil 3D hat zwei Varianten der Mengen-Berechnung, genauer gesagt der Volumenbestimmung. Diese Varianten entsprechen auch der Entwicklung im CAD für die Infrastruktur-Planung. In Deutschland hat man hierzu einen Standard entwickelt, der sogar ein „Nachrechnen" per Formular und manuell zulässt. Dieser Standard ist abgelegt in der REB (Richtlinie für elektronische Bauabrechnung). Ich vergleiche das Mengenmodell, die Mengenberechnung zwischen Oberflächen gern mit der Verfahrensbeschreibung REB 22.013 (Mengen aus Oberflächen) Nach meiner Erfahrung kommt die Civil 3D Mengenberechnung aus Oberflächen, „Mengenmodell" oder Berechnung im „Mengen-Befehls-Navigator" dem sehr nahe. Es gibt jedoch kein Protokoll wie man es von deutscher Software her gewöhnt ist („Caddy-Protokoll"). Die zusätzlich installierte „DACH-Extension" kann eine solches Protokoll erstellen. Die DACH-Extension wird zusätzlich und kostenfrei von Autodesk zur Verfügung gestellt.

https://knowledge.autodesk.com/support/civil-3d/downloads/caas/downloads/content/civil-3d-country-kits-for-germany.html

Hinweis:

Der bedeutende und große Unterschied zu deutscher Software oder zu vielfach verwendeten AutoCAD-Applikationen ist, das Civil 3D „Mengenmodell" ist kein Volumenkörper. Das „Mengenmodell" ist auch in keiner Weise mit einem Volumenkörper zu verwechseln. Die Civil 3D Mengenberechnung, das Civil 3D „Mengenmodell" ist ein eigenes DGM (Oberfläche) mit ungewöhnlichen Eigenschaften.

Eigenschaften:

1. Das Mengenmodell liegt auf der Höhe „NULL" (Auftrag größer „Null", Abtrag kleiner „Null").
2. Es macht wenig Sinn Mengenmodell in Höhenplänen und Querprofil-Plänen aufzurufen.
3. Das Mengenmodell zeigt als DGM-Eigenschaft das Volumen an und führt dieses dynamisch mit.

4. Für ein Mengenmodell können die gleichen Darstellungs-Stile wie für DGMs benutzt werden. Die Darstellungs-Eigenschaften, die Eigenschaften im Darstellungs-Stil „Höhen", „Benutzerdefinierte Höhenlinie" und Höhenlinie" bekommen hier eine neue, eine Menge bezogene Bedeutung.

3.5.2 Mengenmodell, Darstellungs-Stil

Um den Darstellungs-Stil für Mengenmodelle zu erläutern wird auf ein Beispiel vorgegriffen, das als Bestandteil der Funktion Verschneidung angelegt ist und dessen Darstellung-Stil dort beschrieben wird. Als Bestandteil der Verschneidung kann bereits ein Volumen (die Aushubmenge) berechnet sein. Die Verschneidung ermöglicht zusätzlich eine Mengenoptimierung, ein Anheben und Absenken der Verschneidung, um eventuell Auf- und Abtrag den Projektanforderungen anzupassen.
Eine farbliche Darstellung der Auf- und Abtrags Bereiche ist mit dieser Funktion jedoch nicht möglich.

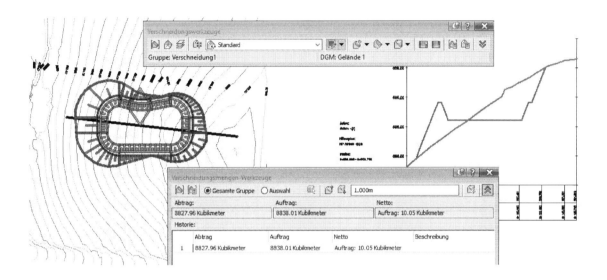

Parallel zur Verschneidungs-Konstruktion wird eine Mengenberechnung (Bestandteil des „Mengen-Befehls-Navigators") ausgeführt. Die Mengenberechnung aus Oberflächen (DGMs) ist Bestandteil der „Analyse-Funktionen" und erstellt ein eigenes neues DGM mit Sonderfunktionen, ein „Mengenmodell".

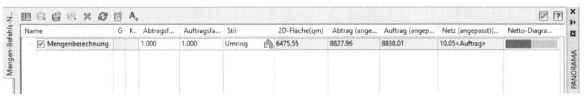

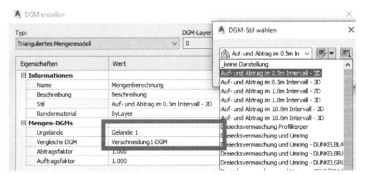

Für die Darstellung wird ein vorbereiteter DGM-Darstellungs-Stil aufgerufen „Auf- und Abtrag im 0,5m Intervall – 2D".

Als Ergebnis gibt das Mengenmodell folgende Darstellungen zurück.

3 Darstellungs-Stil-Eigenschaften, Liste der Darstellungs-Optionen

Der Lageplan ist massiv mit Farbe gefüllt und der Höhenplan hat eine eigenartige Linie, pendelnd um die Höhe „Null"?

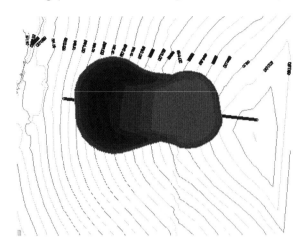 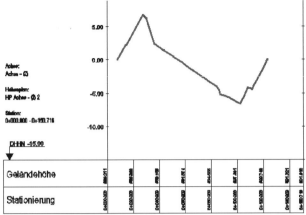

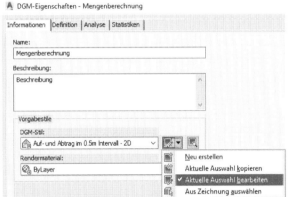

Das Objekt Mengenmodell benutzt die technisch gleichen Darstellung-Stile wie das DGM. Am Mengenmodell bekommen einige dieser Eigenschaften neue Aufgaben, neue Funktionen. Der diesem Mengenmodell zugewiesene Darstellungs-Stil lautet „Auf- und Abtrag im 0.5m Intervall – 2D".

Zur Erläuterung der Funktionen wird der Darstellungs-Stil bearbeitet.

Alle Bestandteile des Darstellungs-Stiles entsprechen den bisher beschriebenen DGM-Darstellungs-Stilen. Der Darstellungs-Stil hat auch drei Ansichten.

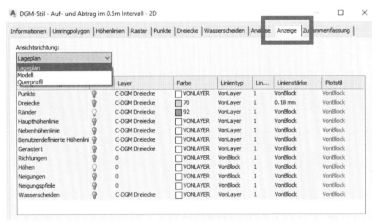

Für das Thema Darstellung Auf- und Abtrag interessiert im Moment nur die Ansicht „Lageplan".

Für diese Ansicht sind nur „Ränder" und „Höhen" sichtbar. Die wichtige Funktion ist „Höhen".

Auf der Karte „Analyse" (Darstellungs-Stil) ist die Grundeinstellung vorgegeben.

3 Darstellungs-Stil-Eigenschaften, Liste der Darstellungs-Optionen

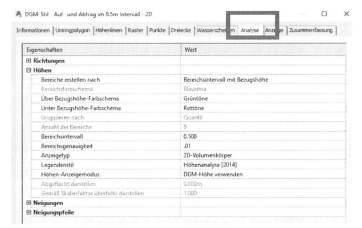

Da jedoch die Karte „Analyse" (DGM Eigenschaften) noch nicht bearbeitet ist, hat die Farbverteilung noch kein System.

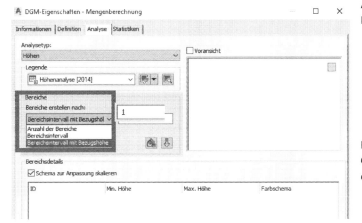

Auf der Karte „Analyse" wird vorgegeben wie die Farben zu verteilen sind.

Die Auswertung kann nach verschiedenen Gesichtspunkten erfolgen und selbstverständlich sind die Farben änderbar.

Für die Farbdarstellung kann eine Legende eingefügt sein. Es sind auch Höhenlinien und eine Beschriftung der Schichtstärke möglich.

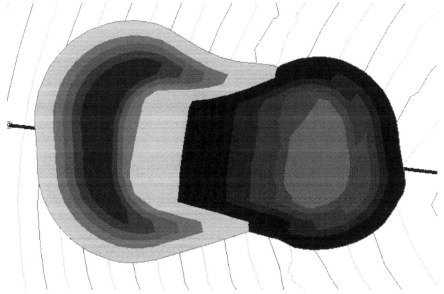

3 Darstellungs-Stil-Eigenschaften, Liste der Darstellungs-Optionen

Alternative Darstellung mit Höhenlinien (Darstellung der „NULL"-Linie) und Höhenlinienbeschriftung.

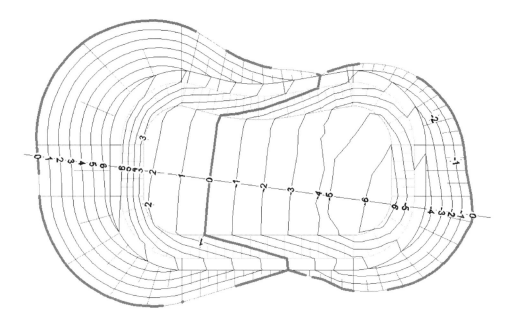

Die eingefügte Legende ist eine Tabelle und entspricht dem Kapitel „Beschriftungen", „Tabellen".

\multicolumn{7}{c}{Höhentabelle}
Nummer	Min. Höhenwert	Max. Höhenwert	Farbe	Fläche 2D [m²]	Fläche 3D [m²]	Volumen [m³]
1	-7,000	-6,000		126,1	128,7	31,7
2	-6,000	-5,000		374,7	386,3	319,0
3	-5,000	-4,000		304,1	414,2	882,0
4	-4,000	-3,000		505,8	529,3	1142,5
5	-3,000	-2,000		529,1	557,4	1695,2
6	-2,000	-1,000		557,8	592,7	2204,1
7	-1,000	0,000		594,9	636,0	2783,5
8	0,000	1,000		813,3	864,6	2986,5
9	1,000	2,000		753,0	799,0	2195,3
10	2,000	3,000		649,2	692,3	1633,7
11	3,000	4,000		430,9	470,1	1067,9
12	4,000	5,000		360,9	392,9	682,2
13	5,000	6,000		284,8	310,0	395,8
14	6,000	7,000		183,0	200,4	86,8

Hinweis:

Der Auf- und Abtrag kann ebenfalls als dynamische Schraffur im
Höhenplan eingetragen sein.
Die Höhenplan-Schraffur kann die Mengenberechnung erklären, erläutern.

Mengenberechnung und Höhenplan-Schraffur haben jedoch nichts miteinander zu tun, technisch sind beide komplett voneinander unabhängig.
Die Schraffur ist Bestandteil des Höhenplan-Darstellungs-Stils und wird anhand der Längsschnitte erstellt (Geländelängsschnitt oder konstruierter Längsschnitt).

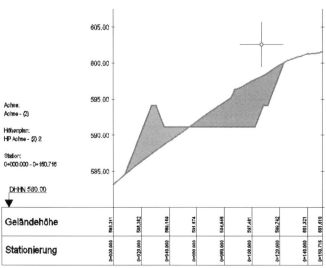

3.6 Elementkante, Begriffsdefinition

Die Elementkante erkläre ich gern in den Schulungen als neuen Linien-Typ, der nur als Bestandteil von Civil 3D angeboten wird oder installiert ist. Weder im AutoCAD noch im MAP gibt es eine ähnliche Funktion (der Autor). Im AutoCAD gibt es die Linie, den Bogen, die Polylinie (2D- oder LW-Polylinie), die 3D-Polylinie und einige mehr. Im MAP gibt es zusätzlich das „M-Polygon". Alle diese Linien-Typen haben Besonderheiten, Vorzüge und Nachteile. Die Elementkante kann alles was, die zuvor genannten Linien-Typen zusammen an Funktionalität anbieten. Und die Elementkante kann noch einiges mehr!

Die Elementkante und deren Funktionalität als Linie-Element ist ein herausragendes Detail im Civil 3D. Aus diesem Grund ist es

wichtig, sich mit der Elementkante auseinander zu setzen, die Vorzüge und die Besonderheiten zu verstehen und optimale Darstellungs-Stile zur Verfügung zu haben.

Elementkanten sind wegen Ihrer Vielseitigkeit Bestandteil mehrerer Objekte im Civil 3D. Die Kategorie Elementkanten ist deshalb im Projektbrowser (Einstellungen) im Bereich „Allgemein" und „Mehrzweckstile" zu finden.

3.6.1 Elementkante, Darstellungs-Stil

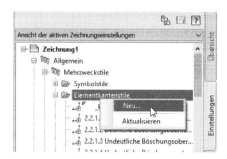

Für die Erläuterung der Besonderheiten wird ein eigener, ein neuer Elementkanten-Darstellungs-Stil angelegt.

Dem Stil kann auf der Karte „Information" ein Name vergeben sein. Für das Buch bleibt der automatisch vorgegebene Name „Neuer Elementkantenstil" beibehalten.

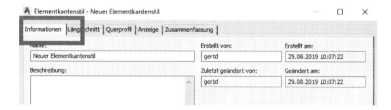

Die Karte „Zusammenfassung" beinhaltet in kompakter Form alle Einstellungen, die in diesem Abschnitt erläutert werden. Aus diesem Grund wird hier auf die Karte „Zusammenfassung" nicht näher eingegangen.

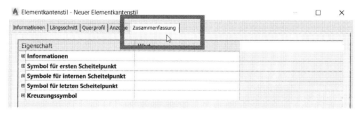

Auch für den Elementkanten-Darstellungs-Stil beginnt die Beschreibung mit der Karte „Anzeige". Eine Elementkante hat auch Basis-Einstellungen, die für mehrere Ansichten gelten. Im Fall Elementkante sind es vier Ansichten. In jeder der vier Ansichten können Layer, die Sichtbarkeit der Layer, eine vom Layer abweichende Farbe, ein Linien-Stil, eine Linienstärke und eine Plot-Eigenschaft, wie bei allen anderen Civil 3D-Objekten auch, zugeordnet sein.

Alle Einstellungen greifen auf AutoCAD-Basis-Einstellungen zurück.

3 Darstellungs-Stil-Eigenschaften, Liste der Darstellungs-Optionen

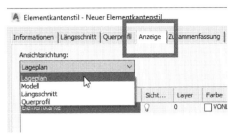

In den folgenden Bildern wird nur der Zugang zur Layersteuerung und dem Linien-Stil (acad.lin) gezeigt. Die Zuordnung von AutoCAD-Linien-Stilen, die ihre Basisdefinition in den *.lin-Dateien haben, ist bei Elementkanten eine wichtige und unbedingt erwähnenswerte Funktion.

- Lageplan (2D)

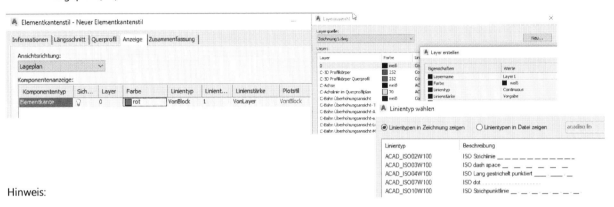

Hinweis:

Bei Elemenkanten-Stilen ist es durchaus sinnvoll, in allen Ansichten (soweit wie freigegeben) immer eine einheitliche Farbe zu wählen. Mit der Übertragung einer Elementkante in verschiedene Ansichten sollte es einen „Wiederkennungswert" geben. Dieser Effekt ist besser gegeben, wenn ein und dieselbe Elementkante in jeder Ansicht die gleiche Farbe hat.

- Modell (3D)

Im Modell (3D) wird die gleiche Farbe gewählt. Zwischen „Lageplan", „Modell" und „Längsschnitt sollte es keine abweichenden Darstellungen geben.

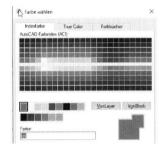

- Längsschnitt

Die Karte „Längsschnitt" bietet nicht änderbare Einstellungen für Symbole. Hierbei handelt es sich um untergeordnete Einstellungen, die in den Karten „rechts" von „Anzeige" zu bearbeiten sind.

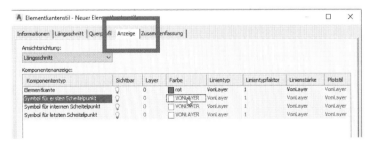

Die Symboleinstellungen, die hier als nicht bearbeitbar erscheinen, werden in der Karte Längsschnitt vorgegeben, bzw. sind dort änderbar. Es ist möglich ein extra Symbol für den Anfang, abweichende Symbole für die Stützpunkte in der Mitte der Elementkante und dem Endpunkt speziell mit einem Symbol zu verknüpfen, also gesondert und deutlich erkennbar anzuzeigen. Mit einer solchen Symbolvergabe wird die 3D-Orientierung im Raum erleichtert.

3 Darstellungs-Stil-Eigenschaften, Liste der Darstellungs-Optionen

Die Symbol-Auswahl oder Erstellungsfunktion entspricht der „Punkt-Symbol"- oder dem Civil 3D „Punkt-Darstellungs-Stil". Für die Auswahl des Darstellungs-Stils gelten die gleichen Funktionen, wie für den Civil 3D-Punkt.

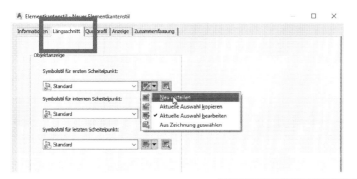

Symbol für Elementkanten-Anfang

Optional ist für eine
Punkt-Darstellung auch der
„AutoCAD-Punkt-Stil wählbar oder es ist
Der Aufruf eines Blockes möglich.

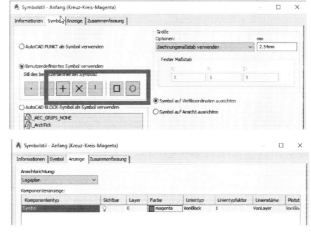

Symbol für den Stützpunkte in der Mitte

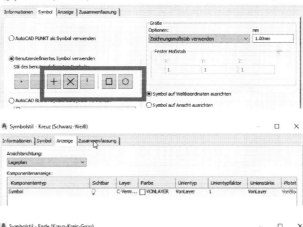

Symbol für das Elementkanten-Ende

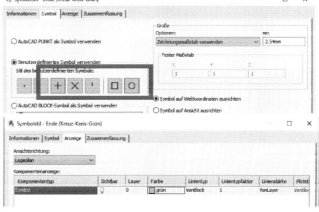

3 Darstellungs-Stil-Eigenschaften, Liste der Darstellungs-Optionen

Die Stützpunkte der Elementkante (Gripp-Symbole) werden im Höhenplan (Längsschnitt) wie rechts eingetragen, dargestellt.

- Querprofil

Die gleiche Option gibt es für die Elementkante auch bei einer Darstellung im Querprofilplan. Das zum Erkennen der Elementkante verwendete Symbol kann manuell vereinbart sein.

Die Symboleinstellungen, die hier als nichtbearbeitbar erscheinen, werden in der jeweiligen Karte, hier Querprofil vorgegeben, bzw. sind dort änderbar. Zu jeder Eigenschaft einer Elementkante (Karte „Anzeige") gibt es weitere Einstellungen, die von rechts nach links zu bearbeiten sind.

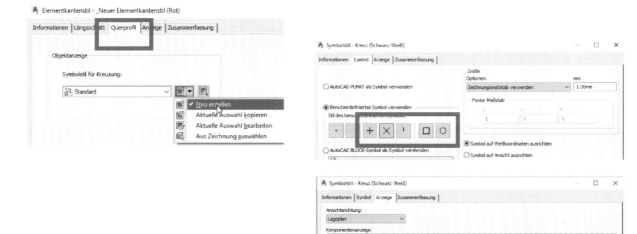

Das Darstellungs-Symbol für die Elementkanten-Querprofilplan-Ansicht separat zu vereinbaren, ist wichtig, weil Elementkanten die in der Querprofilplan-Ansicht nur „geschnitten" dargestellt werden. Als „einfacher Punkt" (AutoCAD-Dot) wären die Elementkante hier kaum sichtbar!

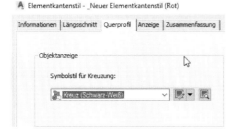

Die Elementkanten-Darstellung im Querprofilplan (Schnittpunkte) sollte mit dem schwarzen „Kreuz" deutlich erkennbar sein.

3 Darstellungs-Stil-Eigenschaften, Liste der Darstellungs-Optionen

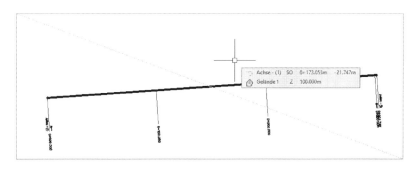

Um den Darstellungs-Stil zu erläutern, wird folgendes Beispiel erstellt. In ein horizontales DGM (Höhe 100mü.NN) wird eine Achse gezeichnet.

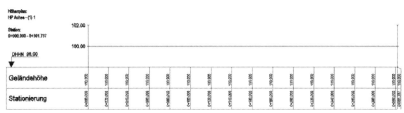

Auf Basis dieser Achse wird ein Höhenplan erstellt mit der Überhöhung 1:10.

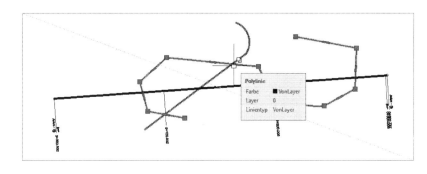

Als Ausgangssituation für die Elementkanten-Erstellung werden zwei Polylinien in die DGM-Fläche gezeichnet. Die erste Polylinie entspricht einem S-Bogen und die zweite Polylinie ist eine Gerade mit Bogen, die die erste Polylinie zweimal schneidet.

Aus beiden Polylinien werden Elementkanten erstellt, die beide einem „Gebiet" zugeordnet sind. Als Darstellungs-Stil wird bei einer Elementkante „Neuer Elementkantenstil" mit Linienfarbe „Rot" verwendet. Der zweiten Polylinie wird bei der Umwandlung in eine Elementkante ein zweiter „Neuer Elementkantenstil" mit Linienfarbe „Blau" zugewiesen.

Die Art und Weise der Erstellung ist bei der zweiten Elementkante die Gleiche (gleiche Punktsymbole), wie bei der ersten Elementkante. Es wird lediglich ein neuer Darstellungs-Stil, jetzt nur mit der „Linienfarbe „Blau" verwendet.

Es gibt zwei Elementkanten-Darstellungs-Stile, die sich nur in der Farbe unterscheiden.

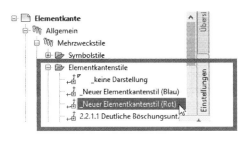

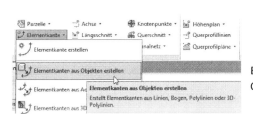

Beide Polylinien werden in Elementkanten umgewandelt mit der Option „Höhen zuweisen".

Gert Domsch, CAD-Dienstleistung

3 Darstellungs-Stil-Eigenschaften, Liste der Darstellungs-Optionen

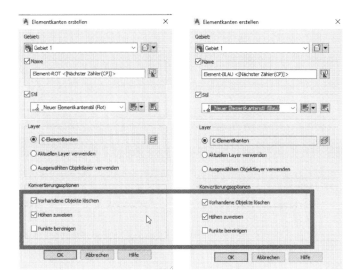

Die erste Elementkante – „Rot" bekommt die Ausgangshöhe 95 müNN. Die zweite Elementkante – „Blau" bekommt die Ausgangshöhe 105 müNN.

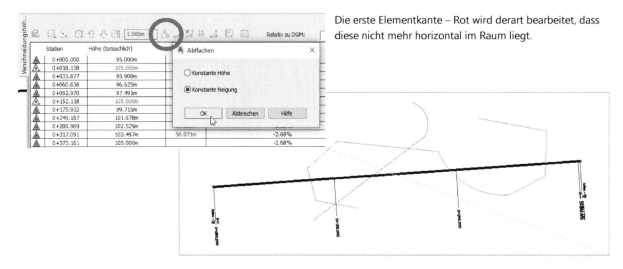

Die erste Elementkante – Rot wird derart bearbeitet, dass diese nicht mehr horizontal im Raum liegt.

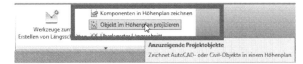

Um die Besonderheiten die Elementkanten im Zusammenhang mit dem Darstellungs-Stil zu zeigen, werden beide mit der Funktion, „Objekt in Höhenplan projizieren" im Höhenplan dargestellt.

Für die Darstellung im Höhenplan gilt bevorzugt der gleiche Darstellungs-Stil wie im Lageplan. Beide Elementkanten zeigen diese Eigenschaft als Bestandteil der Funktion „Objekt im Höhenplan projizieren".

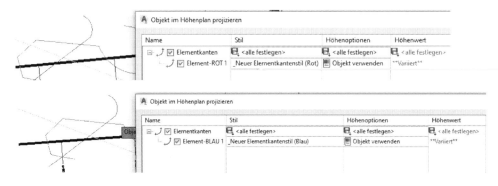

3 Darstellungs-Stil-Eigenschaften, Liste der Darstellungs-Optionen

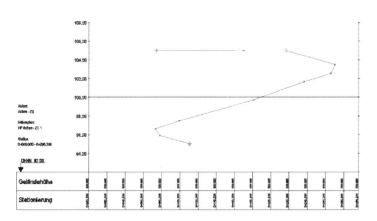

Mit Hilfe der Vergabe von extra erstellten Symbolen ist die Situation oder der Linienverlauf im Höhenplan gut erkennbar.

Die Elementkanten können auch in den Querprofilplänen dargestellt sein. Hier sollte die Querprofil Objektanzeige, den für das Querprofil vereinbarte Symbolstil anzeigen.

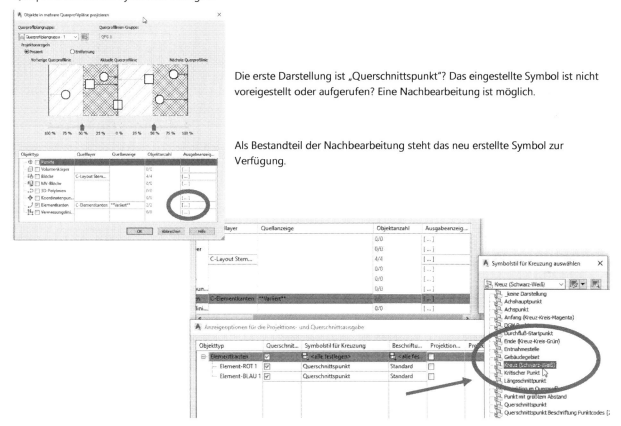

Die erste Darstellung ist „Querschnittspunkt"? Das eingestellte Symbol ist nicht voreigestellt oder aufgerufen? Eine Nachbearbeitung ist möglich.

Als Bestandteil der Nachbearbeitung steht das neu erstellte Symbol zur Verfügung.

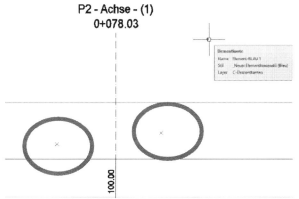

Das Bild zeigt das Elementkanten-Symbol als Darstellungs-Option im Querprofilplan.

3.7 Verschneidung, Begriffsdefinition

Der Begriff „Verschneidung" hat im deutschen CAD und GIS eine eigene Bedeutung. Vielfach wird der Begriff „Verschneidung" wie folgt verstanden. Es gibt zwei Daten-Mengen zum Beispiel zwei DGMs. In einigen CAD- und GIS-Programmen kann eine „Verschneidung" beider Datenmengen die Gemeinsamkeit dieser Daten berechnen. Im Beispiel DGMs wäre das eventuell die „Verschneidungsposition", eventuell der Wechsel zwischen „Auf- und Abtrag", die „Null-Linie" beider DGMs.

Im Civil 3D ist die Funktion „Verschneidung" eher als Böschungskonstruktion zu verstehen. Mit einer Verschneidung wird die Böschungslänge bei einer vorgegebenen Böschungsneigung berechnet. Dabei muss das Berechnungs-Ziel nicht ausschließlich ein DGM sein. Das Ziel kann auch als vorgegebene Ziel-Höhe oder als Abstand vorgegeben sein. Und die Ausgangssituation kann waagerecht oder schräg im Raum liegen.

Da Civil 3D-Verschneidungen als Böschungskonstruktion zu verstehen sind, können diese als Darstellungs-Stil auch eine Böschungsschraffur besitzen. Um die Civil 3D „Verschneidung" und den Darstellungs-Stil von Verschneidungen zu erläutern, wird ein Beispiel erstellt, dass drei „Verschneidungen" an einander hängt. Die aneinandergehängten Verschneidungen sollen ein Wasserbecken beschreiben.

- Die erste Verschneidung stellt die Böschung vom Beckenboden bis zum oberen Beckenrand dar. Das ist die Wasserseitige-Böschung, die Ufer-Böschung.
- Die zweite Verschneidung ist als Stabilisierung der Böschung und Fahrweg für Fahrzeuge vorgesehen. Eventuell ist nach längerer Nutzung des Beckens Bewuchs und Schlamm aus dem Becken zu entfernen.
- Die dritte Böschung ist die Böschung zum vorhandenen DGM und damit das Ende der Konstruktion.

Alle drei Böschungen haben unterschiedliche Parameter. Die Konstruktion wird in den folgenden Bildern gezeigt und damit nochmals erläutert.

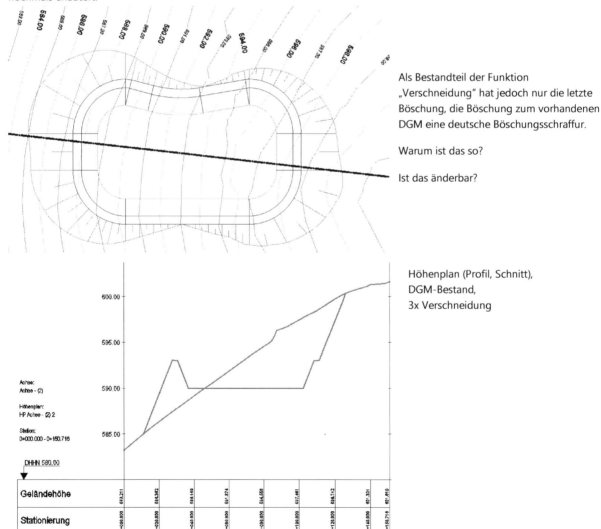

Als Bestandteil der Funktion „Verschneidung" hat jedoch nur die letzte Böschung, die Böschung zum vorhandenen DGM eine deutsche Böschungsschraffur.

Warum ist das so?

Ist das änderbar?

Höhenplan (Profil, Schnitt), DGM-Bestand, 3x Verschneidung

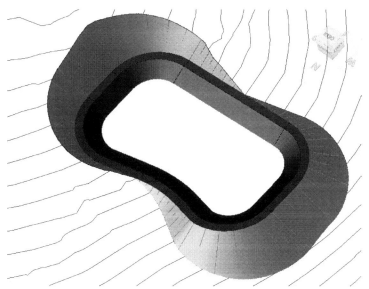

3D-Ansicht,
DGM-Bestand (Höhenlinien),
3x Verschneidung, 2x schwarz, letzte Verschneidung mit deutscher Böschungsschraffur

3.7.1 Verschneidung, Darstellungs-Stil

Jeder Verschneidungs-Funktion oder jedem Verschneidungs-Befehl ist optional ein Schraffur-Stil zugeordnet oder zuordenbar. Weil, bereits als Bestandteil der „…Deutschland.dwt", nur den DGM-Verschneidungs-Befehlen oder Befehlen, die als Berechnungs-Ziel ein DGM haben, ein Schraffur-Stil zugeordnet ist, ist auch nur hier eine Auf- oder Abtrags-Schraffur zu sehen (deutsche Böschungsschraffur).

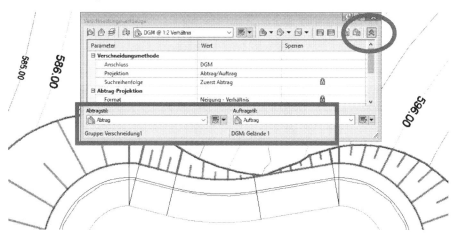

Nicht allen Befehlen ist unmittelbar eine Schraffur zugeordnet, auch wenn es auf den ersten Blick den Eindruck macht.

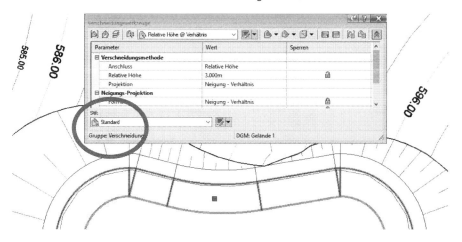

3 Darstellungs-Stil-Eigenschaften, Liste der Darstellungs-Optionen

Der Schraffur-Darstellungs-Stil „Standard" stellt keine echte Schraffur dar. Es wird eine neuer Schraffur-Stil erstellt.

Der Darstellungs-Stil besitzt Einstellungen für die Sichtbarkeit von Elementen in Lageplan (2D) und Modell (3D). Die Karte Information ist lediglich die Position, in der der Name festgelegt wird.

Die Karte „Zusammenfassung" ist auch hier nur eine kompakte Zusammenstellung aller Eigenschaften des Bereichs „Anzeige" und der Karten rechts davon. Auf eine Beschreibung wird deshalb hier verzichtet.

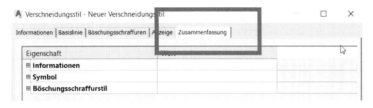

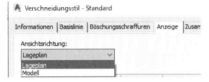

Der technisch interessante Teil der Beschreibung beginnt auch hier mit der Karte „Anzeige". Verschneidung-Dartstellungs-Stile haben nur zwei Ansichten „Lageplan" und „Modell".

- Lageplan (2D)

Als Farbe wird für alle Ansichten „grün" gewählt. Optional sind auch Layer, Linientyp u.v.m. einstellbar.

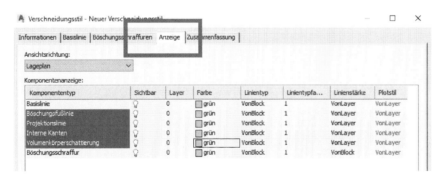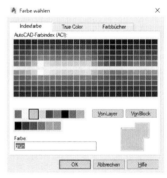

- Modellbereich (3D)

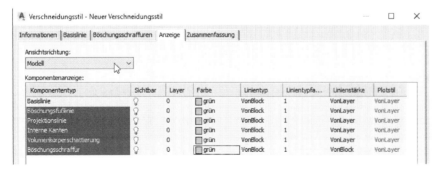

3 Darstellungs-Stil-Eigenschaften, Liste der Darstellungs-Optionen

Die eigentliche Böschungsschraffur wird auf der Karte „Böschungsschraffuren" erstellt. Hier sind alle Einstellungen konzentriert, die eine Schraffur steuern. Es wird ein neuer Schraffur-Stil erstellt.

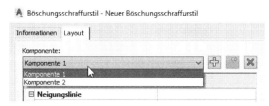

Die Steuerung erfolgt über zwei Komponenten. Die Karte „Information" beinhaltet in diesem Fall auch nur den Namen. In den folgenden Bildern wird nur die Karte Layout näher erläutert.
Die Komponente „1" erzeugt den verkürzten Strich.
Die Komponente „2" erzeugt den verlängerten Strich.

Verknüpfungspunkt, Strichlänge und optionales Symbol sind aufrufbar. Das heißt es können Böschungsschraffuren erzeugt werden, die den verschiedensten Normen weltweit entsprechen.

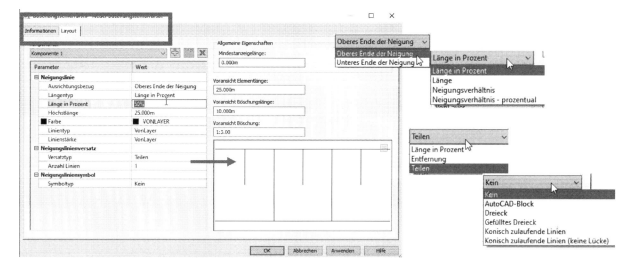

Die Komponente „2" erzeugt den verlängerten Strich, der in der Regel in Deutschland bis zur Böschungsunterkante geführt wird. Hier kann der Strich auf einen minimalen oder einen maximalen Abstand von Böschungsoberkante zur Böschungsunterkante begrenzt sein.

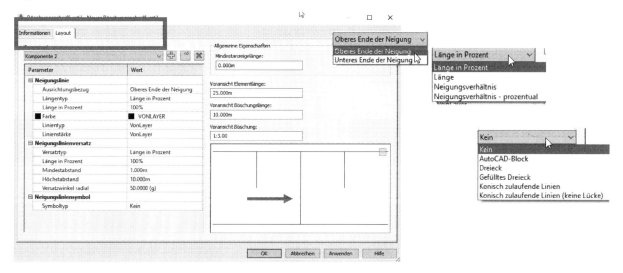

Die Verschneidung besitzt ein Symbol. Die Symbolgröße wird auf der Karte „Basislinie" gesteuert. Die Einstellung ist zu testen, vielfach wirkt dieses Symbol störend oder wird als Fehler verstanden.

Es wird empfohlen das Symbol auf 1-2% zu setzen oder auch eine feste Größe und 0,5m.

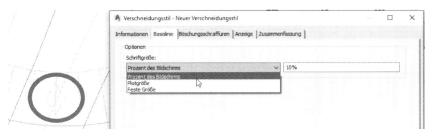

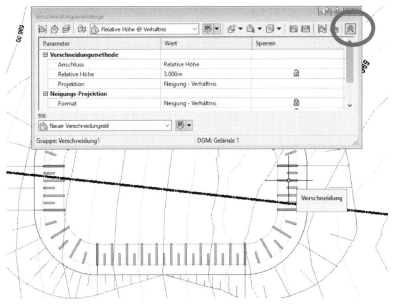

Jede Verschneidung kann mit einem Böschungs-Schraffur-Stil versehen sein und kann eine Böschungsschraffur anzeigen.

Böschungsschraffuren sind als Darstellungs-Stil innerhalb der Konstruktion aufzurufen.

3.8 Achse, Begriffsdefinition

Das Konstruktions-Element „Achse" ist nicht in erster Linie dem Straßenbau zu zuordnen und als „Straßenachse" zu verstehen. Die Achse ist in erster Linie Basiselement für Schnitte oder Profile. Die Achse ist das Basiselement für den Civil 3D „Höhenplan" (deutsch: Längsschnitt). Besitzt die Achse zusätzlich Querprofillinien (Querprofilstationen, d.h. „Linien", die die Position und die Dimension der Querprofilpläne markieren) dann können auch Querprofil-Pläne erstellt werden, vorrangig- rechtwinklig zum Achsverlauf (quer).

Eine Achse kann im Sonderfall eine Straße, eventuell die Mitte einer Straße beschreiben. Dazu kann die Achse Bögen oder Übergangs-Bögen (Klothoiden) enthalten, welche sogar nach „Richtlinien" prüfbar sind. Achsen können jedoch auch Rohrleitungen oder einfach nur Geländeverläufe beschreiben, um anhand der Achs-Position ein Geländeschnitt oder -Profil zu erzeugen.

Besonderheit:

Die Civil 3D Achse ist in keiner Weise mit einer Polylinie, Linie, Bogen oder Spline zu verwechseln. Die Civil 3D Achse ist ein aus mehreren Unterelementen zusammengesetztes Konstruktionsobjekt, wie alle anderen Civil 3D Objekte. Die Civil 3D – Achse

3 Darstellungs-Stil-Eigenschaften, Liste der Darstellungs-Optionen

besteht aus Einzelelementen damit diese einzeln editierbar sind (Linien-, Bögen-, Polylinien und Blöcken). Das heißt im Fall, es wird „Ursprung" auf eine Achse angewendet, so bleiben die oben genannten ACAD-Zeichnungselemente übrig.

Hinweis:

Ein wesentlicher Unterschied zu einigen anderen CAD-Achs-Konstruktionen (andere Software-Anbieter) besteht darin, dass die Elemente einer Civil 3D-Achse immer absolut ohne Toleranz ineinander übergehen. Es gibt praktisch keine Toleranz der Einzelelemente untereinander. In X- und y-Richtung ist der Übergang von Element zu Element praktisch gleich „0.0000". Zusätzlich hängen die Elemente dynamisch aneinander. Die AutoCAD Befehle „Stutzen, Dehnen, Verschieben" usw. sind im Zusammenhang mit der Achse nicht erforderlich. Das Erstellen und das optionale Bearbeiten einer Achse folgt in einem eigenen Bearbeitungs-Konzept (Werkzeugkasten).

3.8.1 Achse, Darstellungs-Stil

Zur Erläuterung des Darstellungs-Stils einer Achse wird ein neuer Darstellungs-Stil erstellt.

In der Karte „Information" wird der Name für den Stil vergeben.

Die Karte „Zusammenfassung" zeigt für die Darstellung von Achsen in einer konzentrierten Form alle Eigenschaften, die für Civil 3D Achsen vorgesehen sind. An dieser Stelle sind auch Änderungen möglich.

Der technisch interessante Teil beginnt mit der Karte „Anzeige". Der Darstellung-Stil steuert auch hier mehrere Ansichten. Die Karte „Anzeige" zeigt die Bestandteile der Achse, die dynamisch im Objekt Achse zusammengefasst sind. Alle Elemente können absolut eigene Eigenschaften haben.

- Lageplan

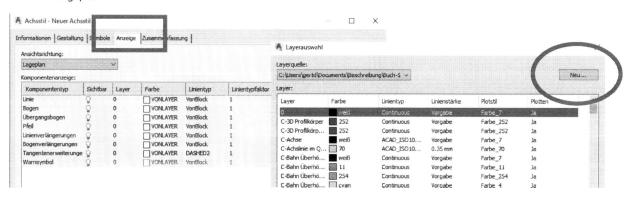

Innerhalb der „…Deutschland.dwt" ist bei vielen vorgegebenen Achs-Darstellungs-Stilen die Sichtbarkeit für „3D", das sind die Eigenschaften für den Modellbereich komplett ausgeschalten. Diese Einstellung macht im Civil 3D durchaus Sinn. Eine Achse hat auch im Civil 3D keine Höhe! Sichtbare Achs-Elemente auf der Höhe „Null" wirken eher störend in einer 3D-Ansicht. Optional sind die Elemente jedoch verfügbar.

3 Darstellungs-Stil-Eigenschaften, Liste der Darstellungs-Optionen

- Modell

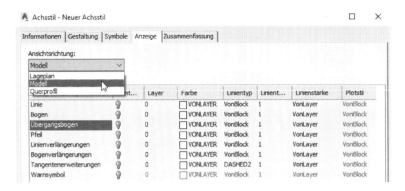

Die dritte Ansicht ist die Darstellung im Querprofilplan. Die Achse wird hier senkrecht geschnitten. Die Darstellung sollte hier als deutliches Symbol vereinbart sein.

- Querprofil

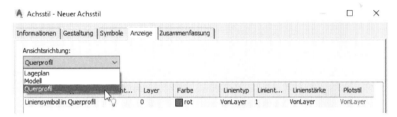

Die zweite Karte „Symbole" legte die Darstellung des Symbols am Anfang, am Ende und an den Achshauptpunkten fest. Optional sind Symbol-Positionen verfügbar, die im deutschen Straßenbau nicht unbedingt Standard sind (Punkt in der Mitte eines Bogens).

Mit der Vielfalt der Einstellungen sind Achsdarstellungen möglich, die jeder weltweiten Norm der Straßen-Achsen-Darstellung entsprechen können. Mit dieser Vielfalt sind auch konstruktive Details umsetzbar, die nicht unmittelbar dem Straßenbau entsprechen.

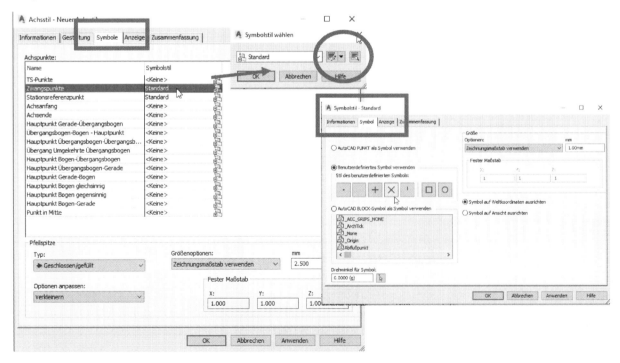

3 Darstellungs-Stil-Eigenschaften, Liste der Darstellungs-Optionen

Auf der Karte „Gestaltung" ist ein Intervall vorgegeben, das die Reaktion des Radius beim manuellen Editieren steuert („Griff-Bearbeitungsverhalten"). Ist der „Radiusfangwert" wie im Bild gezeigt auf „0.001" eingestellt so wird jeder beliebige Wert beim Editieren angenommen.

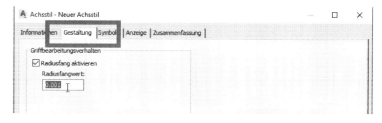

Empfehlenswert ist es den Wert auf „1" zu stellen (Radiusfangwert). So werden beim manuellen Editieren nur „Ganzzahlige-Werte" angenommen (ganze Meter).

Hinweis:

In der „... Deutschland.dwt" ist hier der Wert „5" vorgegeben. Beim manuellen Editieren werden so nur Werte im 5-Meter-Intervall angenommen.

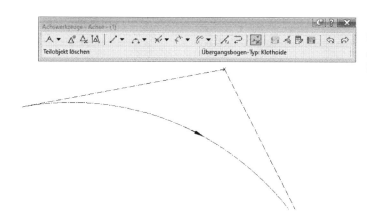

Das Bild zeigt die Darstellung einer Achse mit den Civil 3D Basis-Vorgaben der „...Deutschland.dwt", Darstellungs-Stil „Neuer Achsstil" (ohne Beschriftung).

3.8.2 Darstellungs-Stil „Achkonstruktion-Hauptachsen (20xx)" (...Deutschland.dwt)

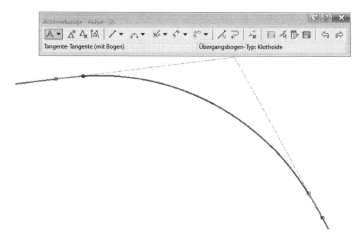

Darstellung einer Achse mit dem Darstellungs-Stil „Achskonstruktion-Hauptachsen [20xx]" (ohne Beschriftung):

Die folgenden Bilder zeigen Eigenschaften des Darstellungs-Stils „Achskonstruktion-Hauptachsen [20xx]". Wie bei allen Darstellungs-Stilen sind in der Karte „Anzeige" alle wesentlichen Eigenschaften für mehrere Ansichten vorgegeben. Wie bei allen Objekten ist diese Voreinstellung auch hier komplett änderbar.

3 Darstellungs-Stil-Eigenschaften, Liste der Darstellungs-Optionen

- Lageplan (2D)

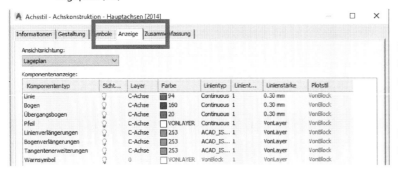

Die Voreinstellung zeigt farbige Unterelemente. Aus diesem Grund ist die Achse eher „farbig" dargestellt.

Hinweis:

Richtungs-Pfeil (Pfeil) und Warnsymbol sind sichtbar, an geschalten!

- Modell (3D)

Im Modell (3D) sind auch hier alle Unterelemente da, jedoch „nicht sichtbar".

- Querprofilplan:

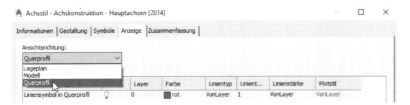

In der „…. Deutschland.dwt" sind Symbole an den Achshauptpunkten als Blöcke vereinbart und aufgerufen. Dieser Aufruf ist mit einem Civil 3D „Symbol" verknüpft und ist damit auch beliebig änderbar. Das Symbol ist hier ein von Autodesk erstellter Block.

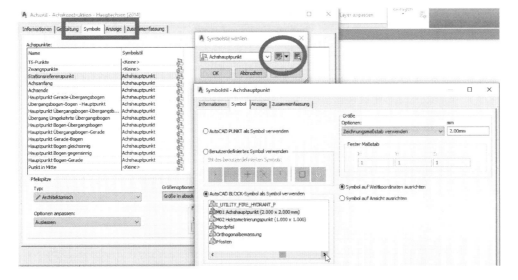

Gert Domsch, CAD-Dienstleistung

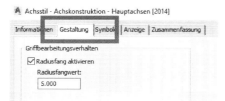

In der „... Deutschland.dwt" ist der Wert Gestaltung, „Griffbearbeitungsverhalten" auf 5m eingestellt. Das heißt beim manuellen Editieren (editieren in der Zeichnung) übernimmt der Radius vorrangig Werte im Intervall von „5m".

3.8.1 Darstellungs-Stil „Planausgabe Achsen (20xx)" (...Deutschland.dwt)

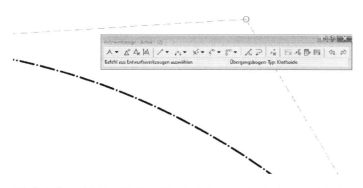

Darstellung einer Achse mit dem Darstellungs-Stil „Planausgabe Achsen [20xx]" (ohne Beschriftung):

Ebenfalls vorgegeben in der Vorlage („... Deutschland.dwt") ist ein Achs-Darstellungs-Stil, der die Achse komplett „schwarz/weiß" wiedergibt.

Wie bei allen Objekten ist diese Voreinstellung auch hier komplett änderbar. Als Besonderheit in diesem Darstellungs-Stil ist zu beachten, dass der Richtungspfeil und das Warnsymbol ab geschalten sind. Das heißt die Konstruktionsrichtung und Fehler in der Konstruktion (z.B. nicht vorhandene Tangentialität) werden nicht erkannt!

- Lageplan (2D)

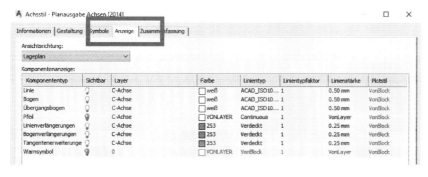

- Modell (3D)

Für die 3D-Ansicht sind auch hier alle Elemente ab geschalten.

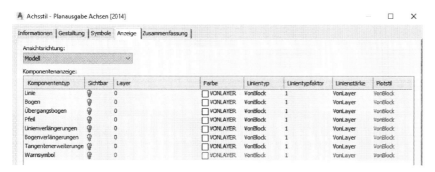

- Querprofilplan:

3 Darstellungs-Stil-Eigenschaften, Liste der Darstellungs-Optionen

Der Symbolaufruf entspricht dem vorherigen Darstellungs-Stil „Achskonstruktion-Hauptachsen [20xx]".

Für diesen Darstellungs-Stil ist in der „... Deutschland.dwt" kein Wert vorgegeben. Die Achse wird bei manuellem Editieren jeden Wert annehmen, auf alle Werte reagieren.

3.8.2 Darstellungs-Stil „Achse Kanal Leitung (20xx)" (...Deutschland.dwt)

Die Bezeichnung der Civil 3D Achs-Darstellungs-Stile ist sehr „technisch orientiert". Es gibt den Stil Achskonstruktion Hauptachsen [20xx], Planausgabe Achsen [20xx], Achse Kanal Leitung [20xx]. Beim Einsteiger in das Thema Civil 3D entsteht der Eindruck, jeder der Achs-Darstellungs-Stile ist konstruktiv für eine bestimmte Konstruktion anzuwenden (Straßenachsen, plotten, Rohre/Leitungen). Das ist so einfach nicht richtig!

Darstellungs-Stile sind fast nur (zu 95%) Layer-Eigenschaften (Farben und Linientypen) und 5% Symbole. Diese Vielzahl von Untereigenschaften gibt es nur, um die Elemente in allen erdenklichen „Farben" (technischen Normen) darstellen zu können. Das heißt das Civil 3D Objekt (hier Achse) bleibt immer das gleiche Objekt. Durch die Zuordnung oder den Wechsel des Stils ändert sich in erster Linie nur die Farbe, die Darstellungseigenschaft!

Die Eigenschaft „Farbe" ist im Darstellungs-Stil „Achse-Kanal-Leitung [2016] für alle Unterelemente auf „250,250,250" gesetzt.

Damit ist die Achse auf weißem Hintergrund nicht oder kaum sichtbar! Konstruktiv bleibt es jedoch die gleiche Civil 3D-Achse und ist genauso, wie alle anderen Achsen, bearbeitbar!

Es werden die Eigenschaften des Achs-Darstellungs-Stils „Achse Kanal und Leitungen [2016]" vorgestellt.

3 Darstellungs-Stil-Eigenschaften, Liste der Darstellungs-Optionen

- Lageplan

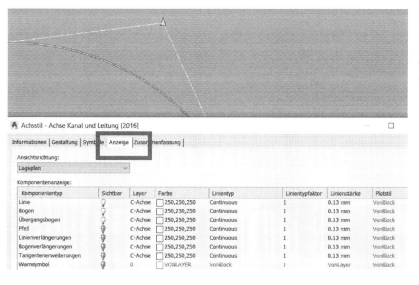

Für die bildhafte Darstellung dieser „weißen Achse" wurde der Zeichnungs-Hintergrund auf grau gesetzt, denn auf weißen Hintergrund wäre nichts zu sehen!

- Modell

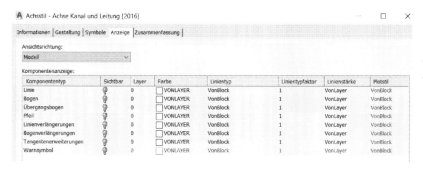

Für eine 3D-Ansicht stehen ebenfalls alle Elemente zur Verfügung, es sind auch hier alle ausgeschalten.

- Querprofil

Ein „Darstellungs-Stil" ist in erster Linie nur „Farbe"! Diese Aussage ist Haupt-Bestandteil des Kapitels „Achs-Darstellungs-Stil". Diese Aussage gilt jedoch auch für alle anderen Darstellungs-Stile. Für das Kapitel „Achs-Darstellungs-Stil" wird diese Aussage nur deshalb nochmals wiederholt, weil die Bezeichnung der „Achs-Darstellungs-Stile" oft einen anderen Eindruck, einen technischen Eindruck vermittelt.

3.9 Gradiente, Begriffsdefinition

Die Civil 3D Gradiente ist wie die Achse in keiner Weise mit einer Polylinie, Linie, Bogen oder Spline zu verwechseln. Die Civil 3D Gradiente ist eher als konstruierter Längsschnitt zu verstehen. Civil 3D erstellt absolut gleichberechtigt zwei Gruppen von Längsschnitten (Linien im Höhenplan) eine Gruppe ist dynamisch mit der Achse den verschiedensten DGMs verknüpft. Das sind DGM- oder Gelände-Längsschnitte (Geländelinien) und manuell konstruierte Längsschnitte, Längsschnitte mit technischen oder manuell vorgegebenen Parametern, eventuell Straßenbau-Parametern. Ein konstruierter Längsschnitt kann auch eine Dammkrone eine Trinkwasserleitung oder eine Rohrsohle für eine horizontale Bohrung sein.

Der Unterschied zwischen beiden Längsschnitten besteht in folgenden Eigenschaften:

- Der DGM- oder Gelände-Längsschnitt (Civil 3D: „Längsschnitt") ist eine dynamische Verknüpfung von Achse und DGM, der Längsschnitt besitzt nur Neigungsbrech-Punkte (Knick-Punkte) und keine Kuppen oder Wannen. Der Längsschnitt ist über den Parameter „dynamisch" mit dem DGM verbunden und damit in der Regel nicht manuell editierbar.

3 Darstellungs-Stil-Eigenschaften, Liste der Darstellungs-Optionen

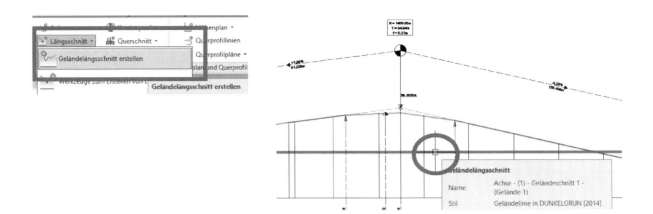

- Der „konstruierte Längsschnitt" (deutsch: „Gradiente") ist teilweise dynamisch mit den Achshauptpunkten verknüpft (ab Version 2016). Er besitzt wenig Neigungsbrech-Punkte (Knick-Punkte, Tangentenschnittpunkte) Er besitzt meist Kuppen oder Wannen und wird über Parameter konstruiert, kontrolliert und ist editierbar. Eine Überprüfung der Konstruktion mittels Richtlinie (z.B. Straßenbau) ist möglich.

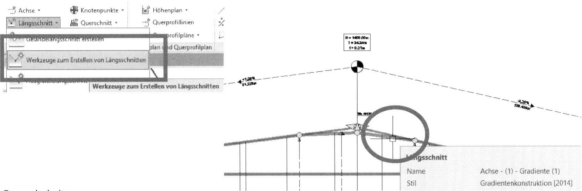

Besonderheit:

Im Fall es wird „Ursprung" auf einen Längsschnitt (konstruierter oder aus DGM abgeleiteter Längsschnitt) angewendet, so bleiben ACAD-Zeichnungselemente übrig. Ein Geländelängsschnitt wird nur Linienelemente zurückgeben, ein konstruierter Längsschnitt (Gradiente) ist im Kern aus Linien-, Bögen-, Polylinien-Elementen und Blöcken zusammengesetzt.

Hinweis:

Der Unterschied zu bisherigen CAD-Gradienten-Konstruktionen besteht darin, dass die Elemente immer absolut ohne Toleranz ineinander übergehen (der Fehler in X- und y-Richtung ist praktisch gleich NULL) und die Elemente hängen dynamisch aneinander. Die AutoCAD Befehle „Stutzen, Dehnen, Verschieben" usw. sind im Zusammenhang mit der Gradiente nicht erforderlich. Das Erstellen und ein optionales Bearbeiten der Gradiente folgt einem eigenen Bedien-Konzept (Werkzeugkasten).

3.9.1 Gradiente, Darstellungs-Stil

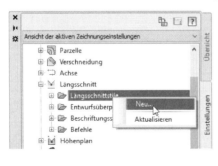

Es wird ein eigner neuer Längsschnitt-Darstellungs-Stil erstellt. Hier ist zu beachten, die Darstellungs-Stile enthalten Eigenschaften für beide konstruktiven Varianten eines Längsschnittes (Gelände-Linie und Gradiente).

In der Karte „Information" wird der Name vergeben.

3 Darstellungs-Stil-Eigenschaften, Liste der Darstellungs-Optionen

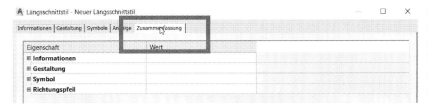

Die Karte „Zusammenfassung" zeigt für die Darstellung von Längsschnitten (Geländelinien und Gradienten) eine konzentrierte Form aller Eigenschaften an, die für dieses Objekt vorgesehen sind.

Der technisch interessante Teil beginnt mit der Karte „Anzeige". Für den Längsschnitt gibt es drei Ansichten. Der Darstellung-Stil steuert auch hier mehrere Ansichten. Die Karte „Anzeige" zeigt die Bestandteile der Längsschnitte, die dynamisch im Objekt zusammengefasst werden. Alle Elemente können eigene Eigenschaften haben. In der Karte „Ansicht" sind Layer auf „Null" gesetzt. Der Aufruf neuer oder eigener Layer ist möglich. Jede Ansicht hat wie alle Darstellungs-Stile optional eigene Einstellungen.

- Längsschnitt (2D)

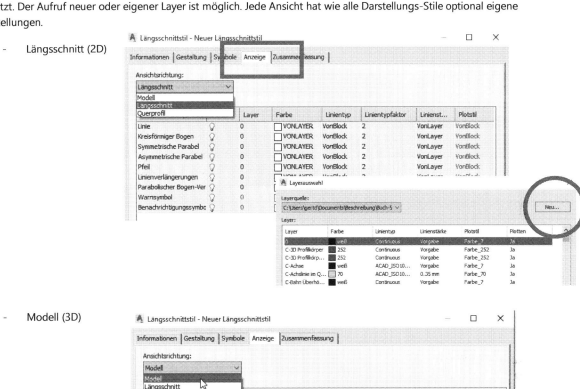

- Modell (3D)

- Querprofil

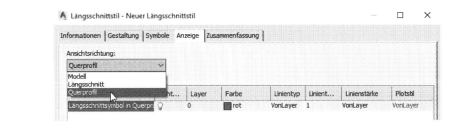

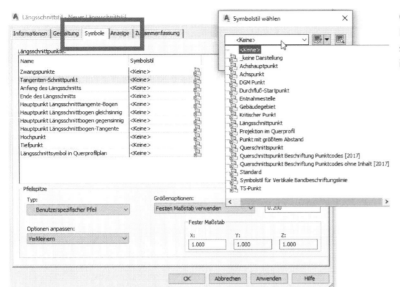

Optional ist es möglich an den Längsschnitt-Hauptpunkten Symbole zu setzen (Knick-Punkt-Symbole). Diese Option ist voreingestellt auf „keine" gesetzt.

Der Bogen-Tessellations-Abstand beschreibt die Darstellung bzw. Auflösung von Kuppen und Wannen in 3D. Die Auflösung kann technisch schwierig sein, wenn die Achse gleichzeitig einen Boden oder Klothoiden in Bereichen hat, wo beim konstruierten Längsschnitt „Kuppen und Wannen" beschrieben sind.

Aus diesem Grund entsteht bei Auflösung eines Längsschnittes (Ursprung) eine mehrfach geknickte 3D-Polyline. Der Abstand der Knicke entspricht dem „Tessellations-Abstand".

Darstellung einer Gradiente mit den Civil 3D Basis-Vorgaben („Neuer Längsschnittstil", ohne Beschriftung):

3.9.2 Darstellungs-Stil „Gradientenkonstruktion (20xx)" (…Deutschland.dwt)

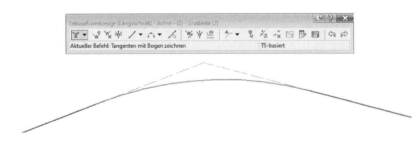

Darstellung eines konstruierten Längsschnittes mit dem Darstellungs-Stil „Gradientenkonstruktion [20xx]" (ohne Beschriftung):

In der „… Deutschland.dwt" sind für konstruierte Längsschnitte Layer entsprechend dem Objekt „als Gradiente" vorgegeben.

- Längsschnitt (2D)

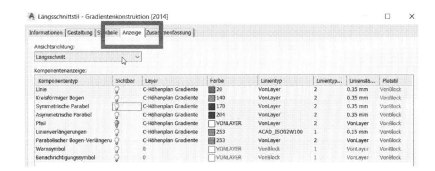

- Modell (3D)

Voreingestellt ist die 3D Darstellung (Modell) ab geschalten! Das heißt eine 3D-Gradiente ist erstellt aber im Modell nicht sichtbar!

- Querprofil

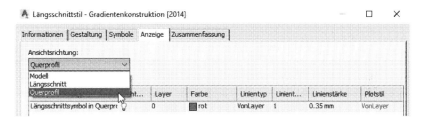

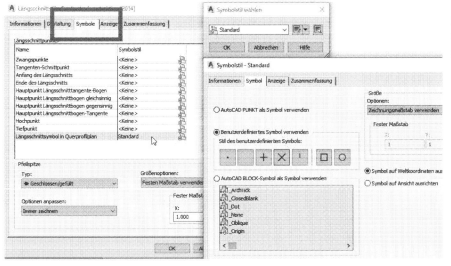

In der „... Deutschland.dwt" wird die Option Symbole kaum genutzt.

Der Wert für die Gestaltung, Bogen-Tesselations-Abstand ist auf 1m eingestellt. Das heißt beim Auflösen einer Gradiente mit „Ursprung" werden Kuppen und Wannen im 3D in einem Linienabstand von „1m" aufgelöst (3D-Polylinie mit „Grip-Abstand" 1m).

3.9.3 Darstellungs-Stil, „Planausgabe – Gradienten [20xx]" (...Deutschland.dwt)

Darstellung eines konstruierten Längsschnittes mit dem Darstellungs-Stil „Planausgabe - Gradienten [20xx]" (ohne Beschriftung):

Auf den folgenden Bildern werden die Einstellungen und die damit verbundenen Eigenschaften des Darstellungs-Stils „Planausgabe -Gradienten [20xx]" gezeigt.

- Längsschnitt

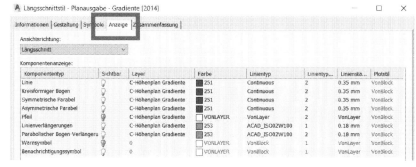

Eine 3D (Modell) Darstellung ist verfügbar die Sichtbarkeit ist jedoch in der „... Deutschland.dwt" ab geschalten.

- Modell (3D)

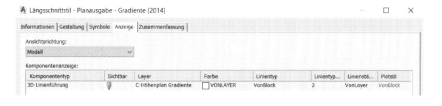

- Querprofil

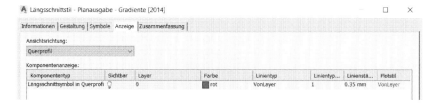

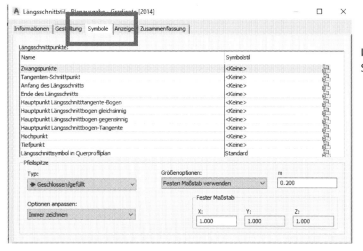

In der „... Deutschland.dwt" wird die Option Symbole kaum genutzt.

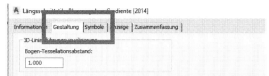

Der Wert Gestaltung, Bogen-Tessellations-Abstand ist auf 1m eingestellt. Das heißt beim Auflösen einer Gradiente mit „Ursprung" werden Kuppen und Wannen im 3D in einem Linienabstand von „1m" aufgelöst (3D-Polylinie mit „Grip-Abstand" 1m).

3.9.1 Darstellungs-Stil, „Geländelinie in DUNKELGRÜN [20xx]" (...Deutschland.dwt)

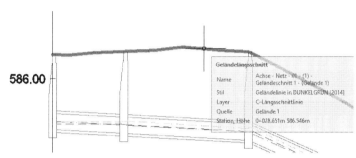

Die Geländelinie im Bild zeigt den Darstellung-Stil „Geländelinie in DUNKELGRÜN [20xx]" (ohne Beschriftung).

Als Bestandteil des Darstellungs-Stils Geländelinie in DUNKELGRÜN [20xx]" sind die „Gradienten-Spezifischen" Eigenschaften durchaus vorhanden. Details wie „Linien-Verlängerungen", „Kuppen" und „Wannen" sind durchaus darstellbar aber ab geschalten. Das heißt dieser Darstellungs-Stil ist unter speziellen Bedingungen auch bei konstruierten Längsschnitten verwendbar. Die Layerbezeichnung ist auf die Verwendung als „Geländelinie" angepasst.

- Längsschnitt

Eine 3D (Modell) Darstellung ist verfügbar jedoch in der „...Deutschland.dwt" ab geschalten.

- Modell

- Querprofil

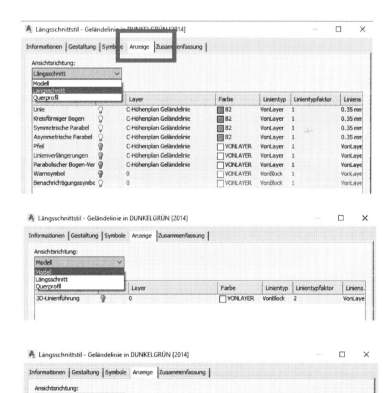

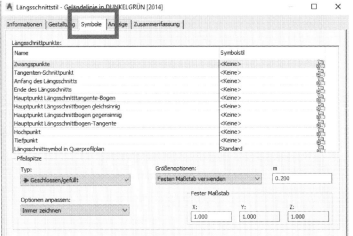

In der „... Deutschland.dwt" wird die Option Symbole kaum genutzt, was in diesem Fall (Geländelinie) verständlich erscheint.

Der Wert Gestaltung, Bogen-Tessellations-Abstand ist auf 1m eingestellt.

In Höhenplänen können mehrere DGMs dargestellt sein. In der „... Deutschland.dwt" gibt es dafür und im Namen angepasst zu den DGM-Stilen, Längsschnitt-Stile. Diese Gelände-Längsschnitt-Darstellungs-Stile unterscheiden sich lediglich in der Farbe vom zuvor beschriebenen Darstellungs-Stil „Geländelinie in DUNKELGRÜN [20xx]". Die farbliche Abstimmung ist zusätzlich auch auf den Querprofilplan angepasst.

Auswahl:

DGM-Darstellungs-Stile   Längsschnitt-Darstellungs-Stile   Querprofil-Darstellungs-Stile

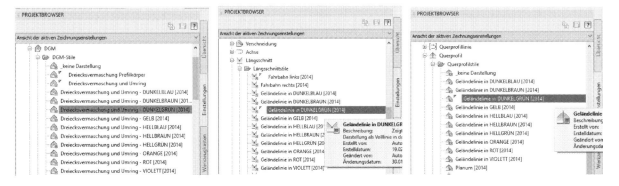

3.10 Höhenplan, Begriffsdefinition

Der Civil 3D Höhenplan (deutsch: „Längsschnitt") ist ein Objekt zur Darstellung aller Projekt-Elemente entlang der Achse in der Y-Z-Ebene, bezogen auf das Basiselement, die Civil 3D Achse.

Diese sehr allgemein gewählte Definition muss verwendet werden, weil es keine gesonderte „Höhenplan"-Darstellung für einen Straßenbau-, Gelände-, Rohrleitung-, Kanal- oder ähnlichen Längsschnitt (Höhenplan) gibt. Der Höhenplan kann alle Civil 3D Objekte als „Längsschnitt" abbilden unabhängig davon, ob diese unmittelbar entlang der Achse verlaufen oder ob diese aufgrund eines Abstandes zur Achse zu projizieren sind. Zusätzlich kann jeder beliebige Längen und Höhenmaßstab eingestellt sein. Gleichzeitig kann die Darstellung nach mehreren weltweiten Normen erfolgen. Es ist eine Darstellung der Höhen im „Raster" möglich (amerikanischer Standard). In Deutschland wird das Raster auch bei Trinkwasser-Überland-Leitungen gern gewählt, um die statische Druckbelastung abschätzen zu können. Eine Beschriftung von Höhen an den Querprofilstationen und den in Deutschland üblichen DGM- „Knick-Punkten" (Neigungsbrechpunkte") ist möglich.

3 Darstellungs-Stil-Eigenschaften, Liste der Darstellungs-Optionen

Die Darstellung und Beschriftung sind komplett von einem Standard auch einen anderen umstellbar. Die Darstellungsvarianten sind derart vielfältig, so dass eventuell in diesem Buch keine umfassende Beschreibung möglich ist.

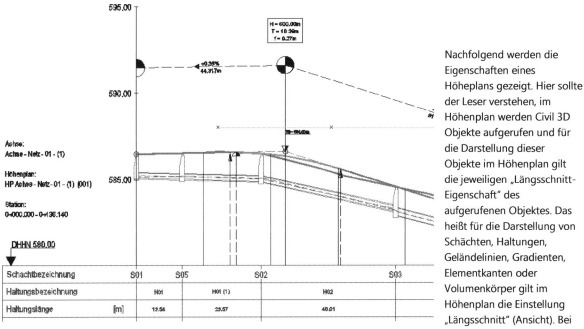

Nachfolgend werden die Eigenschaften eines Höheplans gezeigt. Hier sollte der Leser verstehen, im Höhenplan werden Civil 3D Objekte aufgerufen und für die Darstellung dieser Objekte im Höhenplan gilt die jeweiligen „Längsschnitt-Eigenschaft" des aufgerufenen Objektes. Das heißt für die Darstellung von Schächten, Haltungen, Geländelinien, Gradienten, Elementkanten oder Volumenkörper gilt im Höhenplan die Einstellung „Längsschnitt" (Ansicht). Bei Problemen in der Darstellung der Objekte im Höhenplan ist die Darstellung des Objektes selbst und hier die Ansicht „Längsschnitt" zu prüfen.

Höhenplan-Eigenschaften

Höhenplan-Name und Höhenplan-Darstellungs-Stil (Beschreibung im nächsten Kapitel)

Stationsbereich des Höhenplans, bezogen auf die Bezugs-Achse

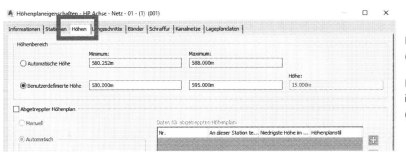

Höhenbereich des Höhenplans („Höhenfenster"), bezogen auf das DGM

Höhenpläne können gestaffelt mit Sprung im Höhenbezug dargestellt sein (abgetreppter Höhenplan).

Auf der Karte „Längsschnitte sind die aufgerufenen Längsschnitte gelistet Diese Längsschnitte sind die konstruierten Gradienten oder Gelände-Linien, die aus den Schnittpunkten von Achse und DGM entstehen. Es gelten die Darstellungs-Stile und Beschriftungs-Stile der aufgerufenen Objekte.

Das Bild zeigt eine kleine Auswahl von Beschriftungs-Bändern. Der Aufruf oder die Auswahl erfolgt manuell auch nachträglich und abhängig vom abgebildeten Objekt.

Hinweis:

Die Zuordnung zum Objekt und Besonderheiten für die Beschriftungs-Ausrichtung sind zu beachten.

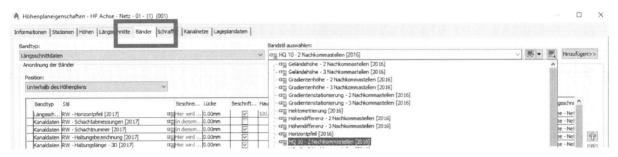

Auf der Karte Schraffuren gibt es einen optionalen Aufruf für Auf- und Abtrags-Schraffuren, die die Mengenberechnung zusätzlich erläutern kann.

Hinweis: Die Schraffur-Muster und deren Darstellung im Höhenplan sind stark abhängig von der Schraffur-eigenen-Skalierung (Maßstab). Für Höhenplane sind vorzugsweise „HP"-Schraffuren zu nutzen. Deren Schraffur-Skalierung (Maßstab) ist an die Größenordnung des Höhenplans angepasst.

Jedem Höhenplan können Rohre und Leitungen zugewiesen sein (Kanal- und Druckleitungen). Die Darstellung der „Leitungs-Objekte" im Höhenplan entspricht dem Objekt-Darstellungs-Stil „Längsschnitt" Ansicht. Optional ist der Darstellungs-Stil austauschbar „Stilüberschreibung".

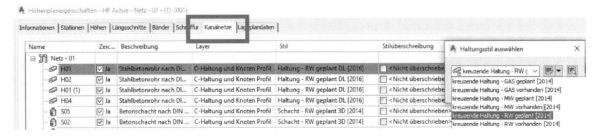

3 Darstellungs-Stil-Eigenschaften, Liste der Darstellungs-Optionen

Projektionsobjekte entsprechen in der Darstellung dem „Projektions-Stil" und dort der Ansicht „Längsschnitt". Auf dieser Karte sind alle Objekte gelistet, die nicht Kanal oder Druckleitung sind.

3.10.1 Höhenplan, Darstellungs-Stil

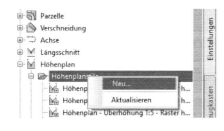

Um den Höhenplan-Darstellungs-Stil zu erläutern wird ein neuer Darstellungs-Stil angelegt. Die technisch wichtigen Einstellungen beginnen eher auf der Karte Anzeige.

Der neu erstellte „Höhenplan-Darstellungs-Stil" hat viele Einstellungen und Darstellungs-Optionen, die ein Nutzer in der deutschen Version oft nicht sieht. Der Großteil der Einstellungen und Optionen sind in den deutschen „Höhenplan-Darstellungs-Stilen" ab geschalten. Die Bilder diese Beschreibung zeigen eine Gegenüberstellung von zwei Versionen. Die erste Version „Neuer Höhenplanstil" entspricht eher dem amerikanischen Standard. Die zweite Version ist ein Höhenplan-Stil der „… Deutschland.dwt". Der Unterschied besteht nur in ab- oder an geschalteten Unterelementen.

„Neuer Höhenplanstil"   voreingestellter Höhenplan-Stil der „…Deutschland.dwt"
Höhenplan-Überhöhung 1:10-Raster horizont. 100-20m in Achs…

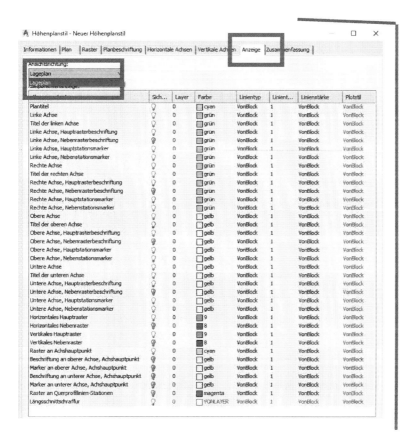

3 Darstellungs-Stil-Eigenschaften, Liste der Darstellungs-Optionen

Nachfolgend wird der Versuch unternommen, diese Einstellungen zu erläutern. Beide Höhenpläne sind einander gegenübergestellt, beschreiben einen Stationsbereich von 0+000.00m bis 0+050.00m, einen Höhenbereich von 95m bis 100 müNN, es ist kein Längsschnitt eingetragen und kein Beschriftungsband aufgerufen. Es handelt sich bei beiden Darstellungen um den reinen „Höhenplan-Darstellungs-Stil".

Hinweis:

Sollte der Leser eventuell bereits ein wenig Civil 3D Erfahrung haben, so wird auffallen das ein reiner „Höhenplan-Darstellungs-Stil" sich im Aussehen wenig vom Querprofilplan-Darstellungs-Stil unterscheidet. Das ist richtig! Wer den Höhenplan versteht wird wenig Probleme mit dem Querprofilplan haben!

„Neuer Höhenplanstil"   **Höhenplan-Überhöhung 1:10-Raster horizont. 100-20m in Achs......**

Alle Civil 3D Elemente sich hinsichtlich der Darstellung maßstabsabhängig. Die Höhenplanstile bilden da keine Ausnahme.

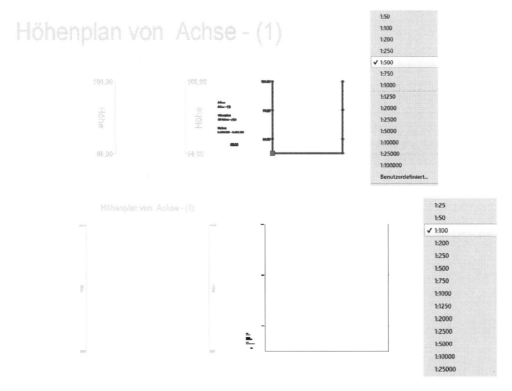

Die weitere Erläuterung erfolgt im Maßstab 1:200

Plantitel

Wird die Option „Plantitel" ab geschalten, so ist der Höhenplanname entfernt. Der Plantitel entspricht der Einstellungen der Karte Planbeschriftung. Hier ist gleichzeitig die Beschriftung für die Zeilen Titel linke Achse, Titel rechte Achse usw. eingetragen.

Hinweis:

Der Begriff „Achse" irritiert eventuell an dieser Stelle. Mit „Achse" ist hier Plan-Rand gemeint. „Linke Achse" bedeutet also „Linker Plan-Rand", „Rechte Achse" – „Rechter Plan-Rand" usw.

„Neuer Höhenplanstil"   **Höhenplan-Überhöhung 1:10-Raster horizont. 100-20m in Achs......**

3 Darstellungs-Stil-Eigenschaften, Liste der Darstellungs-Optionen

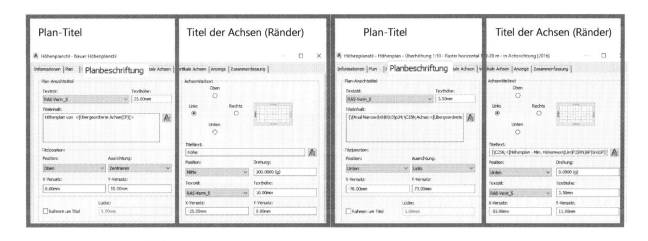

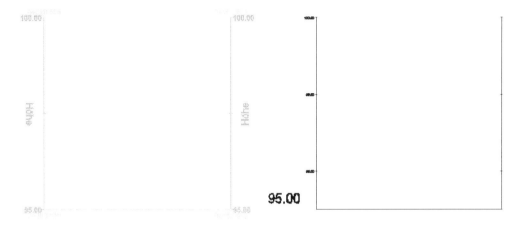

Hinweis:

Im „Neuen Höhenplan-Stil" ist keine Berechnung des Höhenbezugs vorgesehen. Diese Berechnung ist hier nachzutragen. In der deutschen Version ist die Berechnung des Höhenbezugs Bestandteil von „Titel der linken Achse". Im „Neuen Höhenplan-Stil" sind wiederum Beschriftungen an allen vier „Rändern" (Achsen) eingefügt, in der deutschen Version „…Deutschland.dwt" meist keine Beschriftung- oder nur an der linken Achse (Rand) aufgerufen. Es ist sogar die „Obere Achse" deaktiviert.

Linke Achse, Rechte Achse, Obere Achse, Untere Achse (Plan-Ränder „Linien", Links, Rechts, Oben, Unten)

Jeder Rand (Achse) hat Darstellungsoptionen (an, aus) und Beschriftungsoptionen Bezeichnung (Titel, Text). Dazu gibt es eine Werte-Beschriftung mit Stationierung (Zahlen, Stationen, oben, unten), Höhen (Zahlen, Höhen, rechts, links) und Marker (Anstrich). Die Werte-Beschriftung kann in zwei Versionen erfolgen für ein Haupt- und Nebenraster, das heißt für eine übergeordnete- und eine untergeordnete Beschriftung (Schriftgröße).

Dieses Haupt- und Nebenraster wird auf den Karten „Horizontale Achsen" und „Vertikale Achsen" gesteuert. Hier sind die Einträge für Raster-Dichte, Schrift- und Marker-Größe bis Darstellungs-Optionen (an aus) ersichtlich. Zu beachten sind die Schalter im oberen Teil. Die Steuerung erfolgt in einer Maske für oben und unten oder rechts und links.

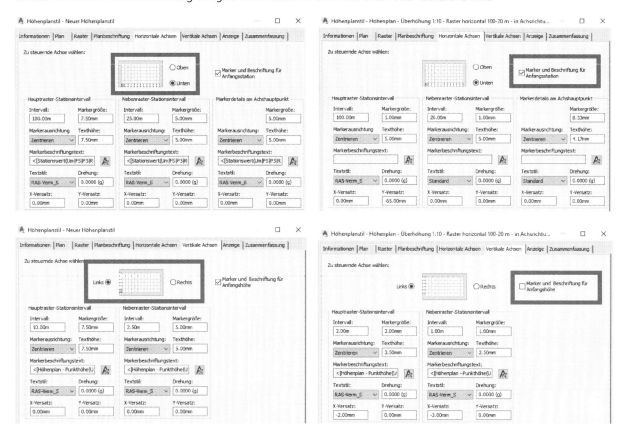

Hinweis:

Die Einstellungen der Karten „Horizontale Achsen", „Vertikale Achsen" hat auch Auswirkungen auf den folgenden Abschnitt „Horizontales Haupt- und Nebenraster" und „Vertikales Haupt- und Nebenraster". Die Abhängigkeiten der Einstellungen sind sehr komplex und in einer solchen Beschreibung (Buch) kaum darzustellen.

Im folgenden Abschnitt werden einige kleiner Änderungen vorgenommen, um die Abhängigkeiten zu zeigen.

Horizontales- und Vertikales Hauptraster, Horizontales und Vertikales Nebenraster

Alle Raster-Optionen werden bei beiden Höhenplan-Darstellungs-Stilen eingeschalten. Zusätzlich wird gezeigt, die Beschriftungseigenschaften sind variabel, je nach Anforderung können Optionen an- oder ausgeschaltet sein.

Zur vorherigen Darstellung werden auch die Rasterabstände für horizontales und vertikales Haupt- und Nebenraster verändert.

3 Darstellungs-Stil-Eigenschaften, Liste der Darstellungs-Optionen

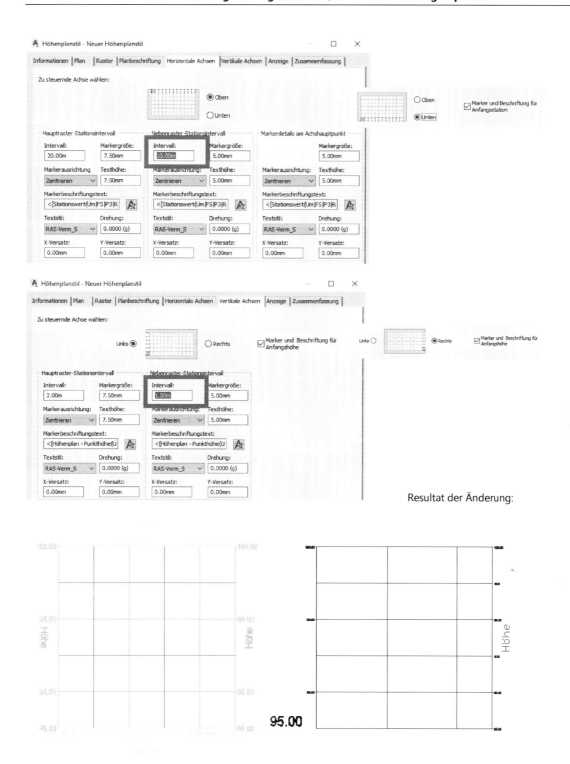

Raster

Zur Ergänzung der Einstellung horizontales und vertikales Haupt- und Nebenraster gibt es eine Karte „Raster". Die Raster-Linien-Länge kann am Längsschnitt enden oder abgeschnitten sein. Um diese Funktion zu zeigen, wird eine Gradiente (konstruierter Längsschnitt) als Bestandteil beider Höhenpläne aufgerufen.

3 Darstellungs-Stil-Eigenschaften, Liste der Darstellungs-Optionen

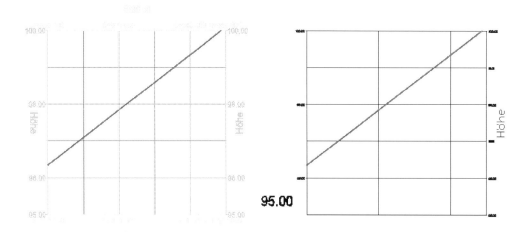

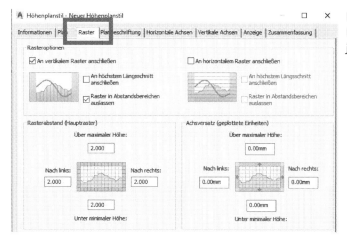

Die Karte „Raster" steuert die Länge der Raster-Linien. Raster-Linien können das gesamte Feld füllen. Oder am jeweiligen Längsschnitt enden.

Für beide Höhenpläne werden unterschiedliche Einstellungen gewählt. Es gibt äußerst verschiedene Anforderungen von Hochwasserschutz über Trinkwasserleitung, bis Straßenbau. Der Komplex der Einstellungen bietet vielfältige Möglichkeiten für alle Fachbereiche.

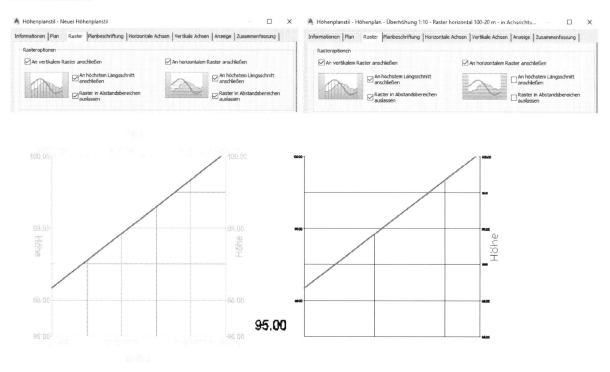

Raster an Achshauptpunkt

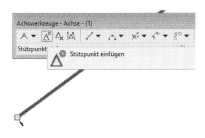

Zusätzlich gibt es eine Option „Knicke" oder Achshauptpunkte in der Achse als Raster-Line darzustellen. Diese Option ist in der Praxis eingeschalten bei Kanal-Höhenplänen (Rohre/Leitungen). Am „Achshauptpunkt" ist meist der Schacht, die Schachtdarstellung beschriftet.

Um diese Option in der deutschen Version deutlich hervor zu heben, wird die Eigenschaft hinsichtlich Farbe und Linienstärke geändert.

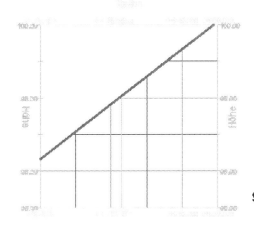

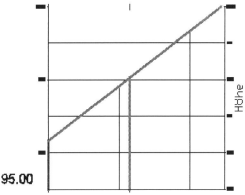

Raster an Querprofilstationen, Längsschnittschraffur

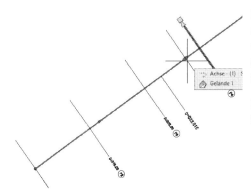

Um die Funktionen Raster an Querprofilstationen, Längsschnitt-Schraffur zu zeigen werden die „Rasterlinien" im Intervall ab geschalten. Als Voraussetzung müssen hier zusätzlich an der Achse Querprofillinien erstellt sein. Diese Querprofillinien werden im Abstand von 10m vorgegeben. Ein Stationswert wird manuell verändert.

Um die Schraffur zu zeigen wird ein zweiter Längsschnitt aufgerufen. Das ist die technische Voraussetzung für eine Schraffur.

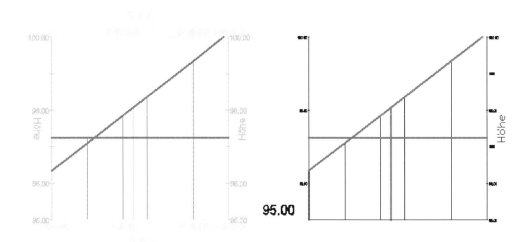

Hinweis:

Die Beschriftung der Linien an Querprofilstationen wird in deutschen Projekten in der Regel in einem Beschriftungsband ausgeführt. Der Aufruf und die Funktion der Beschriftungsbänder werden im Bereich Beschriftungen „Längsschnitt", „Gradiente" beschrieben.

Der Aufruf einer Schraffur ist als Teil der Höhenplan Eigenschaft aufzurufen und einzustellen.

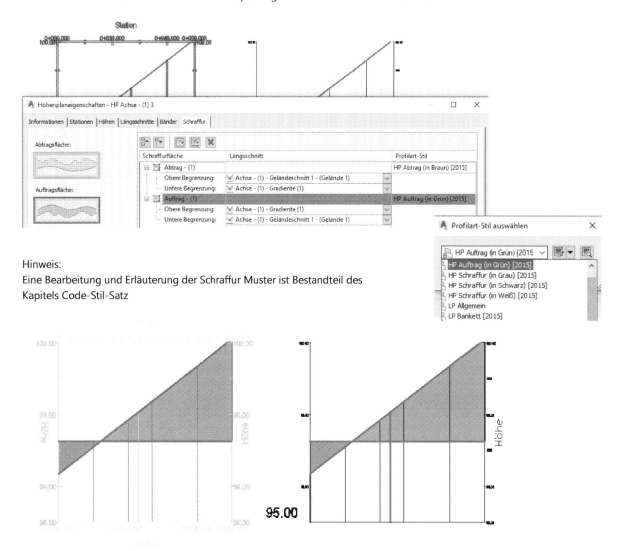

Hinweis:
Eine Bearbeitung und Erläuterung der Schraffur Muster ist Bestandteil des Kapitels Code-Stil-Satz

Plan

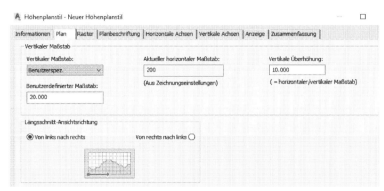

Auf der ersten Karte „Plan" wird die Überhöhung und damit der Höhenmaßstab eingestellt. Es wird empfohlen im ersten Feld „vertikaler Maßstab" und Benutzerdefinierter Maßstab keine Änderung vorzunehmen.

Bleibt „Vertikaler Maßstab auf „Benutzerspez." Dann zeigt das Feld „Aktueller horizontaler Maßstab" dem Maßstab der Statuszeile und in das Feld „vertikale Überhöhung" kann die vertikale Überhöhung als Faktor eingetragen sein.

Das Feld Benutzerdefinierte Maßstab gibt jetzt die momentane Überhöhung zurück (zurzeit: 1:20). Wird der der Zeichnungsmaßstab in der Statuszeile umgestellt, so bleibt die Überhöhung „10" und der vertikale Maßstab ist 1/10 vom horizontalen Maßstab.

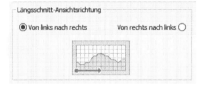

Gleichzeitig ist hier die Ansichtsrichtung des Höhenplans änderbar.

Im letzten Bild ist die Ansichtsrichtung gedreht, der Zeichnungsmaßstab wird auf 1:100 gesetzt und die „vertikale Überhöhung auf „1" geändert. Damit beträgt der „vertikale Maßstab" 1:100.

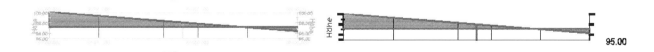

3.11 Querschnitt, Code-Stil-Satz, Begriffsdefinition

Der Querschnitt ist ein wichtiges Konstruktionselement für den 3D-Profilkörper. Der Querschnitt ist jedoch nicht als Einzelelement zu verstehen. Ein Querschnitt ist das Element, das mehrere Querschnittsbestandteile zentral zusammenfasst.

Der Querschnitt kann im Civil 3D damit nicht uneingeschränkt mit dem Begriff „Regelquerschnitt" für eine Straßenkonstruktion gleichgesetzt sein. Im Regelquerschnitt sind die grundsätzlichen Parameter für den Straßenaufbau beschrieben, unter anderem Schichtstärke und Fahrbahnbreite. Alle Parameter, die entscheidend sind für die Belastungsklasse. Die Werte können jedoch im Detail oder in begrenzten Bereichen voneinander abweichen.

Im Civil 3D ist der Querschnitt nur ein „Strich". An diesen „Strich" werden später „Querschnittsbestandteile" angehangen. Das bedeutet, die Summe aus „Querschnitt" und „Querschnittsbestandteile" bilden hier einen sogenannten „Regelquerschnitt".

Querschnitt: **Querschnittsbestandteil:**

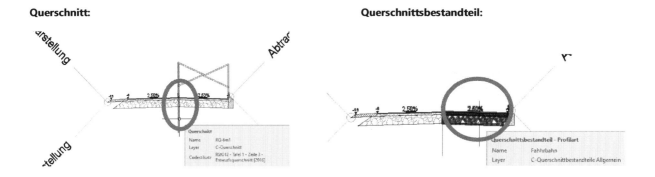

3.11.1 Querschnitt

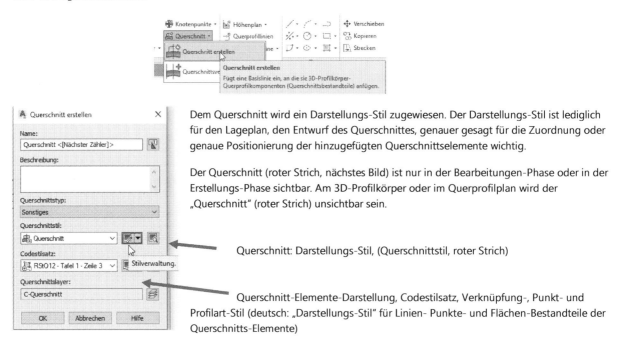

Dem Querschnitt wird ein Darstellungs-Stil zugewiesen. Der Darstellungs-Stil ist lediglich für den Lageplan, den Entwurf des Querschnittes, genauer gesagt für die Zuordnung oder genaue Positionierung der hinzugefügten Querschnittselemente wichtig.

Der Querschnitt (roter Strich, nächstes Bild) ist nur in der Bearbeitungen-Phase oder in der Erstellungs-Phase sichtbar. Am 3D-Profilkörper oder im Querprofilplan wird der „Querschnitt" (roter Strich) unsichtbar sein.

Querschnitt: Darstellungs-Stil, (Querschnittstil, roter Strich)

Querschnitt-Elemente-Darstellung, Codestilsatz, Verknüpfung-, Punkt- und Profilart-Stil (deutsch: „Darstellungs-Stil" für Linien- Punkte- und Flächen-Bestandteile der Querschnitts-Elemente)

Es ist nur das Erkennen oder Sehen des „roten Stiches" als Basis-Bestandteil oder als „Querschnitt" wichtig. Der Querschnitt-Stil und die damit verbundene Symbol- oder Farbgebung sind eher unbedeutend.

3 Darstellungs-Stil-Eigenschaften, Liste der Darstellungs-Optionen

Die Auflistung der Eigenschaften des Querschnittes erfolgen hier nur zur Information.

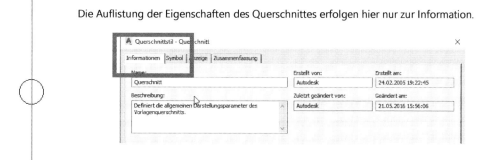

Ab diesem Abschnitt der Beschreibung wird auf die Karte „Zusammenfassung nicht mehr eingegangen, weil diese Karte immer alle Eigenschaften eines Darstellungs-Stils in konzentrierter Form angibt. Auch in der Karte „Zusammenfassung" sind Einstellungen möglich (direktere Eingabe).

Die Beschreibung beginnt hier mit der Karte „Anzeige". Die Linien-Farbe „rot" ist nur für den Lageplan eingestellt.

- Lageplan (2D)

Die Darstellung für den Modellbereich ist praktisch ohne Bedeutung.

- Modell (3D)

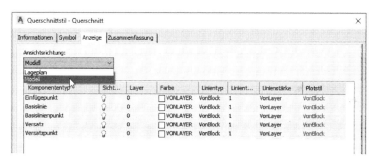

Auf der Karte „Symbol" wird für den zentralen, mittleren Punkt des Querschnittes ein Symbol vorgegeben. Für die Praxis heißt das, am „roten Stich" wird es als Symbol einen „Kreis" geben.

Darstellung des Querschnittes („roter Strich" mit „Kreis" im Lageplan)

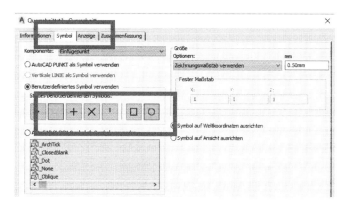

Gert Domsch, CAD-Dienstleistung

3 Darstellungs-Stil-Eigenschaften, Liste der Darstellungs-Optionen

Wesentlich wichtiger als die farbliche Darstellung des „Querschnittes", ist der zugeordnete „Codestilsatz". Um diese Eigenschaften zu erläutern wird ein neuer „leerer Code-Stil-Satz" erstellt und am Querschnitt zugewiesen, bzw. der vorhandenen Code-Stil-Satz wird ausgetauscht.

Alternative Vorgehensweise (Zugang über den Projektbrowser):

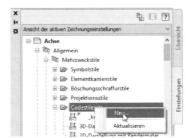

Ein Code-Stil-Satz hat nur zwei Karten „Information" und „Codes". Als Bestandteil der Karte „Codes" gibt es Einstellungen für drei Bestandteile oder drei Basis-Elemente.

- **Verknüpfung**
- **Punkt**
- **Profilart**

Den Begriff „Verknüpfung" sollte man als „Linie" oder den Begriff Verknüpfungs-Code" als „Linien-Name" verstehen.

Der Begriff „Punkt" bleibt „Punkt" und „Punkt-Code" bedeutet „Punkt-Name".

Den Begriff „Profilart" könnte man mit „Fläche" oder „Flächen-Bezeichnung" eventuell „Flächenschraffur" erklären. Der Begriff „Profilart-Code" könnte man damit als Flächen-Name oder Schraffur-Name übersetzen.

Das Bild zeigt den Neuaufruf, die Neuzuweisung des Code-Stil-Satz zum eingefügten Querschnitt.

Gert Domsch, CAD-Dienstleistung

3.11.2 Querschnitts-Elemente ohne Codierung, ohne „Namen"

Um die Eigenschaften des Code-Stil-Satzes zu erklären, wird ein Querschnitts-Element zugewiesen, das keinen „Code" besitzt. Den Begriff „Codes" erkläre ich gern auch als „Name" oder „Element-Bezeichnung". Das heißt es wird ein Element verwendet, dass aus Linien (Verknüpfungen) Punkten (Ecken, Knicke) und einer Fläche (Profil, Profilart) besteht. Aber diesem Zeichnungs-Element sind an den Bestandteilen (Linien, Ecken und eingeschlossene Fläche) noch keine „Namen" (Codes) zugewiesen.

Hinweis-1:

Im Civil 3D gibt es Querschnitts-Elemente, die bereits Namen (Codes) haben und deren Codes fest eingetragen sind. Das bedeutet diese Codes sind eher nicht änderbar. Und es gibt Elemente, die bereits einen Code haben, aber bei denen Erweiterungen oder Ergänzungen im Code möglich sind. Und es gibt Querschnitts-Elemente, die komplett frei „codierbar" sind. Das heißt, bei diesen Elementen können komplett eigene „Namen" (Codes) eingegeben werden. Zum Teil bedeutet das auch bei solchen Elementen „muss" ein Code nachträglich eingetragen sein!

Hinweis-2:

Wird die fehlende „Codierung" übersehen, so funktionieren einige Bestandteile des 3D-Profilkörpers nur eingeschränkt oder gar nicht. Für die Konstruktion machen die frei codierbaren Elemente Sinn, weil durch diese Elemente die Grundkonstruktion ergänzt oder in Details abgewandelt werden kann. Mit Elementen, die frei codierbar sind, sind auch freie Konstruktionen möglich. Es gibt nicht nur den Straßenneubau nach „Norm", es gibt auch die Gewässer-Renaturierung oder den Hochwasserschutz. Solche Projekte verlangen frei konfigurierbare Querschnitte.

Verwendetes Querschnitts-Element:

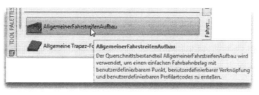

Auszug aus der Hilfe (Civil 3D):

- Konstruktion

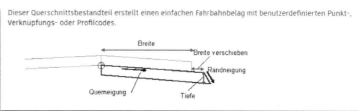

- Codierung

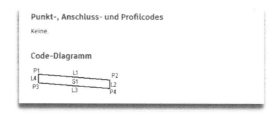

Hinweis-3:

Die Bezeichnungen „L1, L2, ..., P1, P2, ..., S1" sind als Datenbank-Adressen zu verstehen. Mit der Bezeichnung **„Punkt-, Anschluss- und Profilcodes - keine"** möchte Civil 3D uns sagen, die Datenbank-Adressen haben keine „Codes". Das heiß die Bestandteile tragen keinen Namen. Der Anwender muss jetzt wissen, ohne Namen ist die Funktionalität im späteren 3D-Profilkörper eingeschränkt oder nicht vorhanden.

Verknüpfungs-Codes (Linien), Punkt-Codes (Punkt) und Profilart-Codes (Flächen) haben mehre Aufgaben. Am 3D-Profilkörper sind alle konstruktiven Funktionen (Beispiel: Böschungs-Schraffur), Absteck-Punkte oder Berechnungs-Funktionen (Mengen-Berechnung) auf der Basis von „Codes" (Namen) erstellt oder programmiert.

Beispiel:

Es sind Absteck-Punkte einer Straße auszugeben (Deckenbuch). Ohne Punkt-Code bleibt die Auswahl-Maske für den Punkt-Export leer! Eine Ausgabe ist nicht möglich!

Im folgenden Bild sind am Querschnitt rechts und links zwei Querschnitts-Elemente auf beiden Seiten mit der Basis-Einstellung gesetzt. In den Zeilen „Codierung" erfolgt keine Eingabe. Hier ist der Eintrag für alle Bestandteile (Linien, Punkte, Fläche) „None" (kein) voreingestellt.

3 Darstellungs-Stil-Eigenschaften, Liste der Darstellungs-Optionen

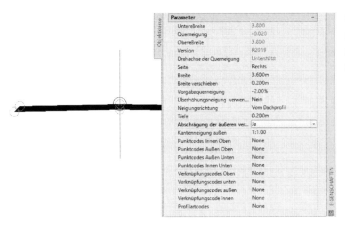

Warum sehen wir eine „schwarze Fläche", wenn doch weder unter Verknüpfungs-Code noch unter Profilart-Code ein Eintrag vorgenommen wurde?

In jedem Code-Stil-Satz ist in der Regel ein Eintrag vorhanden, der den Verknüpfungen (Linien), Punkten und der Profilart (Fläche) eine Eigenschaft zuweist, auch wenn „kein Code" eingetragen ist! Das heißt, es ist auch etwas zu sehen, wenn die Codierung übersehen wird oder nicht ausgeführt ist! Der Eintrag lautet „Standard".

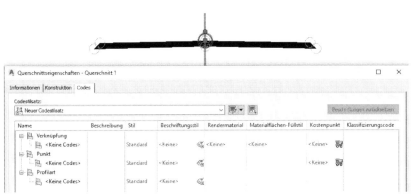

In der Spalte „Stil" ist bei allen Elementen der Stil „Standard" eingetragen. Um den Stil „Standard" zu erläutern ist der Code-Stil-Satz" zu bearbeiten („Aktuelle Auswahl bearbeiten").

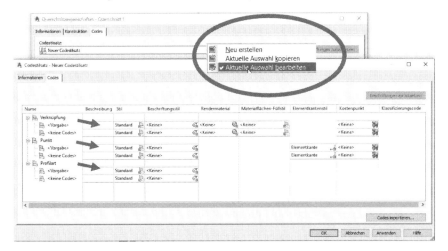

Hinweis:

Der Code-Stil-Satz ist ein „Mehrzweck-Stil", das heißt bei mehreren Civil 3D Objekten werden Code-Stil-Sätze verwendet oder aufgerufen (Querschnitt, 3D-Profilkörper, Querprofil-Pläne). Ein Projekt verlangt eventuell zwei, drei oder vier Code-Stil-Sätze. Ein mehrfacher Wechsel von Code-Stil-Sätzen kann im Projekt sinnvoll sein, ist aber nicht zwingend erforderlich.
Jedem Bestandteil (Verknüpfung, Punkte, Profilart) sind optional Eigenschaften zugewiesen. Die Zuweisung erfolgt in „acht" Spalten. Diese verschiedenen Eigenschaften sind für die verschiedensten Anwendungen (Schnittstellen oder Ausgaben) und Aufgaben des 3D-Profilkörper erforderlich.

- **Beschreibung,** allgemeine Erläuterung (Option, keine sichtbare Eigenschaft, Hinweis für den Bearbeiter)
- **Stil,** Darstellungs-Stil (Farbe für mehrere Ansichten)
- **Beschriftungsstil,** optionale Beschriftung vorrangig für Lageplan, Querschnitt und Querprofilplan
- **Rendermaterial,** optionaler 3D-Darstellungsstil vorrangig für 3D-Profilkörper
- **Materialfüllflächenstil,** optionaler 2D-Darstellungsstil vorrangig für 3D-Profilkörper

3 Darstellungs-Stil-Eigenschaften, Liste der Darstellungs-Optionen

- **Elementkantenstil,** optionaler Darstellungsstil für 3D-Profilkörper-Kanten (Es werden Elementkanten-Stile verwendet.)
- **Kostenpunkt,** Mengenberechnung-Option für den 3D-Profilkörper, die über eine Formeleingabe bis zur Preisberechnung geführt sein kann (Kosten sind eine zusätzliche Option!)
- **Klassifizierungscode,** optionale Datenbankadresse für weitere Datenexporte oder Schnittstellen

In der folgenden Beschreibung werden alle diese Eigenschaften gezeigt und bearbeitet.

Beschreibung: Optional werden Texte eingegeben. Diese Texte haben nur eine erläuternde Funktion.

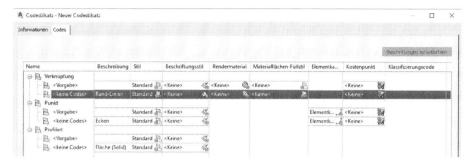

Stil: Verknüpfung (Linie), Standard (Darstellungs-Stil)

Standard bedeutet, die Linien einer Querschnittsfläche sind für alle Ansichten auf Farbe „153" eingestellt!

- Lageplan:

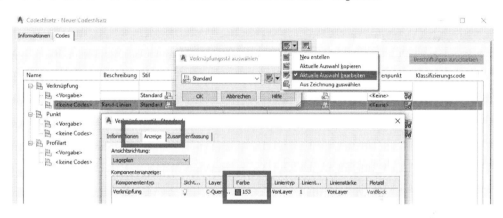

- Modell:

- Querprofil:

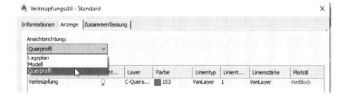

3 Darstellungs-Stil-Eigenschaften, Liste der Darstellungs-Optionen

Stil: Punkt (Ecke), Standard (Darstellungs-Stil)

Standard bedeutet, die Punkte (Ecken) eines Querschnittbestandteils werden für alle Ansichten als „Kreuz" gezeigt!

- Lageplan

- Modell

- Längsschnitt

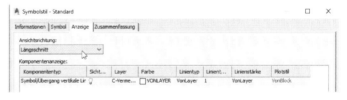

- Querprofil

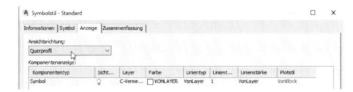

3 Darstellungs-Stil-Eigenschaften, Liste der Darstellungs-Optionen

Stil: Profilart (Fläche), Standard (Darstellungs-Stil)

Standard bedeutet, die Flächen (Profilart) einer Querschnittsfläche werden in „Solid" Schraffur und vorrangig „schwarz/weiß" gezeigt! Im Modell (3D) ist die Flächenfarbe „53".

- Lageplan:

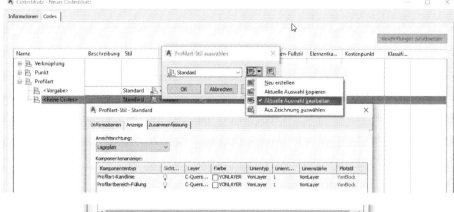

- Modell:

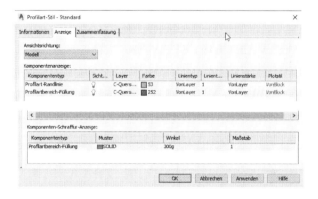

- Längsschnitt

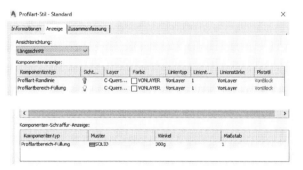

- Querprofil

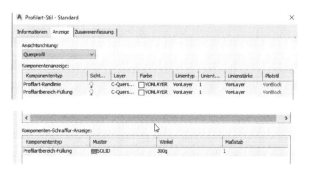

3 Darstellungs-Stil-Eigenschaften, Liste der Darstellungs-Optionen

Anschließend wird dieser neue Code-Stil-Satz einem 3D-Profilkörper zugewiesen und die Reaktion des 3D-Profilkörpers gezeigt. Alle Elemente (Verknüpfungen, Punkte und Profilart) haben vier Ansichten. Es werden die Funktionen und Besonderheiten gezeigt, die sich aus dem neuen noch nicht bearbeiteten „Code-Stil-Satz" ergeben. Anschließend wird der Code-Stil-Satz bearbeitet.

Zuweisung des Code-Stil-Satzes am 3D-Profilkörper (3D-Profilkörper Eigenschaften

Bespielhaft werden folgende Funktionen gezeigt.

3D-Profilkörper, Lageplan

Es gibt keine 2D-Flächenschraffur!

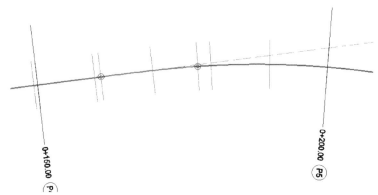

3D-Profilkörper, Modell (3D-Ansicht)

Es gibt keine 3D-Profilkörper-Kanten, Linien über die Ecken des Querschnittes.

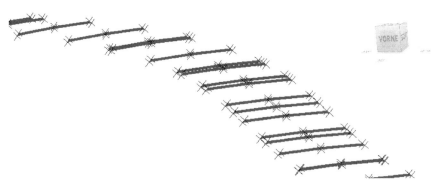

3D-Profilkörper, Punkte aus 3D-Profilkörper

Die Ausgabe-Option für Absteck-Punkte ist leer!

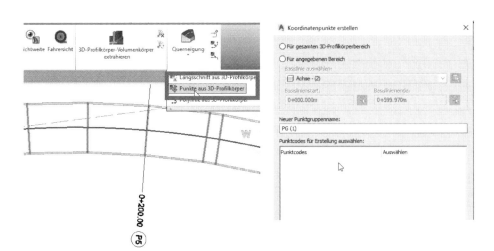

3 Darstellungs-Stil-Eigenschaften, Liste der Darstellungs-Optionen

3D-Profilkörper, DGM aus 3D-Profilkörper

Es ist kein DGM erstellbar!

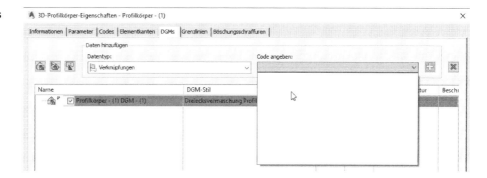

Zuweisung des Code-Stil-Satzes am Querprofilplan

Die Zuweisung erfolgt über die Funktion Gruppeneigenschaften anzeigen, Karte „Querprofile".

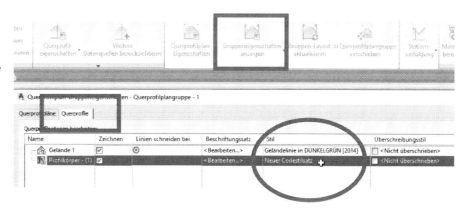

Querprofilpläne, Mengenberechnung aus Querprofilen

Die Materialauswahl oder Materialberechnung bleibt leer!

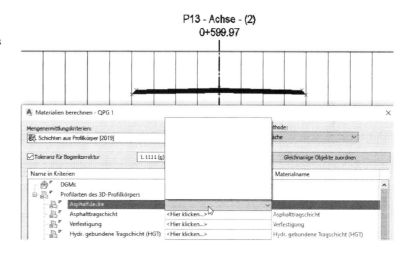

Auch bei einem NICHT BEACHTEN der Codierung bei „Verknüpfungen" (Linien) „Punkten" (Ecken) und „Profilart" (Flächen) wird der 3D-Profilkörper erstellt. Der 3D-Profilkörper bleibt jedoch in weiten Teilen unvollständig. Wichtige Funktionen sind nicht ausführbar. Das Problem entsteht durchgehend infolge des NICHT BEACHTENs der „Codierung".

3.11.3 Nachträgliche Codierung

Der Querschnitt wird nachträglich codiert. Es werden nachträglich Namen vergeben für Linien (Verknüpfungen) Punkte (Punkte) und Flächen (Profilart). Mit Absicht werden Begriffe verwendet, die von den Standard-codierten-Elementen (Standard-Straßenbau-Begriffen) abweichend sind. Absichtlich werden solche Begriffe wie „Belag", Fahrbahnrand-Innen oder -Außen und Frostschutzschicht nicht verwendet, um zu zeigen, dass eine freie Codierung (freie Namen) möglich ist. Das Beispiel soll zeigen, dass das Konzept auch anwendbar ist für Problemstellungen, die abweichend sind vom klassischen Straßenbau.

3 Darstellungs-Stil-Eigenschaften, Liste der Darstellungs-Optionen

Für alle relevanten Elemente werden Codes (Namen) eingetragen, am rechten und linken Querschnittselement jeweils die gleichen Namen.

Linien (Verknüpfung): **ok-Dichtung, uk-Dichtung**

Punkte (Punkt): **RAND, MITTE**

Fläche (Profilart): **Dichtung**

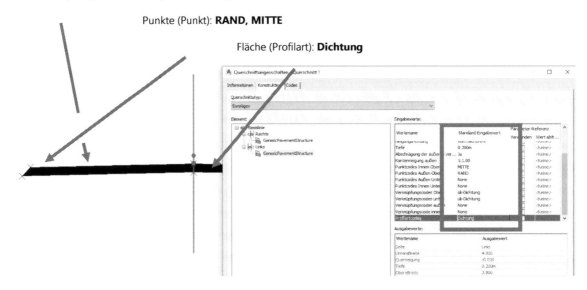

Diese frei am Querschnitts-Element eingetragenen Codes werden in den Code-Stil-Satz importiert, dazu wird mit einem „Fenster" der Querschnitt ausgewählt. Nach der Funktion „Codes importieren" und der Auswahl des Querschnittes sind die Codes im Code-Stil-Satz eingetragen.

Hinweis:

Alternativ kann man die Namen (Codes) auch schreiben, manuell eintragen.

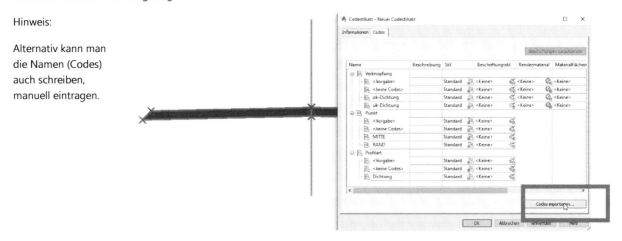

Anschließend können den Begriffen Eigenschaften zugewiesen werden. Im Beispiel wird mit der Fläche „Profilart" (Dichtung) begonnen. Abschließend werden Funktionen am 3D-Profilköerper und am Querprofilplan gezeigt, die sich aus der erfolgreichen Profilart-Code-Bearbeitung ergeben.

Profilart, Beschreibung

Für den Bereich Profilart werden nur die Spalten „Beschreibung", „Stil" und „Beschriftungsstil" angeboten. Die Spalte Beschreibung wird für einen Hinweis genutzt. Technisch spielt der Eintrag keine Rolle.

Profilart, Stil

Die Spalte „Stil" bietet die Verknüpfung mit einer Schraffur. Es werden innerhalb von Civil 3D vorbereitete Schraffuren angeboten, die Straßenbau-Bezeichnungen tragen. Es sind jedoch alle AutoCAD-Schraffuren, die auf der Basis der *.pat Datei geladen sind, verwendbar (AutoCAD-Schraffur Muster).

3 Darstellungs-Stil-Eigenschaften, Liste der Darstellungs-Optionen

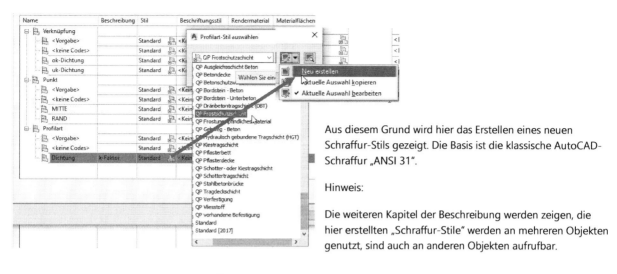

Aus diesem Grund wird hier das Erstellen eines neuen Schraffur-Stils gezeigt. Die Basis ist die klassische AutoCAD-Schraffur „ANSI 31".

Hinweis:

Die weiteren Kapitel der Beschreibung werden zeigen, die hier erstellten „Schraffur-Stile" werden an mehreren Objekten genutzt, sind auch an anderen Objekten aufrufbar.

Es wird ein Name vergeben.

Die Einstellungen erfolgen wieder bewusst in allen Ansichten.

- Lageplan
- Modell
- Längsschnitt
- Querprofil

Um Besonderheiten und Fehler zu erkennen, ist es empfehlenswert alle Einstellungen (Ansichten) zu kontrollieren und mit der gleichen Einstellung zu versehen, zwingend erforderlich ist das jedoch nicht.

Hinweis:

Der Maßstab für die Schraffur sollte im „cm"-Bereich liegen (0.05 – 0.02).

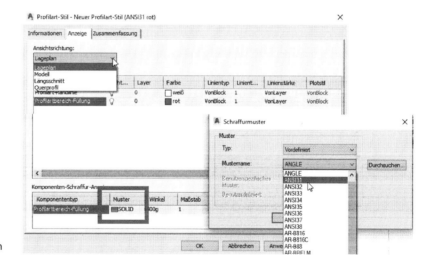

Lageplan:

Modell:

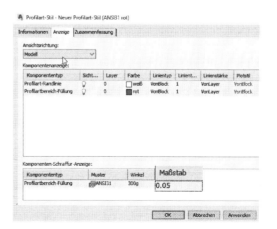

Gert Domsch, CAD-Dienstleistung

Längsschnitt:

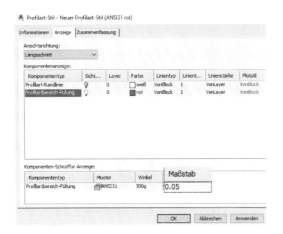

Querprofil:

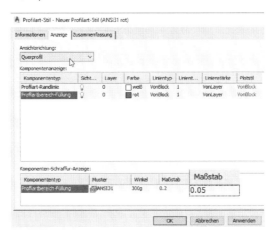

Profilart, Beschriftungsstil

Optional kann die Schicht beschriftet sein. Hier wird gezeigt, wie der Profilart-Code angeschrieben wird, so dass die Bezeichnung erkennbar ist.

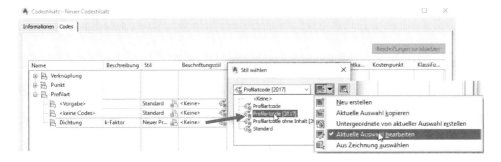

Die Beschriftungs-Eigenschaften werden mit „Aktuelle Auswahl bearbeiten" kontrolliert. Es handelt sich um einen klassischen Civil 3D Beschriftungsstil, bestehend aus „Allgemein", „Layout" und „Symbol-Text-Trennung". Beschriftungsstile und damit die Bedeutung diese Karten werden in den nächsten Kapiteln (Beschriftung) näher erläutert.

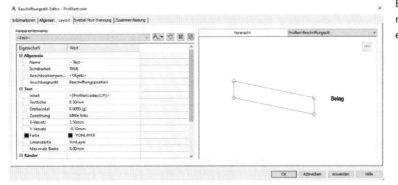

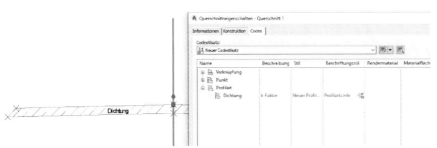

Die Fläche ist mit einer eigenen Schraffur und dem Namen der Schicht beschriftet.

3 Darstellungs-Stil-Eigenschaften, Liste der Darstellungs-Optionen

Wird der Code-Stil-Satz an andren Objekten aufgerufen, so wird die codierte Profilart an diesen Objekten gezeigt. Die Schraffur wird am 3D-Profilkörper dargestellt, wenn als Voraussetzung der gleiche Code-Stil-Satz aufgerufen ist.

Die Schraffur und die Beschriftung werden am Querprofilplan dargestellt, wenn als Voraussetzung der gleiche Code-Stil-Satz verwendet wird.

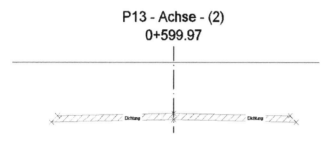

Die codierte Schicht kann innerhalb der Mengenberechnung aufgerufen werden (Funktion: „Materialien berechnen").

Die Funktion „Materialien berechnen" kann neben der Menge aus DGMs auch die Menge aus Querschnittsflächen des 3D-Profilkörpers berechnen, wenn die Schichten des 3D-Profilkörpers als Fläche beschreiben benannt sind. Die Fläche wird dann mit dem Stationsabstand multipliziert. Es wird ein Volumen berechnet.

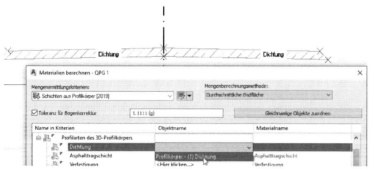

Hinweis:

Für das folgende Bild wurde das Mengenermittlungskriterium bearbeitet, damit der Aufruf der codierten Schicht für eine Berechnung gezeigt werden kann.

Im nächsten Schritt wird der Punkt-Code nachträglich bearbeitet. Abschließend werden Funktionen am 3D-Profilköerper und am Querprofilplan gezeigt, die sich aus der erfolgreichen Punkt-Code Bearbeitung ergeben. Für den Punkt werden die Spalten Beschreibung, Stil, Beschriftung und Kostenpunkt angeboten.

Punkt-Codierung, Beschreibung

Die Spalte Beschreibung wird für einen Hinweis genutzt.

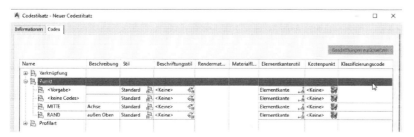

Punkt, Stil

Es wird der Punktstil bearbeitet. Es wird empfohlen nur codierten Punkten einen deutlich sichtbaren Punktstil zu zuweisen, um die codierten Punkte von nicht codierten unterscheiden zu können.

Im Beispiel wird der geladene Stil „Querschnittspunkt" gewählt und es werden die vorgegebenen Eigenschaften gezeigt.

Querschnittspunkt, Symbol

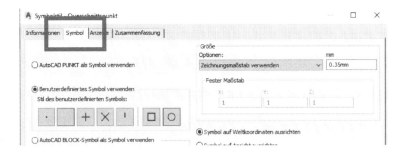

- Lageplan

- Modell

- Längsschnitt

- Querschnitt

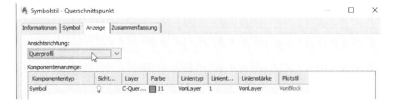

Punkt, Beschriftung

Für eine Punktbeschriftung stehen viele Optionen zur Verfügung. Die Optionen reichen von einer Punktcode-Beschriftung bis zur Höhenkote, die beim Brückenbau Verwendung findet. Es wird bewusst Höhenkote nach oben gewählt, um diese Option hier im Buch zu zeigen.

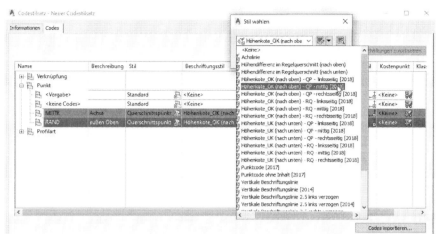

Nachfolgend wird der Beschriftungsstil („Höhenkote_OK...") nur kurz vorgestellt.

Eine ausführlichere Beschreibung, die auch für diese Beschriftung gilt, erfolgt im Kapitel Beschriftung. Der Beschriftungsstil ist aus zwei Bestandteilen zusammengesetzt.

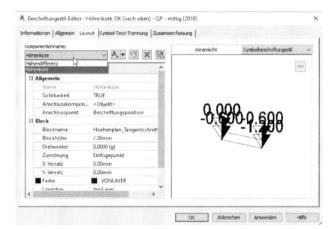

Die „Höhenkote" ist ein Block, die Beschriftung oder die Höhe ist der Höhen-Wert aus der Datenbank.

Die bisher zugewiesenen Eigenschaften führen zu folgender Darstellung am Querschnitt.

Alle weiteren Eigenschaften sind am Querschnitt nicht sichtbar und betreffen die anschließend berechneten Darstellungen am 3D-Profilkörper.

Punkt, Elementkantenstil (3D-Profilkörperkante)

Punktcodes werden am 3D-Profilkörper zu 3D-Profilkörperkanten. Diese 3D-Profilkörperkanten können mit Elementkanten-Stilen bestückt werden, um auch hier unterschiedliche Darstellungen für den Lageplan zu erzeugen. Auf diese Weise werden bestimmte Planungsziele sichtbar gemacht- und können Ausgaben gesteuert werden (3D-Polylinien, Elementkanten) oder Konstruktionsvoraussetzung für weitere Konstruktions-Ziele erstellt sein.

Um die Bedeutung von Elementkanten-Stilen in diesem Fall zu erläutern wird ein neuer Elementkanten-Stil erstellt. Die Elementkanten-Darstellung entspricht den Elementkanten, die im vorherigen Kapitel „Elementkante" beschrieben wurden.

3 Darstellungs-Stil-Eigenschaften, Liste der Darstellungs-Optionen

Es wäre auch möglich den Elementkanten-Darstellungs-Stil des vorherigen Kapitels zu verwenden.

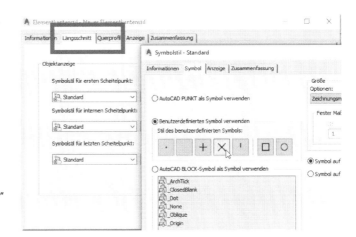

Der vorgegebene Name wird übernommen.

Es gibt für die Darstellung der „Elementkanten-Stützpunkte" Längsschnitt Darstellungsoptionen. Der vorgegebene Punktstil ist ein „Kreuz".

- Lageplan

Die Einstellungsoptionen angefangen von „Layer" bis „Linienstärke" entsprechen den AutoCAD-Funktionen.

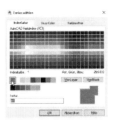

- Modell

Eventuell ist für den Modell-Bereich ein abweichender Linientypfaktor zu verwenden.

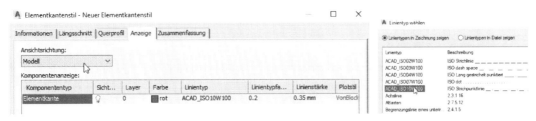

Gert Domsch, CAD-Dienstleistung

- Längsschnitt

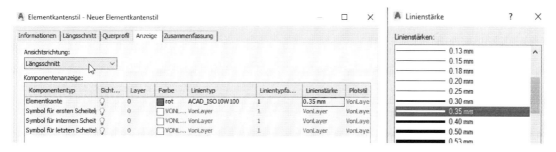

- Querprofil

Es gibt keine Bearbeitungsoption.

Das Resultat der Bearbeitung ist die Verbindung der codierten Punkte mit dem eingerichteten Elementkanten-Darstellungs-Stil.

3D-Profilkörper, Lageplan   3D, Modell

 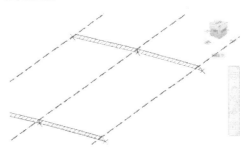

Punkt, Kostenpunkt

Mit der Zuordnung eines Kostenpunktes ist die Ausgabe oder Mengenauswertung der Konstruktion, die aus dem Punkt-Code entsteht (Elementkante) möglich. Das könnte zum Beispiel der Bordstein in „Meter" oder die Rinne in „Meter" sein. Zu echten „Kosten" wird die Auswertung erst, wenn zusätzlich der „Preis" als Formeleingabe angegeben ist.

Die Ausgabemöglichkeiten sind vielfältig. Das Bild zeigt nur eine kleine Auswahl der möglichen Optionen.

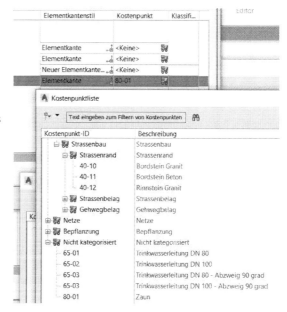

3 Darstellungs-Stil-Eigenschaften, Liste der Darstellungs-Optionen

Punkt, Klassifizierungscode

Der „Klassifizierungs-Code" ist eine technische Option, die für den Fall der Ausgabe als 3D-Volumenkörper gedacht ist. Als Beschreibung wird der originale Text der „Civil 3D Hilfe" zitiert.

> **Klassifizierungscode**
> Gibt den Klassifikationscode an, den Sie dem Punkt-, Verknüpfungs- oder Profilartcode zuordnen möchten.
> Sie können beispielsweise einen Code aus einem in Ihrem Unternehmen verwendeten Datenschema eingeben.
>
> **TIPP.** Klassifikationscodes für Verknüpfungen und Profilarten können beim Extrahieren von 3D-Profilkörper-Volumenkörpern in die Eigenschaftsdaten einbezogen werden. Weitere Informationen finden Sie unter Seite Eigenschaftsdaten (Assistent zum Extrahieren von 3D-Profilkörper-Volumenkörpern).
>
> **ANMERKUNG:** Es gibt keine aktuellen Arbeitsabläufe, bei denen Klassifikationscodes für Punkte genutzt werden.

Verknüpfung, Beschreibung

Die Spalte Beschreibung kann eventuell für einen Hinweis genutzt werden.

Verknüpfung, Stil

Als Stil (Darstellungs-Stil) sind verschiedene Optionen möglich. Die Begrifflichkeit ist sehr technisch geprägt, im Hintergrund sind jedoch nur Linien-Eigenschaften und Linien-Farben verknüpft.

Die Darstellung wird auch hier für mehrere Ansichten gesteuert. Der Begriff „RStO" vermittelt einen technischen Eindruck. Die Darstellung ist jedoch eher einfach und nur „schwarz/weiß".

- Lageplan:

- Modell:

3 Darstellungs-Stil-Eigenschaften, Liste der Darstellungs-Optionen

- Querprofil:

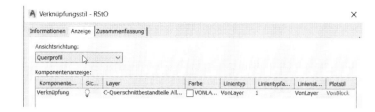

Verknüpfung, Beschriftungsstil

Verschiedene Beschriftungs-Optionen sind verfügbar.

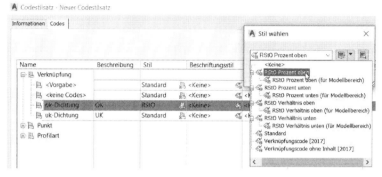

Hinweis-1:

Alle Beschriftungen sind konsequent maßstabsabhängig. Die Beschriftungen für Querschnitte und Querprofilpläne sind vorrangig für den Maßstab 1:100 (Modellbereich!) eingestellt. Das heißt die Beschriftung sollte immer bereits im Modellbereich im Zusammenhang mit dem späteren Plot-Maßstab gesehen werden.

Hinweis-2:
Alle Beschriftungen sind im Civil 3D Maßstabsabhängig. Es gibt keine Ausnahmen. Die Abhängigkeit der Beschriftung vom Maßstab ist auch nicht abschaltbar!

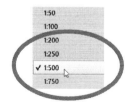

Das Bild zeigt die Beschriftung im Maßstab 1:500.

Die Betrachtung der Querschnitte ist meist nur sinnvoll im Maßstab 1:100.

Die voreingestellte Schriftgröße für allen Maßstäbe beträgt 2mm. Der Ort dieser Einstellung wird in einem der nächsten Kapitel gezeigt, Kapitel „Beschriftung".

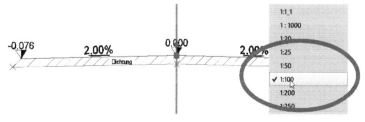

Alternativ steht ein zweiter Beschriftungsstil zur Verfügung. Dieser zweite Beschriftungs-Stil wird „RStO Prozent oben (Modellbereich)" bezeichnet. Diese Bezeichnung trifft nicht ganz den Kern.

3 Darstellungs-Stil-Eigenschaften, Liste der Darstellungs-Optionen

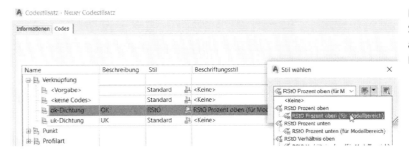

Eigentlich ist bei diesem Stil lediglich die Schriftgröße verkleinert, so dass dieser Stil auch eine lesbare Zahl, bei höheren Maßstäben im Modellbereich anbietet.

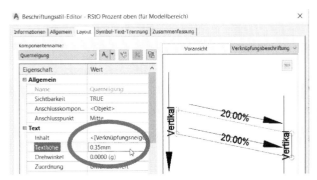

Die Schriftgröße beträgt hier ca. das 0,1-fache des übergeordneten Stils (0,35mm).

Als Beschriftung kann auch der „Verknüpfungs-Code" Verwendung finden. Selbstverständlich ist auch hier die Schriftgröße einstellbar.

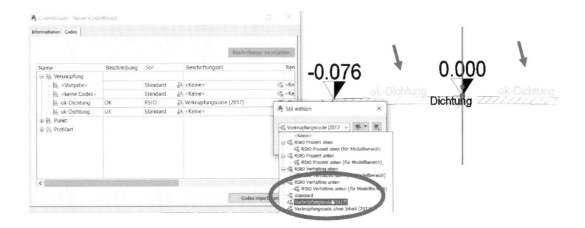

Verknüpfung, Rendermaterial

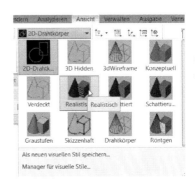

Die Verknüpfung mit „Rendermaterial" ist eine Option, die nach der Zuordnung im Querschnitt keine Reaktion zeigt. Diese Eigenschaft ist vorrangig für 3D-Ansichten und den 3D-Profilkörper vorgesehen.

Innerhalb der 3D-Ansicht ist zusätzlich der „visuelle Stil" zu beachten. Der „visueller Darstellungs-Stil" ist wiederum nicht mit dem Civil 3D „Darstellungs-Stil" zu verwechseln. Der visuelle Stil „Realistisch" zeigt das zugewiesene Material (Rendermaterial).

3 Darstellungs-Stil-Eigenschaften, Liste der Darstellungs-Optionen

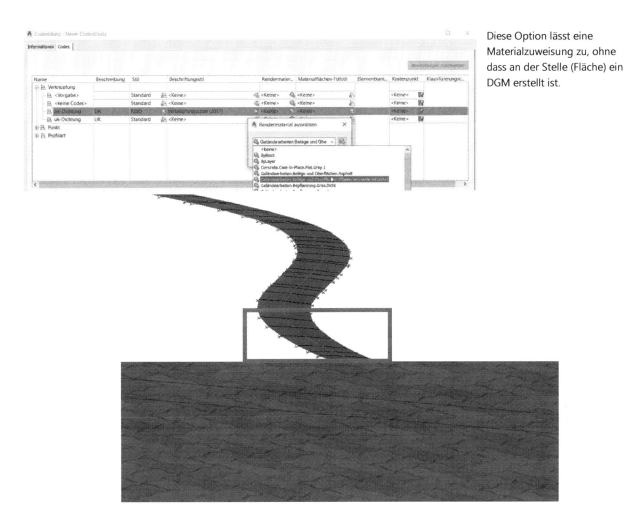

Diese Option lässt eine Materialzuweisung zu, ohne dass an der Stelle (Fläche) ein DGM erstellt ist.

Verknüpfung, Materialfüllflächen-Stil

Dieser Stil ist eine dynamisch verknüpfte 2D-Flächenstraffur, die die vereinbarten Flächen (Verknüpfungs-Code) mit jeder, auch

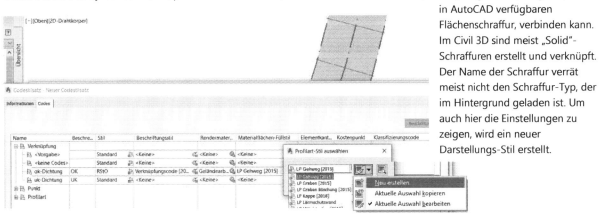

in AutoCAD verfügbaren Flächenschraffur, verbinden kann. Im Civil 3D sind meist „Solid"-Schraffuren erstellt und verknüpft. Der Name der Schraffur verrät meist nicht den Schraffur-Typ, der im Hintergrund geladen ist. Um auch hier die Einstellungen zu zeigen, wird ein neuer Darstellungs-Stil erstellt.

Die Option „Aktuelle Auswahl bearbeiten" bietet den Zugang zu den Eigenschaften der Schraffur und zeigt einen klassischen Darstellungs-Stil, der mehrere Ansichten hat.

- Lageplan

3 Darstellungs-Stil-Eigenschaften, Liste der Darstellungs-Optionen

Die Einstellungen zeigen, dass der Hintergrund jeder Schraffur die AutoCAD Schraffuren mit der Basis in der *.pat Datei ist.

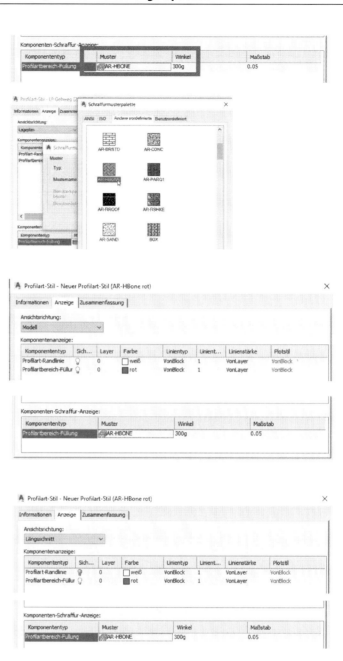

- Modell

- Längsschnitt

- Querprofil

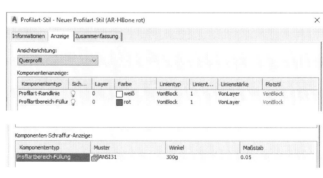

Auf den ersten Blick erscheint unverständlich, warum es hier für die Schraffuren Einstellungen für insgesamt vier Ansichten gibt, obwohl innerhalb des 3D-Profilkörpers nur die Lageplan-Ansicht benötigt wird. Hier gilt es zu verstehen, Civil 3D ist ein Datenbank-Programm. Die gleiche Schraffur oder der gleiche Schraffur-Darstellungs-Stil kann an verschiedenen Objekten aufgerufen sein. Er kann innerhalb von Lageplan, Höhenplan- oder Querprofilplan Verwendung finden.

Hinweis:

In der Liste der Schraffur-Darstellungs-Stile findet man HP-Schraffuren, LP-Schraffuren und QP-Schraffuren. „HP" steht für Höhenplan, „LP" für Lageplan, „QP" für Querprofilplan. Der große Unterschied zwischen diesen Dartstellungs-Stilen ist der Maßstab oder der Maßstabsfaktor.

HP (Höhenplan-Schraffur-...)

LP (Lageplan-Schraffur-...)

QP (Querprofilplan-Schraffur-...)

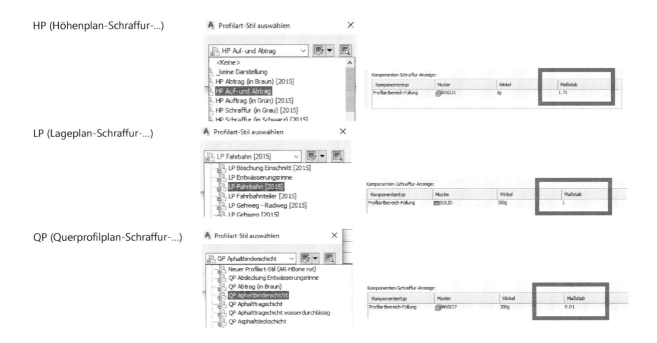

Verknüpfung, Kostenpunkt

Mit der Zuordnung eines Kostenpunktes ist die Ausgabe oder Mengenauswertung der Konstruktion, in Beziehung auf den Verknüpfungs-Code (Linie) oder Punkt-Code möglich. Damit wird eine Fläche (in m²) oder eine Länge (im m) berechnet. Die Basis hierzu liefert der 3D-Profilkörper. Der 3D-Profilkörper verteil den Querschnitt 3D im Raum und damit die Verknüpfungs- und Punkt-Codes. Der Verknüpfungs-Code (Linie, Linienlänge, Breite) kann über den Stationsabstand eine Fläche berechnen und aus dem Punkt-Code wird mit dem Stationsabstand eine Linie, eine Linienlänge zurückgeben.

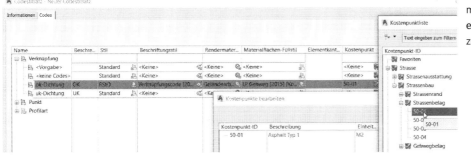

Ist dem Verknüpfungs-Code ein „Kostenpunkt" zugeordnet (Mengenposition), so ist die Auswertung oder die anschließende Berechnungsfunktion ausführbar. Die Berechnung ist Teil des Bereiches Analyse, Funktion „Ermittlung".

3 Darstellungs-Stil-Eigenschaften, Liste der Darstellungs-Optionen

Das Bild zeigt nur die Berechnung einer Fläche. Mit der gleichen Funktion würde auch die Ausgabe eines Punkt-Codes erfolgen. Aus einem Punkt-Code entsteht eine „Elementkante" (3D-Profilkörperkante), damit eine „Linien-Länge", die zum Beispiel einen Bordsteinkanten-Länge beschreiben könnte.

Um eine Vergleichbarkeit zu deutscher ähnlicher Software herzustellen, könnte man hier Parallelen zur Verfahrensbeschreibung (Richtlinie elektronische Bauabrechnung „REB") REB 21.033 Flächen aus Querprofilen sehen (der Autor).

Verknüpfung, Klassifizierungscode

Der „Klassifizierungs-Code" ist eine technische Option, die für den Fall der Ausgabe als 3D-Volumenkörper gedacht ist. Als Beschreibung wird der originale Text der „Civil 3D Hilfe" zitiert.

Klassifizierungscode

Gibt den Klassifikationscode an, den Sie dem Punkt-, Verknüpfungs- oder Profilartcode zuordnen möchten.

Sie können beispielsweise einen Code aus einem in Ihrem Unternehmen verwendeten Datenschema eingeben.

TIPP: Klassifikationscodes für Verknüpfungen und Profilarten können beim Extrahieren von 3D-Profilkörper-Volumenkörpern in die Eigenschaftsdaten einbezogen werden. Weitere Informationen finden Sie unter Seite Eigenschaftsdaten (Assistent zum Extrahieren von 3D-Profilkörper-Volumenkörpern).

ANMERKUNG: Es gibt keine aktuellen Arbeitsabläufe, bei denen Klassifikationscodes für Punkte genutzt werden.

3.12 3D-Profilkörper, Begriffsdefinition

Der 3D-Profilkörper wird vielfach mit „Straße", „Straßenkonstruktion" oder Straßenbau gleichgesetzt. Diese Erklärung trifft nicht ganz den Kern. Der 3D-Profilkörper ist das 3D-Resultat aus erstens Achse oder 2D-Eigenschaften einer Elementkante, zweitens Längsschnitt, konstruierter Längsschnitt (deutsch: Gradiente) oder 3D-Eigenschaft einer Elementkante und drittens dem Querschnitt und dessen Querschnittselementen. Für den Anwender bedeutet das, man kann nicht nur Straßenbau- oder Straßenerneuerungs-, oder Sanierungs-Projekte bearbeiten. Der 3D-Profilkörper ist auch für Flüsse oder Bäche geeignet oder für

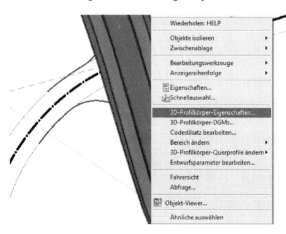

den Hochwasserschutz oder für Hochwasserschutzdämme. Der Begriff „langgestreckte Baukörper" erscheint mir hier sehr sinnvoll. Immer wenn als Bestandteil des Projektes eine Mengenberechnung (Volumen in m³) aus Querprofilen sinnvoll erscheint ist die Konstruktion eines 3D-Profilkörpers als 3D-Darstellungs-Variante in die Betrachtung einzubeziehen.

Eventuell erwartet der Leser hier einen sehr komplizierten Darstellungs-Stil. Der 3D-Profilkörper wird aus drei Elementen zusammengesetzt. Diese drei Elemente bestimmen zu einem großen Teil die Darstellung. Der überwiegende Teil dieser Elemente wurde bereits erläutert.

3 Darstellungs-Stil-Eigenschaften, Liste der Darstellungs-Optionen

Ausschließlich auf der ersten Karte „Information" der 3D-Profilkörper-Eigenschaften gibt es eine Einstellung für einen eigenen Darstellungs-Stil. Im nächsten Kapitel wir dieser Darstellungs-Stil erläutert.

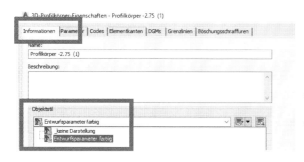

Alle anderen Karten, Unterobjekte und Einstellungen greifen auf Darstellungs-Stile anderer Objekte zurück und wurden oder werden an anderer Stelle erläutert.

Parameter

Die Karte Parameter besitzt keine eigenen Darstellungs-Stile. Auf dieser Karte werden alle Unterobjekte des 3D-Profilkörpers aufgerufen und Einstellungen definiert, mit deren Hilfe der 3D-Profilkörper zusammengebaut wird. Im Bild ist der Aufruf nur einer Achse, einer Gradiente und eines Querschnittes zu sehen. Für den Aufruf von Achsen, Längsschnitten (Gradienten), Elementkanten, Polylinien und Querschnitten gibt es keine Begrenzung. Theoretisch können unendlich viele Objekte aufgerufen sein.

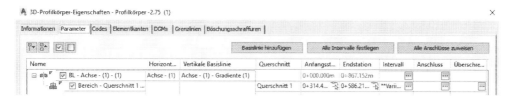

Codes

Die Darstellung des 3D-Profilkörper in den verschiedensten Ansichten wird durch den Code-Stil-Satz bestimmt. Gibt es Unregelmäßigkeiten in der Darstellung, so ist in erster Linie die Steuerung der Unterelemente im Code-Stil-Satz zu überprüfen.

Das Verstehen und bewusste Bearbeiten des Code-Stil-Satzes ist besonders wichtig für eine technisch richtige Darstellung des 3D-Profilkörpers.

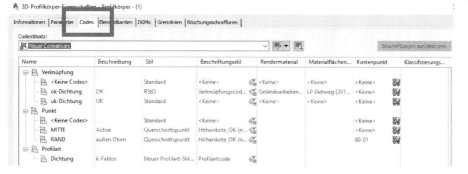

Elementkanten

Aus dem Punkt-Code werden im 3D-Profilkörper 3D-Profilkörper-Kanten, die mit Darstellungs-Stilen der Elementkanten gezeigt werden. Die Bezeichnung als „Elementkanten" ist vielfach etwas irritierend. In dieser Phase sind diese Elemente Bestandteil des 3D-Profilkörpers also eher „3D-Profilkörper-Kanten". Alle 3D-Eigenschaften werden durch den 3D-Profilkörper bestimmt.

Es gibt eine Funktion diese „Kanten" vom 3D-Profilkörper zu trennen. Erst dann werden diese Kannten eigenständige Elemente in Sinne der „Elementkante" Eventuell sollte es „3D-Profilkörper-Elementkanten-Darstellungs-Stile" und reine „Elementkanten-Darstellungs-Stile" geben.

3 Darstellungs-Stil-Eigenschaften, Liste der Darstellungs-Optionen

Eventuell könnte eine Trennung in der Darstellung hilfreich für das Verständnis sein.

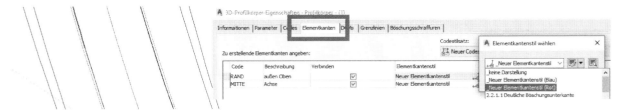

DGMs

3D-Profilkörper-DGMs werden als Bestandteil des 3D-Profilkörpers erstellt. Diese DGMs haben jedoch keinen eigenen Charakter oder eigene Eigenschaften. Die 3D-Profilkörper-DGMs sind DGMs mit den gleichen technischen Eigenschaften wie alle anderen DGMs auch. Die Erstellung des 3D-Profilkörper-DGMs aus „Verknüpfungen" oder „Elementkanten" ist im Prinzip nichts anderes wie die DGM Erstellung aus „Bruchkanten". Verknüpfungen und 3D-Profilkörper-Elementkanten sind technisch gesehen 3D-Polylinien.

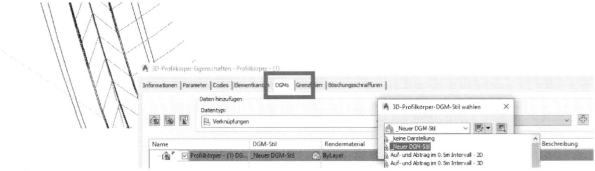

Grenzlinien

Für Grenzlinien gibt es keinen eigenen Darstellungs-Stil. Die Karte „Grenzlinien" gehört zum DGM und ist technisch für die Richtigkeit der Mengenberechnung von großer Bedeutung. Unter anderem ist hier der Aufruf des Punkt-Code, das heißt der 3D-Profilkörper-Kanten möglich.

Böschungsschraffuren

Für die Erstellung der Böschungsschraffuren ist der Punkt-Code verantwortlich. Aus dem Punkt-Code entstehen im 3D-Profilkörper-Elementkanten (3D-Profilkörper-Kanten), das heißt Linien. Diese Linien sind für eine Böschungsschraffur aufzurufen. Die aufgerufene Böschungsschraffur, die bereits als Bestandteil der Verschneidung erläutert. bzw. erstellt worden ist, kann an diese Stelle auch aufgerufen sein.

3 Darstellungs-Stil-Eigenschaften, Liste der Darstellungs-Optionen

3.12.1 3D-Profilkörper, Darstellungs-Stil

Der 3D-Profilkörper ist aus den verschiedensten Konstruktions-Elementen zusammengesetzt und zeigt die Darstellungs-Stile dieser Elemente. Nur auf der Karte Information besitzt der 3D-Profilkörper eine eigene Eigenschaft, einen eigenen Darstellungs-Stil. Dieser Darstellungs-Stil ist für keine der bisherigen 3D-Profilkörper-Eigenschaften wichtig. Warum sollte diese gewählt sein?

Wann ist der 3D-Profilkörper-Darstellungs-Stil wichtig?

Eine der Konstruktionsaufgaben das Erstellen von Absteck-Punkten als Bestandteil der Ausführungsplanung.

Diese Ansteckpunkte werden im Berechnungs-Intervall des 3D-Profilkörpers berechnet. Das Berechnungs-Intervall wird in der Spalte „Intervall" auf der Karte Parameter vorgegeben.

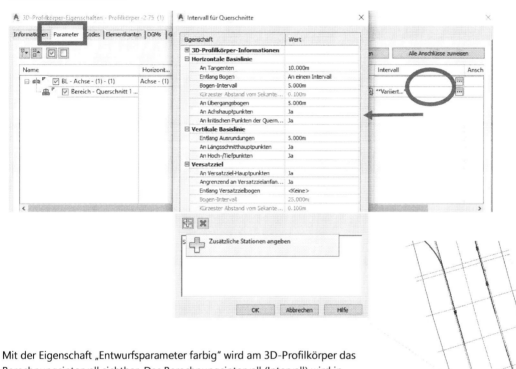

Mit der Eigenschaft „Entwurfsparameter farbig" wird am 3D-Profilkörper das Berechnungsintervall sichtbar. Das Berechnungsintervall (Intervall) wird in roten Linien rechtwinklig zur Achse angezeigt.

Nachfolgend wird die Darstellung erläutert. Die Darstellung folgt dem Muster der Darstellungs-Stile. Für das Anzeigen und Kontrollieren des Berechnungsintervalls ist in der Regel kein neuer Darstellungs-Stil erforderlich.

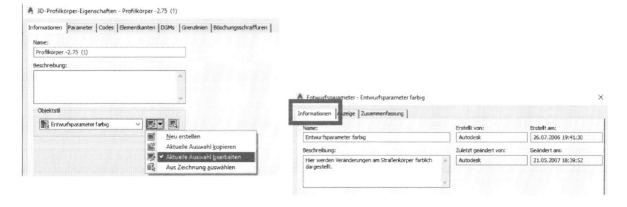

3 Darstellungs-Stil-Eigenschaften, Liste der Darstellungs-Optionen

Es gibt nur zwei Ansichten „Lageplan" und „Modell".

- Lageplan

Eventuell sollte diese Eigenschaft im „Modell" aktiviert sein. Die Civil 3D Vorgabe ist eingestellt auf, alle Elemente sind „nicht sichtbar".

- Modell

Solange am 3D-Profilkörper bearbeitet wird (konstruiert wird) kann es wichtig sein das Berechnungsintervall zu sehen oder wahrzunehmen. Viele technischen Probleme resultieren aus dem Nicht-Erkennen von „Überschneidungen" im 3D-Profilkörper, Überschneidungen im Berechnungsintervall. Die Bereichsbegrenzung (gelb) ist „selbstüberschneidend".

Knick in der Achse (Geraden ohne Radien)
Beispiel: Rohre/Leitungen

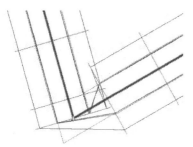

Radius ist wesentlich kleiner als die 3D-Profilkörper-Breite
Beispiel: Wirtschaftswege, Dämme, Flüsse/Bäche

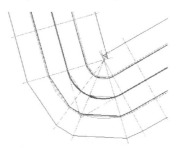

Hinweis:

Ab der Version Civil 3D 2018 gibt es eine Funktion, um solche „Überschneidung" aufzulösen. Diese Funktion ist Bestandteil des 3D-Profilkörper-Menüs und nennt sich „Bogenführung des 3D-Profilkörpers" löschen.

In den älteren Versionen ist es schwieriger das Problem zu umgehen.

In den folgenden Bildern ist die „selbstüberschneidende Bereichsbegrenzung" durch Anwendung des Befehls „Bogenführung für 3D-Profilkörper löschen" korrigiert.

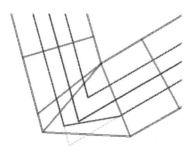

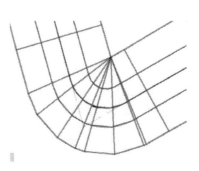

3.13 Querprofillinien, Begriffsdefinition

Wenn innerhalb einer Projektanforderung die Aufgabe besteht Mengen (Volumen in m³) aus Querprofilen zu berechnen, so sind als Voraussetzung Querprofilpläne zu zeichnen. Als Voraussetzung der Querprofilpläne sind Querprofillinien zu erstellen. Jede Querprofillinie beschreibt den Stationswert und damit den Punkt auf der Achse, an dem es einen Querprofilplan gibt. Querprofillinie und Querprofilplan sind unmittelbar und dynamisch verbunden. Jede Änderung an der Querprofillinie ist unmittelbar am Querprofilplan zu sehen.

3.13.1 Querprofillinien, Darstellungs-Stil

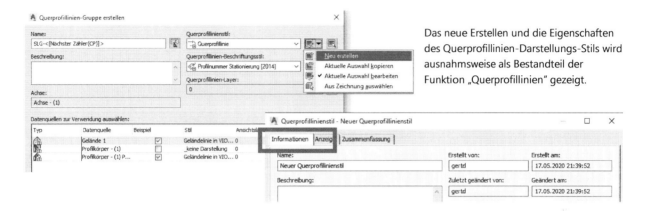

Das neue Erstellen und die Eigenschaften des Querprofillinien-Darstellungs-Stils wird ausnahmsweise als Bestandteil der Funktion „Querprofillinien" gezeigt.

Querprofillinien-Darstellungs-Stile haben nur zwei Ansichten „Lageplan" (2D) und „Modell" (3D).

Hinweis:

Es wird empfohlen zwei farblich abweichende Querprofillinien-Darstellungs-Stile zu haben. Die Civil 3D Voreinstellung (Querprofillinie) hat als Linien-Farbe „schwarz/weiß". Damit wird die Querprofillinie oft mit der Achs-Beschriftung verwechselt. Bei einer abweichenden Farbe zur Achsbeschriftung können zielgerichteter Beschriftungen angepasst und editiert werden. Das vermeidet langfristiges Suchen.

Querprofillinien müssen nicht unbedingt linear und rechtwinklig zur Achse verlaufen. Querprofillinien können im Civil 3D auch abgewinkelt und geknickt sein. Für diese Option gibt es „Scheitelpunkte". Um diese Besonderheiten zu zeigen wird die Linienfarbe auf Blau und die Scheitelpunkte auf Rot gesetzt.

- Lageplan

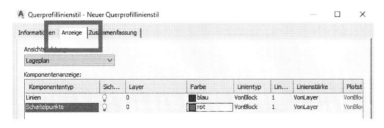

- Modell

Eine Sichtbarkeit im Modell (3D) wäre möglich.

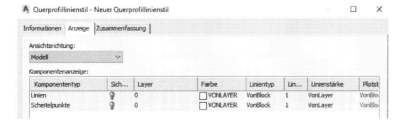

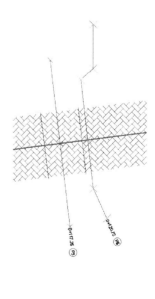

3.13.2 Querprofillinien, Darstellungs-Stil, Querprofil („... Deutschland.dwt")

Für diesen Darstellungs-Stil gibt es keine zusätzlichen oder besonderen Eigenschaften. Es ist empfehlenswert in einem Projekt zwei Querprofillinien-Stile zu haben. Einen farbigen Stil mit aktivierten Scheitelpunkten, um Beschriftungs-Besonderheiten und die Ursache für doppelte Beschriftungen zu erkennen und eventuell zu korrigieren und einen „schwarz/weiß" Darstellungs-Stil, um auf dem Papier das Projekt in den Vordergrund zu stellen.

- Lageplan (2D)

Die 3D-eigenschaften (Modell) deaktiviert (nicht sichtbar).

Modell (3D)

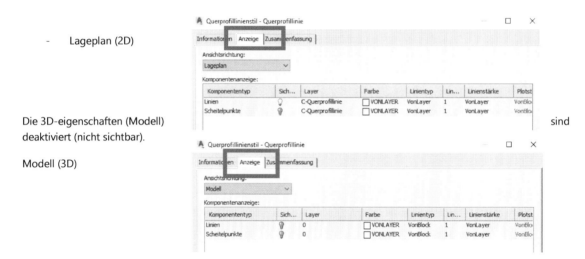

sind

3.14 Querprofil, Begriffsdefinition

Leider werden im Civil 3D Querprofil und Querprofilplan häufig verwechselt. Querprofil ist im Civil 3D die Geländelinie oder das konstruierte Objekt, zum Beispiel der Straßenbau-Körper oder der Dammquerschnitt. Der Querprofilplan ist das Ganze, in Deutschland die Querprofilplan-Darstellung, die nicht nur die Geländelinie und den Straßenaufbau darstellt. Der Querprofil-Plan übernimmt auch die Beschriftung hinsichtlich Nummerierung und Station. Bestandteil des Querprofilplans sind auch die Beschriftungs-Bänder.

Querprofile im Civil 3D können folgende Objekte sein:

Geländelinien (DGM) jeder Konstruktion, klassische Gelände DGMs, Verschneidung-DGM, 3D-Profilkörper-DGM
- Empfehlung zu Auswahl:
    o Die Farb-Auswahl (Darstellungs-Stil) sollte abgestimmt zum Lageplan und Höhenplan erfolgen. Das gleiche Objekt sollten in jeder Ansicht die gleiche Farbe haben.

3D-Profilkörper
- Empfehlung zu Auswahl:
    o Wenn noch keine Vorstellung zur Auswahl da ist, sollte der gleiche Code-Stil-Satz gewählt sein, der auch am Querschnitt zugewiesen ist. Damit entspricht die Darstellung des 3D-Profilkörpers im Querprofilplan der Darstellung im Querschnitt (gleicher Code-Stil-Satz).

Rohre/Leitungen (Kanal oder Druckleitung)
- Hinweis zur Darstellung:

3 Darstellungs-Stil-Eigenschaften, Liste der Darstellungs-Optionen

  - o Es ist keine Auswahl möglich. Die Darstellung der Rohre und Schächte richtet sich nach der Einstellung im Darstellungs-Stil der Rohre/Leitungen (Ansicht: Querschnitt)

  Projektions-Objekte (Volumenkörper, 3D-Blöcke, 2D-Polylinien, 3D-Polylinie, Punktwolken, usw.)
- Hinweis zur Darstellung:
  - o Es ist keine Auswahl möglich. Die Darstellung der Projektions-Objekte richtet sich nach der Einstellung im Objekt-Darstellungs-Stil als Bestandteil der Funktion.

3.14.1 Querprofil, Darstellungs-Stil

Als Darstellungs-Stile für DGMs im Querprofil-Plan sind viele Stile in der „... Deutschland.dwt" angelegt. Die Farben sind auf die Darstellungen der DGMs und Längsschnitte abgestimmt.

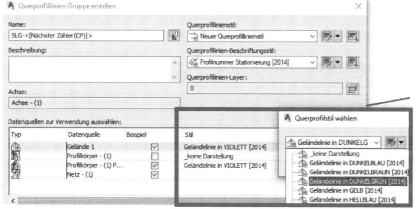

Unabhängig davon wird ein neuer Querprofil-Darstellungs-Stil angelegt.

Der technisch interessante Teil beginnt wie immer mit der Karte „Anzeige".

Der Querprofil-Darstellungs-Stil hat nur eine Ansicht „Querprofil". Das Querprofil (für DGMs) kann „Segmente" (Linien) und im Knick „Punkte" darstellen (Symbole)

- Querprofil

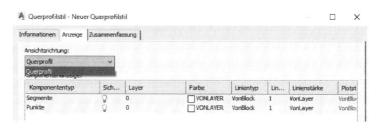

Hinweis:

Die Option „Punkte" im Querprofilplan ist etwas unklar. Obwohl es diese Einstellung gibt und diese Funktion „sichtbar ist, gibt es in der Zeichnung keine Reaktion? Es fehlt auch eine Einstellung für das Punktsymbol? Diese Option könnte störend wirken und es wird empfohlen diese Funktion eher abzuschalten.

3.14.2 Darstellungs-Stil „Geländelinie in DUNKELGRÜN [2014]" „... Deutschland.dwt"

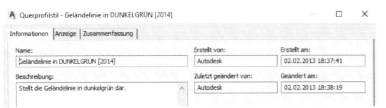

Der vorbereitete Geländelinien-Darstellungs-Stil „Geländelinie in DUNKELGRÜN [2014]" besitzen ebenfalls nur eine Ansicht „Querprofil".

- Querprofil

Hier gibt es auch die Unterelemente „Segmente" und „Punkte". Bei einem Abschalten der Option Punkte ist keine Reaktion an der Geländelinie zu verzeichnen? Es gibt auch hier keine Untereinstellung, um spezielle Punktsymbole aufzurufen.

3.15 Querprofilplan, Begriffsdefinition

Oftmals werden im Civil 3D Querprofil und Querprofilplan verwechselt. Querprofil ist im Civil 3D die Geländelinie oder das konstruierte Objekt im Querprofil-Plan, zum Beispiel der Straßenbau-Körper oder der Dammquerschnitt. Der Querprofilplan ist das Ganze, in Deutschland ist es die Querprofilplan-Darstellung, die nicht nur die Geländelinie und den Straßenaufbau darstellt.

Der Querprofil-Plan übernimmt in großen Teilen die gesamte Beschriftung hinsichtlich Nummerierung, Höhenbezug und Station. Die Beschriftungs-Bänder sind wiederum unabhängig vom Querprofilplan mit den Querprofilen verbunden.

Entlang einer Achse gibt es mehrere Querprofillinien und damit mehrere Querprofil-Pläne. Um diese Querprofilpläne zu bearbeiten werden alle Querprofil-Pläne in einer Querprofil-Plan-Gruppe zusammengefasst. Es gibt die Option alle Pläne der Gruppe zu bearbeiten. Es besteht aber auch die Möglichkeit einzelne Pläne unabhängig von der Gruppe zu ändern. In den folgenden Bildern wird eine Querprofil-Plan-Gruppe vorgestellt.

Objekte des Querprofil-Plans (Querprofile)

Alle hier gezeigten Objekte und Elemente werden nicht durch den Querprofil-Plan-Darstellungs-Stil bestimmt, sondern durch die Objekte selbst.

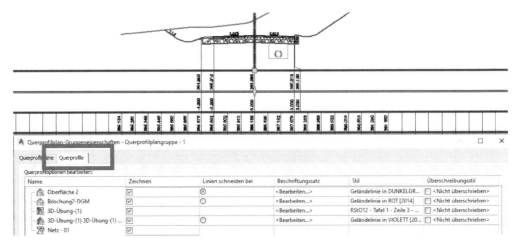

Querprofil-Plan-Eigenschaften

Die hier in den Bildern gezeigten Beschriftungen und Spaltenbezeichnungen gehören zum Querprofil-Plan. Der Querprofil-Plan-Darstellungs-Stil (Spalte „Stil") stellt eine eigene Kategorie dar.

3.15.1 Querprofilplan, Darstellungs-Stil

Es wird ein neuer Querprofil-Plan darstellungs-Stil angelegt.

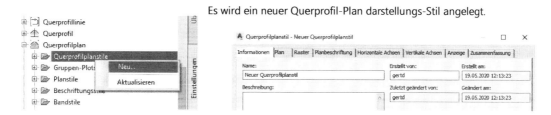

Für den Querprofil-Plan-Darstellungs-Stil gibt es ähnlich viele Darstellungsoption wie für den Höhenplan. Der Querprofilplan ist genauso abhängig vom Maßstab und besitzt ähnlich viele Optionen, um weltweit alle Darstellungsnormen abzudecken. Als Ansicht oder Ansichtsrichtung gibt es nur die Einstellung „Lageplan".

„Neuer Höhenplanstil"

Querprofilplanstil-Querprofilplan-Überhöhung 1:1-Raster horizont. 5-1m in Achs......

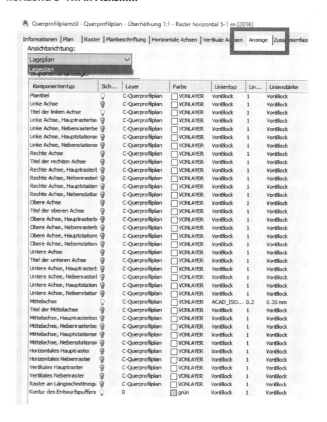

3 Darstellungs-Stil-Eigenschaften, Liste der Darstellungs-Optionen

Die Beschriftung des Plantitels und der Achsen wird auf der Karte „Planbeschriftung" eingestellt.

 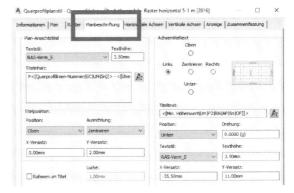

Hinweis:

Im „Neuen Querprofilplan-Stil" ist keine Berechnung des Höhenbezugs vorgesehen. Diese Berechnung ist hier nachzutragen. In der deutschen Version ist die Berechnung des Höhenbezugs Bestandteil von „Titel der linken Achse".

Im „Neuen Querprofilplan-Stil" sind wiederum Beschriftungen an allen vier „Rändern" (Achsen) eingefügt, in der deutschen Version „…Deutschland.dwt" ist keine Beschriftung aufgerufen. Es ist sogar alle vier Rand-Achsen deaktiviert. Die „Mittelachse" ist in der deutschen Version als einziges Element an geschalten und mit einem abweichenden Linientyp versehen. Dieses Element zeigt die Verbindung zum Konstruktions-Element „Achse" an (Hauptbestandteil des 3D-Profilkörper).

Die vorbereiteten Einstellungen im Civil 3D sind oft Rastereinstellungen. Civil 3D arbeitet viel mit horizontaler und vertikaler „Raster-Beschriftung". Die passenden Einstellungen oder Karten werden „Horizontale-" und „Vertikale Achsen" genannt. Die Eigenschaft dazu nennt sich wiederum Horizontales Haupt- und Nebenraster, Vertikales Haupt- und Nebenraster.

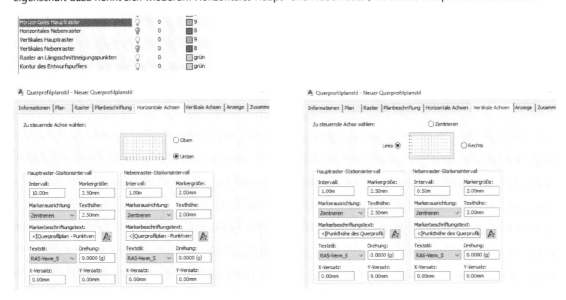

Eine solche Beschriftung ist in Deutschland nicht üblich. Hier wird viel im „Band" beschriftet.

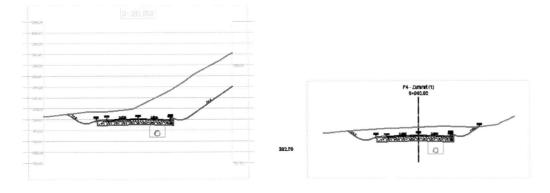

Aus dem Grund ist diese Einstellung ab geschalten.

Die deutsche Band-Beschriftung wird extra aufgerufen und gehört nicht zum Querprofilplan-Darstellungs-Stil. Das Thema „Bänder" gehört für mich eher zur „Beschriftung" und wird in den folgenden Kapiteln nochmals angesprochen mit Schwerpunkt Höhenplan.

Der noch dargestellte „grüne Rahmen" (Rechteck) ist der „Entwurfspuffer". Der „Entwurfspuffer" hat gesonderte Aufgaben. Der Entwurfspuffer stellt eine Besonderheit dar. Den Entwurfspuffer gibt es nur im Querprofilplan. Vielfach besteht die Anforderung in die Querprofilpläne hinein etwas zu Zeichnen oder manuell zu bemaßen. Das heißt im Querprofilplan mit „AutoCAD" etwas zu ergänzen. Parallel dazu können einzelne Querprofilpläne gelöscht oder neue Querprofilpläne erstellt werden. Das wiederum heißt, die Querprofilpläne werden durch Civil 3D entsprechend der Stationierung neu angeordnet oder sortiert. Sind die „AutoCAD"-Zeichnungselemente innerhalb des Entwurfspuffer gezeichnet oder berühren diesen, dann sind diese AutoCAD-Zeichnungselemente dem Querprofilplan zugeordnet und werden bei einer Neuanordnung der Querprofilpläne mitgenommen. Manuell erstellte AutoCAD-Zeichnungselemente bleiben innerhalb des Entwurfspuffers dem Querprofilplan zugeordnet.

3.16 Mengenberechnung aus Querprofilen, Begriffsdefinition

Eine Mengenberechnung aus Querprofilen kann auf der Basis der DGM- Querprofile erfolgen. Die Mengenberechnung ist jedoch auch aus Querschnittsflächen des 3D-Profilkörpers möglich, hier ohne eine DGM-Erstellung. In beiden Fällen errechnet die Funktion eine neue zusätzliche Fläche, die multipliziert mit dem Stationsabstand das Volumen ergibt.

Hinweis:

Der Flächenschwerpunkt und eine eventuelle Berücksichtigung der Zusammendrängung der Mengen- in Kurven bei nicht symmetrischen Querschnitten erfolgt nicht. Die vorliegende Mengenberechnung ist unter Umständen vergleichbar mit der deutschen Verfahrensbeschreibung (Richtlinie elektronische Bauabrechnung „REB") REB 21.013. Eine Mengenberechnung nach „Elling" REB 21.003 ist es eher nicht. Ein „K-Faktor" wird nicht berechnet. (der Autor, 20.03.2020)

3.16.1 Mengenberechnung aus Querprofilen. Darstellungs-Stil

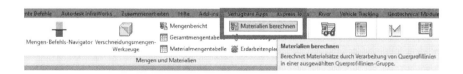

Die Mengenberechnung aus Querprofilen gehört zum Bereich „Analysieren" und wird „Materialien berechnen" bezeichnet.

Es gibt „Mengenermittlungskriterien" (Darstellungs-Stil) für Mengenberechnung aus DGM

„Auf- und Abtrag -mit Flächenfüllung [2019]"

und für Mengenberechnungen aus 3D-Profilkörper-Querschnittsflächen (Profilart). Voraussetzung ist eine Codierung der Profilart.

3 Darstellungs-Stil-Eigenschaften, Liste der Darstellungs-Optionen

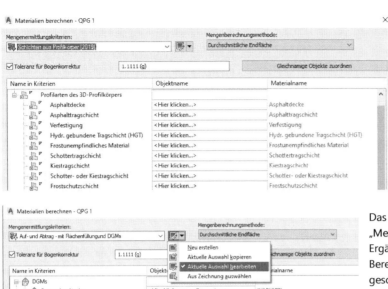

Schichten aus Profilkörper [2019]

Auf den ersten Blick macht es den Eindruck als muss man die Berechnung getrennt ausführen oder die erste Berechnung durch eine Nachbearbeitung ergänzen.

Das ist nicht unbedingt der Fall. Man kann die „Mengenermittlungskriterien" bearbeiten und Ergänzen, so dass in einem Arbeitsgang alle Berechnungen erfolgen und in eine Liste geschrieben werden.

Zusätzlich kann jede Mengenposition eine Schraffur bekommen. Die Schraffuren sind frei bearbeitbar (Beschreibung „Code-Stil-Satz") um optisch Besonderheiten deutlich anzuzeigen.

Das zusätzliche Verknüpfen der Mengenberechnung mit Schraffuren kann die Einbeziehung und das Ausschließen bestimmter Flächen in die Mengenberechnung verdeutlichen und anzeigen. Das ist von Vorteil, wenn gleiche Mengenpositionen räumlich getrennt voneinander angeordnet sind. Zum Beispiel kann bei einer Straße mit Fahrbahn und Gehweg, die räumlich durch einen Grünstreifen getrennt voneinander verlaufen, wobei die Fahrbahn asphaltiert der Gehweg gepflastert wird, der Frostschutz als Summe von beiden berechnet sein. Beide Bereiche können in einer Mengenposition zusammengefasst sein und durch die Zuordnung einer Schraffur kann die Zusammenfassung beider Frostschutz-Flächen in eine Mengenposition optisch angezeigt werden.

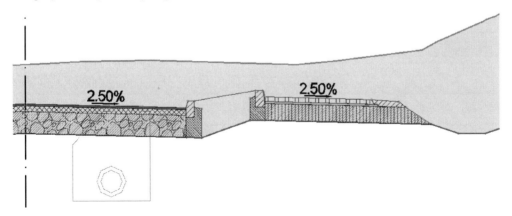

Gert Domsch, CAD-Dienstleistung

3.17 Parzellen, Begriffsdefinition

Im Zusammenhang mit Infrastruktur-Planungen sind immer Flächen zu berücksichtigen. Der Begriff Infrastruktur-Planung soll hier als umfassender Begriff für Straßenbau-, Wasserbau-, Leitungsbau- (Trinkwasser, Gas, Abwasser, Regenwasser) Freiflächen-Planung oder Landschaftsarchitektur verstanden sein, Die Infrastruktur-Planung muss immer die Flächeninanspruchnahme berücksichtigen. Das kann der Grunderwerb im Zusammenhang mit Liegenschaften sein, das kann aber auch die Beeinflussung von Naturschutzgebieten, Wasserschutzgebieten betreffen.

Parzellen sind als „Flächen-Funktion" oder „Flächendarstellung" programmiert. Die Erläuterung der Parzellen-Funktion als „Liegenschaften" oder „Liegenschafts-Flächen" erscheint sehr passend. Die Parzellen Konstruktion selbst erfolgt sinnvoll aus einer vorgegebenen Fläche, die bereits als Parzelle vorliegt. Aus einer so definierten, vorgegebenen Fläche werden neue Parzellen oder eine neue Flächen-Unterteilungen erstellen.

Im folgenden Bild wurde aus einer Grundfläche (AutoCAD-Zeichnungs-Elemente) eine Parzelle (Basis-Parzelle) erstellt.

Basis Zeichnungselemente   (Linien, Polylinien, Bögen)   **optionale Parzellen-Darstellung mit Beschriftung**

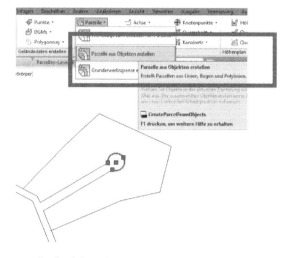
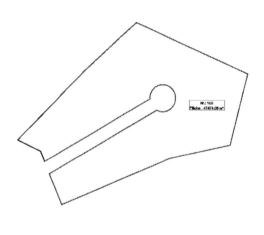

Jeweils die Linien-Elemente, die eine Fläche beschreiben, werden automatisch zu einer Parzelle zusammengefasst. Die ausgewählten Linien-Elemente sollten einander schneiden oder berühren.

Ist ein entsprechender Darstellungs-Stil ausgewählt, so wird die Fläche automatisch farblich hervorgehoben. Wird bewusst ein Beschriftungs-Stil ausgewählt, so wird die Fläche beschriftet. Im Bild wurde „Nummer und Fläche" (in m²) ausgewählt. Insgesamt stehen folgende Darstellungen und Beschriftungen in der „... Deutschland.dwt" zur Verfügung.

Parzellen Dartstellungs-Stile   Parzellen-Beschriftungs-Stile   Optionen für Segmentbeschriftung (Parzellen-Linien-Segmente, -Bestandteile)

3 Darstellungs-Stil-Eigenschaften, Liste der Darstellungs-Optionen

Die Darstellung ist stark auf Grunderwerb ausgerichtet (RE2012 – GEW – dauerhaft zu belasten [2015]). Zuerst wird im Buch der Darstellungs-Stil für Parzellen allgemein beschrieben. Anschließend wird der Darstellungs-Stil „RE2012 – GEW – dauerhaft zu belasten [2015]" vorgestellt.

3.17.1 Parzellen Darstellungs-Stil

Zur Erläuterung wird ein neuer Parzellen-Darstellungs-Stil erstellt. Wie bei allen Darstellungs-Stilen bisher, wird auf der ersten Karte „Information" ein Name vergeben.

Auf eine Erläuterung der Karte „Zusammenfassung" wird verzichtet. Diese Karte wiederholt nur alle Einstellungen in kompakter Form, alle Einstellungen der Karten links von „Zusammenstellung. Die Karte Anzeige ist auch hier die wichtigste Karte. Diese Karte zeigt die in den festgelegten Ansichten dargestellten Elemente an. Auf allen Karten links davon werden Untereigenschaften gesteuert.

- Lageplan

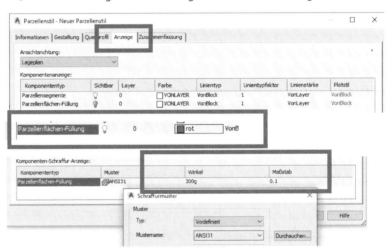

Die Einstellungen, für den Schraffur-Stil ist verknüpft mit der Karte Gestaltung. Die Voreinstellung für den Wert „Parzellenmusterfüllung" ist aktiviert und der Wert für Abstand steht auf 5m. Das heißt das Schraffur-Muster ist als Streifen nur 5m breit gezeichnet. Wird der Wert deaktiviert, so ist die Fläche komplett schraffiert.

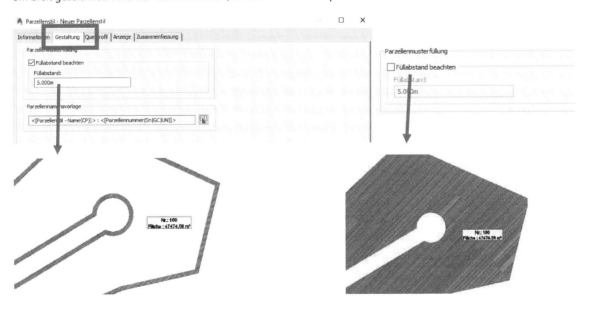

Gert Domsch, CAD-Dienstleistung

3 Darstellungs-Stil-Eigenschaften, Liste der Darstellungs-Optionen

- Modell

Parzellen werden auch im 3D angezeigt, und können hier Schraffuren haben. In der Voreinstellung ist die Schraffur ab geschalten.

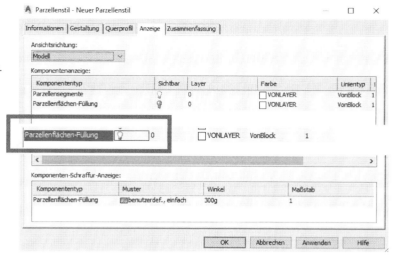

Die Schraffur reagiert im 3D auf die Karte „Gestaltung".

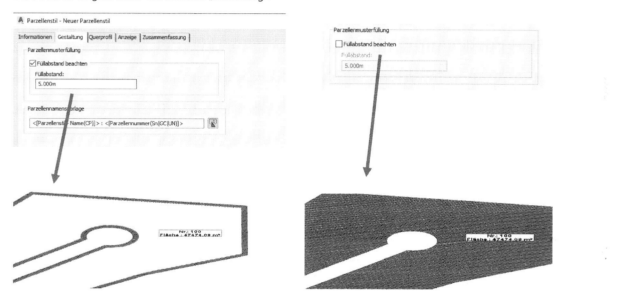

Die Art der Schraffur hängt auch hier mit der Karte Gestaltung zusammen. Die Schraffur selbst ist im Modell (3D) eher nur sichtbar. Die Schraffur bleibt horizontal.

Hinweis:

Die Schraffuren und Schraffur-Muster sind AutoCAD. Im AutoCAD haben Schraffuren eher keine 3D Eigenschaften, maximal eine Erhebung. Das Angeben einer Erhebung oder 3D-Eigenschaft ist innerhalb der Parzellen-Funktion nicht zu erkennen. Innerhalb der später erläuterten „Gebiets-Funktion" ist eine Höhenangabe möglich. Es kann eventuell über das „Gebiet" auch die Parzelle eine Höhe bekommen. Die Höhe ist dann jedoch als Erhebung zu verstehen und keine echte 3D-Eigenschaft.

- Höhenplan: Eine Darstellung der Parzellenbestandteile im Höhenplan ist nicht vorgesehen.

- Querprofilplan

Die Linien- und Bögen-Bestandteile von Parzellen werden im Querprofilplan maximal geschnitten. Es wird maximal die Randlinie als Punkt dargestellt. Aus diesem Grund ist es nur vorgesehen, das geschnittene Bestandteil als Symbol anzuzeigen.

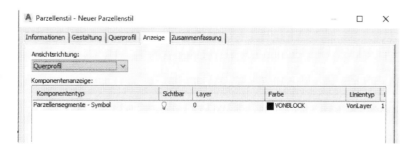

Die optionale Symbol-Stil-Auswahl entspricht dem Civil 3D-Punkt.

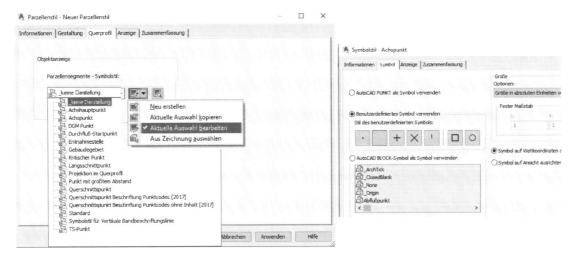

Innerhalb eines Projektes werden mehrere Darstellungs-Stile und eventuell auch Beschriftungs-Stile für Parzellen benötigt. Aus einer ersten Basis-Parzellen können mehrere weitere Parzellen abgeleitet werden. Im Bild wird dargestellt, wie aus der Basis-Parzelle mit dem Parameter „minimale Fläche 2500m²" untergeordnete Parzellen gebildet werden.

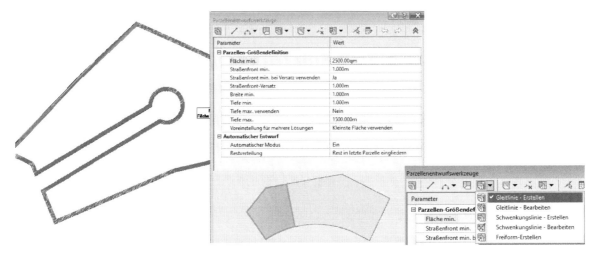

Die Basis-Fläche ist aufgeteilt in Unterflächen (Unter-Parzellen) zu je 2500m² sind abgeleitet. Die Restfläche ist entsprechend der Voreinstellung in der ursprünglichen Einstellung angegeben.

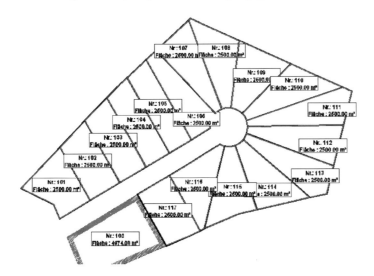

3.17.2 Parzellen Darstellungs-Stil, „RE2012 – GEW – dauerhaft zu belasten [2015]"

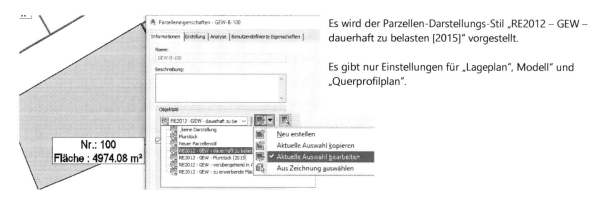

Es wird der Parzellen-Darstellungs-Stil „RE2012 – GEW – dauerhaft zu belasten [2015]" vorgestellt.

Es gibt nur Einstellungen für „Lageplan", Modell" und „Querprofilplan".

- Lageplan

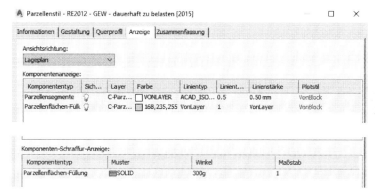

Die Option „Parzellenmusterfüllung auf der Karte „Gestaltung" ist deaktiviert, das heißt die Schraffur bedeckt den gesamten Bereich. Zusätzlich ist das Feld Namensvorlage aktiviert und eine Namenskonvention vorgegeben. Der erzeugte Name ist als Objekt-Bestandteil im Projektbrowser eingetragen.

 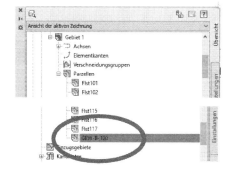

- Modell

Im Modellbereich sind alle Eigenschaften auf „nicht sichtbar" gestellt. Im 3D (Modell) werden diese Parzellen nicht sichtbar sein.

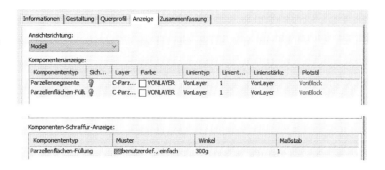

- Querprofil

Für Querprofile ist die Darstellung aktiviert.
Die Darstellung der Parzelle wird als Symbol erfolgen mit dem Darstellung-Stil „Standard", das bedeutet als „Kreuz".

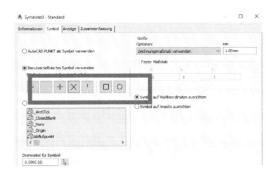

3.18 Gebiete, Begriffsdefinition

Die Funktion „Gebiete" stellt etwas komplett Neues dar, etwas Neues, was es so in der Form im AutoCAD oder 32bit CAD nicht gibt oder mir nicht bekannt ist (der Autor, Stand 20.03.2020). Für die Funktion Gebiete gibt es keinen Darstellung-Stil oder Beschriftungs-Stil. Das Gebiet besitzt jedoch einige wenige Einstellungen, mit denen es die zugeordneten Objekte beeinflusst.

Hinweis:

Der hier beschriebene Begriff Gebiet ist jedoch in keinem Fall mit dem deutschen „Einzugsgebiet" zu verwechseln. Das Einzugsgebiet stellt im Civil 3D eine eigene Objekt-Kategorie dar.

Das „Gebiet" ist hier wie ein „Dateien-Ordner" zu verstehen. Sind einem Gebiet Elementkanten und Verschneidungen zugeordnet, so befinden sich diese in Abhängigkeit zueinander. Sind Elementkanten „gebietsfrei" oder einem anderen Gebiet zugeordnet als die „Verschneidung", so funktioniert die Verschneidung nicht. Elementkanten und Verschneidungen die gemeinsam eine Konstruktion beschreiben sollen, müssen sogar in ein und demselben Gebiet angelegt sein! Die Gebiet-Zuordnungen stellen also Abhängigkeiten her oder heben diese auf. Als Bestandteil des Kapitels wird die optionale Abhängigkeit zwischen Achsen und Parzellen beispielhaft beschrieben.

3.18.1 Gebiete

Auf der Karte Information wird der Name des Gebietes vorgegeben. Hierbei handelt es sich jedoch nur um den Gebietsnamen, es wird weder ein Darstellungs-Stil noch ein Beschriftungs-Stil wird zugewiesen.

Gebiete können Höhen verwenden. Die Vermutung liegt nahe, dass die Funktion „Höhe verwenden" eher als Erhebung zu verstehen ist, weil u.a. Parzellen „Schraffuren" verwenden (AutoCAD-Schraffuren).

3 Darstellungs-Stil-Eigenschaften, Liste der Darstellungs-Optionen

Diese AutoCAD Schraffuren können jedoch maximal eine Erhebung haben.

3D-Geometrie

Mit dem automatischen Zähler kann das Gebiet, die anschließende Parzellen-Nummerierung beeinflussen.

Nummerierung

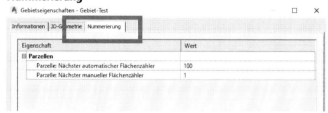

Während Achsen und Elementkante einem „Gebiet" zugeordnet - oder „gebiets-frei" angelegt sein können (Gebiet: <kein>), benötigen „Verschneidungen" und „Parzellen" unbedingt eine Gebietsangabe oder eine Gebietszuordnung. Diese Objekte „keinem" Gebiet zu zuordnen ist nicht möglich. Eine kurze Erläuterung der Gebietszuordnung innerhalb des Buches ist eher nur mit Achsen und Parzellen möglich. Das Buch oder diese Beschreibung verlangt eine bildhafte Darstellung. Eine solche bildhafte Darstellung ist bei Elementkanten und Verschneidungen kaum gegeben. Ist die Gebietszuordnung bei Elementkanten und Verschneidung falsch oder wurde diese nicht beachtet, so wird Civil 3D nur eine Fehlermeldung ausweisen, die auf die falsche Gebietszuordnung hinweist.

3.18.2 Erläuterung „Gebietszuordnung" zwischen Achsen und Parzellen

Im Bild dargestellt der Ausschnitt einer angenommenen Liegenschaftskarte.

Aus den Liegenschaften werden „Parzellen erstellt.

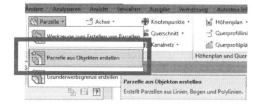

3 Darstellungs-Stil-Eigenschaften, Liste der Darstellungs-Optionen

Auf eine Civil 3D-Beschriftung wird im ersten Schritt verzichtet. Die dargestellte Beschriftung ist die Nummerierung aus der Liegenschaftskarte (AutoCAD-Text).

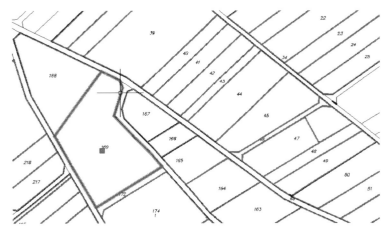

Es wird angenommen innerhalb dieser Liegenschaften ist eine neue Verbindungsstraße zu planen. Die Planung wird mit einer Achse beschrieben (Darstellungs-Stil: Planausgabe – Achsen [2014], das heißt: „Strich-Punkt, schwarz/weiß".

Um die Breite dieser Neuplanung zu symbolisieren, werden „Achsparallelen erstellt" (Darstellungs-Stil: Achskonstruktion – Randachsen [2014], das heißt „Continuous, bunt".

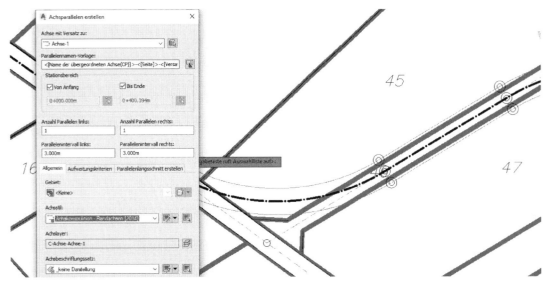

Werden die Fahrbahnränder (parallele Achsen) in ein und demselben Gebiet mit den „Parzellen" geführt, so ermitteln diese Fahrbahnränder automatisch und dynamisch die in Anspruch genommene Fläche.

Gert Domsch, CAD-Dienstleistung

3 Darstellungs-Stil-Eigenschaften, Liste der Darstellungs-Optionen

Die Zuordnung zum „Gebiet" kann auch nachträglich erfolgen, oder kann anschließend auch wieder aufgehoben werden. Beide, der Achse zugeordnete Fahrbahnränder, werden in das Gebiet „verschoben", in dem die Parzellen angelegt sind.

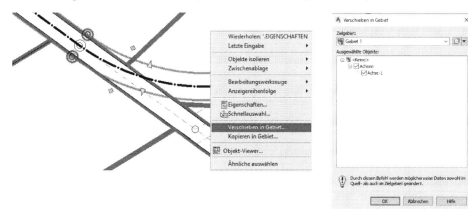

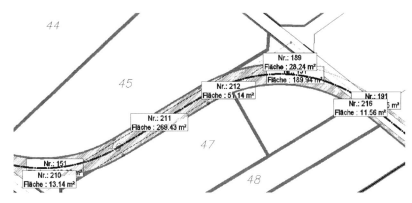

Eventuell ist eine Nachbearbeitung des Parzellen-Darstellungs-Stils erforderlich, um die Darstellung und die Beschriftung der automatisch neu entstehenden Parzellen deutlich zu zeigen, kontrastreich abzuheben.

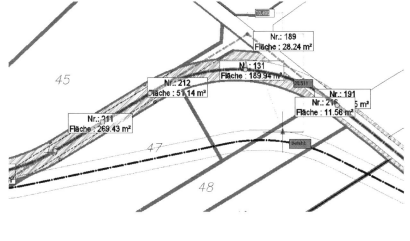

Der entscheidende Vorteil der Funktion ist die dynamische Verknüpfung der Achsen mit den Parzellen. Die Basisachse kann geändert werden und die Parzellen berechnen die neue Fläche.

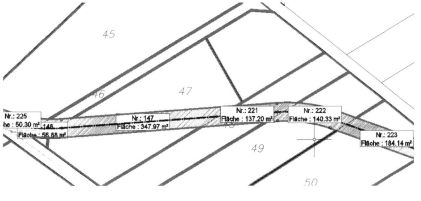

Die neue Variante und die dazugehörige Flächen-in-Anspruch-Name, entsteht dynamisch.

3.19 „Einzugsgebiet" Begriffsdefinition

Das deutsche Einzugsgebiet, das als Bestandteil deutscher CAD Software unmittelbar zur Kanalkonstruktion (Abwasser, Mischwasser, Schmutzwasser) gehört, ist im Civil3 D eine eigene Kategorie. Das Einzugsgebiet ist eher nicht mit der Funktion „Gebiete" zu verwechseln. Das Einzugsgebiet ist eher im Zusammenhang mit „Wasserscheiden" zu sehen. Die „Wasserscheiden-Funktion" berechnet eher Flächen, die als „Einzugsgebiet" Verwendung finden können. Nach meiner Erfahrung entspricht die hier als „Einzugsgebiet" bezeichnete Fläche, einer Fläche die als „Senke" mit der Wasserscheidenfunktion berechnet wird (der Autor).

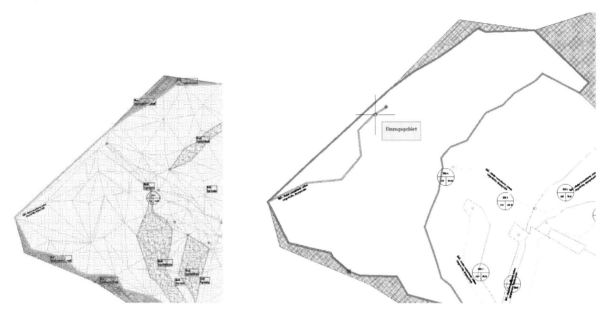

Neben der Verwendung im Zusammenhang mit dem DGM, sind Eizugsgebiete auch aus Polylinien oder aus gezeichneten Flächenbegrenzungen erstellbar.

Als Bestandteil der Beschreibung wird der Darstellungs-Stil „Einzugsgebiet" vorgestellt. Die Eizugsgebietsbeschriftung entspricht der allgemeinen Civil 3D – Logik und entspricht in seinen Bestandteilen den Darlegungen im Kapitel „Beschriftungen".

3.19.1 Einzugsgebiet, Darstellungs-Stil

Die Karte Information enthält auch hier den Namen und eine Information zum Ersteller. Die interessanten Einstellungen beginnen mit der Karte „Anzeige".

- Lageplan

Das Einzugsgebiet hat nur eine Ansicht. Die Ansicht „Lageplan".

In dieser Ansicht werden die Farbe der Einzugsgebietsgrenze und die Farbe des Fließweges bestimmt.

Auf der zweiten Karte „Symbole" können Eigenschaften des Fließweges vorgegeben sein.

Anfang und Ende des Fließweges können eine eigene Symbolik haben.

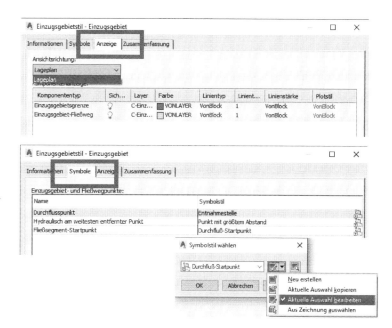

Der optionale Symbolaufruf entspricht der Symbolvorgabe des Civil 3D-Punktes.

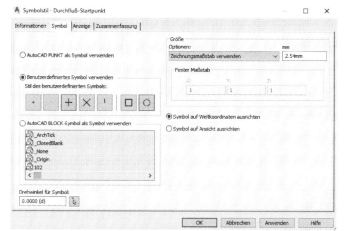

3.20 „Kanal", Rohre, Begriffsdefinition

Das Civil 3D Rohr ist ein echtes 3D-Rohr mit allen Eigenschaften, die zu einem Rohr gehören. Alle Eigenschaften (Mittellinie, Innenwand, Außenwand, optionale Anpassung der End-Linie und eine 3D-Darstellung) sind immer und in allen Ansichten verfügbar. Allein der Darstellungs-Stil bestimmt die Bestandteile vom Rohr, die in einer Zeichnung zu sehen sind oder in der Planungs-Situation zu sehen sind. Das kann der Entwurf, das RI-Schema oder die Ausführungs-Planung sein.

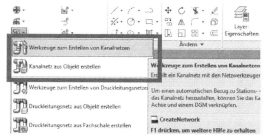

Obwohl die Funktion „Kanal" heißt wird funktional nicht zwischen Abwasser-, Mischwasser, Schmutzwasser, Trinkwasserrohr oder GAS-Leitung unterschieden. Alle Typen der genannten Leitungssysteme können mit der Funktionalität „Kanal" entworfen oder gezeichnet werden. Der Unterschied zwischen „Kanal" und „Druckleitung" besteht im Funktionsumfang der für „Druckleitungen" zusätzlich zum Kanal (Freispiegelleitung) erforderlich ist. Das können weitere Einbauteile, wie Schieber, Druckstufen und Druckreduzierer sein.

Innerhalb von „Kanal" sind keine Druckstufen möglich, es gibt keine Schieber, insgesamt eher wenig Bauteile. Die Datenbank der zur Verfügung gestellten Bauteile ist für den „Kanal" eher einfach. Die Datenbak für „Druckleitung" ist wesentlich komplizierter und vielschichtig.

3 Darstellungs-Stil-Eigenschaften, Liste der Darstellungs-Optionen

3.20.1 „Kanal", Rohre/Haltungen, Darstellungs-Stil

Zur Erläuterung des Darstellungs-Stils für Rohre (Haltungen) wird ein neuer Darstellungs-Stil erstellt.

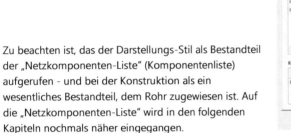
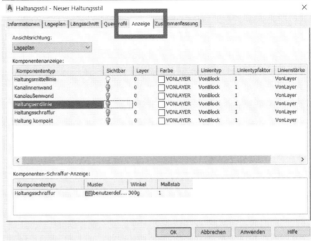

Zu beachten ist, das der Darstellungs-Stil als Bestandteil der „Netzkomponenten-Liste" (Komponentenliste) aufgerufen - und bei der Konstruktion als ein wesentliches Bestandteil, dem Rohr zugewiesen ist. Auf die „Netzkomponenten-Liste" wird in den folgenden Kapiteln nochmals näher eingegangen.

Das Bild zeigt den Aufruf des neuangelegten Haltungs-Darstellungs-Stils innerhalb der Komponentenliste.

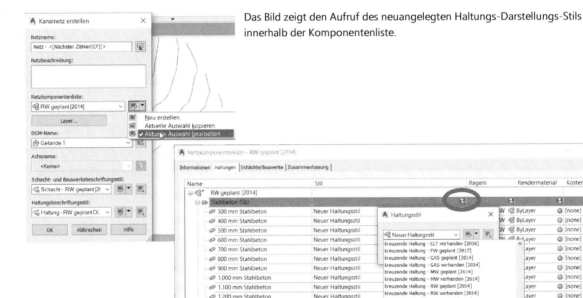

Die Karte „Zusammenfassung" zeigt für die Darstellung von Civil 3D-Objekten generell eine konzentrierte Form aller Eigenschaften. Eine Beschreibung oder Darstellung dieser Karte ist in den folgenden Kapiteln nicht mehr vorgesehen. Der technisch interessante Teil beginnt jeweils mit der Karte „Anzeige". Der Darstellung-Stil steuert, wie in allen Darstellungs-Stilen auch hier die Darstellung in mehreren Ansichten.

Der vorgegebene Name „Neuer Haltungsstil" bleibt unverändert beibehalten. Die Erläuterung der Rohrleitung-Darstellungs-Stile muss wie bei allen Darstellungs-Stilen von rechts nach links erfolgen. Beim größten Teil der Darstellungs-Stile ist zu beachten, dass zuerst die Karte „Anzeige" und dann die dazugehörige Objekteigenschaft (rechts von „Anzeige"), in dieser Reihenfolge, als zusammengehörig zu betrachten sind.

- Information, Wechsel zu Karte Anzeige

3 Darstellungs-Stil-Eigenschaften, Liste der Darstellungs-Optionen

Das heißt, zur Eigenschaft „Lageplan (2D)" gehört die Karte „Lageplan", mit einigen wesentlichen Untereigenschaften. Unabhängig von der Sichtbarkeit werden alle Elemente der Karte „Anzeige" gleichzeitig berechnet und liegen immer vor.

Lageplan (2D)

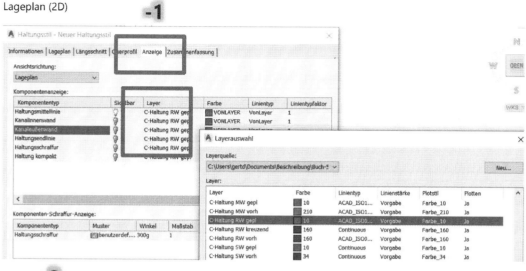

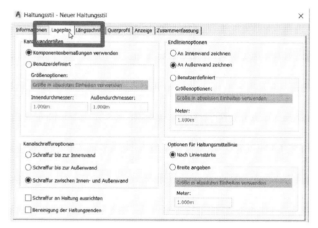

Die in der dazugehörigen Karte „Lageplan" dargestellten Eigenschaften und deren Bedeutung wird später näher erläutert.

- Modell (3D)

Für das Modell gibt es keine zusätzliche Eigenschaft bzw. Karte.

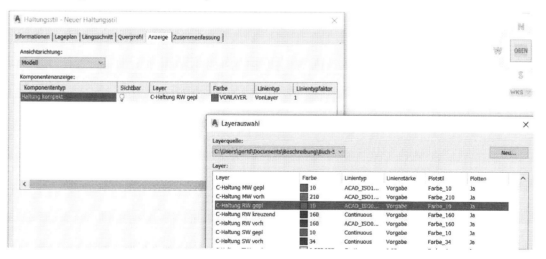

3 Darstellungs-Stil-Eigenschaften, Liste der Darstellungs-Optionen

- Längsschnitt (Höhenplan)

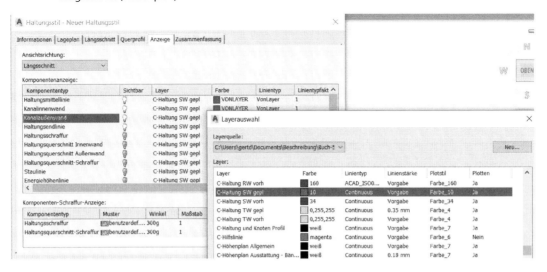

Die in der dazugehörigen Karte „Längsschnitt" dargestellten Eigenschaften und deren Bedeutung werden anschließend näher erläutert.

- Querprofil (Querprofilplan)

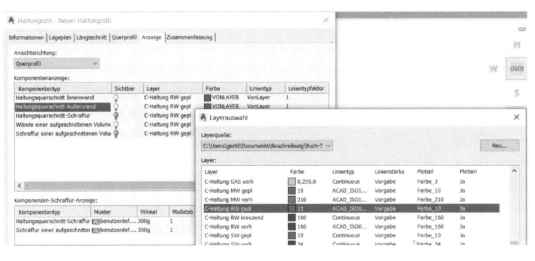

Die in der dazugehörigen Karte „Querprofil" dargestellten Eigenschaften und deren Bedeutung werden anschließend näher erläutert.

Gert Domsch, CAD-Dienstleistung

3 Darstellungs-Stil-Eigenschaften, Liste der Darstellungs-Optionen

3.20.2 Erläuterung „Lageplan (2D)", Rohre/Haltungen

Eine Haltung hat mehrere Darstellungseigenschaften im Lageplan. Eine Eigenschaft ist die „Mittellinie".

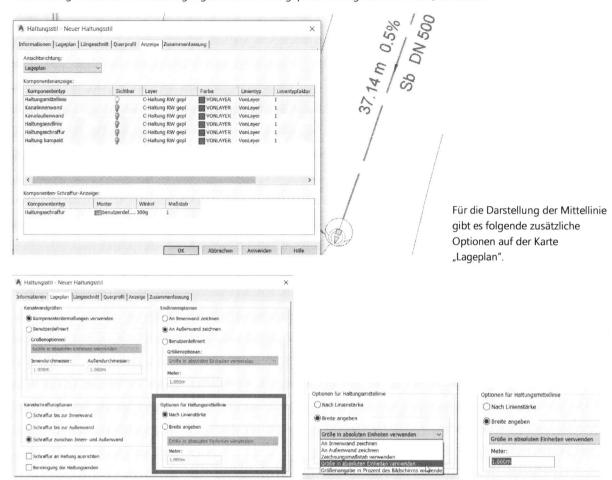

Für die Darstellung der Mittellinie gibt es folgende zusätzliche Optionen auf der Karte „Lageplan".

Eine weitere Eigenschaft ist die Innen- und Außenwand.

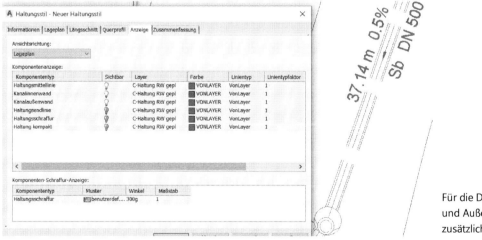

Für die Darstellung der Innen- und Außenwand gibt es folgende zusätzliche Optionen.

3 Darstellungs-Stil-Eigenschaften, Liste der Darstellungs-Optionen

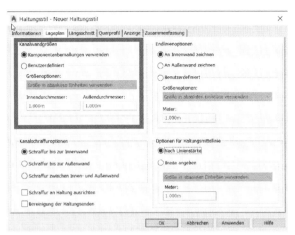

Der Begriff „Komponentenbemaßung verwenden" bedeutet hier, der Rohrdurchmesser und die Wandstärken des Kataloges (Pipes Catalog) werden 1:1 übernommen. Die Option „Benutzerdefiniert" bedeutet „benutzerdefinierte Angaben" zu übernehmen. In der Praxis werden das eher nur Ausnahmen sein. Zu beachten ist, dass die Aktivierung dieser Einstellung dann für alle Rohre innerhalb des Typs in einer Zeichnung gilt.

Um die Funktion „Haltungsendlinie" zu zeigen, wird der Schacht vorübergehen ab geschalten. Die Schachbeschriftung bleibt eingeschalten. Diese ist im Bild als rote „Zuordnungs-Linie mit Pfeil" zu sehen.

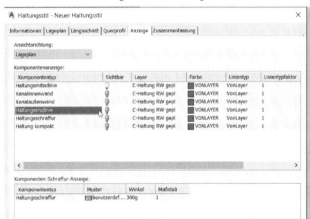

Die Haltungs-Endlinie ist am Ende der Haltungs-Mittellinie zu sehen.

Die Darstellung der Haltungs-Endlinie ist zusätzlich für die Außen- oder Innenwand steuerbar.

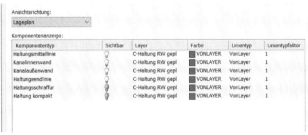

Die Steuerung erfolgt auf der Karte „Lageplan". Für die Haltungs-Endlinien sind hier weitere Optionen verfügbar.

3 Darstellungs-Stil-Eigenschaften, Liste der Darstellungs-Optionen

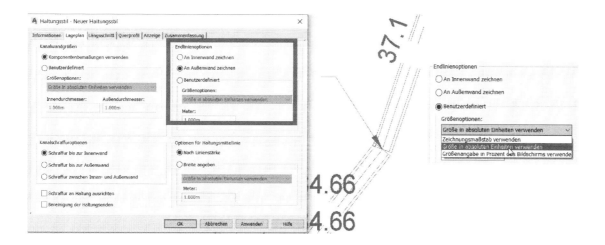

Hinweis:

Die im Bild gezeigte „Bereinigung der Haltungsenden" wird nur im Zusammenhang mit einem „Nullschacht" erreicht bzw. ist nur im Zusammenhang mit einem „Nullschacht" zu sehen. An einem klassischen „Exzentrischen Schacht" war keine Reaktion nachzuweisen.

Einem Rohr oder Haltung ist weiterhin eine Schraffur zuordenbar. Diese Schraffur kann variabel gestaltet sein.

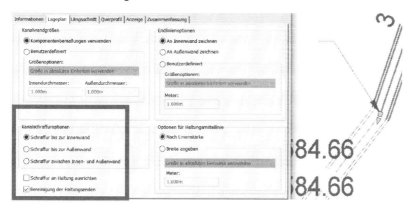

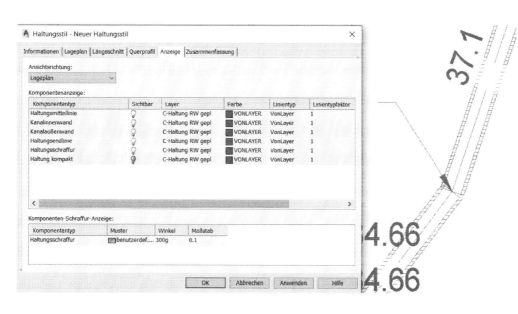

Einem Rohr oder Haltung ist weiterhin eine Schraffur zuordenbar. Diese Schraffur kann variabel gestaltet sein.

3 Darstellungs-Stil-Eigenschaften, Liste der Darstellungs-Optionen

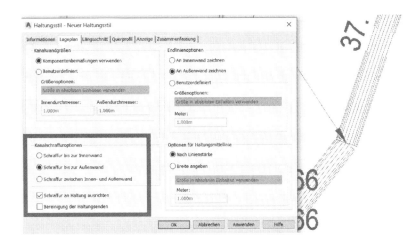

Die Schraffur kann über das gesamte Rohr an die Innenwand oder zwischen Innen- und Außenwand geführt sein, zusätzlich ist eine variable Ausrichtungsoption verfügbar.

Die Option „Haltung kompakt" zeigt im Lageplan (2D) eine angedeutete 3D-Darstellung der Haltung, den Haltungsquerschnitt.

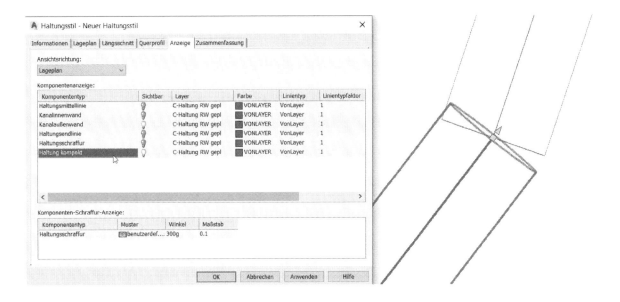

3.20.3 Erläuterung „Modell (3D)", Rohre/Haltungen

Die „Modell (3D)" – Darstellung ist nur aktivierbar oder deaktivierbar (sichtbar oder unsichtbar). Eine extra Einstellung gibt es nicht für diese Ansicht. Die Darstellung ist abhängig vom Aufruf des „visuellen Stils". Für das Bild wurde die Einstellung „Ansicht", „Konzeptionell" gewählt.

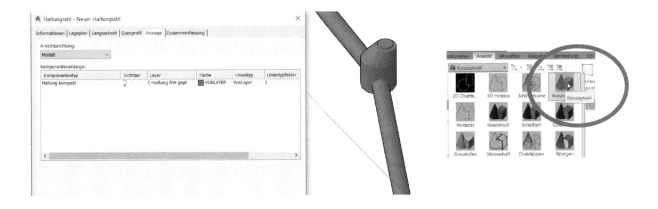

Gert Domsch, CAD-Dienstleistung

3.20.4 Erläuterung „Längsschnitt (Höhenplan)", Rohre/Haltungen

Um die Längsschnitteinstellungen der Haltungen (Rohre) zu zeigen, wird der später erläuterte Schacht-Darstellungs-Stil „Neuer Schacht- und Bauwerksstil" bereits jetzt zugeordnet, und der Schacht wird mit der Einstellung „Als Volumenkörper anzeigen" schwarz/weiß dargestellt. Der Haltungs-Darstellungs-Stil hat Optionen, die eine Darstellung der Haltung bis in den Schacht hinein optional zeigen oder nicht zeigen. Diese Optionen sind nur mit dargestelltem Schacht verständlich. Der Schacht bleibt in der Höhenplandarstellung (Längsschnitt, für dieses Kapitel) transparent.

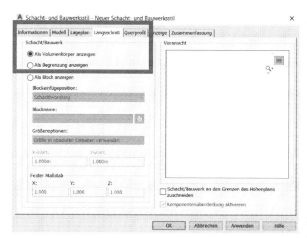

Der Zusammenhang „Als Volumenkörper anzeigen" und trotzdem transparent sein, ist nur im Zusammenhang mit dem visuellen Stil „2D-Drahtkörper" zu verstehen. Dieser „visuelle Stil" ist in der Vorlage („... Deutschland.dwt") als voreingestellt gegeben. Die Kenntnis um die Eigenschaften der „visuellen Stile" (AutoCAD 3D, visuelle Stile) wird vorausgesetzt.

Zuerst wird nur die „Mittellinie" der Haltung für „Längsschnitt" aktiviert. In Abhängigkeit von der Schachtdarstellung ist die Linie bis an den Schacht heran - („Als Begrenzung anzeigen") oder in den Schacht hinein dargestellt („Als Volumenkörper anzeigen").

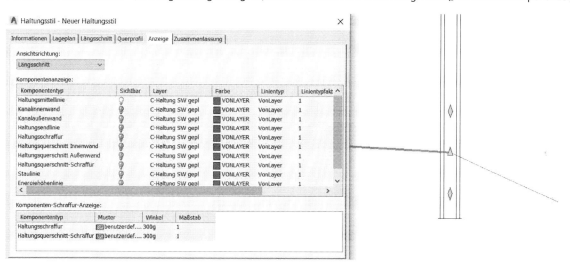

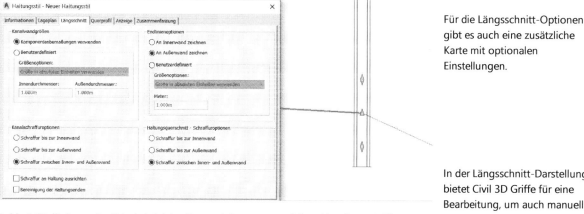

Für die Längsschnitt-Optionen gibt es auch eine zusätzliche Karte mit optionalen Einstellungen.

In der Längsschnitt-Darstellung bietet Civil 3D Griffe für eine Bearbeitung, um auch manuell Sohl-, Mittellinien- oder Scheitelgleiche-Konstruktionen zu erreichen. Um diese „Griffe" und deren Lage zu verstehen, wird es als sinnvoll angesehen auch die Linien der Innenwand im Längsschnitt (Höhenplan) darzustellen oder sichtbar zu machen.

3 Darstellungs-Stil-Eigenschaften, Liste der Darstellungs-Optionen

Damit ist gleichzeitig die visuelle Bestätigung gegeben, dass auch eine Sohl- oder Scheitelgleiche-Konstruktion erreicht ist.

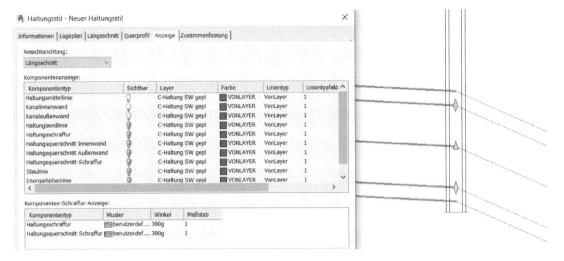

Der Begriff „Komponentenbemaßung verwenden" bedeutet auch hier, die Rohrdurchmesser und Wandstärken des Kataloges (Pipes Catalog) werden 1:1 übernommen. Die Option „Benutzerdefiniert" (benutzerdefinierte Angaben) zu übernehmen, kann nur eine Ausnahme sein.

Zu beachten ist, dass die Aktivierung dieser Einstellung dann für alle Rohre des Typs und eine Zeichnung gilt.

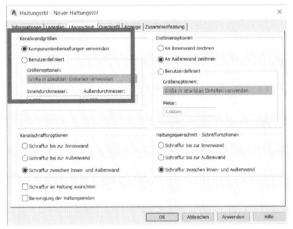

- Haltungs-Endlinien-Option

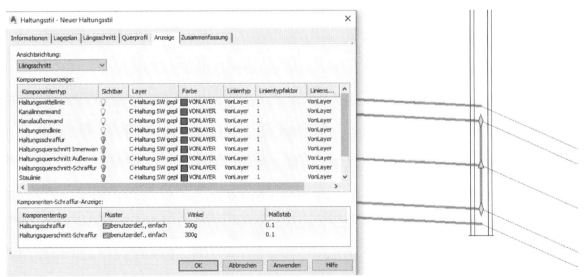

3 Darstellungs-Stil-Eigenschaften, Liste der Darstellungs-Optionen

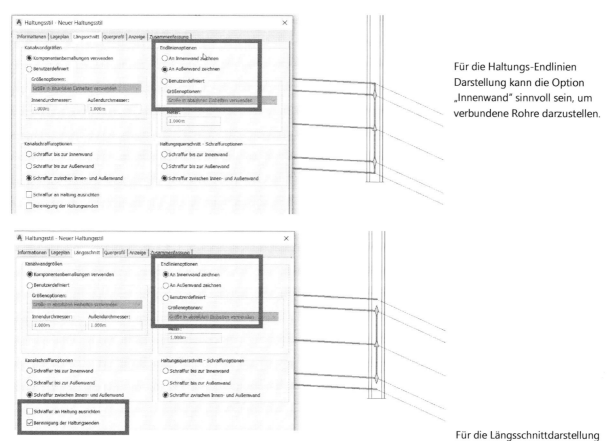

Für die Haltungs-Endlinien Darstellung kann die Option „Innenwand" sinnvoll sein, um verbundene Rohre darzustellen.

Für die Längsschnittdarstellung stehen auch Schraffuren zur Verfügung. Als ein Bestandteil der Schraffur ist das Schraffur-Muster und der Schraffur-Maßstab zu beachten. Schraffur-Maßstäbe von „1" oder sogar größer als „1" können nicht empfohlen werden.

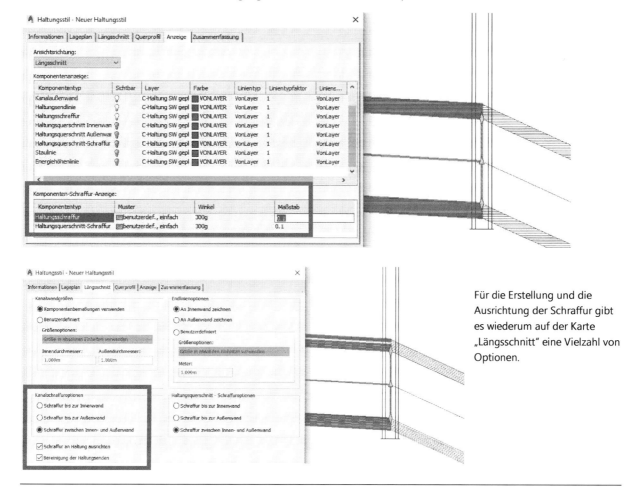

Für die Erstellung und die Ausrichtung der Schraffur gibt es wiederum auf der Karte „Längsschnitt" eine Vielzahl von Optionen.

3.20.5 „Längsschnitt (Höhenplan)", kreuzende Rohre/Haltungen

Es ist vielfach erforderlich in Projekten kreuzende Rohre und Leitungen zu ergänzen. Civil 3D bietet nicht nur Werkzeuge und Funktionen, um Rohre und Leitungen neu zu entwerfen, neu zu planen. Es bietet auch Werkzeuge, um Bestandsleitungen als Bestandteil der Planung, als kreuzende Rohre und Leitungen zu zeigen.

Hierbei ist zu beachten, dass diese Darstellungen eher als eine Sonderfunktion im Höhenplan zu verwenden ist, und der bereits zugewiesene Darstellungs-Stil (Darstellung für Lageplan und Höhenplan) lediglich in der Höhenplan-Ansicht, zu überschreiben ist. Hierzu sind extra Darstellungs-Stile in der „…Deutschland.dwt" bereitgestellt. Diese Darstellungs-Stile zeichnen sich durch den Namen aus, „kreuzende Haltung …".

normale, Haltungsdarstellung (länge zur Achse)

kreuzende Haltungsdarstellung (quer zur Achse)

aktivierte Eigenschaft (Civil 3D Vorgabe)

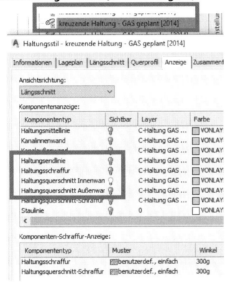

empfohlene Erweiterung (Innenwand, Schraffur)

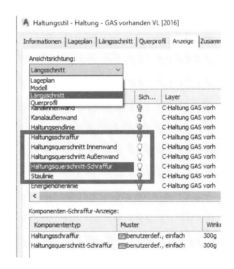

Im Anwendungsbeispiel bedeutet das, es wird ein zweiter Darstellungs-Stil erstellt, der ausschließlich für den Fall zu benutzen ist, wenn eine Leitung (eines bestimmten Typs) das Projekt kreuzt.

- Stil für „parallel zur Achse" verlaufende Leitungen

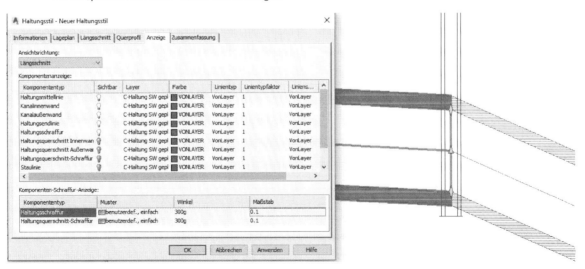

3 Darstellungs-Stil-Eigenschaften, Liste der Darstellungs-Optionen

- Stil für „quer zur Achse" verlaufende Leitungen (Karte Information).
- Karte „Anzeige" (nur Längsschnitt, alle anderen Ansichten bleiben unbearbeitet)

Für den Fall „kreuzende Leitung wird empfohlen immer die Innen- und Außenwand. Damit ist die komplette Dimension des Rohres zu erkennen und die Wandungsstärke ist 1:1 zu sehen. Die Darstellung des Rohres erfolgt gleichzeitig in Abhängigkeit von den Eigenschaften des Höhenplans (in Abhängigkeit von der Überhöhung).

- Längsschnitt   **Aufruf im Höhenplan, mit Überhöhung 1:10**

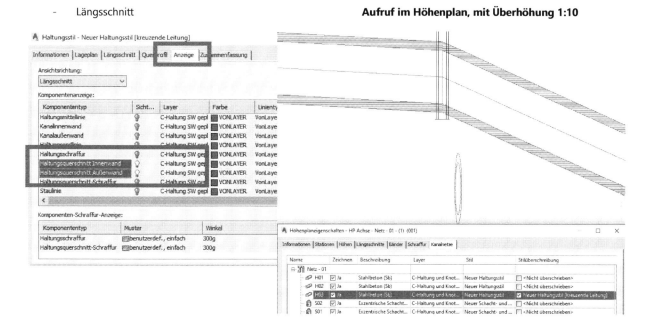

Zusätzlich kann eine Schraffur für die Material-Stärke aktiviert sein. Für die Schraffur-Einstellungen gelten alle bisherigen Aussage für Haltungsschraffuren.

- Längsschnitt   **Aufruf im Höhenplan, mit Überhöhung 1:1**

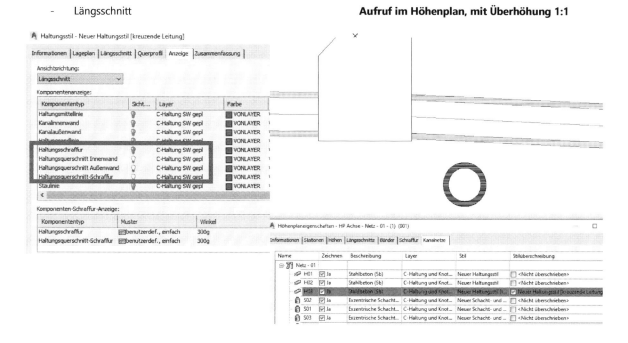

3.20.6 „Längsschnitt (Höhenplan)", Staulinie, Energiehöhenlinie

Die Einzugsgebiets-Bestimmung und die Berechnung (zum Beispiel: „Storm Sewers") sind Bestandteil von Civil 3D oder gehören zum Lieferumfang von Civil 3D.

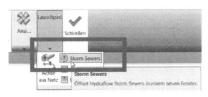

Der „Storm Sewers" kann Einzugsgebietsfläche, Regenereignis und Strang (Civil 3D: Netz) berechnen und das Berechnungsergebnis bildhaft darstellen.

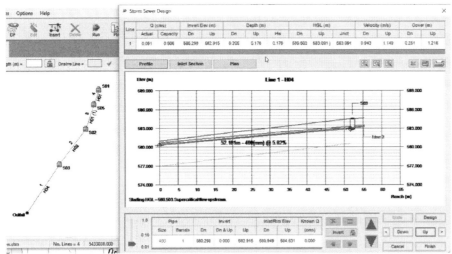

Als Bestandteil der Darstellung (Bild) wird das Gelände in „grün" und das Wasser in „rot" dargestellt. Damit ist die Rohrfüllung oder ein eventueller „Über Stau" visuell kontrollierbar.

Die Berechnungsergebnisse „Energielinie und Staulinie" werden optional aus der Berechnung übernommen (Import der Berechnungsdaten). Die farbliche Darstellung von Staulinie und Energielinie sind Bestandteil des Darstellungs-Stils für Haltungen (Rohre).

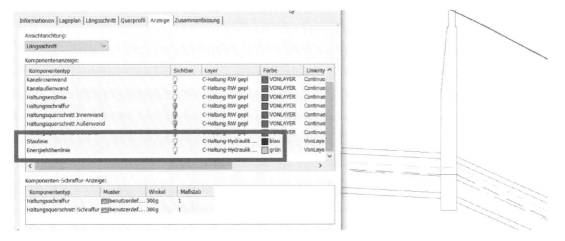

3.20.7 Erläuterung „Querprofil (Querprofilplan)", Rohre/Haltungen

Rohre, Haltungen und Schächte können optional auch in Querprofilplänen dargestellt sein. Die Anzeige erfolgt auch hier dynamisch und maßstäblich.

Hinweis:

Den Rohrleitungs-Darstellungen in einem Querprofilplan kann KEIN separater oder vom Haltungs-Stil (Querprofil, Darstellungs-Stil) abweichender Darstellungs-Stil zugewiesen sein. Die Darstellung im Querprofilplan richtet sich nach der Einstellung im Darstellungs-Stil der Haltung!

3 Darstellungs-Stil-Eigenschaften, Liste der Darstellungs-Optionen

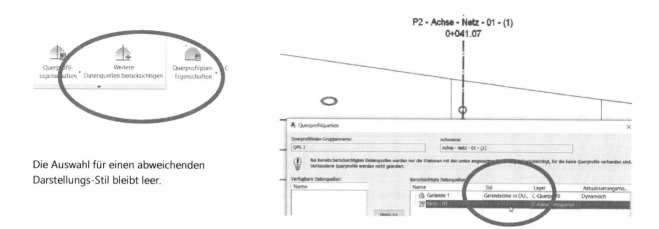

Die Auswahl für einen abweichenden Darstellungs-Stil bleibt leer.

Für die Beschreibung der Funktionen und Optionen wird eine besondere Situation in der Beispielzeichnung erstellt. Als Besonderheit in der Darstellung ist zu beachten, dass die dargestellte Haltung durch die Querprofil-Linie schräg geschnitten wird.

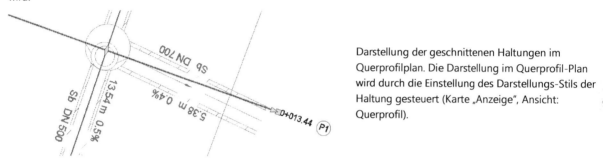

Darstellung der geschnittenen Haltungen im Querprofilplan. Die Darstellung im Querprofil-Plan wird durch die Einstellung des Darstellungs-Stils der Haltung gesteuert (Karte „Anzeige", Ansicht: Querprofil).

Das Bild zeigt das geschnittene Rohr im Querprofilplan mit parallel verlaufender Wandung, obwohl es schräg geschnitten wird.

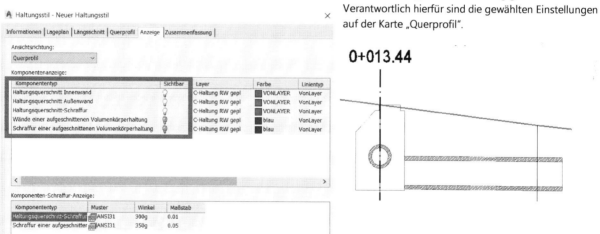

Verantwortlich hierfür sind die gewählten Einstellungen auf der Karte „Querprofil".

Für die Darstellung der einzelnen Bestandteile bietet die Karte „Querprofil" zusätzliche Optionen.

Alle diese Möglichkeiten technisch richtig zu nutzen erfordert sicher viel Projekterfahrung. Die Einstellung „Wände einer aufgeschnittenen Volumenkörperhaltung" ist sicher eine Sonderfunktion.

Mit dieser Einstellung wird das Rohr (Haltung) so gezeigt, wie es durch die Querprofillinie geschnitten wird.

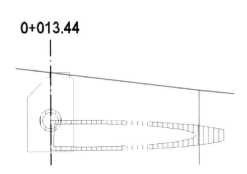

3.21 „Kanal", Schächte/Bauwerke, Begriffsdefinition

Der Civil 3D „Schacht" ist ein echter 3D Schacht mit allen wesentlichen Elementen, die zu einem Schacht gehören. Alle Eigenschaften sind auch hier immer und in allen Ansichten verfügbar. Allein der Darstellungs-Stil bestimmt die Elemente, die vom Schacht als Bestandteil einer Zeichnung zu sehen sind oder in der jeweiligen Planungs-Situation zu sehen sind (Entwurf, RI-Schema oder Ausführung). Zu beachten ist, dass der Schacht-Darstellungs-Stil als Teil der „Netzkomponenten-Liste" aufgerufen wird und bei der Konstruktion dem Schacht als wesentlicher Bestandteil zugewiesen ist. Der Darstellungs-Stil ist jedoch nur ein Element neben einigen anderen Eigenschaften, die in der Netzkomponenten-Liste geladen sind. Auf diese „Netzkomponenten-Liste" wird in den folgenden Kapiteln nochmals eingegangen.

Um den Schacht-Darstellungs-Stil zu erläutern, wird auch hier ein neuer Darstellungs-Stil angelegt.

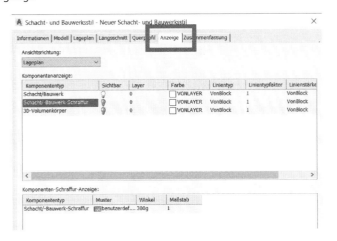

Hinweis:

Schächte werden innerhalb von Civil 3D auch als Bauwerk oder Knoten bezeichnet. Zur Kategorie „Schächte" gehören Ein- oder Auslaufbauwerk oder Sinkkästen. Schächte können im Civil 3D auch Stränge teilen, zusammenführen oder als Wasser-Pufferspeicher dienen.

3 Darstellungs-Stil-Eigenschaften, Liste der Darstellungs-Optionen

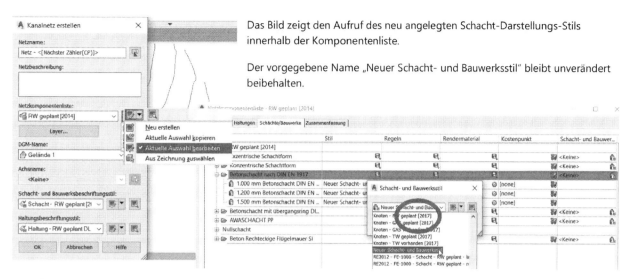

Das Bild zeigt den Aufruf des neu angelegten Schacht-Darstellungs-Stils innerhalb der Komponentenliste.

Der vorgegebene Name „Neuer Schacht- und Bauwerksstil" bleibt unverändert beibehalten.

Die Erläuterung der Schacht-Darstellungs-Stile muss von rechts nach links erfolgen. Beim größten Teil der Darstellungs-Stile ist zu beachten, dass zuerst die Karte „Anzeige" und dann die dazugehörige Objekteigenschaft, in dieser Reihenfolge als Einheit zu sehen sind. Die Karte „Zusammenfassung" enthält lediglich eine Zusammenfassung aller Einstellungen auf der linken Seite. Die Karte „Zusammenfassung" wird deshalb hier nicht gesondert erläutert. Wie bei allen Darstellungs-Stilen wird auf der Karte Information der Name und der Autor des Stils festgehalten. Diese Funktion wird in dem folgenden Teil der Beschreibung nicht mehr gezeigt

- Wechsel zu Karte „Anzeige":

Die Karte „Anzeige steuert auch hier die Ansicht der Elemente von Schächten in vier Ansichten. Zur Ergänzung gibt es auf der linken Seite weitere Optionen, die die Ansichten optimieren oder verfeinern. Das heißt zum Beispiel, zur Eigenschaft „Lageplan (2D)" gehört die Karte „Lageplan", mit einigen wesentlichen Untereigenschaften.

- Lageplan (2D) -1-

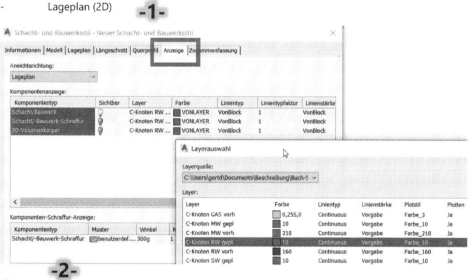

Unabhängig von der Sichtbarkeit werden alle Elemente der Karte „Anzeige" gleichzeitig berechnet und liegen immer vor.

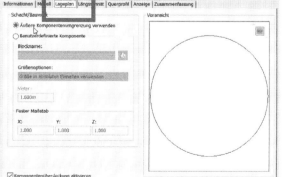

-2-

Die in der dazugehörigen Karte „Lageplan" dargestellten Eigenschaften und deren Bedeutung wird später näher erläutert.

Gert Domsch, CAD-Dienstleistung

3 Darstellungs-Stil-Eigenschaften, Liste der Darstellungs-Optionen

- Modell (3D)

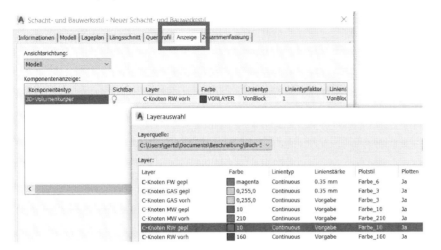

Die in der dazugehörigen Karte „Modell" dargestellten Eigenschaften und deren Bedeutung werden anschließend näher erläutert.

- Längsschnitt (Höhenplan)

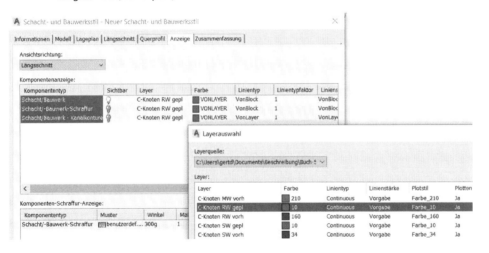

Die in der dazugehörigen Karte „Längsschnitt" dargestellten Eigenschaften und deren Bedeutung werden anschließend näher erläutert.

3 Darstellungs-Stil-Eigenschaften, Liste der Darstellungs-Optionen

- Querprofil (Querprofilplan)

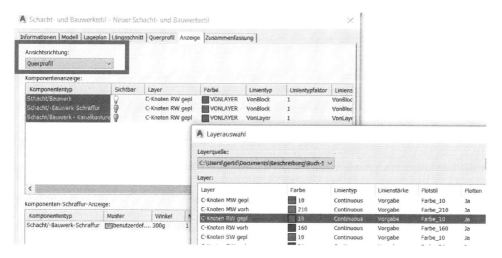

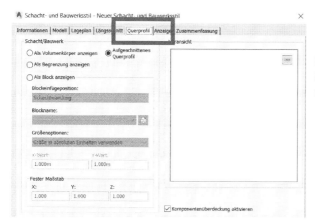

Die in der dazugehörigen Karte „Querprofil" dargestellten Eigenschaften und deren Bedeutung werden anschließend hier näher erläutert.

3.21.1 Erläuterung „Lageplan (2D)", Schächte/Bauwerke

Ein Schacht hat mehrere Darstellungseigenschaften im Lageplan. Eine Eigenschaft wird „Schacht/Bauwerk" genannt und entspricht eher der äußeren Umgrenzung des Schachtes oder Bauwerks.

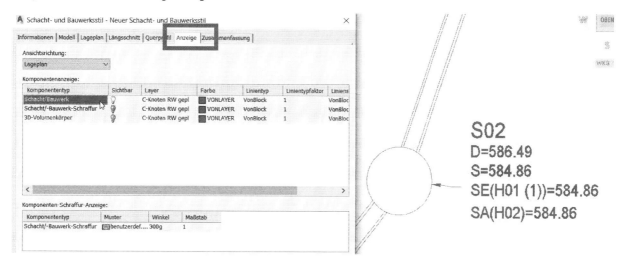

3 Darstellungs-Stil-Eigenschaften, Liste der Darstellungs-Optionen

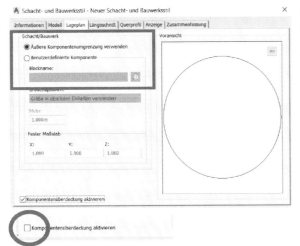

Diese Einstellung zeigt entweder die äußere Kontur (Begrenzung) oder einen alternativ geladenen Block. Mit der Option „Benutzerdefinierte Komponente" wäre es möglich, die sichtbare Schachtdarstellung (äußere Umgrenzung) mit einem benutzerdefinierten Block zu überdecken.

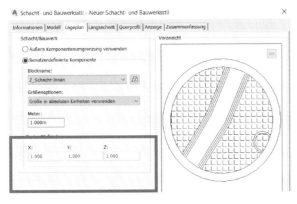

Für die Darstellung der Rohrleitungen (Rinnen) im Schacht gibt es folgende zusätzliche Optionen auf der Karte „Lageplan". Die Haltungen können bis in den Schacht hinein gezeigt sein. Die Haltungen können jedoch auch durch die Schachteinstellung verdeckt werden. Die Zuordnung eines „Blocks" kann Einbauelemente in einigen wesentlichen Details zeigen.

Die im Block vorgegebene Darstellung ist Bestandteil des Schachtes.
Alle Bearbeitungsfunktionen, wie das nachträgliche Ausrichten des Blockes sind Bestandteil der Funktion am Schacht. Die Darstellung im Bild gehört nicht zum Standard-Lieferumfang von Civil 3D.

Innerhalb der Option „Schraffur" im Darstellungs-Stil ist der Schraffur-Maßstab zu beachten.

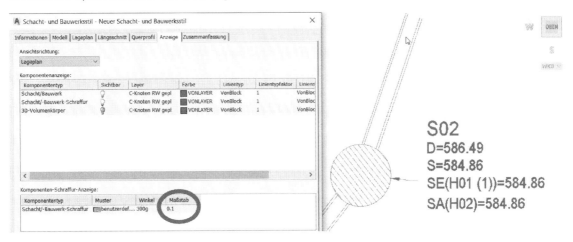

3 Darstellungs-Stil-Eigenschaften, Liste der Darstellungs-Optionen

Es wird empfohlen den Maßstab auf mindestens „0.1" zurückzusetzen. Auf der Karte Lageplan gibt es hierzu keine weiteren Einstellungen.

Die Option 3D-Volumenkörper zeigt den Schacht in einer 3D-Darstellung,

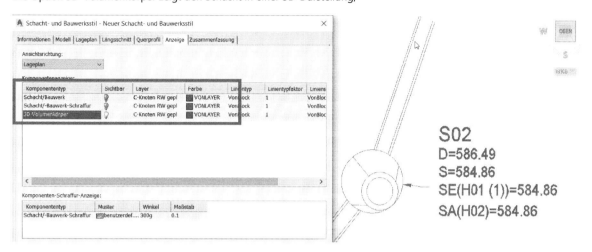

Das folgende Bild zeigt das manuelle Ausrichten des Exzenters (Bestandteil vom Schacht). Das manuelle Ausrichten des Exzenters kann die 3D-Darstellung komplettieren.

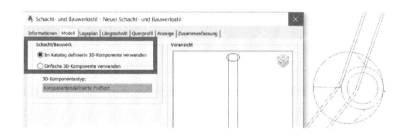

Für die Darstellung des „3D-Volumenkörpers" auf der Karte „Modell" ist zu beachten, der Exzenter ist nur mit der Aktivierung der Einstellung „Im Katalog definierte 3D-Komponente verwenden" verfügbar.

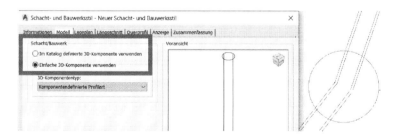

3.21.2 Erläuterung „Modell (3D)", Schächte/Bauwerke

Die „Modell-," (3D) - oder Volumenkörper – Darstellung ist nur im Bild darstellbar, wenn gleichzeitig ein geeigneter „visueller Stil" aufgerufen ist. Für das folgende Bild wurde die Einstellung „Ansicht", „Konzeptionell" gewählt.

Die 3D-Darstellung entspricht den Parametern des Objektes, so wie dieser aus dem „Pipes-Catalog" geladen ist (visueller Stil „Schattiert").

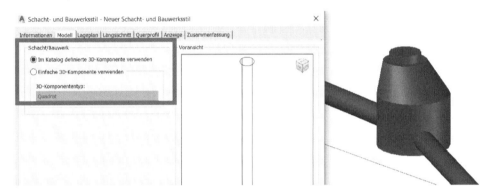

Für die Darstellung kann alternativ ein 3D-Symbol gewählt sein.

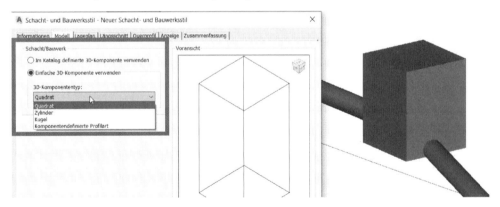

3.21.3 Erläuterung „Längsschnitt (Höhenplan)", Schächte/Bauwerke

Um die Längsschnitteinstellungen der Schächte zu erläutern, wird die Haltungs-Darstellung für den Höhenplan, wie im nachfolgenden Bild gezeigt, eingestellt. Der Haltungs-Stil (Darstellungs-Stil für Rohre/Leitungen) sollte min. Mittellinie, Innen- und Außenwand anzeigen. Mit dieser Haltungs-Darstellung sind alle optionalen Schacht-Darstellungen besser zu verstehen.

Die Schacht-Optionen sind nur mit bestimmten Haltungs-Einstellungen verständlich.

3 Darstellungs-Stil-Eigenschaften, Liste der Darstellungs-Optionen

Der Schacht ist in der Höhenplandarstellung nicht transparent dargestellt (Längsschnitt, voreingestellte Darstellung). Die Griffe der Haltung (Bearbeitungs-Gripps) erscheinen so in der Ansicht, als hätten diese keine Beziehung zur Haltung selbst.

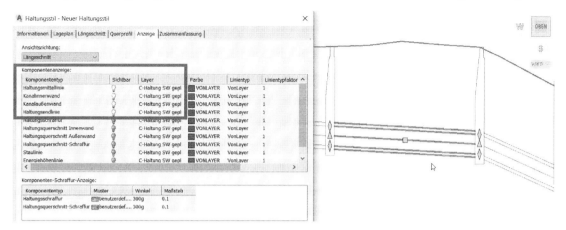

Solange konstruiert wird oder die Lage der Haltungen zu bearbeiten ist, könnte es Sinn machen den Bezug der „Gripps" besser zu sehen und zu verstehen. Dazu kann die Schachtdarstellung geändert sein. Im Moment verdeckt der Schacht die Endbereiche der Haltungen. Nachfolgend wird eine optionale Änderung der Schachtdarstellung gezeigt.

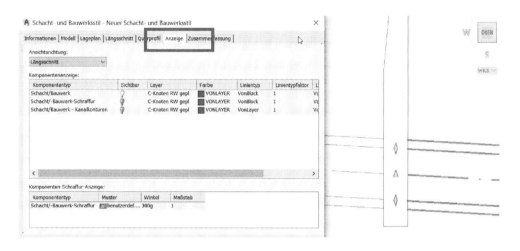

In der Voreinstellung ist nur die Einstellung „Schacht/Bauwerk" im Darstellungs-Stil aktiviert.

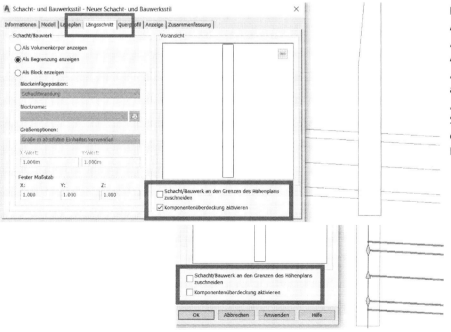

Mit einer entsprechenden Änderung auf der Karte „Längsschnitt", mit der Änderung der Einstellungen „Komponentenüberdeckung aktivieren" wird klar, dass die „Griffe" Punkte sind, die eine Solgleiche-, Mittelliniengleiche- oder Scheitelgleiche-Konstruktion ermöglichen.

3 Darstellungs-Stil-Eigenschaften, Liste der Darstellungs-Optionen

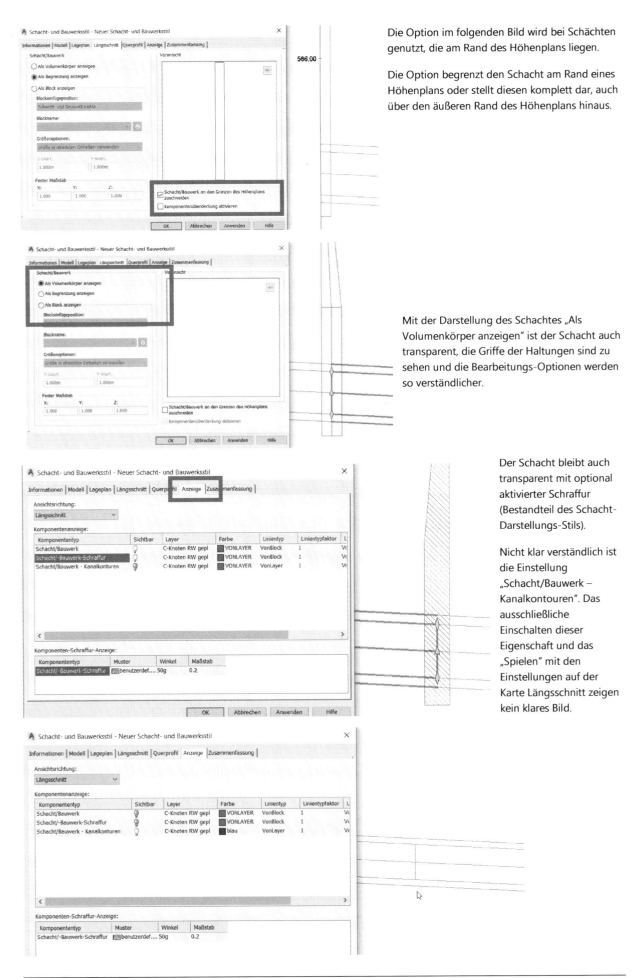

Die Option im folgenden Bild wird bei Schächten genutzt, die am Rand des Höhenplans liegen.

Die Option begrenzt den Schacht am Rand eines Höhenplans oder stellt diesen komplett dar, auch über den äußeren Rand des Höhenplans hinaus.

Mit der Darstellung des Schachtes „Als Volumenkörper anzeigen" ist der Schacht auch transparent, die Griffe der Haltungen sind zu sehen und die Bearbeitungs-Optionen werden so verständlicher.

Der Schacht bleibt auch transparent mit optional aktivierter Schraffur (Bestandteil des Schacht-Darstellungs-Stils).

Nicht klar verständlich ist die Einstellung „Schacht/Bauwerk – Kanalkontouren". Das ausschließliche Einschalten dieser Eigenschaft und das „Spielen" mit den Einstellungen auf der Karte Längsschnitt zeigen kein klares Bild.

Gert Domsch, CAD-Dienstleistung

3 Darstellungs-Stil-Eigenschaften, Liste der Darstellungs-Optionen

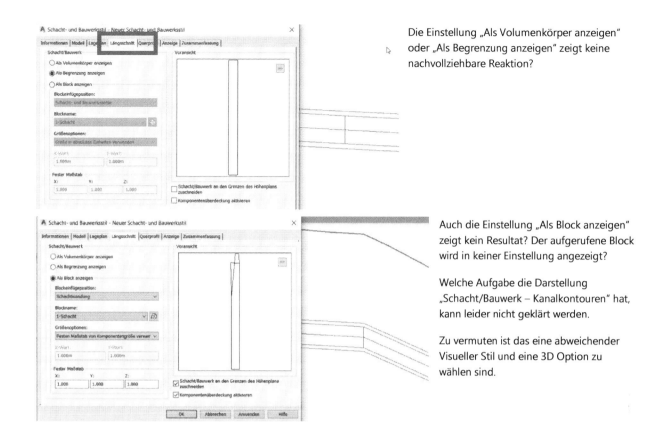

Die Einstellung „Als Volumenkörper anzeigen" oder „Als Begrenzung anzeigen" zeigt keine nachvollziehbare Reaktion?

Auch die Einstellung „Als Block anzeigen" zeigt kein Resultat? Der aufgerufene Block wird in keiner Einstellung angezeigt?

Welche Aufgabe die Darstellung „Schacht/Bauwerk – Kanalkontouren" hat, kann leider nicht geklärt werden.

Zu vermuten ist das eine abweichender Visueller Stil und eine 3D Option zu wählen sind.

3.21.4 Erläuterung „Querprofil (Querprofilplan)", Schächte/Bauwerke

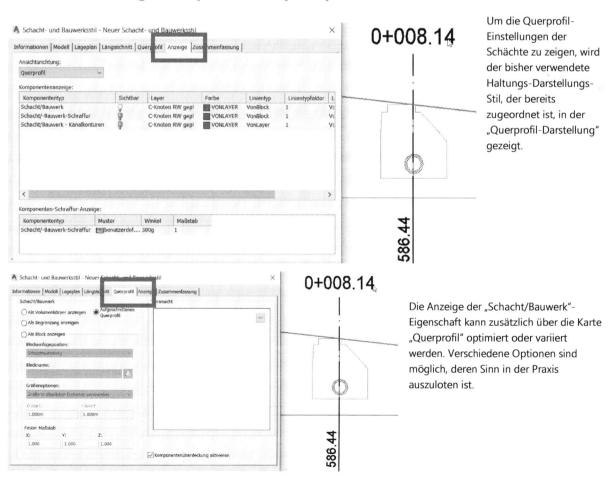

Um die Querprofil-Einstellungen der Schächte zu zeigen, wird der bisher verwendete Haltungs-Darstellungs-Stil, der bereits zugeordnet ist, in der „Querprofil-Darstellung" gezeigt.

Die Anzeige der „Schacht/Bauwerk"-Eigenschaft kann zusätzlich über die Karte „Querprofil" optimiert oder variiert werden. Verschiedene Optionen sind möglich, deren Sinn in der Praxis auszuloten ist.

3 Darstellungs-Stil-Eigenschaften, Liste der Darstellungs-Optionen

Die Unterschiede sind eher anhand von Zeichnungen zu erläutern. Im Bild ist der Volumenkörper aktiviert.

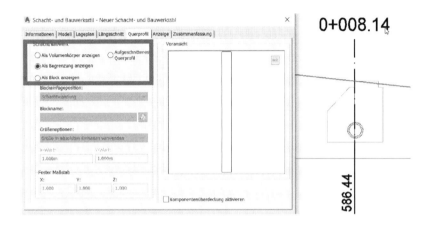

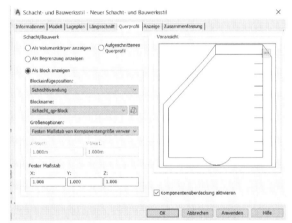

Optional ist es möglich die Darstellungen von Details im Inneren eines Schachtes, durch den Aufruf eines Blockes zu komplettieren.

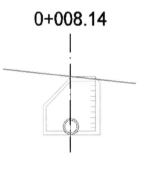

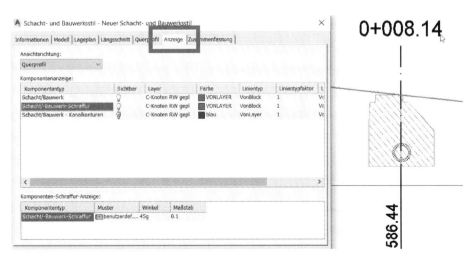

Mit der Aktivierung der Funktion „Schacht/-Bauwerk-Schraffur" ergeben sich Unterschiede bei der Auswahl der Optionen auf der Karte „Querprofil", die eventuell zu beachten sind.

3 Darstellungs-Stil-Eigenschaften, Liste der Darstellungs-Optionen

Die Funktion „Aufgeschnittenes Querprofil" zeigt den Konus im Beispiel links und die Schraffur in der voreingestellten Farbe (Karte „Anzeige").

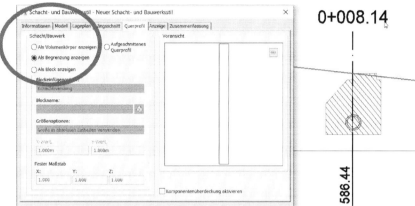

Die Funktion „Als Begrenzung anzeigen" zeigt den Konus im Beispiel rechts und die Schraffur in der Farbe abweichend zur Karte „Anzeige".

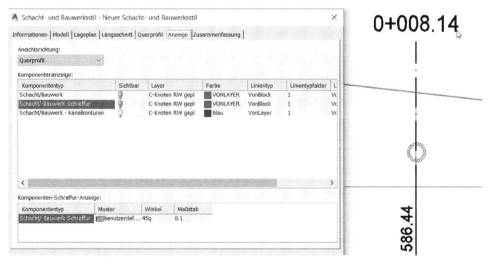

Die Bedeutung der Funktion „Schacht/Bauwerk – Kanalkonturen" kann leider nicht erklärt oder beschrieben werden. Mit ausschließlich dieser Funktion ist am Schacht keine visuelle Reaktion zu verzeichnen?

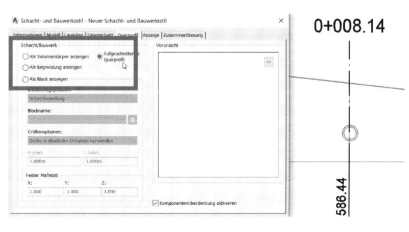

Eigenschaften, die hier getestet wurden, zeigen keine Reaktion am Schacht (Version 2019, 10.10.19, der Autor).

3 Darstellungs-Stil-Eigenschaften, Liste der Darstellungs-Optionen

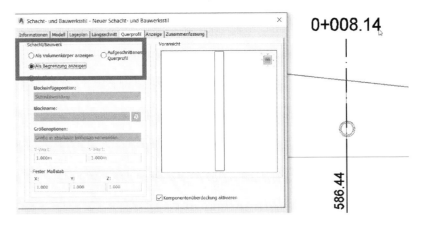

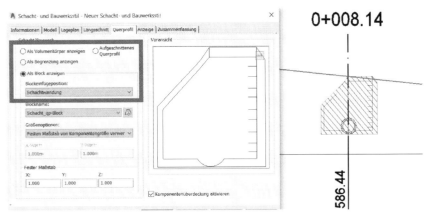

Entgegen allen Erwartungen zeigt der Aufruf des Blocks alle Eigenschaften des Querschnittes einschließlich des Blockes, obwohl nur die Einstellung „Schacht/Bauwerk – Konturen" aktiv ist?

3.22 „Kanal", Netzkomponenten-Liste (Komponentenliste)

Die in den vorherigen Kapiteln beschriebenen Hartungs – und Schacht/Bauwerks-Stile, sind ein Hauptbestandteil der „Netzkomponenten-Liste".

- Zugang: „Kanal-Werkzeuge"   - Zugang: „Projektbrowser"

Zur Komponentenliste gehören neben dem Darstellungs-Stil für Haltungen und Schächte noch weitere wichtige oder technisch zu beachtende Stile und Eigenschaften.

- **Regeln**
- **Rendermaterial**
- **Kostenpunkt**
- **Schacht- und Bauwerkstyp**

3 Darstellungs-Stil-Eigenschaften, Liste der Darstellungs-Optionen

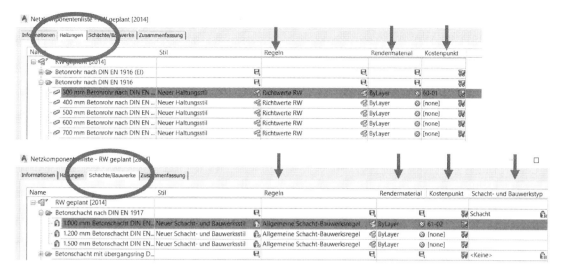

Was sind Regeln?

Die Civil 3D Kanal-Konstruktion fragt während der Konstruktion weder nach einem „Absturz" noch nach einer „Haltungs-Neigung". Als Bestandteil der Konstruktion wird nur die Schachtpositionen angeben oder die Position ist zu picken, es sind keine weiteren manuellen Eingaben erforderlich. Alle Konstruktions-Parameter werden durch die „Haltungs-"oder „Schacht-Regeln" vorgegeben oder errechnet. Häufig sind das bei Haltungen minimale und maximale Neigung sowie minimale und maximale Überdeckung. Bei Schächten ist es vielfach nur die Option eines Schachtsumpfes.

Haltung, Regeln

Die von Civil 3D für Regenwassersysteme vorgegebene Konstruktionsregel für Haltungen ist einheitlich für alle Materialien (von PVC über Beton bis Steinzeug) und alle Rohrdurchmesser. Die eingetragenen Konstruktionsregeln bestimmen die Mindestneigung, die Maximalneigung, die Minimalüberdeckung und die Maximalüberdeckung. Zusätzlich wird die Rohrposition nach Sohle ausgerichtet und es gilt beim Schacht eine Absturzhöhe von „Null".

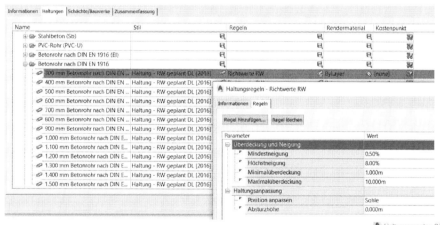

Diese pauschale Vorgabe ist in der Praxis eher zu hinterfragen! Gilt diese Vorgabe so pauschal für mein Projekt?

1. Die Mindestneigung richtet sich nicht in erster Linie nur nach der Abwasserart, sondern auch nach dem Rohrdurchmesser, eventuell auch nach dem Rohrmaterial. Für die Praxis heißt das eventuell, es sollte eine Regel für jeden Rohr-Durchmesser einzeln geben oder eingetragen sein. Diese Vorgaben sind jedoch deutschlandweit unterschiedlich. Eine zentrale- und deutschlandweit allgemeingültige Vorgabe ist hier eher unwahrscheinlich.

2. Die Regeln sind nicht nur hinsichtlich der Parameter bearbeitbar. Regeln können entfernt oder hinzugefügt werden. Projektabhängig sollten die verwendeten - oder eingetragenen Regeln unbedingt bekannt sein.

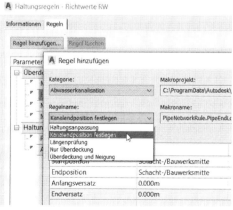

Schacht, Regeln

Die von Civil 3D für Regenwassersysteme vorgegebene Konstruktionsregel für Schächte ist einheitlich für alle verwendeten Schächte.

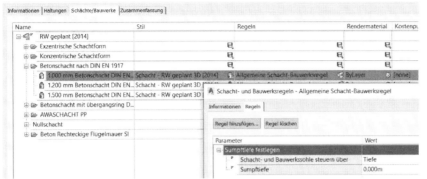

Die Schacht-Sohle wird durch die Haltungs-Sohle gesteuert und beträgt mit dieser Einstellung immer „Null".

Das ist Deutschland weit so üblich und heißt auch, im Fall „Schacht" kann eine einzige Regel für alle Schächte eines Abwassertyps gelten, also ausreichend sein. Wichtig ist aber auch hier, dass dem Anwender die vorliegende Einstellung bekannt sein sollte.

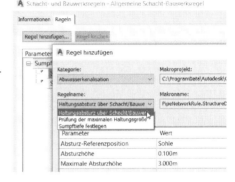

Hinweis 1:

Obwohl in allen Abwasser Komponentenlisten „Sumpftiefe = Null" eingetragen ist, kommt es bei der Konstruktionsvariante „Kanalnetz aus Objekt erstellen" vor, dass die „Sumpftiefe" 2m beträgt (Stand 2019, Oktober, der Autor).

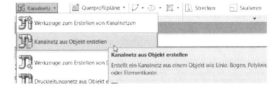

Die Ursache dafür ist bisher nicht geklärt, weil auch bei diesen Schächten keine abweichende Regel nachzuweisen ist.

Hinweis 2:

Für den Anwender bedeutet das, Schächte und Haltungen sind nach der Umwandlung (Befehl: „Kanalnetz aus Objekt erstellen") unbedingt hinsichtlich aller Parameter zu kontrollieren.

Sollte man Rendermaterial aufrufen oder ändern?

Optional ist es möglich Haltungen und Schächten/Bauwerken mit Material auszustatten. Das Material „Beton" ist geladen, weitere Materialien können Importiert sein und können zur Auswahl, zur Verfügung stehen.

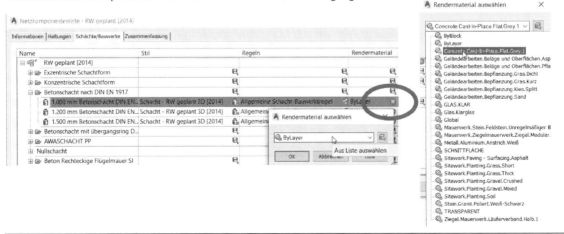

3 Darstellungs-Stil-Eigenschaften, Liste der Darstellungs-Optionen

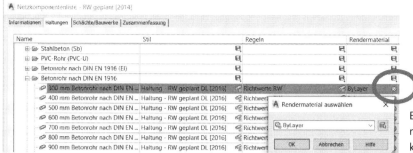

Eine derartige Materialzuweisung wird nicht empfohlen. Es macht eventuell keinen Sinn mehrere Abwassersysteme, die in Beton ausgeführt sind im „3D" in Beton zu sehen. Es macht mehr Sinn die Vorauswahl auf „ByLayer" (von Layer) zu lassen, weil die 3D-Darstellung die Leitungssysteme farbig darstellt (Farbe vom Layer). Die Orientierung und das Erkennen von Problemen im 3D ist so leichter.

Rendermaterial „ByLayer"

Darstellung mit Rendermaterial „Contrete.Cast ..."

Was ist ein Kostenpunkt?

Den Kostenpunkt muss man als Option für Auswertungen des geplanten Projektes verstehen.

Civil 3D bietet mehre Möglichkeiten das ausgeführte Projekt auszuwerten und Zahlen zu ermitteln, die eine Ausschreibung oder eine Bauablaufplanung ermöglichen. Viele der Auswertungen oder Protokolle stehen im „Werkzeugkasten" zur Verfügung.

Protokoll Ausgabe als Funktion (Werkzeugkasten)

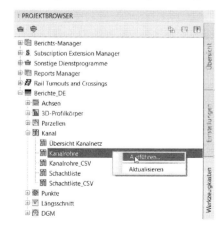

3 Darstellungs-Stil-Eigenschaften, Liste der Darstellungs-Optionen

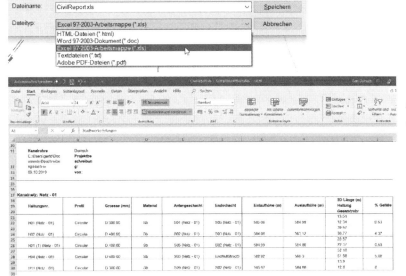

Ausgegebenes Protokoll, Funktion des „Werkzeugkasten"

Besonderheiten bei der „Kostenpunkt"-Verknüpfung und -Ausgabe

Der „Kostenpunkt" ist eine zusätzliche Auswertefunktion, die im Projekt zwei Funktionen bieten kann. Die erste Option ist eine Positionsnummern-Zuweisung, die an das jeweils im Büro verwendete Ausschreibungsprogramm angepasst sein kann. Das heißt jedem im Projekt eingezeichneten Objekt (hier Rohre und Schächte) kann entsprechend dem Ausschreibungsprogramm eine Positionsnummer zugewiesen sein, die eine Ausgabe ermöglicht.

Im Bild ist ein Ausschnitt einer Liste von Ausschreibungspositionen dargestellt, die als Mengenposition den Rohren und Schächten zugewiesen sein kann.

Der „Kostenpunkte" (Nummer, Ziffernfolge) kann eine eigene frei definierbare Zahlenfolge sein.

Im folgenden Bild ist die Kostenpunktzuweisung in der Netzkomponentenliste für Haltungen und Schächte zu sehen.

Haltungen:

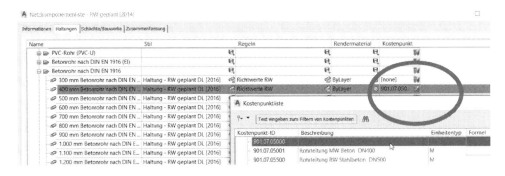

Schächte:

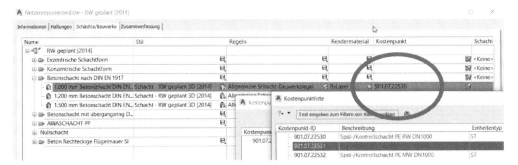

3 Darstellungs-Stil-Eigenschaften, Liste der Darstellungs-Optionen

Ist eine Nummer (Kostenpunkt-Bezeichnung) eingetragen, so kann die Auswertung erfolgen.

Hinweis:

Der Eintrag muss erfolgen, bevor das Objekt (Rohr oder Schacht) gesetzt ist, also bevor das Objekt als Bestandteil der Zeichnung konstruiert ist.

Mit der Vergabe der Nummer (Kostenpunkt) ist folgende Auswertung möglich.

```
            Zusammenfassung des Ermittlungsberichts
Kostenpunkt-ID  Beschreibung                        Menge    Einheit
901.07.05000    Rohrleitung RW Beton DN400          143.312  M
901.07.05500    Rohrleitung RW Stahlbeton DN500     67.924   M
901.07.10530    Kontrollschacht RW DN1200           5        ST
901.07.22530    Spül-/Kontrollschacht PE RW DN1000  5        ST
```

Zusätzlich kann der Kostenpunkt um eine Formel oder Faktoren ergänzt sein. in dem Beispiel ist das ein Preis (Beispiel: 25 €). Mit dieser Variante lassen sich Kosten für ein Projekt ermitteln. Unterschiedliche Konstruktionsvarianten ergeben so gleichzeitig einen Überblick über die zu erwartenden Kosten.

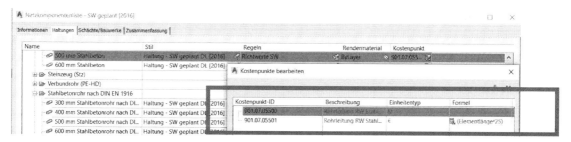

```
            Zusammenfassung des Ermittlungsberichts
Kostenpunkt-ID  Beschreibung                        Menge    Einheit
901.07.05000    Rohrleitung RW Beton DN400          143.312  M
901.07.05500    Rohrleitung RW Stahlbeton DN500     67.924   M
901.07.05501    Rohrleitung RW Stahlbeton DN500     1698     €
901.07.10530    Kontrollschacht RW DN1200           5        ST
901.07.22530    Spül-/Kontrollschacht PE RW DN1000  5        ST
```

Die Berechnung von Kosten ist nicht die einzige Option. Die Formeleingabe lässt weitere Berechnungs-Varianten zu, die eventuell über die vorgestellte Variante Kostenberechnung hinausgeht.

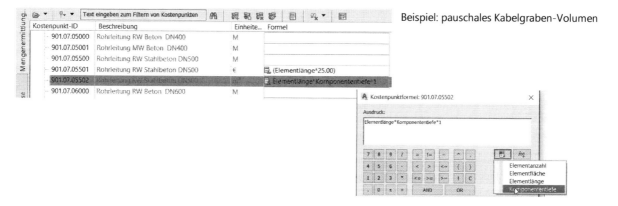

Beispiel: pauschales Kabelgraben-Volumen

Gert Domsch, CAD-Dienstleistung

3 Darstellungs-Stil-Eigenschaften, Liste der Darstellungs-Optionen

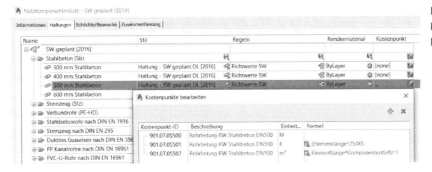

Das Bild zeigt die zugewiesenen Kostenpunkte am Rohr (Mengen-Berechnungs-Positionen).

Ausgabe der vereinbarten Mengen als Bestandteil der Gesamtausgabe.

```
             Zusammenfassung des Ermittlungsberichts
Kostenpunkt-ID  Beschreibung                      Menge     Einheit
901.07.05000    Rohrleitung RW Beton DN400        143.312   M
901.07.05500    Rohrleitung RW Stahlbeton DN500   67.924    M
901.07.05501    Rohrleitung RW Stahlbeton DN500   1698      €
901.07.05502    Rohrleitung RW Stahlbeton DN500   206       m³
901.07.10530    Kontrollschacht RW DN1200         5         ST
901.07.22530    Spül-/Kontrollschacht PE RW DN1000 5        ST
```

Die Option „Kostenpunkt" lässt zusätzliche oder unterschiedliche Berechnungen innerhalb der Planung zu. Der Begriff Mengenposition könnte die Funktionalität umfassender erläutern.

Warum Schacht- und Bauwerkstyp angeben?

Ab der Version Civil 3D 2019 gibt es als Bestandteil der Komponentenliste (Netzkomponentenliste) für den Schacht eine zusätzliche Eigenschaft, den „Schacht- und Bauwerkstyp".

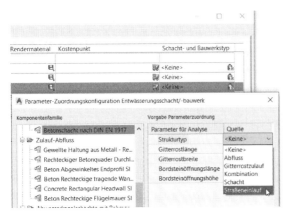

Die „Schacht- und Bauwerkstyp"-Definition legt für eine eventuelle spätere Berechnung oder Dimensionierung die Art des Zulaufes fest. Ein Schacht kann als „nur" Schacht oder Einlauf, Auslauf, Gitterrost usw. funktionieren oder definiert sein. Über die Art des Zulaufes wird im Berechnungsprogramm (eventuell „Storm Sewers") der Strömungsbeiwert festgelegt. Mit der Vergabe von Eigenschaften kann die Analyse genauere Berechnungsergebnisse liefern.

3.23 „Druckleitung", Rohre Darstellungs-Stil, Begriffsdefinition

Das Civil 3D Rohr ist ein echtes 3D-Rohr mit allen Eigenschaften, die in einem CAD zu einem Rohr gehören sollten. Alle Eigenschaften sind immer und in allen Ansichten verfügbar, unabhängig ob Kanal oder Druckleitung. Es gibt bei beiden Varianten Mittellinie, Innenwand, Außenwand, optionale Anpassung der End-Linie und eine 3D-Darstellung. Allein der Darstellungs-Stil bestimmt die Elemente, die vom Rohr in einer Zeichnung zu sehen sind oder in der Situation zu sehen sind, die gebraucht wird (Entwurf, RI-Schema oder Ausführung).

Zwischen den Rohren/Leitungen aus dem Bereich „Kanal" gibt es praktisch keinen Unterschied zu den Rohren/Leitungen aus dem Bereich „Druckleitungen". Der Unterschied zwischen „Kanal" und „Druckleitung" besteht in der Datenbank und den für die Konstruktion bereitgestellten Bestandteilen. Für „Kanal" werden Schächte und Bauwerke bereitgestellt (Schächte, Ein- und Auslaufbauwerke, Sinkkästen, Zulaufbauwerke).

3 Darstellungs-Stil-Eigenschaften, Liste der Darstellungs-Optionen

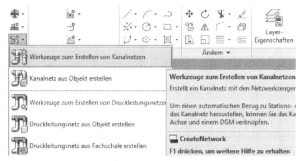

Für „Druckleitungen" werden Anschlussstücke und Ausbauteile bereitgestellt. Bögen Muffen und T-Stücke und Kreuzungen sind Bestandteile der Anschlussstücke. Hydranten, Schieber und Entlüftungsschächte sind Bestandteil der Ausbauteile.

Hinweis:

Die Abkürzung „VL" und „DL" hat bei „Druckleitung" die gleiche Bedeutung wie bei „Kanal". Auch bei den Darstellungs-Stilen für Rohre (Haltungen) innerhalb von Druckleitung steht „VL" für „Volllinie". In diesem Fall ist nur die Mittellinie des Rohres dargestellt, zusätzlich in besonderer Linienstärke. „DL" steht für „Doppellinie". In diesem Fall wird vom Rohr die Außenwand gezeigt (Darstellungs-Stil, maßstäblich). In beiden Fällen („VL" und „DL") sind alle anderen Eigenschaften trotzdem berechnet oder vorhanden, jedoch nicht sichtbar oder ab geschalten. Für den Anwender heißt das, auch bei Druckleitungen sind immer alle Eigenschaften im Darstellungs-Stil verfügbar. Von Stil zu Stil ist jeweils nur ein Teil der verfügbaren Eigenschaften eingeschalten.

3.23.1 „Druckleitung", Rohre Darstellungs-Stil

Um den Darstellungs-Stil für Rohre und Leitungen von „Druckleitungen" zu erläutern wird ein neuer Darstellungs-Stil angelegt.

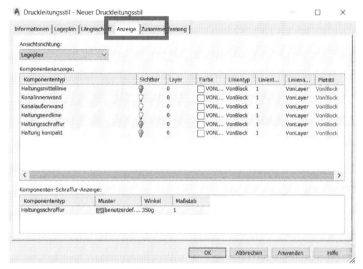

Zu beachten ist auch hier, der richtige Darstellungs-Stil sollte als Bestandteil der „Komponentenliste" (Netzkomponenten-Liste) aufgerufen sein, weil diese unter anderem auch für die Darstellung innerhalb der Konstruktion verantwortlich ist.

Das Bild zeigt den Aufruf des neuen Darstellungs-Stils als Bestandteil der Komponentenliste (Druckleitung).

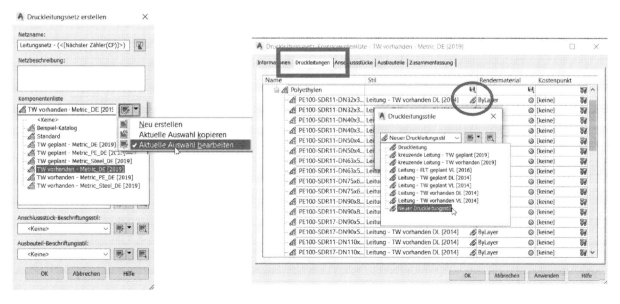

3 Darstellungs-Stil-Eigenschaften, Liste der Darstellungs-Optionen

Die Beschreibung beginnt mit der Karte Anzeige. Wie bei allen Darstellungs-Stilen ist die wichtigste Karte die Karte „Anzeige". Hier wird die Sichtbarkeit der Unterelemente bestimmt. Aber auch hier gehört zur Eigenschaft „Lageplan (2D)" eine zweite Karte „Lageplan", mit einigen wesentlichen Untereigenschaften. Man sollte hier auch rechts beginnend von der Karte „Anzeige" nach links in Richtung Karte „Lageplan" lesen. Unabhängig von der Sichtbarkeit werden alle Elemente der Karte „Anzeige" gleichzeitig berechnet und liegen immer vor.

- Lageplan (2D)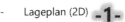

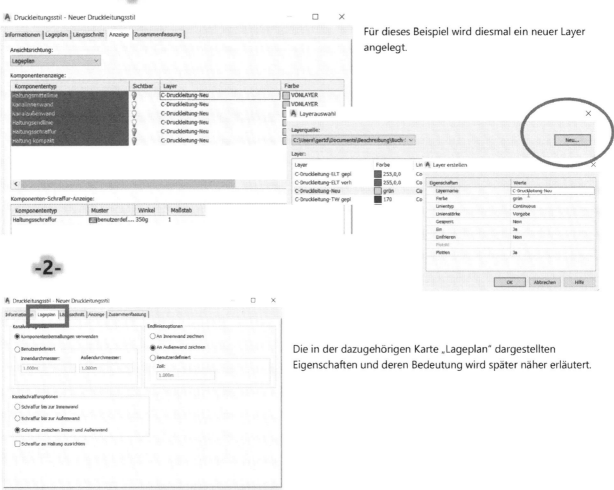

Für dieses Beispiel wird diesmal ein neuer Layer angelegt.

Die in der dazugehörigen Karte „Lageplan" dargestellten Eigenschaften und deren Bedeutung wird später näher erläutert.

- Modell (3D)

Für das Modell gibt es keine zusätzliche Eigenschaft bzw. Karte.

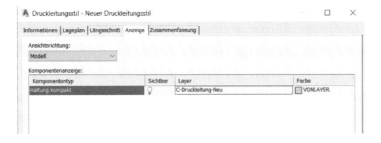

3 Darstellungs-Stil-Eigenschaften, Liste der Darstellungs-Optionen

- Längsschnitt (Höhenplan)

Die in der dazugehörigen Karte „Längsschnitt" dargestellten Eigenschaften und deren Bedeutung werden anschließend näher erläutert.

- Querprofil (Querprofilplan)

Für das Querprofil gibt es keine zusätzliche Eigenschaft bzw. Karte.

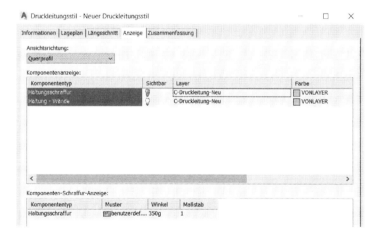

3.23.2 Erläuterung „Lageplan (2D)"

Ein Rohr hat wie im Kanal die „Haltung", die gleichen Eigenschaften. Als Erstes wird die Mittellinie auf der Karte „Anzeige" gezeigt.

3 Darstellungs-Stil-Eigenschaften, Liste der Darstellungs-Optionen

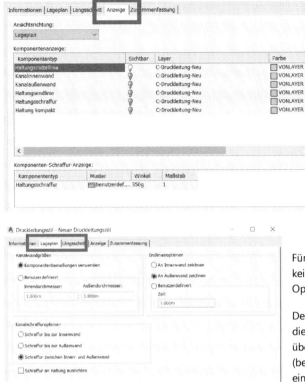

Für die Darstellung der Mittellinie gibt es auf der Karte „Lageplan" keine zusätzlichen Optionen für die Mittellinie. Die hier gezeigten Optionen gelten für die anderen Elemente der Karte „Anzeige".

Der Begriff „Komponentenbemaßung verwenden" bedeutet hier, die Rohrdurchmesser und Wandstärken des Kataloges werden 1:1 übernommen. Die Option „Benutzerdefiniert" zu wählen (benutzerdefinierte Angaben für die Rohrdimension), kann nur eine Ausnahme sein. Zu beachten ist, dass die Aktivierung dieser Einstellung dann für alle Rohre dieses Typs einer Zeichnung gilt.

Wie im „Kanal" gibt es die Innenwand und Außenwand und zwischen beiden kann eine Schraffur erstellt sein.

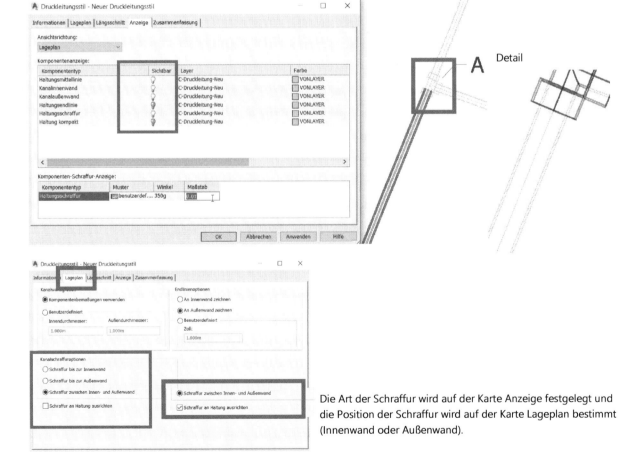

Die Art der Schraffur wird auf der Karte Anzeige festgelegt und die Position der Schraffur wird auf der Karte Lageplan bestimmt (Innenwand oder Außenwand).

Im Bild wird nochmals die Karte Anzeige gezeigt. Der Winkel und der Maßstab sind zu beachtende Eigenschaften für die Sichtbarkeit der Schraffur. Aufgrund der geringen Wandungsstärke sind hier kleine Maßstäbe zu wählen.

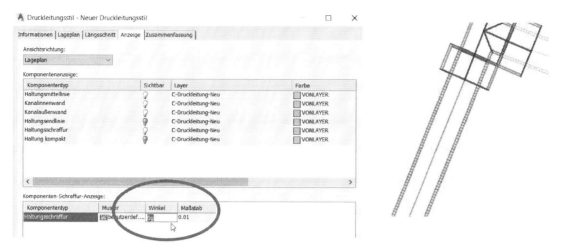

Um die Eigenschaft „Haltungsendlinie zu zeigen, wird vorübergehend das „Anschlussstück" (T-Stück, T-Abzweig) ab geschalten.

Die Rohrendlinie (Haltungsendlinie, End-Linienoption) ist eine Querlinie, die am Ende des Rohres von Innenwand zu Innenwand, Außenwand – Außenwand, oder benutzerdefiniert das Rohr-Ende beschreiben kann.

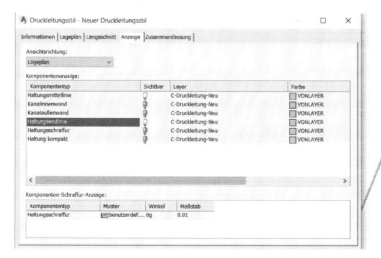

3 Darstellungs-Stil-Eigenschaften, Liste der Darstellungs-Optionen

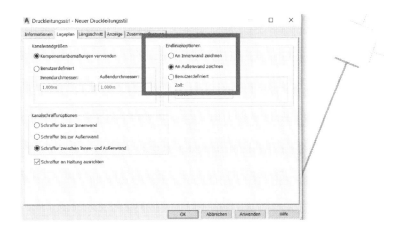

Die Darstellungsoption „Haltung kompakt" zeigt das Rohr mit Mittellinie und Rand. Diese Darstellung zeigt das Rohr bereits mit den 3D-Eigenschaften, obwohl zusätzlich eine „Modell 3D" Option gibt.

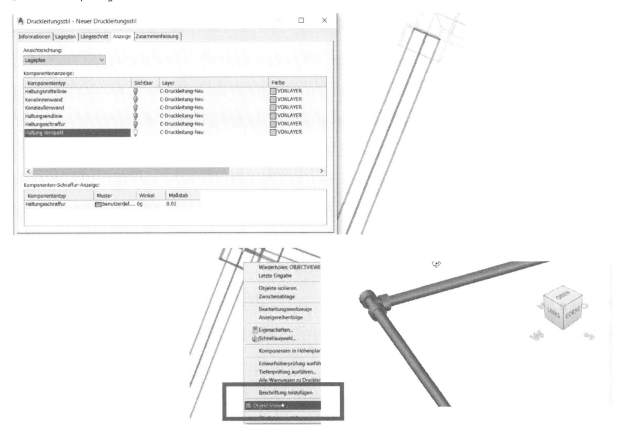

3.23.3 Erläuterung „Modell (3D)"

Zur Erläuterung der „Modell"-Eigenschaften (3D) wird für die Ansicht „Lageplan" nur die Option Mittelline aktiviert. Damit bleibt das Rohr in der 2D-Ansicht auswählbar.

- Lageplan

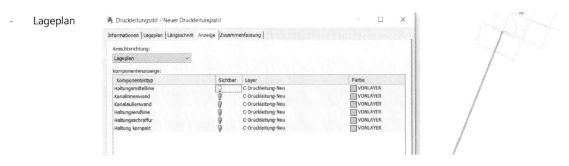

- Modell (Darstellung-Eigenschaft für 3D-Ansichten)

Das Modell (3D) hat keine eigenen zusätzlichen Eigenschaften, keine zusätzliche Karte. Durch die Auswahlmöglichkeit im Lageplan kann einfach in eine 3D-Ansicht gewechselt werden (Modell).

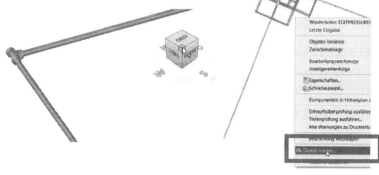

3.23.4 Erläuterung „Längsschnitt (Höhenplan)"

Die Darstellung der Haltung im Höhenplan (Längsschnitt) besitzt ebenfalls vielfältige Eigenschaften.

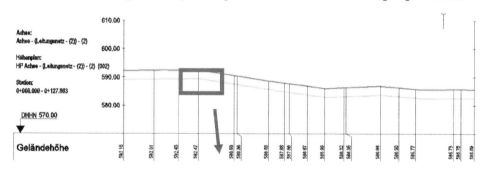

Detail:

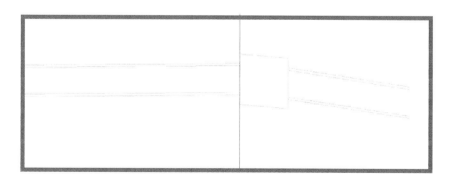

3 Darstellungs-Stil-Eigenschaften, Liste der Darstellungs-Optionen

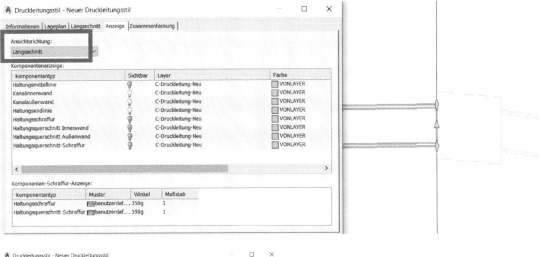

Die Längsschnitteigenschaften lassen sich wie im Fall Lageplan durch zusätzliche Optionen steuern. Diese zusätzlichen Optionen entsprechen dem Lageplan und werden hier nicht zusätzlich erläutert.

Die aufrufbaren Schraffuren entsprechen den AutoCAD Schraffuren und entsprechen der geladenen *.pat-Datei (Schraffur-Muster).

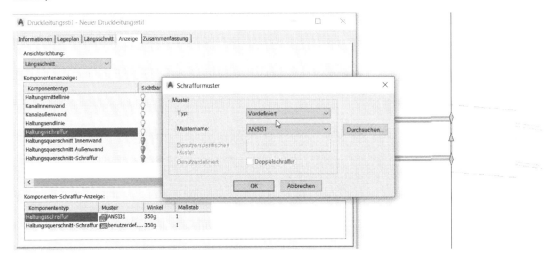

Zu beachten ist auch hier, wenn eine Schraffur-Option aktiviert ist (Schraffur zwischen Außen- und Innenwand) dann ist für die Sichtbarkeit unbedingt die Spalte „Maßstab" zu kontrollieren. Bei der Wahl eines zu großen Maßstabs ist die Schraffur eventuell nicht sichtbar.

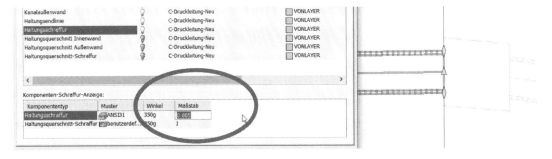

3 Darstellungs-Stil-Eigenschaften, Liste der Darstellungs-Optionen

Der „Haltungsquerschnitt..." (Rohrquerschnitt) ist eine Einstellung, die für den Fall gilt, es kreuzt ein Rohr (Haltung) den Längsschnitt (Höhenplan). In diesem Fall kann die Darstellung des Rohres „geschnitten" (als Querschnitt) eingestellt sein.

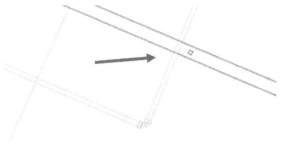

Die optionale Querschnittsdarstellung kann auch Innenwand-, Außenwand und Schraffur besitzen.

Hinweis-1:

Die Darstellung erfolgt in Höhe und Dimension bei der Position, wo die Achse dieses Rohr schneidet. Bei der Schraffur ist wiederum der „Maßstab" zu beachten. Bei einem zu großem Maßstabs-Wert ist die Schraffur eventuell nicht zu erkennen.

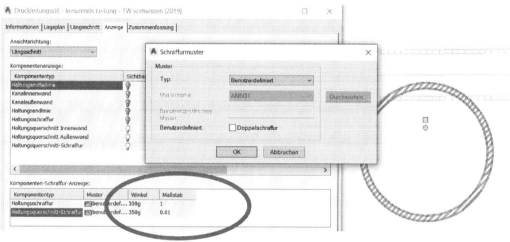

Hinweis-2:

Der Stil zur Darstellung kreuzender Leitung ist separat als Bestandteil des Höhenplans aufzurufen, als „Stilüberschreibung". Damit ist gewährleistet, dass dieser Stil nur in dieser einen Situation gültig ist. Die Civil 3D-Stile zeigen in dieser Situation vielfach nur die Innenwand! Der Hinweis gilt für Kanal und Druckleitung.

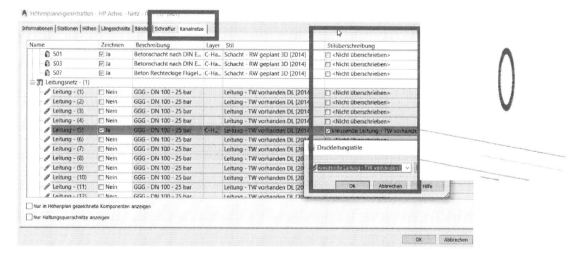

3.23.5 Erläuterung „Querprofil (Querprofilplan)"

So wie eine dynamische Darstellung in Lageplan und Höhenplan möglich ist, kann auch die Darstellung im Querprofilplan aktiviert sein. Auch diese Darstellung wird sich dynamisch verhalten und besitzt optional die Anzeige von Innen-, Außenwand und Schraffur.

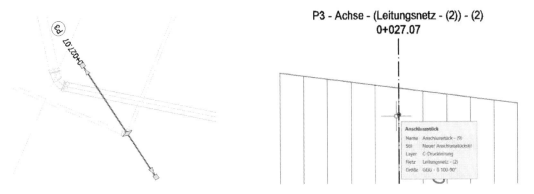

Innen- und Außenwand sind hier nicht getrennt steuerbar. Beide Wände werden in einer Einstellung „Haltung – Wände" zusammengefasst (Rohre-Wände)

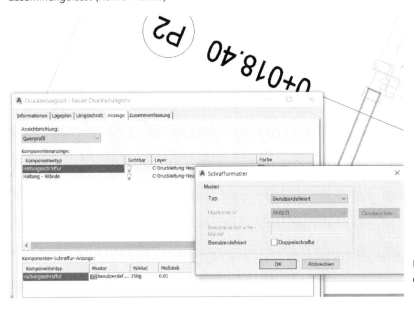

Ist die Schraffur aktiviert, so auch hier die der Maßstab zu beachten.

Detail:

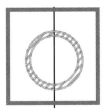

3.24 „Druckleitung", Anschlussstück, Begriffsdefinition

Unter dem Begriff „Anschlussstück" sind Bögen oder Verzweigungen (T-Stücke, Muffen, Kreuzungen) zu verstehen. Diese Anschlussstücke können mit dem zugewiesenen Darstellungs-Stil vom Rohr abweichen oder der Rohrdarstellung entsprechen.

3.24.1 Erläuterung „Lageplan (2D)"

Für die Beschreibung wird ein neuer Darstellungs-Stil erstellt. Im Bild ist der Aufruf als Bestandteil der Komponentenliste zu sehen (Druckleitung).

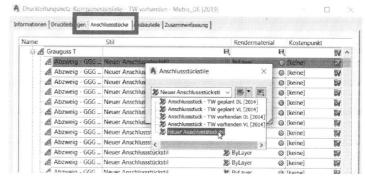

- Anzeige

Wie bei jedem Objekt beginnt der wichtige Teil der Beschreibung mit der Karte „Anzeige"

- Lageplan (2D)

Im „Lageplan" kann dieses Bauteil nur an oder ausgeschalten sein.

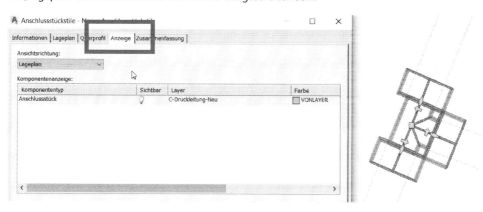

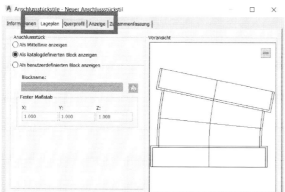

Für Details der Darstellung im Lageplan gibt es in der Karte „Lageplan" weitere Optionen. Die Darstellung „als katalogdefinierten Block anzeigen" ist voreingestellt. Das heißt das Bauteil wird so gezeigt, wie im Katalog beschrieben (Zugang: Inhaltskatalog Editor). Der „Inhaltskatalog Editor" ist als separates Programm außerhalb von Civil 3D zu starten.

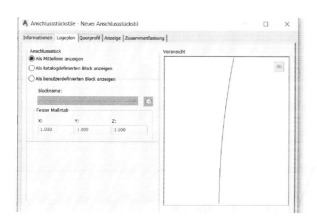

Die Option „als Mittellinie anzeigen" könnte dazu dienen, die Konstruktion als Entwurf zu zeigen, als Entwurf zu drucken, obwohl alle Elemente bereits 3D vorliegen.

3 Darstellungs-Stil-Eigenschaften, Liste der Darstellungs-Optionen

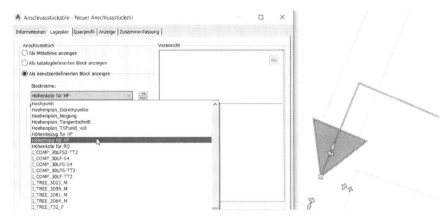

Das Anschlussstück kann durch einen Block ersetzt sein.

Im Fall es handelt sich um einen Hausanschluss, dann wird dieser eventuell nur symbolisch angezeigt. Im Bild wird ein Block der Zeichnung ausgewählt und als Darstellungselement gezeigt, der eigentlich für einen Höhenplan gedacht ist. Fachlich wäre das eventuell nicht korrekt.

3.24.2 Erläuterung „Modell (3D)"

Mit dem Abschalten der Funktion ist das „Anschlussstück" im Lageplan noch sichtbar aber im Modell (3D) ab geschalten.

Lageplan　　　　　Modell

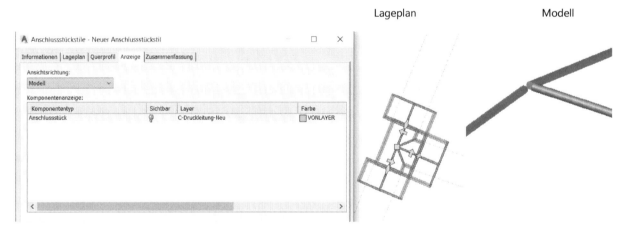

Eine zusätzliche Enstellung gibt es nicht für diese Ansicht.

3 Darstellungs-Stil-Eigenschaften, Liste der Darstellungs-Optionen

3.24.3 Erläuterung „Längsschnitt (Höhenplan)"

Für den Längsschnitt (Höhenplan) wird als Bestandteil des Darstellungs-Stils nur die Option des Ein- oder Ausschaltens angeboten.

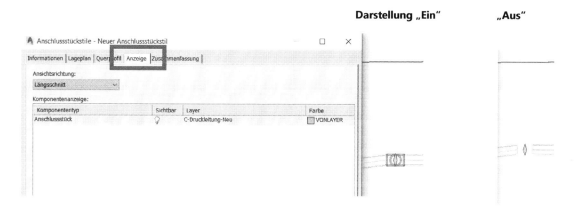

3.24.4 Erläuterung „Querprofil (Querprofilplan)"

Der Schnitt erfolgt entlang der ausgewählten Schnittlinie.

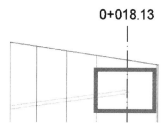

Die Darstellung kann aus Anschlussstück-Wand-Darstellung und Schraffur (Material) bestehen. Beide Eigenschaften sind getrennt steuerbar. Im Fall „Schraffur" ist der Maßstab zu beachten.

Lageplan Schnittdarstellung

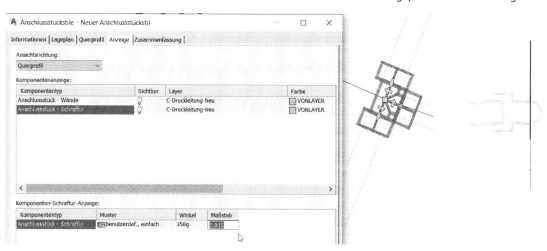

3 Darstellungs-Stil-Eigenschaften, Liste der Darstellungs-Optionen

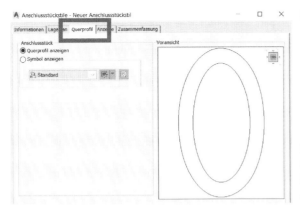

Die Basiseinstellung zeigt das Rohr als „Querschnitt".

Die Anzeige des Bauteils kann durch ein Symbol ersetzt sein, um eventuelle Schema-Pläne zu komplettieren. Als Bestandteil des Symbols selbst, kann zusätzlich ein Block geladen sein, der für das Anschlussstück eine normgerechte Darstellung zeigen kann.

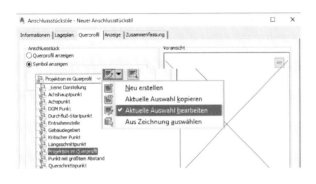

3.25 „Druckleitung", Ausbauteile, Begriffsdefinition

Unter dem Begriff „Ausbauteile" sind Schieber, Hydranten Entlüftungsventile oder Druckminderer zu verstehen. Diese Ausbauteile können auch hier mit dem zugewiesenen Darstellungs-Stil vom Rohr abweichen oder der Rohrdarstellung entsprechen. Das bild zeigt den Aufruf in der Komponentenliste.

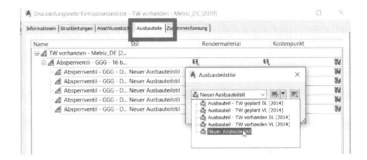

3.25.1 Erläuterung „Lageplan (2D)"

Eine Darstellung des „Ausbauteils" ist für den Lageplan nur ein- oder ausschaltbar.

3 Darstellungs-Stil-Eigenschaften, Liste der Darstellungs-Optionen

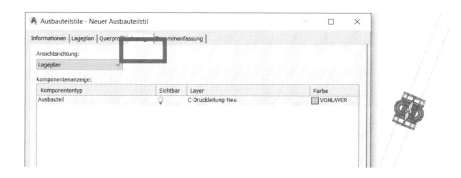

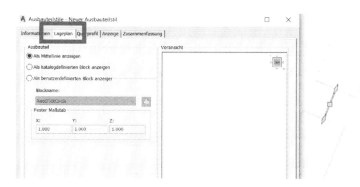

Die Darstellung kann zusätzlich auf der Karte „Lageplan" gesteuert sein. Das erste Bild zeigt die Darstellung als „Mittellinie".

Die Einstellung „Als katalogdefinierten Block anzeigen" zeigt das Ausbauteil in der Form, wie es im „Inhaltskatalog Editor" definiert ist.

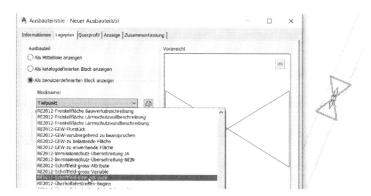

Mit der Einstellung „Als benutzerdefinieren Block anzeigen" kann die Darstellung durch ein Symbol überschrieben sein.

Im Bild wird ein innerhalb der Zeichnung geladener Block gezeigt. Der dargestellt Block ist eventuell fachlich nicht korrekt.

3.25.2 Erläuterung „Modell (3D)"

Die Bilder zeigen die Lageplan Ansicht von „oben" und die 3D Ansicht „ISO S-W". Die Darstellung ist nur ein- und ausschaltbar.

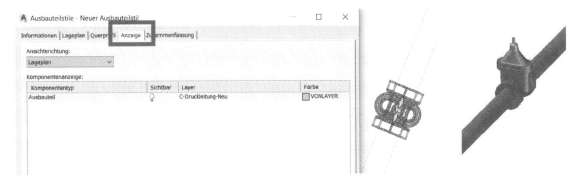

3.25.3 Erläuterung „Längsschnitt (Höhenplan)"

Als Bestandteil des Höhenplans kann das Ausbauteil wiederum nur ein- oder ausgeschalten sein. Für den Höhenplan (Längsschnitt) gibt es keine zusätzlichen Einstellungen.

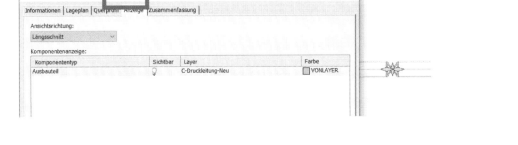

Das Bild zeigt von links nach rechts ein T-Stück, ein Rohr und das Ausbauteil im Längsschnitt (Höhenplan).

3.25.4 Erläuterung „Querprofil (Querprofilplan)"

Als Bestandteil des Querprofilplans kann für das Ausbauteil die Wand und die Schraffur optional ein- oder ausgeschalten sein.

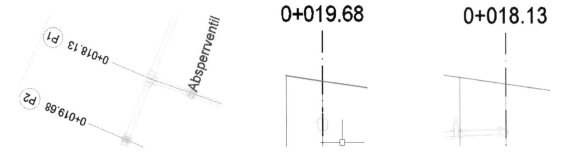

3 Darstellungs-Stil-Eigenschaften, Liste der Darstellungs-Optionen

Für die Schraffur ist wiederum der Maßstab zu beachten.   Lageplan „Oben"   Querprofilplan **„Schieber", Stat. 0+019.68**

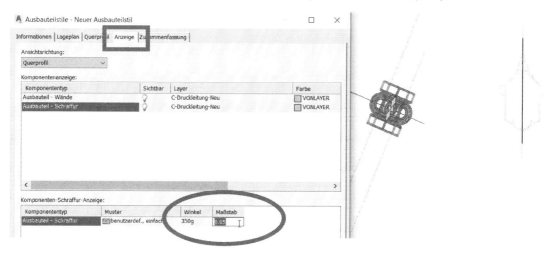

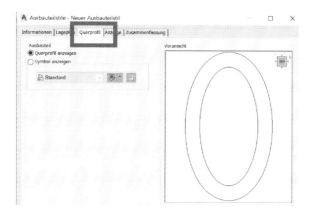

Querprofilplan **„Schieber", Stat. 0+018.13**

Die Darstellung im Querprofilplan entspricht entweder dem Block, der vom „Inhaltskatalog Editor" geladen ist oder kann alternativ durch ein Symbol ersetzt sein.

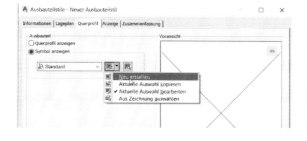
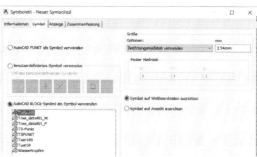

4 Alternative Darstellung von 3D-Elementen am Beispiel „Volumenkörper"

Viele Konstruktionen verlangen Bauteile, die keiner DIN oder Norm entsprechen. Gleichzeitig bedeutet das, solche Bauteile sind in keiner der geladenen Bauteillisten vorhanden, die als Bestandteil der Installation geladen sind. Bauteile oder ergänzende Konstruktionen können als Volumenkörper in alle Ansichten übernommen werden. Im AutoCAD 3D erstellte Volumenkörper sind im Civil 3D verwendbar. Für diese Beschreibung wurde ein zuvor konstruierter Schacht durch einen Volumenkörper ersetzt.

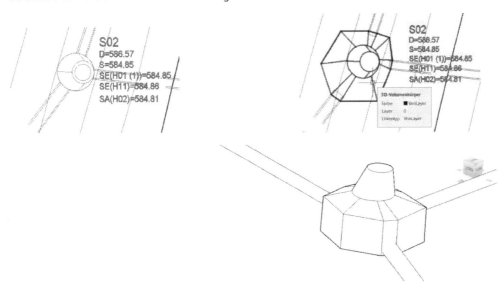

Volumenkörper können auch mit Wand oder „Hülle" erstellt sein.

Wenn eine Konstruktion oder Projekt frei erstellte Volumenkörper verlangt, dann können diese auch in allen Ansichten gezeigt werden. Für die Darstellung im Höhenplan und Querprofilplan ist die Funktion „Objekt in Höhenplan oder Querprofilplan projizieren" ist zu nutzen.

Mit dieser Funktion kann der Volumenkörper in die Höhenplan- und Querprofildarstellung einbezogen werden.

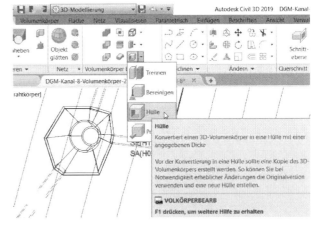

Die „Projektion" verlangt, abhängig vom projizierten Objekt, die Auswahl eines Projektions-Stils (besonderer Darstellungs-Stil). Für die Darstellung des Volumenkörpers im Höhenplan wird „Projektion 3D-Objekte-Schnittfläche" gewählt.

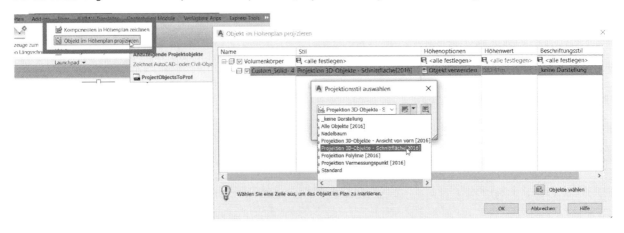

4 Alternative Darstellung von 3D-Elementen am Beispiel „Volumenkörper"

Für die verschiedenen 3D-Objekte werden unterschiedliche Darstellungs-Stile bereitgestellt, um diese Objekte entsprechend im Höhenplan oder Querprofilplan abzubilden.

Links von der Karte Anzeige gibt es auch hier weitere Einstellungs-Optionen, um die Darstellung eventuell zu optimieren.

Längsschnitt: Querprofil:

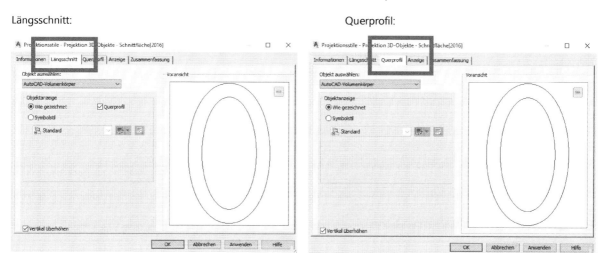

4.1 Längsschnitt-Optionen

Für alle Projektions-Objekte werden einheitliche Darstellungs-Stile verwendet. Die Darstellungs-Stile reichen vom 3D-Volumenkörper über den 3D-Block bis zum 3D-Punkt. Alle Darstellungs-Stile haben Einstellungen für die genannten Objekte. Es ist unbedingt darauf zu achten welche Einstellungen jeweils sinnvoll oder unsinnig sind. Die entsprechenden Optionen sind ein- oder ausgeschalten.

Volumenkörper „Schnittfläche" Baum „Nadelbaum"

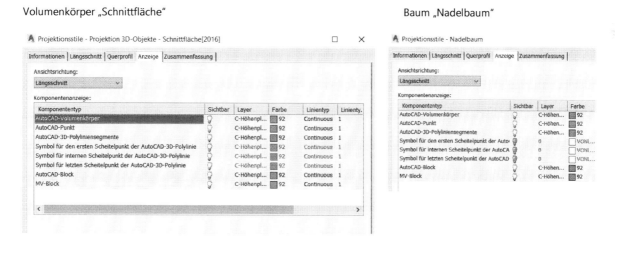

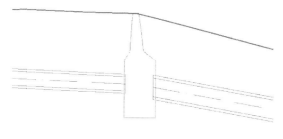

Im Bild wird der Volumenkörper „Schacht" gezeigt, in der Längsschnittdarstellung (Höhenplan).

4 Alternative Darstellung von 3D-Elementen am Beispiel „Volumenkörper"

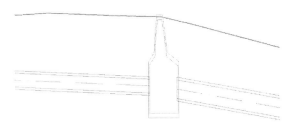

Im Bild wird der Volumenkörper „Schacht" gezeigt, hier mit Wand (hergestellt mit der Funktion „Hülle"), in einer Längsschnittdarstellung (Höhenplan).

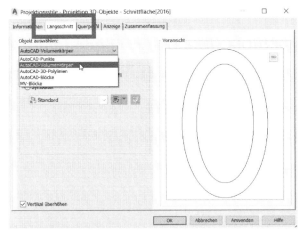

Die Darstellung kann mit den Einstellungen der Karte „Längsschnitt" komplettiert sein. Diese Einstellungen werden wiederum differenziert für die verschiedensten Projektions-Objekte angeboten.

Die Beschreibung und die Bilder sind reduziert auf das Thema Volumenkörper.

Das Bild zeigt die Karte „Längsschnitt" mit den Optionen „Wie gezeigt", „Querprofil" und „Vertikal überhöhen" für den geschnittenen Volumenkörper.

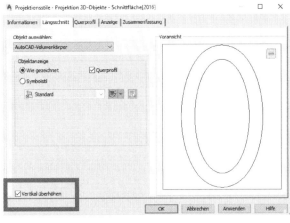

Wird die Option Querprofil ab geschalten, so wird der Volumenkörper mit seiner Fläche gezeigt.

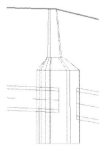

Wird der Schalter „Vertikal überhöhen" deaktiviert, so wird die Überhöhung entfernt, auch wenn der Höhenplan eine Überhöhung besitzt.

Gert Domsch, CAD-Dienstleistung

4 Alternative Darstellung von 3D-Elementen am Beispiel „Volumenkörper"

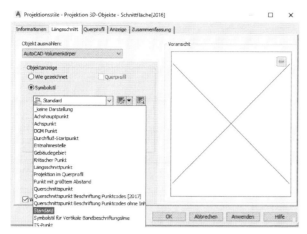

Die Option den Volumenkörper durch ein Symbol zu ersetzen, erscheint nicht unbedingt logisch. Diese Funktion wäre auch ohne Volumenkörper eventuell mit dem „Nullschacht" realisierbar.

Die Funktion ist im Zusammenhang mit Entwurfsplänen und Schemata zu sehen. In diesem Fall kann das Symbol den Schacht ersetzen.

4.2 Querprofil-Optionen

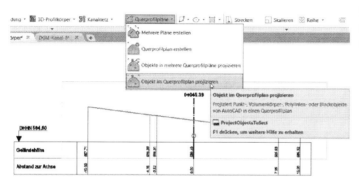

Der Volumenkörper kann auch im Querprofilplan dargestellt sein. Die Funktion zur Darstellung ist der zuvor erläuterten Höhenplanfunktion sehr ähnlich.

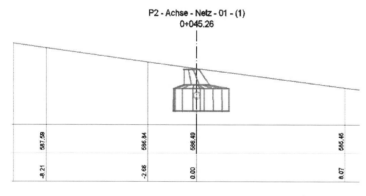

Als wesentlicher Bestandteil der Funktion wird auch hier ein Darstellungs-Stil zugewiesen, der alle Bestandteile der Darstellung steuert.

Es ist unbedingt darauf zu achten, welche Art von Objekt dargestellt werden soll und es ist entsprechend dem Objekt der Darstellungs-Stil auszuwählen. Die Einstellungen sind auch hier für mehrere unterschiedliche Objekte gültig. Mit dem Projektions-Stil können 3D-Volumenkörper, 3D-Blöcke, 3D-Linien, 3D Polylinien oder 3D-Punkte in einen Querprofilplan projiziert sein.

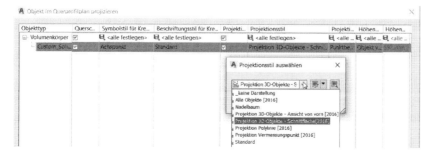

4 Alternative Darstellung von 3D-Elementen am Beispiel „Volumenkörper"

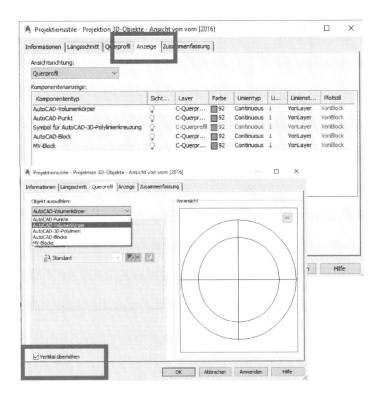

Die Funktion „Vertikal überhöhen" wird hier auch angeboten. Es ist in Deutschland jedoch nicht üblich Querprofilpläne überhöht darzustellen. Da der Körper nicht reagiert obwohl die Funktion aktiviert ist, ist davon auszugehen, dass die Funktion den Wert der Überhöhung aus der Querprofilplaneigenschaft liest.

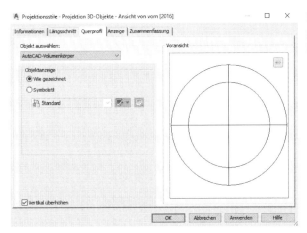

Für die Darstellung gibt es nur eine Eigenschaft „Wie gezeichnet". Optional kann auch hier die Volumenkörper-Darstellung durch ein Symbol ersetzt sein.

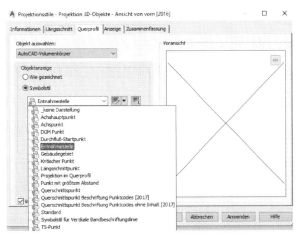

Die Darstellung als Symbol macht eher nur Sinn im Zusammenhang mit Entwurfsplänen und Schemata.

5 Beschriftungs-Stil, Beschriftungs-Satz

Um die Beschriftungsfunktionen besser zu verstehen, sollte man bei allen Funktionen des Civil 3D folgendes Verständnis haben, man sollte folgende Vorstellung verinnerlich. Die 3D Objekte, die mit Civil 3D gezeichnet werden, bauen im Hintergrund, als Bestandteil der Zeichnung eine Datenbank auf. Es wird mit der Konstruktion eine Datenbank ähnliche Struktur im RAM (Speicher) des Computers erstellt. Auf diese Datenbank greift die Beschriftung permanent und ohne Zeitverzug zurück. Das heißt, wenn eine Beschriftung erstellt ist, so können die meisten Civil 3D-Objekt permanent bearbeitet werden. Die Beschriftung wird in der Regel dynamisch mitgeführt. Diese „Dynamik" kann optional ein- oder ausgeschaltet sein, um auch größere Änderungen auszuführen. In einigen Sondersituationen kann die „Dynamik" auch hinderlich sein.

Gleichzeitig ist die Beschriftung durchgehend mit dem eingestellten Maßstab verknüpft. Alle Beschriftungen sind im Modellbereich maßstabsabhängig. Die durchgehende Maßstabsabhängigkeit dient dazu, die Darstellung bereits im Modellbereich bezogen auf den Maßstab zu kontrollieren. Der Modellbereich kann so bereits die spätere Plot-Ansicht des Objektes zeigen. Es können bereits im Modellbereich alle Objekte so platzieren sein, dass ein späteres Drucken problemloser möglich wird.

Der Zugang zu den Bestandteilen der Beschriftung erfolgt über eine eigene Funktion. Die Beschriftung ist, aufgrund der direkten „Verknüpfung mit dem Objekt" und der „Maßstabsabhängigkeit bereits im Modellbereich", auf keinen Fall mit dem AutoCAD- „Text"- „M-Text" oder Bemaßungen zu verwechseln.

Basis der Civil 3D Beschriftungs-Funktionen sind Beschriftungs-Stile (Beispiel: Punkt) oder Beschriftungs-Sätze (Beispiel: Achse). Beschriftungs-Sätze sind eine Sammlung mehrerer Beschriftungs-Stile, weil an einigen Objekten mehrere Eigenschaften, unabhängig voneinander, zu beschriften sind. Die Zugangs-Struktur zu den einzelnen Funktionen der Beschriftung und die Bearbeitungsmöglichkeiten sind nicht durchgehend und einheitlich strukturiert. Vorrangig ist der Zugang zur Beschriftung, am Objekt zu suchen.

5.1 Zugang zum Beschriftungs-Stil

Zugang zur Beschriftung, Beispiel: „Punkt"

Der Zugang zur Beschriftung, „Rechtsklick" auf einen Civil 3D-Punkt (COGO-Punkt, Punktgruppen-Eigenschaften) ist ein Weg, der die Beschriftungseigenschaft zeigen kann. Wird hier eine Änderung der Beschriftung vorgenommen, so ändert sich die Beschriftungseigenschaft der gesamten Punktgruppe.

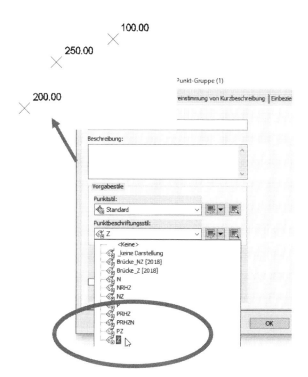

5 Beschriftungs-Stil, Beschriftungs-Satz

Der Zugang „Rechtsklick" (Punkte bearbeiten...) kann optional die Beschriftungseigenschaft eines einzelnen Punktes ändern, unabhängig von der Punkt-Gruppe. Die Bearbeitung erfolgt im „Panoramafenster". Das „Panorama-Fenster" zeigt die Datenbank zum Punkt. Im Bild wird nur ein sehr geringer Teil der Datenbank (Tabelle) gezeigt.

Hinweis:

Die Eigenschaft „Punktbeschriftungs... (Stil)" ist weit rechts in der Tabelle zu finden!

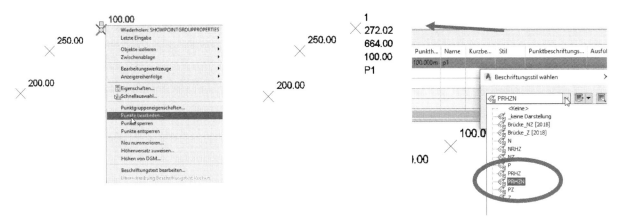

Die Zusatz-Funktion „Beschriftungstext bearbeiten ..." ermöglicht ergänzend zur automatisch geladenen Eigenschaft, eigene Texte hinzu zu fügen. Es sind freie Beschriftungen möglich oder auch die Zuordnung von einzelnen Datenbankeigenschaften.

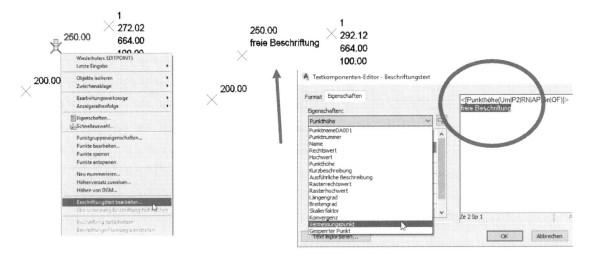

Zugang zur Beschriftung, Beispiel: „Achse"

„Rechtsklick"   „Multifunktions-Menü" (Beschriftung anklicken)

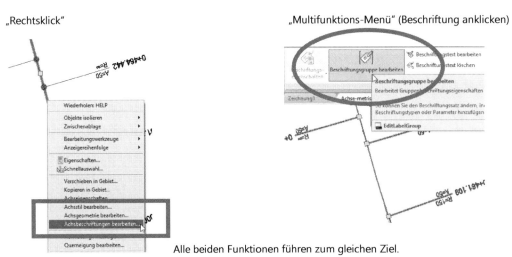

Alle beiden Funktionen führen zum gleichen Ziel.

5 Beschriftungs-Stil, Beschriftungs-Satz

Auf diesem Weg sind Auswahl, Kontrolle, Änderung oder Neuzuweisung des Beschriftungs-Stils bei jedem Objekt möglich. Die Bilder zeigen als Beispiel die Beschriftungs-Funktionen einer Achse.

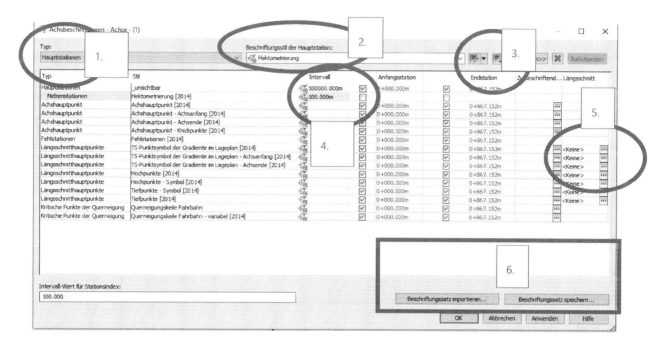

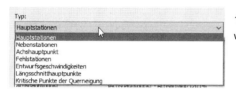

1. **Typ:** Neue Beschriftungs-Eigenschaften können zusätzlich aufgerufen werden.

2. **Beschriftungsstil**: Für jeden Typ stehen mehrere Beschriftungs-Varianten (Beschriftungs-Stile) zur Verfügung.

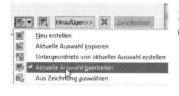

3. **Aktuelle Auswahl bearbeiten:** Jeder der Beschriftungs-Stile ist aufrufbar, verwendbar (Hinzufügen) und bearbeitbar (änderbar).

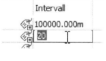

4. **Optionen:** Einzelne Beschriftungs-Stile haben offene Parameter, zum Beispiel das „Intervall". Diese Eigenschaften (Beschriftungs-Parameter) sind änderbar.

5. **Unterobjekte:** Einzelne Beschriftungs-Stille sind mit bestimmten Eigenschaften der Datenbank oder Eigenschaften von Unterobjekten verknüpft. Im Fall „Achse" ist ein Unterobjekt eine zugeordnete Gradiente. Mit dem Aufruf der Gradiente ist deren Neigung, Stationswert, Hoch- und Tiefpunkte im Lageplan sichtbar.

5 Beschriftungs-Stil, Beschriftungs-Satz

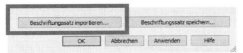

6. **Beschriftungssatz importieren:** Der Zugang zum Wechsel ganzer „Beschriftungs-Stil-Gruppen" oder „Beschriftungs-Sätze" erfolgt über die Funktion „Beschriftungs-Satz importieren".

Beschriftungssatz speichern: Komplette Zusammenstellungen neuer „...-Sätze" sind speicherbar und anschließend sind diese Beschriftungs-Eigenschaften auch zwischen Zeichnungen austauschbar.

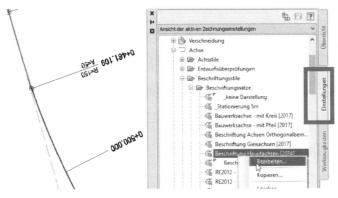

Ein Zugang zum Beschriftungs-Stil ist auch über den Projektbrowser möglich. Dieser Zugang ist in der Praxis eher nur fortgeschrittenen Anwendern zu empfehlen.

Der verwendete Beschriftungs-Stil „Beschriftung-Hauptachsen [2014]" sollte bei erfolgter Zuweisung (Verwendung) ein Symbol zeigen „gelbes Dreieck". Damit sollte klargestellt sein, welcher Beschriftungs-Stil sinnvoll zu bearbeiten ist.

Hinweis:

Das „gelbe Dreieck" symbolisiert jedoch mehr als nur die Verwendung. Es zeigt auch die Voreinstellung für neue Objekte an. Das heißt, wird ein neues Objekt erstellt dann wird dieser Stil als erster für die Neuerstellung gesetzt sein.

Zugang zur Beschriftung, Beispiel: „DGM"

Bei der Erstellung eines DGMs gibt es innerhalb der Objektdefinition keinen Aufruf für eine Beschriftung.

- Objekt-Definition DGM

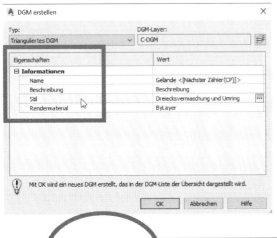

Es gibt innerhalb von Deutschland keinen Standard, der die Beschriftung eines DGMs zwingend verlangt. Das heißt jedoch nicht, dass für DGMs im Civil 3D keine Beschriftung vorgesehen ist.

Für das DGM gibt es optionale Beschriftungen. Diese sind als Bestandteil der Karte Beschriftungen zusätzlich aufzurufen.

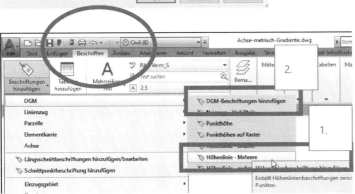

1. Direkter Aufruf: Den Aufruf dieser Beschriftungs-Variante nenne ich gern „direkt beschriften". „Direkt beschriften" bedeutet, ohne Information zum verwendeten Beschriftungs-Stil, erfolgt sofort die Beschriftung.

5 Beschriftungs-Stil, Beschriftungs-Satz

Das heißt, dem Anwender muss bekannt sein oder sollte bekannt sein welcher Beschriftungs-Stil hinterlegt ist. Im Civil 3D ist jeder Beschriftung ein Beschriftungs-Stil hinterlegt!

Im Bild ist das DGM in Höhenlinien dargestellt. Der zugeordnete Darstellungs-Stil zeigt jeden Meter-Höhenunterschied „eine Linie".

Eine Beschriftung mit zwei Nachkommastellen „,00" ist eventuell in einem solchen Fall nicht erforderlich.

2. Beschriftung mit optionaler Stilauswahl: Erfolgt die Beschriftung mit dem Aufruf „DGM-Beschriftung hinzufügen", so wird eine Maske geöffnet, die eine Auswahl von Beschriftungs-Stilen zeigt.

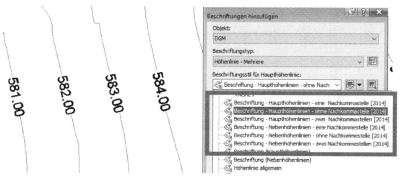

Maske: Beschriftung hinzufügen

Über diese Funktion können bewusst Beschriftungs-Stile ausgewählt und auch zielgerichtet neue Beschriftungs-Stile angelegt werden.

Mit dieser Vorgehensweise wir die Beschriftung zielgerichteter ausgeführt.

Zugang zur Beschriftung, Beispiel: „Rohr"

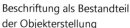

Beschriftung als Bestandteil der Objekterstellung

„Rechtsklick (Kontextmenü)"
Es folgt keine Auswahl-Option.

Die Beschriftung folgt der Objekt-Ausrichtung.
Resultat:

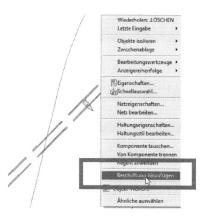

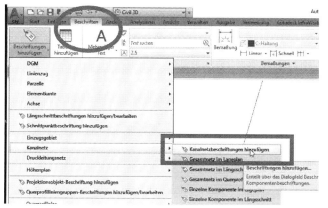

Rohre lassen sich auch mit der freien „Beschriftungsfunktion" nachträglich beliebig beschriften. Hier ist ggf. die Variante „Kanalbeschriftung hinzufügen" vorzuziehen, weil eine freie Auswahl der „Beschriftungs-Stile" (Farbe) oftmals erforderlich ist.

Bei Haltungen (Rohre oder Leitungen) ist im Zusammenhang mit der nachträglichen Beschriftung unbedingt zu beachten, ob ein einzelnes Bestandteil- oder mehrere Komponenten-, eventuell ein ganzer Strang (Civil 3D: Netz) und welches „Leitungs-System" zu beschriften ist. Als Bestandteil des „Leitungs-Systems ist oftmals eine Farbe voreingestellt, die als Bestandteil der Bezeichnung nicht zu erkennen ist.

Hinweis:

Die Bezeichnung „DL" und „VL" bezeichnen Besonderheiten in der Rohrkonstruktion. Mit der Bezeichnung ist die Beschriftung auf die Besonderheit voreingestellt, angepasst.

5.2 Äderungs- und Bearbeitungs-Optionen

5.2.1 Beschriftungs-Stil wechseln, austauschen, bearbeiten

An jedem Objekt können, wie Darstellungs-Stile auch, alle Beschriftungs-Stile oder ganze Beschriftungs-Sätze beliebig oft ausgetauscht werden. Das ist wichtig, um bestimmte Planungsziele intern zu diskutieren oder bestimmte Genehmigungsverfahren zu bedienen. Die Beschriftung kann so jederzeit dem jeweiligen Planungsziel angepasst sein.

Beschriftung, Beispiel: „Längsschnitt und Höhenplan"

Ein Straßenbau-Höhenplan hat in der Regel in Deutschland eine Gelände-Linie (Civil 3D: „grün", „Gelände-Längsschnitt") und eine Gradiente (Civil 3D: Geraden „rot", Kuppen und Wannen „blau", „konstruierter Längsschnitt"). Beide zusammen werden in einem Längsschnitt (Civil 3D: „Höhenplan") dargestellt.

Während die Gelände-Linie im Band beschriftet wird, besitzt die Gradiente Beschriftungselemente, deren Bestandteile teilweise im Band und teilweise an der Gradienten-Linie selbst erzeugt werden. Diese Besonderheit ist unbedingt zu erkennen und zu verstehen, um im Fall einer Änderung zielgerichtet das richtige Objekt, im richtigen Bereich zu bearbeiten.

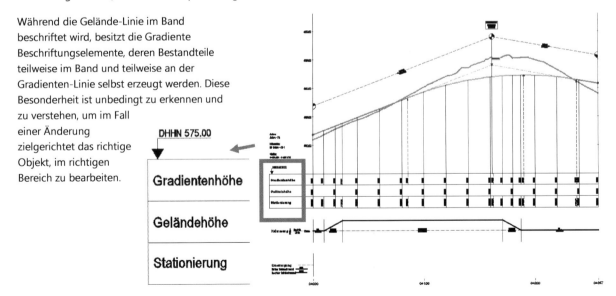

Beschriftung, Gelände-Linie (Grün, Civil 3D: „Gelände-Längsschnitt")

Die „grüne" Geländelinie wird ausgewählt (Beschriftung bearbeiten) und das folgende Feld (Maske) ist leer. Es ist keine Beschriftung zugeordnet.

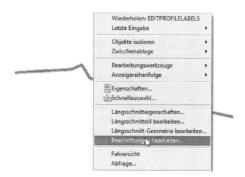
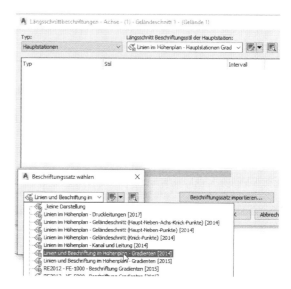

Optional ist auch der Gelände-Linie jede Art der Beschriftung zuordenbar (sogar auch eine „Gradienten-Beschriftung"). Das ist sinnvoll um eventuell auch hier (optional) Neigungen, Abstände und Hoch- und Tiefpunkte zu sehen!

Beispiel:

Die Zuordnung der Gradienten-Beschriftung für eine „Gelände-Linien" könnte im Fall Fahrbahn-Deckenerneuerung einer Straße sinnvoll sein. Das heißt der „Bestand" entspricht der „eventuell alten Gradiente", auf deren Basis eine neue Gradiente zu erstellen ist.

Die Beschriftung der Gelände-Linie wird für einen klassischen deutschen Längsschnitt (z.B. Straßenbau) im Band des Höhenplans realisiert. Der Zugang zum Civil 3D-Höhenplan (kann wiederum auf mehreren Wegen erfolgen.

„Rechtsklick"   Kontextmenü   Projektbrowser

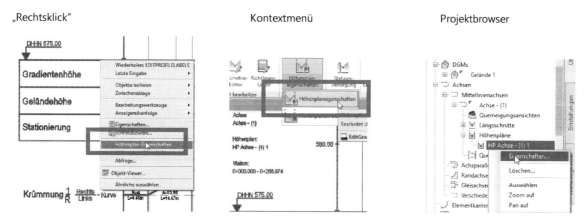

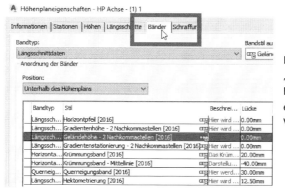

Die Beschriftung der Geländehöhe ist Bestandteil der Karte „Bänder". Hier ist unbedingt folgendes zu verstehen, die Bezeichnung „Geländehöhe – 2 Nachkommastellen [2016]" ist nur eine „Bandbezeichnung", nur ein „Text", ohne unmittelbare Verbindung zum Objekt (Gelände-Linie).

Diese Bandbezeichnung „Geländehöhe – 2 Nachkommastellen [2016]" wird auf keinen Fall „automatisch" mit dem richtigen Gelände, das heißt mit dem richtigen Objekt verknüpft. Die Verknüpfung mit dem richtigen Objekt ist in jedem Fall zu kontrollieren. Die Kontrolle erfolgt rechts in der Spalte „Längsschnitt 1" und „Längsschnitt 2". Hier muss das richtige Objekt-, das als Geländehöhe auszuwertende Objekt, aufgerufen sein.

In der Zeile, in der das „Gelände" beschriftet werden soll, ist das „Gelände" (Urgelände, Bestand) aufzurufen und in den Zeilen, wo die „Gradiente" zu beschriften ist, ist die „Gradiente" aufzurufen, beziehungsweise es ist der richtige Aufruf zu kontrollieren.

An dieser Stelle fällt folgendes auf und es stellt sich immer wieder die Frage, warum „Längsschnitt 1" und „Längsschnitt 2"? Wenn nur eine Höhe zu beschriften ist, sollte doch eigentlich eine Spalte ausreichen?

Civil 3D besitzt Funktionen oder Optionen, die über den klassischen Straßenabu oder Ingenieur-Bau hinausgehen. Diese Optionen ermöglichen es ein Projekt zu entwickeln und Aspekte im Projekt einzubringen, die weit über die klassische Denkweise hinausgehen. Als Beispiel wird hier die Option „Höhendifferenz gezeigt. Es wird das Band oder die Band-Zeile „Höhendifferenz" eingefügt und beschrieben.

Im Rahmen eines Projekte kann es erforderlich sein, mit der Straßenführung-, der Gradiente, eine bestimmte Höhendifferenz zum Gelände nachzuweisen oder mitzufüren. Im Projekt ist vorgegeben, eine bestimmte Höhendifferenz weder über – noch zu unterschreiten. Optional kann am Höhenplan die Band-Zeile „Höhendifferenz" mitgeführt sein, um diese in der Projektentwicklungsphase als Gesprächsargument zu zeigen. In späteren Projektphasen kann diese Zeile entfernt sein, ausgeblendet sein oder wird im Plot nicht gezeigt.

Höhendifferenz (vorübergehende Projektkontrolle)

Ein Höhenplan kann Bänder (Zeilen) unterhalb oder oberhalb hinzugefügt haben. Eine temporäres Kontroll-Band „Höhendifferenz" (-Zeile) wird hier „Oberhalb" eingefügt, um diese zusätzliche Zeile leichter „verstecken" zu können.

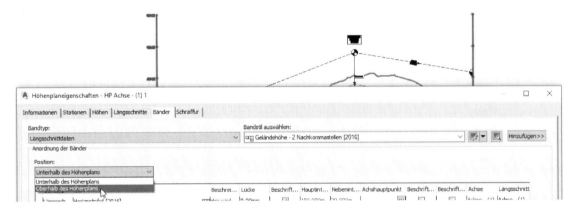

Als Zeile wird wird aus dem „Bandtyp" Längsschnittdaten (links) und anschließend der „Bandstil" Höhendifferenz (rechts) ausgewählt.

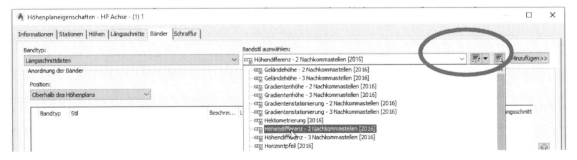

5 Beschriftungs-Stil, Beschriftungs-Satz

Die Zeile „Höhendifferenz" verlagt in den Spalten „Längsschnitt1" und „Längsschnitt2" unterschiedliche Objekte um eine Höhendifferenz errechnen zu können.

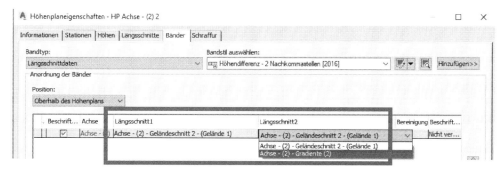

Die Berechnung der Höhen (Anzahl und Position) kann gesteutert sein. Es ist nicht in jeden Fall erforderlich an allen technischen Parametern von Längsschnitt und Gradiente Höhen auszuweisen. Als Mindestanforderung sollten die „Neigungsbrechpunkte" des Geländes angeschaltet bleiben (Knick-Punkte der Geländelinie und Hoch- und Tiefpunkte der Gradiente).

Werden alle Optionen abgeschalten, wird die Höhendifferenz im Raster (Höhenplaneigenschaft) berechnet. Zusätzlich kann die Beschriftung Berechnungspunkte der Achse auswerten.

Längsschnitt-Optionen (Geländelinen oder Gradienten)   Achs-Optionen

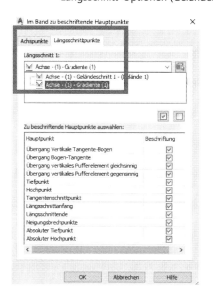

Im Höhenplan ist die Höhendifferenz, hier „oben" als Band beschriftet.

Diese zusätzlich eingefügte Zeile ist im Abstand zum Höhenplan steuerbar und kann jederzeit abgeschalten sein oder gelöscht werden.

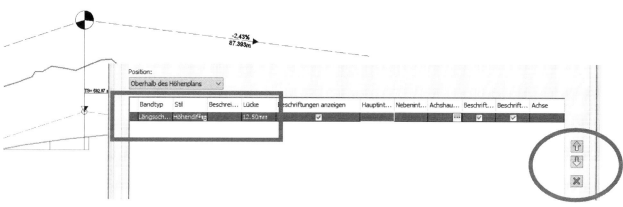

Gradiente (Civil 3D: Geraden „rot", Kuppen und Wannen „blau", „konstruierter Längsschnitt")

Die Gradienten-Beschriftung ist im Gegensatz zur Geländelinie eine zusammengesetzte Beschriftung. Ein Teil der Beschriftung erfolgt im Band und ein zweiter Teil an der Gradienten-Linie selbst. Wird im Höhenplan die Band-Zeile „Gradientenhöhe – 2 Nachkommastellen [2016]" gelöscht, so bleibt die Beschriftung der Kuppen und Wannen und Linien-Neigung an der Gradienten-Konstruktion selbst erhalten.

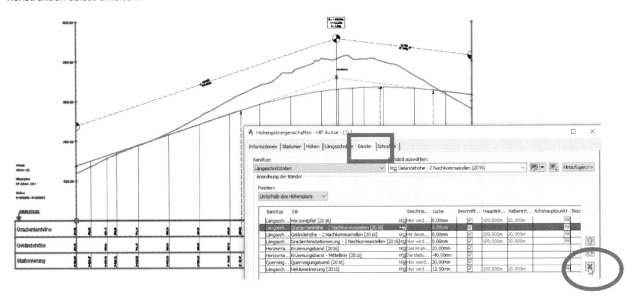

Der Zugang zur Linienbeschriftung an der Gradienten-Konstruktion kann über die Karte „Längsschnitt", Spalte Beschriftung, Feld <Bearbeiten...> (Bestandteil der Höhenplan-Eigenschaften) erfolgen.

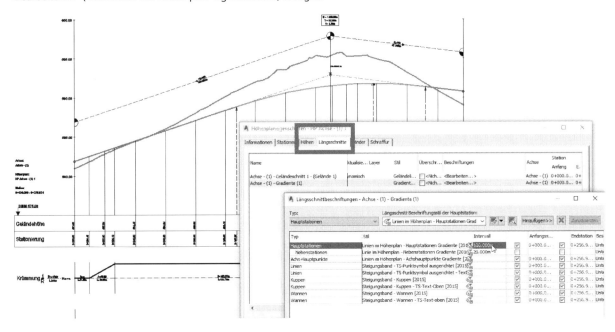

5 Beschriftungs-Stil, Beschriftungs-Satz

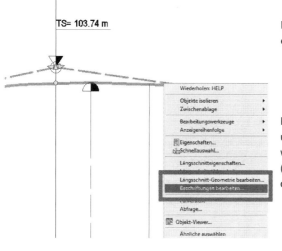

Der Zugang ist mittels „Rechtsklick" auf die „Gradienten-Linie" selbst ebenfalls möglich.

Die Beschriftung hat Elemente, die von der Gradiente gelesen werden und Elemente, die der Achse zu zuordnen sind. Zum Nachweis werden im nächsten Bild zuerst die Achs-Elemente gelöscht (Hauptstation, Nebenstation, Achs-Hauptpunkte) und danach bleiben die Linien der Gradienten-Konstruktion sichtbar.

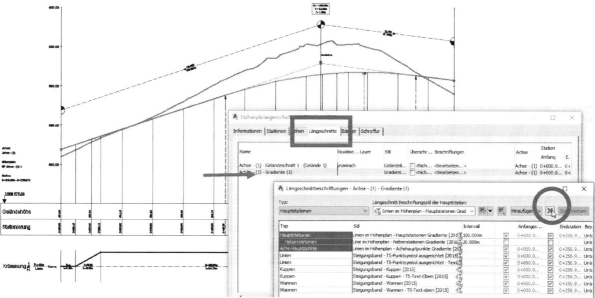

Die verbleibenden Linien sind der Gradienten-Konstruktion zu zuordnen. Im abschließenden Bild sind alle Linien entfernt. Die Gradienten-Beschriftung unterteilt sich nochmals in Kuppen- und Wannen-Beschriftung.

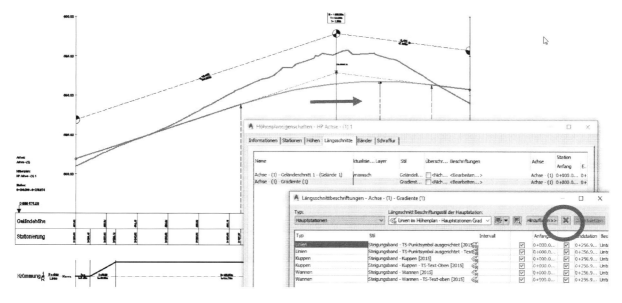

5 Beschriftungs-Stil, Beschriftungs-Satz

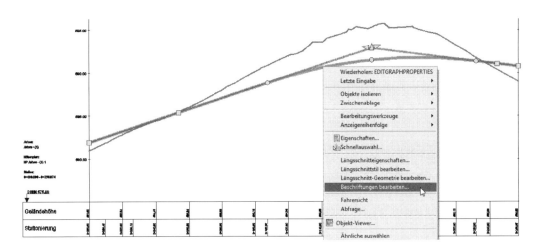

Um die Beschriftung wieder herzustellen wird nochmals der zweite Weg gezeigt, der auch als Zugang zur Auswahl der Gradienten-Beschriftung im Höhenplan genutzt werden kann. Die Gradienten-Konstruktion wird hier, wie bereits gezeigt, mit „Rechtsklick" ausgewählt.

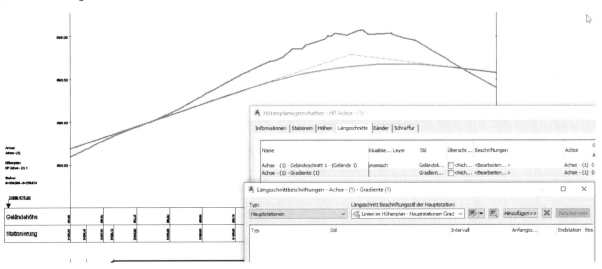

Die Beschriftung kann erneut ohne Einschränkung zur Gradienten-Konstruktion geladen werden. Der Beschriftungs-Satz wird ausgewählt oder hier importiert.

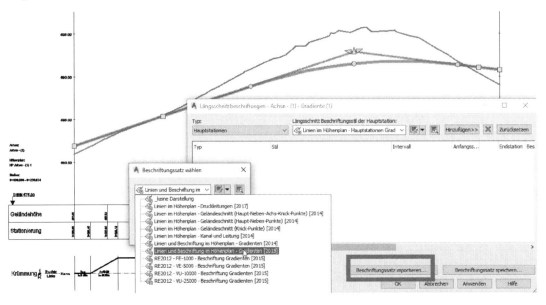

5 Beschriftungs-Stil, Beschriftungs-Satz

Die wiederhergestellte Gradienten-Beschriftung wird anschließend um die Beschriftung der Höhen im Band ergänzt.

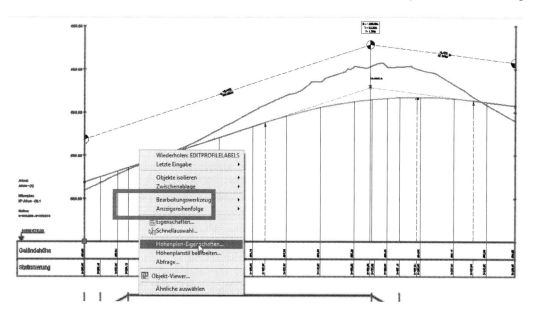

Das Gradienten-Band gehört zu den „Längsschnittdaten".

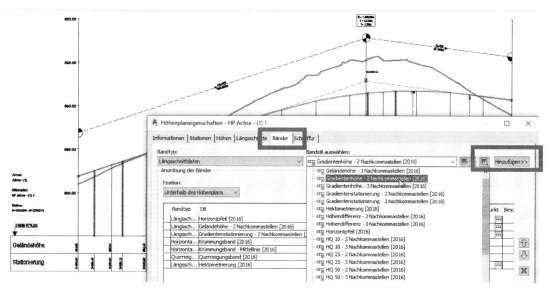

Optional ist festzulegen, welche Parameter-Punkte der Achse und der Gradiente zu beschriften sind.

Hinweis:

Es ist selten sinnvoll alle einzuschalten. Die Bedeutung oder die Begrifflichkeit sollte klar sein.

5 Beschriftungs-Stil, Beschriftungs-Satz

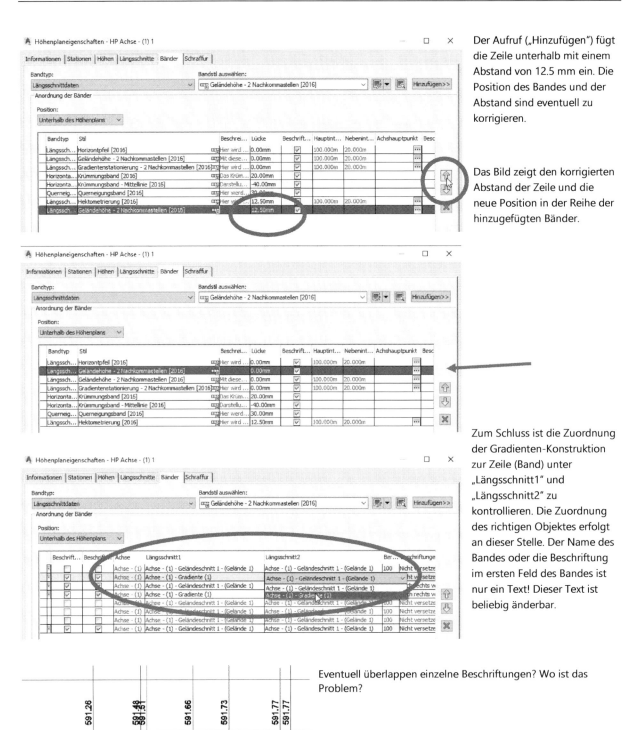

Der Aufruf („Hinzufügen") fügt die Zeile unterhalb mit einem Abstand von 12.5 mm ein. Die Position des Bandes und der Abstand sind eventuell zu korrigieren.

Das Bild zeigt den korrigierten Abstand der Zeile und die neue Position in der Reihe der hinzugefügten Bänder.

Zum Schluss ist die Zuordnung der Gradienten-Konstruktion zur Zeile (Band) unter „Längsschnitt1" und „Längsschnitt2" zu kontrollieren. Die Zuordnung des richtigen Objektes erfolgt an dieser Stelle. Der Name des Bandes oder die Beschriftung im ersten Feld des Bandes ist nur ein Text! Dieser Text ist beliebig änderbar.

Eventuell überlappen einzelne Beschriftungen? Wo ist das Problem?

Mit dem Hinzufügen einzelner Zeilen ist ebenfalls, ganz rechts außen, die Einstellung „Bereinigung", „Beschriftung versetzen" und „Höhe von Linie versetzen" zu beachten. Hier ist die richtige Einstellung zu wählen. Die Voreinstellung in den neu hinzugefügten Bändern ist oftmals eher ungeeignet.

Hinweis:

Die hier zur Verfügung gestellten Einstellungs-Optionen bekommen gerade mit der Verwendung von Laser-Scan-Daten eine immer größere Bedeutung!

5 Beschriftungs-Stil, Beschriftungs-Satz

Um den Text sauber freizustellen wird folgende Einstellung gewählt

- „Bereinigung" -   „0"
- „Beschriftung versetzen" -   „Nach Rechts versetzen"
- „Höhe von Linie versetzen" -   2mm.

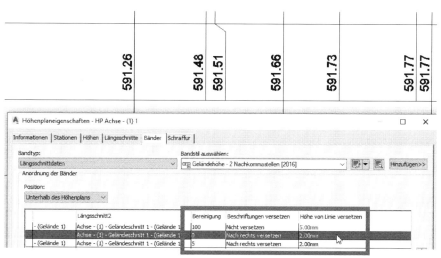

DGMs aus LASER-Daten besitzen oftmals viele kleine Dreiecke, die zu sehr dichten Beschriftungen führen. Eine „Bereinigung" ist vielfach der einzige Weg eine lesbare Beschriftung in Abhängigkeit zum Maßstab zu erreichen.

5.2.2 Beschriftungs-Stil „Neu erstellen" (Beschriftungs-Eigenschaften ändern)

Um das Erstellen von neuen Beschriftungs-Stilen zu erläutern, wird als Aufgabe die Beschriftung einer Achse, die eine Schnittlinie (Profil-Ansicht) darstellen soll, umgesetzt. Diese Achse soll eine Schnittlinie für einen Höhenplan darstellen. An der Achse soll die Schnitt-Bezeichnung (Schnitt A-A) die Blickrichtung (dreieckiger Block) und eine Stationsbeschriftung (Stationierung alle 10m) angeschrieben sein. Alle Beschriftungs-Elemente werden als „Einzel-Beschriftungen" erstellt, um diese später variieren zu können. Die Einzelbeschriftungen können abschließend in einem Beschriftungs-Satz zusammengefasst sein.

Namen (Bezeichnung) des Schnittes

Mit der Erstellung der Achse (Schnittline) erfolgt die Objektdefinition. Als Bestandteil der Objektdefinition wird ein Objektname (Achs-Name) vergeben. Als Name wird bereits die Bezeichnung des Schnittes „Schnitt-Linie" vorgeben. Zur Nummerierung eventuell mehrerer Schnittlinien kann automatisch eine Ziffernfolge aufgerufen sein. Civil 3D bietet dazu den automatischen Zähler an.

Ist die Bezeichnung mit Buchstaben vorgesehen, so muss die Bezeichnung komplett manuell vorbenommen werden.

Den „automatischen Zähler" gibt es für numerische Werte.

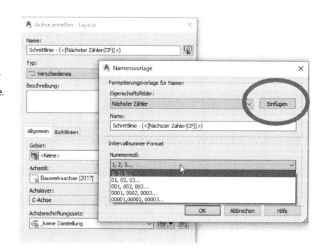

Als Darstellungs-Stil für diese Übung „Schnittlinie", „Profil-Linie" oder „Bauwerksachse" wird „Bauwerksachse [2017] verwendet. Das heißt die Achse wird als „Strich-Punkt-Linie, schwarz/weiß" dargestellt.

5 Beschriftungs-Stil, Beschriftungs-Satz

Als Beschriftungs-Stil wird „_keine Darstellung" aufgerufen, um später die Beschriftung zu ergänzen.

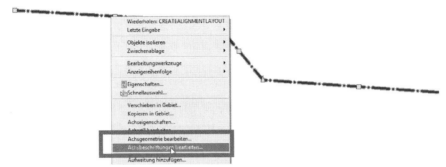

Eine Achse wird gezeichnet. Mit der Funktion Achsbeschriftung bearbeiten wird die Maske geöffnet, die optional aufrufbare Beschriftungen enthält.

Es wird der Typ Achshauptpunkt gewählt. Achshauptpunkte sind „Anfang", „Ende" und jeder „Knick" in der Achse. Das heißt, die neue Beschriftung wird die gewählte Eigenschaft (die Schnittbezeichnung) am Anfang, Ende und jedem „Knick" anschreiben.

Es wird ein neuer Beschriftungs-Stil erstellt. Der neue Stil bekommt auf der Karte „Information" einen Namen (Schnitt-, Beschriftungs-Bezeichnung).

Es folgen die Karten „Allgemein", „Layout" „Symbol-Text-Trennung" und Zusammenfassung.

Allgemein

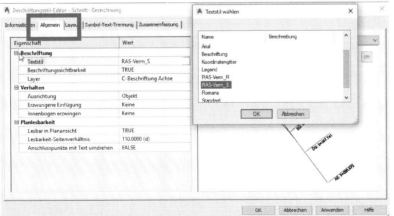

Eine Änderung der Schriftart wird auf keinen Fall empfohlen. Bei allen Civil 3D Beschriftungen ist die Schriftart RAS-Verm_S aufgerufen.

Über den AutoCAD-Text-Stil (Schriftart) ist diesem Stil „Arial" hinterlegt. Der Zugang zur Schriftart entspricht dem AutoCAD Zugang für „AutoCAD-Beschriftungen", AutoCAD-Stile. Der Zugang wird im nächsten Bild gezeigt.

5 Beschriftungs-Stil, Beschriftungs-Satz

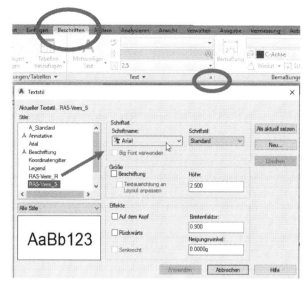

Hinweis:

Durch die einheitliche Zuweisung einer Schriftart zu allen Civil 3D Beschriftungs-Stilen können, wenn erforderlich, alle Civil 3D Beschriftungen einheitlich, und nur mit einer Änderung, auf eine neue Schriftart gesetzt sein.

Optional kann der Beschriftung ein eigener Layer zugewiesen sein (nur für fortgeschrittene Benutzer).

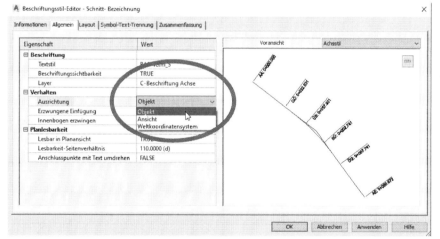

Die Ausrichtung der Beschriftung kann am Objekt erfolgen (hier Achse), am Ansichtsfenster (Ansicht) oder am WKS. Für eine Achse erfolgt die Ausrichtung am Objekt.

Layout, „Name"

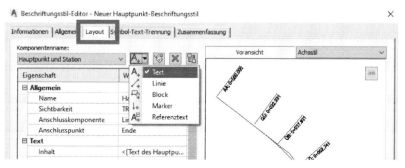

In der Karte Layout erfolgt die eigentliche Beschriftung. Die Beschriftungen können als Komplex zusammen mit Linien, Blöcken und Referenztexten erstellt werden. Es wird die Funktion „Text" aufgerufen.

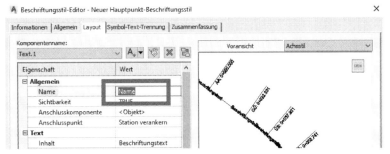

Das aufgerufene „Text-Feld" bekommt eine freie Bezeichnung. Es wird „Name" gewählt (Allgemein, Zeile: Name).

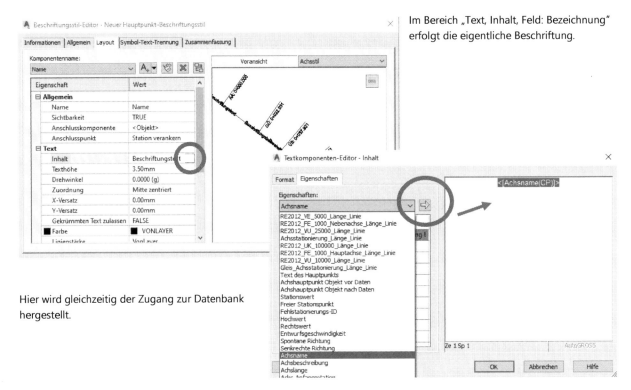

Im Bereich „Text, Inhalt, Feld: Bezeichnung" erfolgt die eigentliche Beschriftung.

Hier wird gleichzeitig der Zugang zur Datenbank hergestellt.

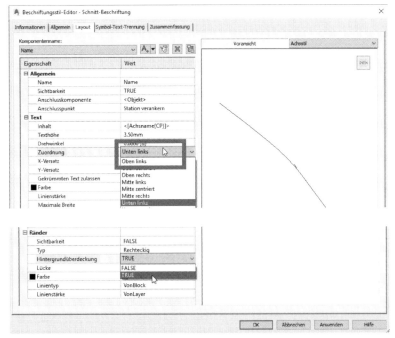

Nachfolgend sind diverse Einstellungen möglich von „Schriftgröße" über „Zuordnungspunkt" bis „Hintergrundüberdeckung".

Die hier eingestellte Schriftgröße ist die Basishöhe für alle Maßstäbe. Der Zuordnungspunkt ist der Punkt am Textfeld und verknüpft sich mit dem „Anschlusspunkt" am Objekt (3x3 Punkte gleich 9 Optionen).

Die optionale „Hintergrundüberdeckung" ist zusammen mit dem optionalen Rahmen eine wichtige Funktion für das Layout.

5 Beschriftungs-Stil, Beschriftungs-Satz

Der erstellte Beschriftungs-Stil wird mit „Hinzufügen" hinzugefügt.

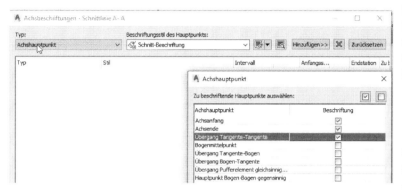

Die Funktion verlangt eine Auswahl der Punkte, an denen die Beschriftung erfolgen soll. Es wird „Achs-Anfang", „Achs-Ende" und „Übergang Tangente-Tangente" gewählt.

An der Achse ist der Achs-Name angetragen. Am Anfang am Ende und am „Übergang Tangente-Tangente".

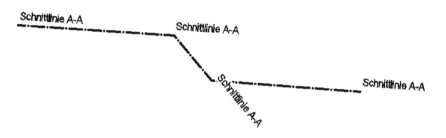

Hinweis-1:

Die Bezeichnung des Schnittes „Schnittlinie A-A" ist dynamisch mit der Achse verknüpft, das heißt bei einer Änderung des „Achs-Namens" ändert sich die Beschriftung sofort.

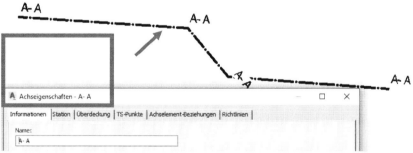

Hinweis-2:

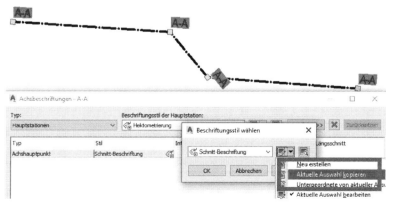

Die Ausrichtung der Beschriftung „Oben Links" ist nur für den erstem Text richtig, Für die nachfolgenden Texte sollte der Text eher nach links ausgerichtet sein. Wie ist diese Änderung zu organisieren?

Der vorhandene Stil wird kopiert. Das heißt die erste Einstellung ist gesichert. Gelingt die Änderung nicht, so bleibt die Ausgangssituation erhalten.

5 Beschriftungs-Stil, Beschriftungs-Satz

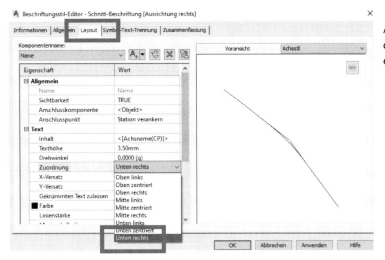

Auf der Karte „Layout" wird die Ausrichtung der Beschriftung geändert. Die Zuordnung erfolgt „Unten-Rechts".

Anschließend sollte die Änderung als Bestandteil des Namens, als Bestandteil der Beschriftungs-Stil Bezeichnung, eingetragen werden. Der Eintrag erfolgt auf der Karte „Information".

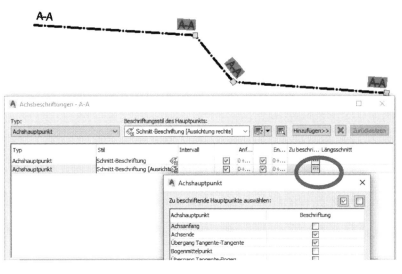

Der neue Stil wird aufgerufen, die Zuordnungsoptionen werden angepasst. Während der erste Beschriftungs-Stil nur für den Achsanfang gültig ist, wird für den zweiten, geänderten Beschriftungs-Stil der Tangenten-Knick und das Achs-Ende aktiviert.

Die neue Achs-Beschriftung besteht jetzt aus zwei Komponenten.

Viele Civil 3D Beschriftungen sind auf diese oder ähnliche Art und Weise aus mehreren Komponenten zusammengesetzt.

5 Beschriftungs-Stil, Beschriftungs-Satz

Layout, „Blickrichtung"

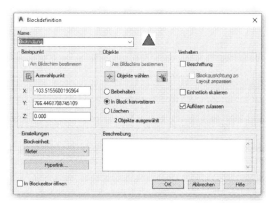

Die Blickrichtung wird mit einer Block-Definition realisiert (Dreieck, Blockname „Blickrichtung"). Für die Beschreibung ist dieser Block absichtlich farbig (Solid-Schraffur) und in „rot", erstellt.

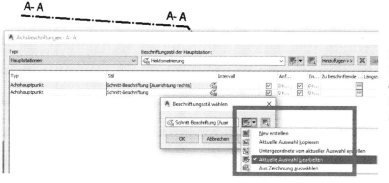

Dieser Block kann Bestandteil der Beschriftung werden. Der Aufruf erfolgt ebenfalls in der Karte „Layout". Beide Beschriftungs-Stile werden wie folgt bearbeitet.

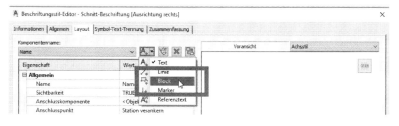

Auf der Karte „Layout" wird als zusätzliches Beschriftungsfeld eine neue Zeile für den Block erstellt.

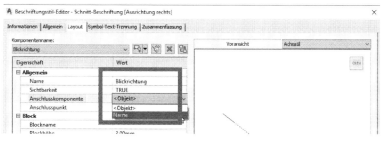

Das neue Beschriftungselement bekommt den Namen „Blickrichtung". Der Block „Blickrichtung" kann am Objekt (Achselement) oder an der Beschriftung „Name" angehangen sein. Es wird die Beschriftung „Name" gewählt.

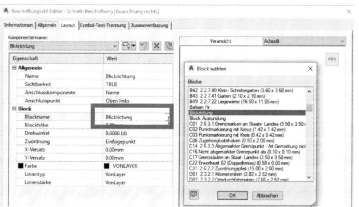

Es wird der Block aufgerufen.

5 Beschriftungs-Stil, Beschriftungs-Satz

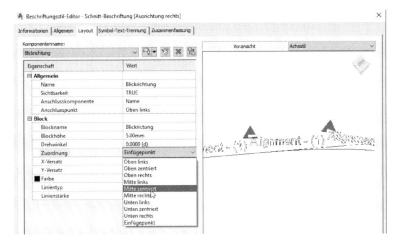

In der Voransicht sollte die Blickrichtung zu sehen sein.

Anschließend ist die Verknüpfungsposition für den Block, die Blickrichtung anzugeben. Die Verknüpfung kann oberhalb oder unterhalb der der Schnittbezeichnung erfolgen.

Die Änderung erfolgt hier durch Eingabe eines Wertes im Feld „Y-Versatz" (-12mm).

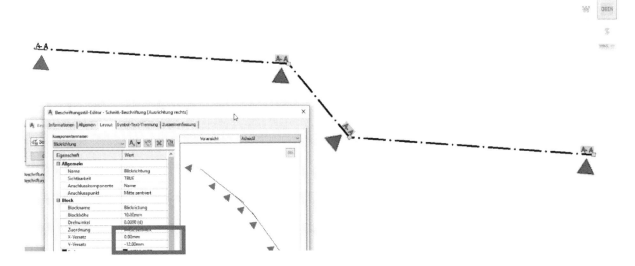

Symbol-Text-Trennung „Editieroption"

Es gibt rechts von der Karte Layout noch eine Karte „Symbol-Text-Trennung". Was wird hier eingestellt?

Im Fall die Beschriftungen stören oder überdecken andere, wesentliche Informationen, so kann in diesem Fall die Beschriftung angefasst und verschoben werden. Bei einer solchen Bearbeitung wird sich die Beschriftung automatisch verändern oder wie im Feld „Symbol-Text-Trennung" vorgegeben oder angezeigt.

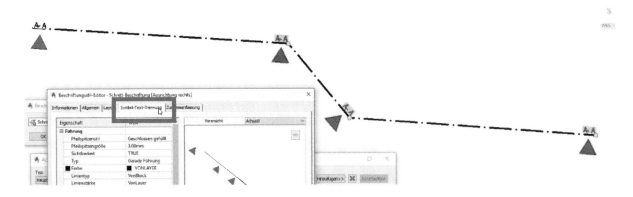

Ausgangssituation

„Anfassen" und Änderung der Position

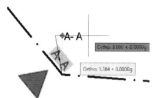

Änderung

Nachbearbeitung der Pfeil-Position

Optionales Endresultat

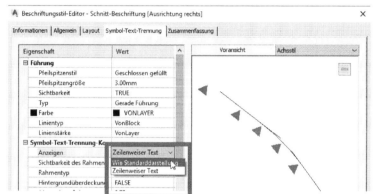

Eventuell ist eine solche „Änderung" nicht gewollt?

Der Blickrichtungs-Pfeil und die Beschriftungs-Ausrichtung sollen sich nicht ändern?

Mit der Einstellung, „Zeilenweiser Text" sind Änderungen der gesamten Textausrichtung (zeilenweiser Text) für den Fall die Beschriftungs-Position wird geändert, möglich.

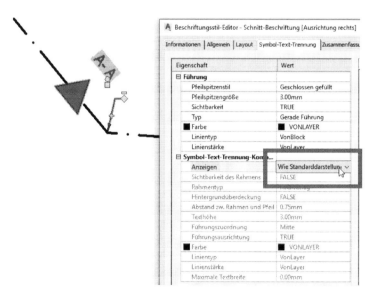

Wird die Einstellung „Wie Standardeinstellung" gewählt, so ändert sich die Ausrichtung der Beschriftung nicht, im Fall der Änderung der Beschriftungsposition.

Gleichzeitig werden auf dieser Karte die Bezugs-Linie und der optionale Pfeil gesteuert. Der Pfeil stellt die optische Verbindung zwischen Text und Beschriftungspunkt her.

Zusammenfassung

Am äußeren rechten Rand gibt es auch bei den Beschriftungs-Stilen eine Karte „Zusammenfassung". Auf diese Karte wird nur in diesem Kapitel und nur einmal eingegangen.

Diese Karte zeigt in kompakter Form alle Einstellungen aller Karten links vor „Zusammenfassung" außer der Karte „Layout". Die Einstellungen und Aufrufe der „Karte" Layout werden als Bestandteil der Karte Zusammenfassung nicht nochmals gezeigt und sind damit hier auch nicht änderbar.

Alle der gezeigten Eigenschaften, auf der Karte „Zusammenfassung" können auch von hier geändert werden.

Ergänzende Beschriftungs-Elemente „Stationierung"

Eine ganze Reihe von Beschriftungsoptionen sind bereits als Bestandteil von Civil 3D erstellt und in der „...Deutschland.dwt" geladen. Diese Beschriftungen können zur bisher erstellten Beschriftung zusätzlich aufgerufen sein. Eine solche Beschriftung ist die „Stationierung". Eine Stationsbeschriftung kann zwei Einstellungen, einschließlich unterschiedlicher Schriftgrößen, für „Hauptstationen" und „Nebenstationen" enthalten.

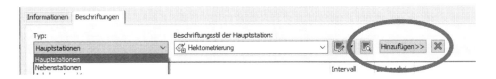

Wenn ein solcher „fertiger" Beschriftungs-Stil geladen wird, sollte man in der Lage sein, bzw. sollte man kontrollieren welche Einstellungen in den Karten „Allgemein", „Layout" und „Symbol-Text-Trennung" vorliegen, um die Darstellung eventuell nachträglich abzustimmen.

In den folgenden Bildern wird zuerst der „Hauptstations-Wert" erläutert. Oftmals ist die voreigestellte Schriftgröße auf der Karte „Layout" zu ändern.

5 Beschriftungs-Stil, Beschriftungs-Satz

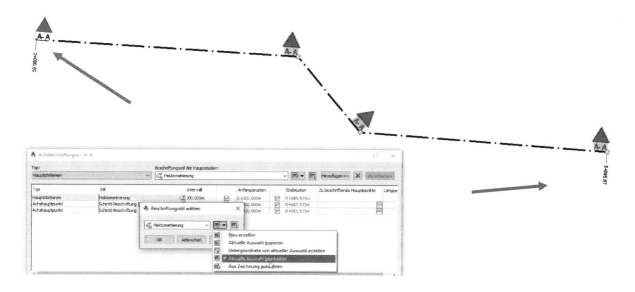

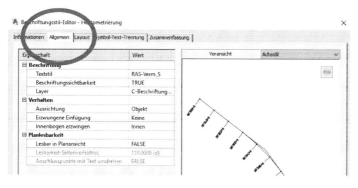

Auf der Karte „Allgemein" liegt die Einstellung vor, die alle Achsbeschriftungs-Stile besitzen.

Hier ist keine Änderung erforderlich.

Layout: Die Beschriftung wird aus drei Elementen zusammengesetzt, ein Symbol, eine Markierungslinie und der Stationswert.

Information:

Das Symbol, das als kleiner Kreis auf Achse und Verbindungslinie liegt, ist als Block aufgerufen.

Information:

Die Verbindungs-Linie zum Stationswert ist 7.5mm lang.

5 Beschriftungs-Stil, Beschriftungs-Satz

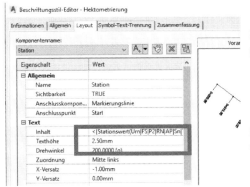

Der Stationswert hat eine Schriftgröße von 2.5mm. Die Schriftgröße ist gültig für alle Maßstäbe.

Der Hauptstations-Wert, der die übergeordnete Beschriftung mit einer eigenen Schriftart oder Schriftgröße besitzen kann, lässt sich durch einen Nebenstations-Wert ergänzen.

Es wird der Beschriftungs-Stil „Hektometrierung 2014" gewählt. Als Intervall wird 20m eingestellt. Unabhängig vom Intervall sollten die Einstellungen im aufgerufenen Beschriftungs-Stil bekannt sein.

Hinweis:

Bei diesem Beschriftungs-Stil ist nur der Stationswert maßstabs-abhängig. Das Symbol und die Linien-Länge haben eine feste Größenordnung. Diese optionale Besonderheit bei Civil 3D Beschriftungen wurde bisher noch nicht erläutert. Bei Civil 3D kann

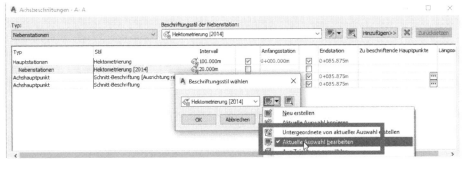

ein kompletter Beschriftungs-Stil auf dem Maßstab reagieren. Verbindungslinie, Symbol-Block und Beschriftungs-Text können mit dem Maßstab verbunden sein.

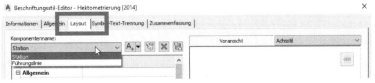

Diese Beschriftung besteht nur aus Linie und Stationswert.

Die Linie ist voreingestellt 30mm lang. Um die Linie an den Hauptstationswert anzupassen wird der Wert von „5" eingegeben. Der Wert kann geschrieben werden unabhängig von den Signalen, die das Feld meldet.

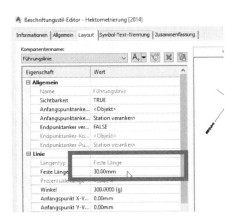

Gert Domsch, CAD-Dienstleistung

Hinweis:

Die Signale, die im Feld zu sehen sind, zeigen an, das als Wert kann auch ein maßstabsabhängiger „Ausdruck" aufgerufen sein.

Die Änderung solcher Eigenschaften sollte im Namen (Karte Information) dokumentiert sein.

Die Beschriftung ist erstellt.

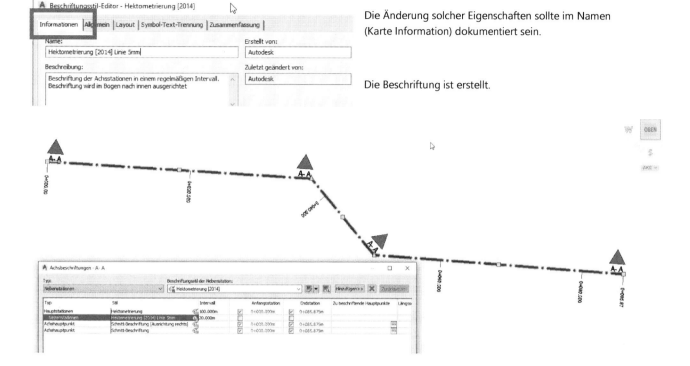

Sollten solche Beschriftung wiederholt Verwendung finden, so kann diese Zusammenstellung einzelner Beschriftungs-Stile in einem Beschriftungs-Satz zusammengefasst sein.

Beschriftungs-Satz erstellen, austauschen

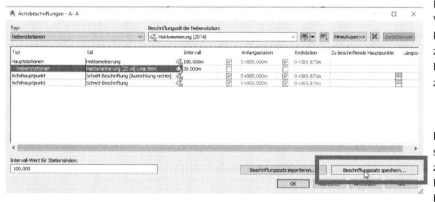

Beschriftungen werden an einer Vielzahl von Objekten aus einzelnen Beschriftungs-Stilen zusammengestellt und in Beschriftungs-Sätzen zusammengefasst.

Die Funktion „Beschriftungs-Satz" speichern, bietet die Ablage der zusammengestellten Beschriftungs-Eigenschaften in einem Objekt. Diese Funktion ist gleichzeitig die Voraussetzung einen einmal erstellten Stil an mehreren Objekten zu verwenden oder sogar zwischen Zeichnungen auszutauschen.

Die Namenseingabe für diesen neuen Beschriftungs-Satz erfolgt in der Karte Information.

Der neu erstellte Beschriftungssatz steht für alle vorhandenen- und auch neu erstellte Objekte (Achsen) innerhalb der Zeichnung zu Verfügung.

Gert Domsch, CAD-Dienstleistung   294

5 Beschriftungs-Stil, Beschriftungs-Satz

Der neu erstellte Beschriftungs-Satz wird an einer nachträglich gezeichneten zweiten Achse geladen.

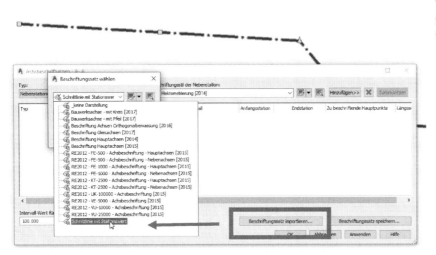

Die Beschriftung reagiert auf alle eigegebenen Namensvarianten.

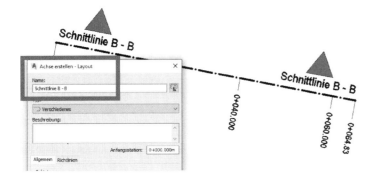

Die Beschriftung ist wie alle Beschriftungen maßstabsabhängig und dynamisch. Die Beschriftung reagiert auch auf eine Namensänderung und auch auf Maßstabsänderungen.

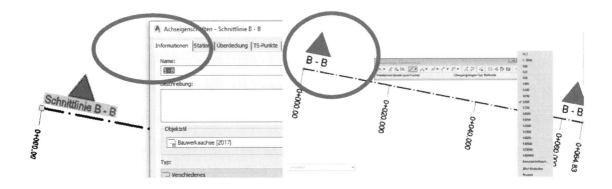

Der Beschriftungs-Satz kann wie einzelne Beschriftungs-Stile oder Darstellungs-Stile zwischen Zeichnungen ausgetauscht werden.

5 Beschriftungs-Stil, Beschriftungs-Satz

Im Bild sind zwei Zeichnungen gleichzeitig geöffnet und sind versetzt hintereinander zu sehen.

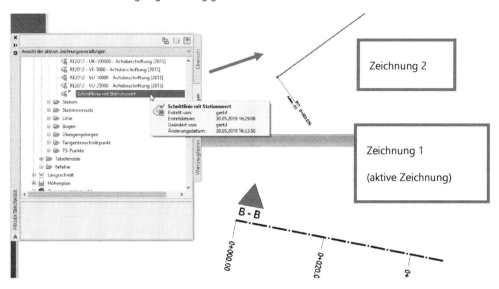

Der Beschriftungs-Satz ist am Symbol anzufassen und in die zweite Zeichnung zu schieben (Drag & Drop).

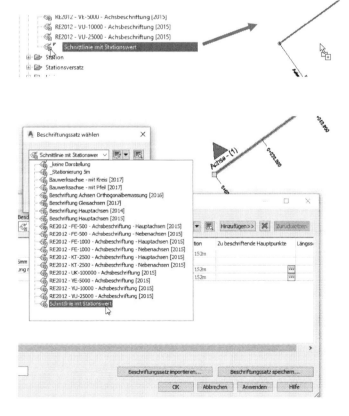

Der neue, importiere Beschriftungssatz ist in der „Zeichnung 2" Bestandteil der Beschriftungs-Sätze für eine Achse.

5.2.3 Sonderfunktion (Anmerkungspalette, Ausdrücke)

Die Beschriftung von Achshauptpunkten und Stationswerten sind klassische Beschriftungs-Funktionen für Achsen. Neben diesen klassischen Anforderungen gibt es Fragestellungen oder Projektanforderungen, die bereits im Civil 3D vorbereitet sind, jedoch nicht unbedingt zu einer klassischen Straßen-Planungsaufgabe gehören müssen.

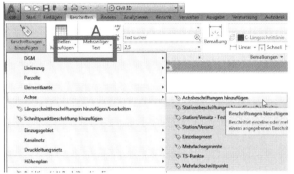

In den Kapiteln zuvor wurde bereits festgestellt, dass es von Vorteil ist, Funktionen des Bereiches „Beschriften" so zu benutzen, dass der zur Verwendung bereitgestellte Beschriftungs-Stil gesehen wird, bzw. bewusst ausgewählt werden kann.

Aus dem umfangreichen Auswahl-Sortiment von Beschriftungs-Optionen werden nachfolgend nur zwei vorgestellt.

Stationsbeschriftung und Gradienten-Höhe (Achse)

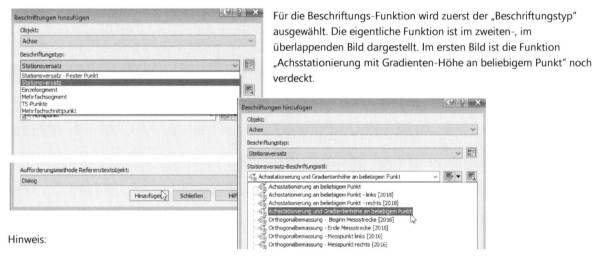

Für die Beschriftungs-Funktion wird zuerst der „Beschriftungstyp" ausgewählt. Die eigentliche Funktion ist im zweiten-, im überlappenden Bild dargestellt. Im ersten Bild ist die Funktion „Achsstationierung mit Gradienten-Höhe an beliebigem Punkt" noch verdeckt.

Hinweis:

Die Funktion „Achsstationierung mit Gradienten-Höhe an beliebigem Punkt" steht auch für „Stationsversatz" zur Verfügung. Diese Option empfehle ich für Kreuzungen, Kreisverkehre und Einmündungen zu verwenden.

Als Voraussetzung für eine Kreuzungs-Konstruktionen ist es erforderlich, die Gradienten-Höhen aller beteiligten Achsen und Gradienten im Kreuzungspunkt auf eine gemeinsame Höhe abzustimmen.

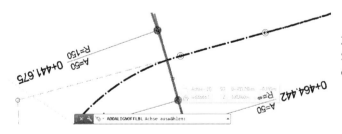

Zuerst ist die Achse selbst auszuwählen, an dessen Stationswert die Gradienten-Höhe benötigt wird oder die Höhe zu überprüfen ist.

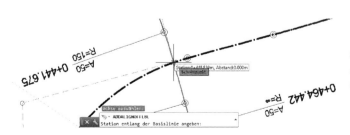

Als nächstes ist der Punk zu fangen, in dem die zweite Achse (Kreuzung, Schnittpunkt oder Berührungspunkt) auf die Hauptachse trifft.

5 Beschriftungs-Stil, Beschriftungs-Satz

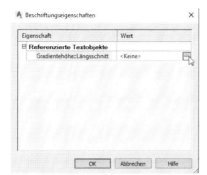

Anschließend ist die Gradiente festzulegen, deren Höhe auszuwerten ist.

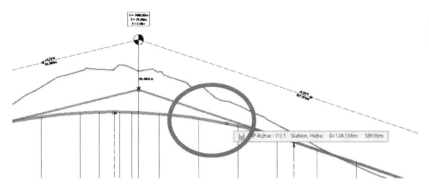

Die Gradiente kann im Höhenplan gewählt werden.

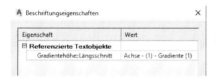

Die Gradiente ist der Funktion zugeordnet.

Mit der Auswahl werden Stationswert und die Gradienten-Höhe angeschrieben und entsprechend wie alle anderen Beschriftungen ist auch diese Beschriftung editierbar.

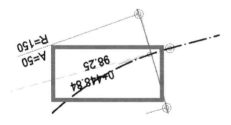 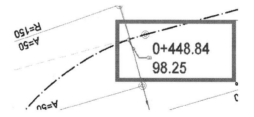

Winkel-Änderung Achse, Achshauptpunkt

Für die folgende Beschriftungsvariante, Mehrfachschnittpunkt, Winkel-Änderung im „Knick" (Achshauptpunkt), wird angenommen, die Achse beschreibt die Mittellinie einer Rohrkonstruktion und die Materialart ist Stahl. In diesem Fall sind Knicke in der Achse eventuell Schweißverbindungen oder Muffen, für die es wichtig ist, den Winkel anzugeben. Die Beschriftung des „eingeschlossenen Winkels" von Geraden einer Achskonstruktion ist eine Option, um diese Winkel für die spätere Entscheidung der Bauweise anzuschreiben. Dieser Winkel gehört nicht zu den Standard-Beschriftungen an einer Achse.

Gibt es diese Zusatzfunktion?

Wie ist vorzugehen?

Es wird der Beschriftungstyp „Mehrfachschnittpunkt" ausgewählt.

5 Beschriftungs-Stil, Beschriftungs-Satz

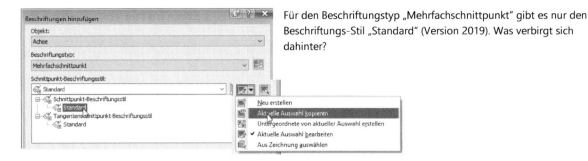

Für den Beschriftungstyp „Mehrfachschnittpunkt" gibt es nur den Beschriftungs-Stil „Standard" (Version 2019). Was verbirgt sich dahinter?

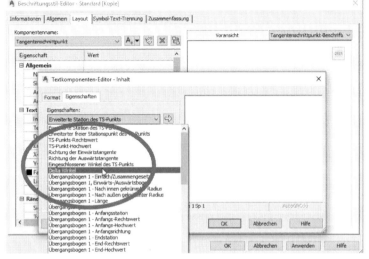

Eine Bearbeitung zeigt, der Winkel wird in der Datenbank angeboten. Einen vorbereiteten Beschriftungs-Stil gab es nur noch nicht!

Die Winkeleinheit und die Anzahl der Nachkommastellen sind zu beachten.

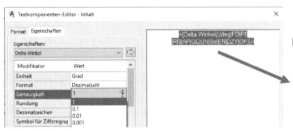

Die Winkeleinheit kann mit der Tastatur hinzugefügt werden.

<[Delta Winkel(Udeg|FD|P0
|RN|AP|GC|UN|Sn|EN|DZY|OF)]>

Abschließend wird ein verständlicher Name für den Beschriftungs-Stil vergeben.

5 Beschriftungs-Stil, Beschriftungs-Satz

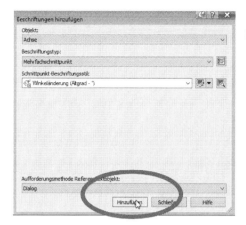

Der neu erstellte Beschriftungs-Stil kann verwendet werden.

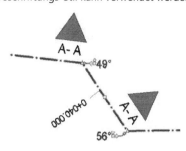

Der Beschriftungs-Stil ist nicht nur mit Achsen verwendbar, die ausschließlich aus Geraden bestehen. Er ist auch verwendbar bei Achsen mit Geraden und Bögen.

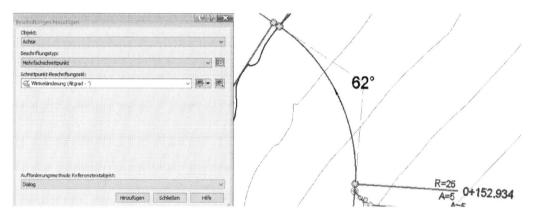

Hinweis:
Unbedingt zu beachten ist, dass die Civil 3D Vorlage „... Deutschland.dwt" eine eigene Winkeleinheit hat. Diese ist unabhängig von AutoCAD und Bestandteil einer eigenen Systemvariablen.

Die Grundeistellung im Civil 3D ist „Neugrad".

Ausdrücke, Bemaßung einer Böschungs-Neigung in Grad (x°, Altgrad)

Es gibt technische Anwendungen, die bestimmte Werte oder Beschriftungen verlangen, die nicht unbedingt dem technischen Standard im Straßenbau entsprechen. So ist es im Straßenbau oder in der Infrastruktur-Planung üblich, eine Böschungsneigung in „Prozent" oder „1:x" (Verhältnis) zu beschriften. Es kann jedoch auch die Anforderung in Projekten geben, die Neigung eventuell als Winkel (auch in Altgrad) darzustellen. Mit der Option „Ausdrücke" besteht die Möglichkeit beliebige Datenbank-Werte umzurechnen, um ergänzende Darstellungen zu bekommen.

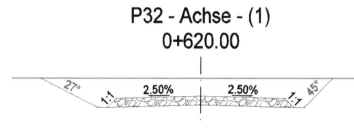

Allgemein gilt für den Steigungswinkel folgende Gleichung: **Steigungswinkel [°] = Artan (Steigung (%) / 100)**

5 Beschriftungs-Stil, Beschriftungs-Satz

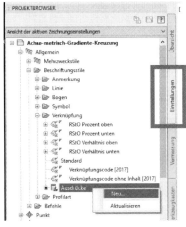

Die Beschriftung einer Linie mit dem „Steigungswinkel" wird nachfolgend in mehreren Schritten beschrieben und erarbeitet. Die Beschreibung des „Ausdrucks" greift zum Teil auf Themen des Kapitels „Querschnitt" und „Code-Stil-Satz". Die Funktionen eines Querschnittes und deren Beschriftungs-Stile sind Basis der hier beschriebenen Funktion.

Als Bestandteil des Bereichs „Verknüpfung" wird ein neuer „Ausdruck" erstellt „Neigung".
Der Wert verlangt eine Eigenschaft. Es wird die „Verknüpfungsneigung" gewählt.
Es ist möglich den Wert zusätzlich zu formatieren. Im Beispiel bleibt es bei einer einfachen Zahl (Doppelt).

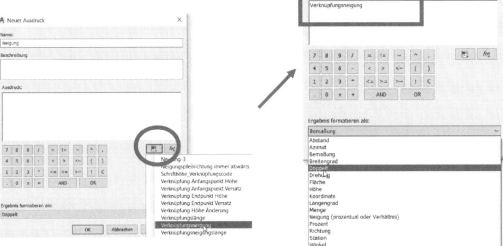

Hinweis:
Der Begriff „Doppelt" entspricht „Double". Technisch bedeutet das, der errechnete Wert wird ohne Einheitenangabe formatiert."
(Civil 3D Hilfe)

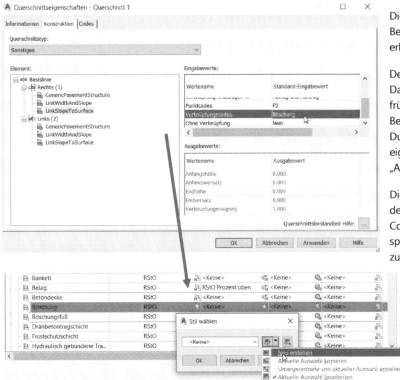

Die Formatierungs-Option wird in diesem Beispiel nicht genutzt oder nicht näher erläutert.

Der erstellte „Ausdruck" wird Bestandteil der Datenbank und wird zu diesem noch sehr frühen und unvollständigen Zeitpunkt als Bestandteil der Beschriftung aufgerufen. Durch diese Vorgehensweise ist die eigenständige Erarbeitung von derartigen „Ausdrücken" eventuell besser zu erläutern.

Die Böschungselemente sind codiert mit dem Begriff „Böschung" (Verknüpfungs-Code). Diesem Begriff wird als Beschriftung später der Neigungswert „Neigung" zugewiesenen (Ausdruck). Hierzu wird im folgenden Text ein neuer, ein eigener Beschriftungs-Stil erstellt. Es werden die zu beachtenden Besonderheiten bei der Erarbeitung eines solchen Beschriftungs-Stils gezeigt.

5 Beschriftungs-Stil, Beschriftungs-Satz

Für den neuen Beschriftungs-Stil wird ein Name vergeben. Die Einstellungen der Karte „Allgemein" werden unbearbeitet übernommen.

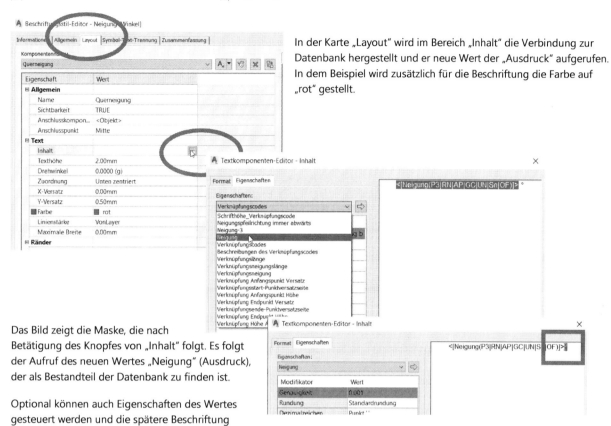

In der Karte „Layout" wird im Bereich „Inhalt" die Verbindung zur Datenbank hergestellt und er neue Wert der „Ausdruck" aufgerufen. In dem Beispiel wird zusätzlich für die Beschriftung die Farbe auf „rot" gestellt.

Das Bild zeigt die Maske, die nach Betätigung des Knopfes von „Inhalt" folgt. Es folgt der Aufruf des neuen Wertes „Neigung" (Ausdruck), der als Bestandteil der Datenbank zu finden ist.

Optional können auch Eigenschaften des Wertes gesteuert werden und die spätere Beschriftung durch ein „Grad-Symbol" ergänzt sein (Tastatur-Eingabe).

Hinweis:

Das „°" Zeichen ist eine separate Beschriftung ohne Beziehung zur Zahl!

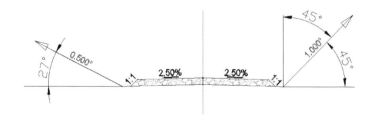

Die Beschriftung erfolgt, ist jedoch noch unvollständig. Der „Ausdruck" zeigt im Moment nur den dezimalen Wert der Neigung, der eigentlichen „Verknüpfungsneigung" an.

Dieser Wert ist noch zu vervollständigen, umzurechnen in einen Winkel. Diese Vervollständigung, diese Umrechnung ist Bestandteil einer Änderung der „Ausdruckes". Es ist der Ausdruck „Neigung" nochmals zu bearbeiten.

Der Arcus-Tangens vom „Ausdruck" berechnet den Winkel. Der Ausdruck wird jetzt komplettiert.

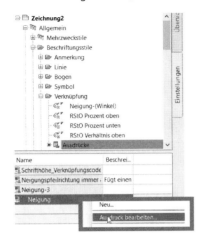

Der eingetragene Wert ist jetzt das Bogenmaß, das noch in die Winkelangabe zu konvertieren ist.

Wird die Bearbeitung geschlossen und mit „Regen" die Darstellung aktualisiert, so zeigt die Beschriftung die aktuellen Werte an. Der Winkel ist angeschrieben und kann eventuell durch das Hinzufügen eines Rundungswertes optimiert sein.

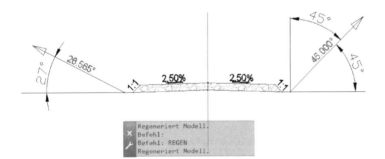

Eine optionale Rundung ist Bestandteil der Beschriftung, des Beschriftungs-Stils. Eine optionale Rundung ist Bestandteil des Abrufes vom Wert aus der Datenbank, Karte „Layout" und Zeile „Inhalt".

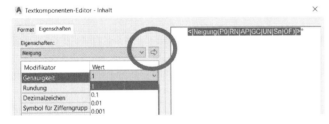

Hinweis:

Mit dem Pfeil ist der Wert nochmals einzutragen. Das Symbol „P0" zeigt an, dass keine Nachkommastellen aufgerufen sind.

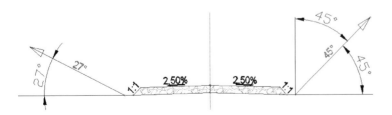

Gert Domsch, CAD-Dienstleistung

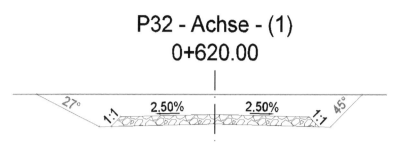

Ist der entsprechende Code-Stil-Satz als Bestandteil der Querprofilpläne aufgerufen, so wird die Beschriftung in „Grad" auch im Querprofil-Plan ausgeführt sein.

5.2.1 Beschriftungen ein- und ausschalten, Einstellung „_keine Darstellung", löschen

Wird der Objektlayer, als Bestandteil der Systemvariablen, nicht um den „Suffix" und Wert „*" erweitert, so liegen die Civil 3D Konstruktionselemente und die zugeordneten Beschriftungen auf einem Layer. Mit dieser Einstellung ist es nicht möglich einzelne Objektbeschriftungen über den Layer auszublenden. Das Bild zeigt die Maske, in der optional eine Einstellung möglich wäre, die den Objektnamen als Ergänzung zum Layer-Namen einträgt.

Mit dieser Option wäre das Ein- und Ausschalten von Beschriftungen über den Layer möglich.

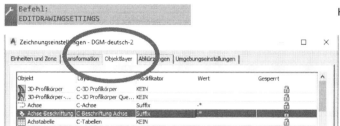

Hinweis:

Diese Einstellung ist nicht Bestandteil der Standard-Installation „...Deutschland.dwt" (Country Kit „Deutschland").

Beschriftungen, die als Bestandteil der Objektdefinition ausgewählt wurden, sollten man nicht versuchen einzeln zu löschen, anpicken und „Löschen", Tasten: Del, Entf.

Nicht zu empfehlen:

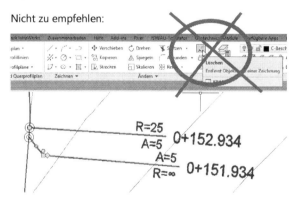

Der Versuch führt dazu, dass alle, mit dem Anpicken, ausgewählten Elemente gelöscht sind.

Um einzelne Beschriftungselemente aus einem Beschriftungs-Satz heraus zu löschen, gibt es eine Sonderfunktion, eine Tastenkombination **Strg + „Links Maustaste" und „Entf, (Del)"**

Strg + „Links Maustaste" und „Entf, (Del)"

Diese Funktion ermöglicht das Auswählen und Löschen einzelner Beschriftungselementen aus einem Beschriftungs-Satz heraus, ohne den Beschriftungs-Satz zu zerstören.

5 Beschriftungs-Stil, Beschriftungs-Satz

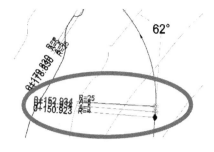 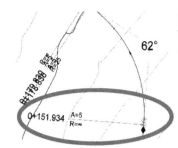

Die Bilder zeigen die Anwendung der Tastenkombination „**Strg + linke Maustaste und Entf**" innerhalb einer Achsbeschriftung

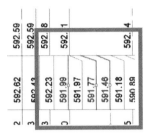 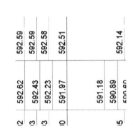

Anwendung der Tastenkombination innerhalb einer Höhenplan-Band-Beschriftung

Alternativen zum Löschen kann der Befehl „Ursprung", „Beschriftung umdrehen" oder „Freistellen" angewendet werden.

Befehl „Ursprung":

Wird Ursprung verwendet, so wird die Beschriftung aufgelöst. die Beschriftung wird mit dem ersten „Ursprung" zum „Block" und mit dem zweiten „Ursprung" zum „Text" oder „M-Text".

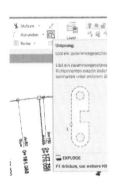

1. Ursprung (Resultat: „Bock")

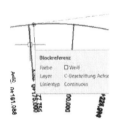

2. Ursprung (Resultat: „ACAD-Zeichnungselemente")

Funktion „Beschriftung umdrehen":

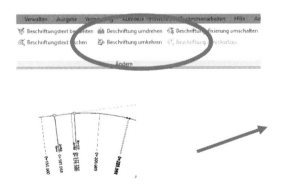 

Funktion „Freistellen":

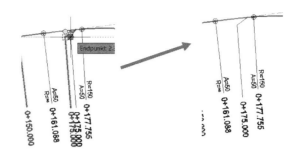

„_keine Darstellung":

Um Beschriftungen am Objekt komplett abzuschalten, sollte eher die Option „keine Darstellung" gewählt werden.

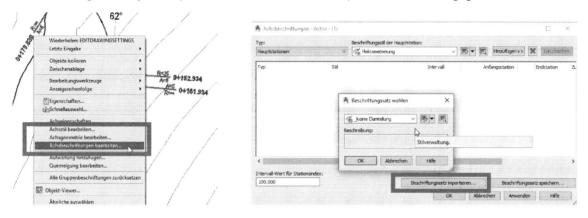

Um eventuell die Beschriftung erneut „NEU" zu erstellen, wird der Beschriftungs-Satz nochmals geladen. Der Beschriftungs-Satz bleibt separat immer erhalten.

6 Beschriftungs-Stil-, Beschritungs-Satz-Eigenschaften, Erläuterung an Beispielen

6.1 Punktbeschriftung

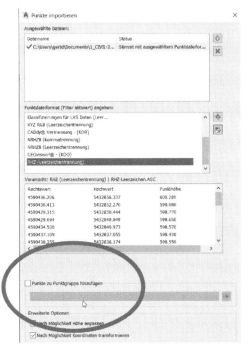

Warum sind Civil 3D-Punkte (COGO-Punkte) nicht beschriftet, wenn keine Punktgruppe zugewiesen ist, eventuell versehentlich keine Punktgruppe zugewiesen ist?

Wird beim Import einer Punktdatei keine Punktgruppe angelegt, so werden die Punkte eingelesen und gleichzeitig der Punktgruppe „Alle Punkte" zugewiesen. Diese Punktgruppe ist bereits Bestandteil der „… Deutschland.dwt" (Bestandteil der noch leeren Zeichnung).

Als Bestandteil dieser Punktgruppe ist der Punkt-Stil „Standard" (das Punkt-Symbol einfaches Kreuz) und der Beschriftungs-Stil „keine" aufgerufen.

Der Punktgruppe „Alle Punkte" ist voreingestellt keine Beschriftung zugewiesen! Diese Punktgruppe hat nur das Symbol „Standard" zugewiesen, voreingestellt und das heißt, ein einfaches Kreuz.

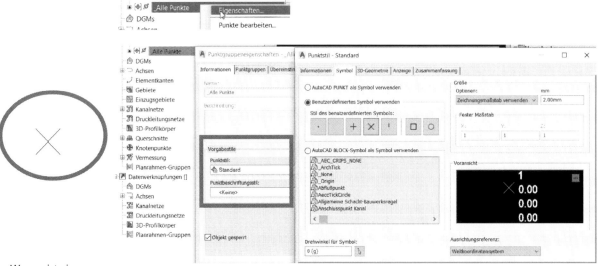

Warum ist eine
Punktgruppe beschriftet, wenn beim Punktimport eine Punktgruppe zuweisen ist?

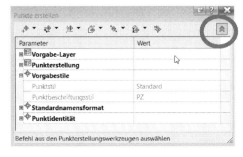

Als Bestandteil des Werkzeugkastens „Punkte erstellen" ist im Bereich „Vorgabestile" ein Punkt-Stil und ein Punktbeschriftungs-Stil zu sehen und damit aufgerufen. Diese Voreinstellung ist jedoch „grau" und scheinbar nicht zu ändern?

Gert Domsch, CAD-Dienstleistung

6 Beschriftungs-Stil-, Beschritungs-Satz-Eigenschaften, Erläuterung an Beispielen

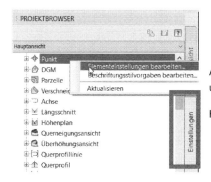

Als Bestandteil der Karte Einstellung, Punkt und Elementeinstellung ist der Punkt-Stil und Beschriftungsstil vorgegeben.

Hier lassen sich Änderungen vornehmen, die dann bei jedem Punktimport gültig sind.

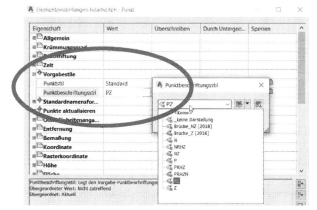

Hinweis:

Diese Option „Elementeinstellungen bearbeiten" gibt es für alle Civil 3D – Objekte. Allen Civil 3D Objekten, egal ob Darstellungs-Stile oder Beschriftungs-Stilen wird auf diese Art und Weise (Karte Einstellungen) der erste voreingestellte Stil zugewiesen.

Wird beim Punktimport eine Punktgruppe angelegt, so werden alle Punkte entsprechend dieser Voreinstellung beschriftet.

Hinweis-1:

Die Punktgruppe wird gebildet durch den Eintrag der Punktnummern in der Karte „Einbeziehen".

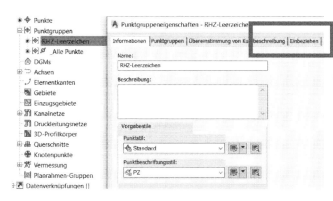

In der Beispiel-Datei für diese Beschreibung sind keine Punktnummern enthalten. In diesem Fall werden die Punktnummern automatisch und nachträglich gebildet.

6 Beschriftungs-Stil-, Beschriftungs-Satz-Eigenschaften, Erläuterung an Beispielen

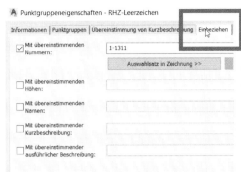

Hinweis-2:

Jede Punknummer ist im Civil 3D nur einmalig vergeben (Datenbank-Feld, „Punktnummer"). Die Punktnummer wird als Eindeutigkeits-Kriterium in der Datenbank, der Datei (hier „Zeichnung") benötigt.

Punkt-Stil (Symbol-Eigenschaften)

Der Punkt-Stil „Standard" sollte eher als Basis-Symbol „Kreuz" verstanden sein. In den Elementeinstellungen ist Standard vorgegeben und bedeutet eigentlich „maßstäbliches Kreuz". Gleichzeitig gehört die Festlegung der Layer zum „Punkt-Stil".

Die Layerzuordnung ist änderbar. Die Einstellungen sind im Kapitel „Punkt, Symbol, Punkt-Stil" näher beschrieben.

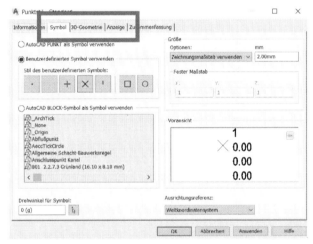

Hinweis:

Auf der Karte „Anzeige" des Punkt-Stils kann die Option „Beschriftung" auf „nicht sichtbar" gesetzt sein. Das heißt im Darstellungs-Stil des Punktes ist die Beschriftung abschaltbar!

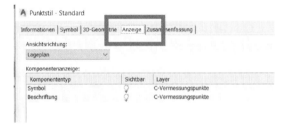

6.1.1 Bestandteile der Punktbeschriftung (Inform., Allgem, Layout, ...)

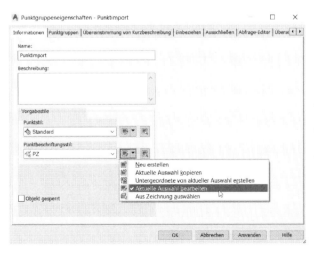

In der Beschreibung wird beispielhaft der Aufbau des Beschriftungsstil „PZ" gezeigt (Beschriftungs-Stil, - Eigenschaft).

Jedes Beschriftungs-Element besteht aus den Karten „Information", „Allgemein", „Layout" und „Symbol-Text-Trennung".

Wie beim Darstellungs-Stil gibt es auch hier die Karte „Zusammenfassung". Diese Karte widerholt lediglich alle Einstellungen aller Karten links von „Zusammenfassung. Aus diesem Grund wird hier und in den folgenden Kapiteln der Beschreibung auf eine Erläuterung dieser Karte verzichtet.

6 Beschriftungs-Stil-, Beschritungs-Satz-Eigenschaften, Erläuterung an Beispielen

„Information"

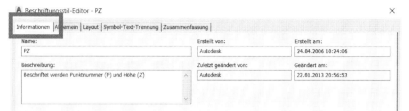

Die Karte Information zeigt den Namen, eventuell eine ergänzende Beschreibung, den Ersteller und den Zeitpunkt der Erstellung der Beschriftung, des Beschriftungs-Stils.

„Allgemein"

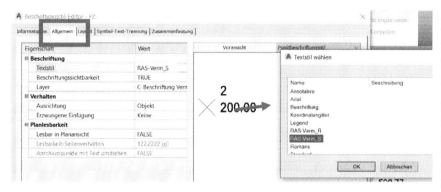

Auf der Karte „Allgemein" ist der Textstil aufgerufen. Der Textstil lautet für alle Civil 3D Beschriftungen, in der „... Deutschland.dwt", RAS-Verm_S.

Der Textstil ist kein neues Civil 3D – Element, sondern ein altes klassisches AutoCAD – Bestandteil, das klassisch für AutoCAD Beschriftungen genutzt wird (Text, M-Text).

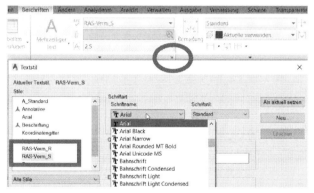

Der Zugang zum Textstil „RAS-Verm_S" ist Bestandteil vom Menü oder der Multifunktionsleiste „Beschriftungen". Hier ist ersichtlich, dass dieser Textstil mit der Schriftart „Arial" verknüpft ist. Eine Änderung ist möglich. Alle bereitgestellten Schriftarten sind auswählbar und diese Neuauswahl wird zu einer Änderung der Beschriftung in der gesamten Zeichnung führen.

Hinweis:

Nachfolgend wird zu sehen sein, dass alle Beschriftungs-Stile diese Eigenschaft, diesen AutoCAD Textstil, haben und bei allen Beschriftungs-Stilen „RAS-Verm_S" als AutoCAD Textstil aufgerufen ist. Das heißt, soll die Schriftart geändert werden, so ist vorrangig dem AutoCAD Textstil „RAS-Verm_S" eine neue Schriftart zuzuordnen.

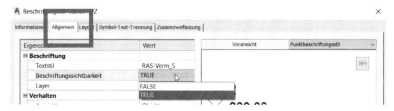

In der Maske kann die Beschriftung zusätzlich sichtbar (TRUE) oder unsichtbar (FALSE) geschalten sein. Das Setzen von „FALSE" wird nicht empfohlen.

In der Karte „Allgemein wird auch der Layer für die Beschriftung festgelegt. Der Layer ist an dieser Stelle wechselbar.

Der Zugang entspricht der allgemeinen AutoCAD-Layerliste.

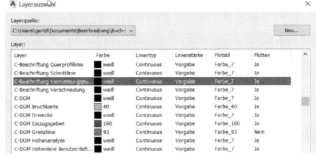

Die Ausrichtungseinstellung Ausrichtung „Objekt" ist an dieser Stelle zu überdenken. Die Ausrichtung ist eine Einstellung, die die Beschriftung bis zur Ansicht im Layout steuern kann. Eventuell ist es sinnvoll die Einstellung auf „Ansicht" zu wechseln, damit die Punktbeschriftung auf die Drehung der Darstellung im Ansichtsfensters reagiert.

Diese Einstellung wird erst mit der Darstellung der Beschriftung im Layout sichtbar.

Verhalten, Ausrichtung „Objekt" (BKS gedreht),   Verhalten, Ausrichtung „Ansicht" (BKS gedreht),

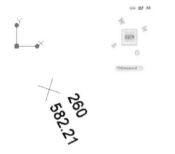
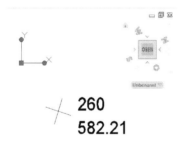

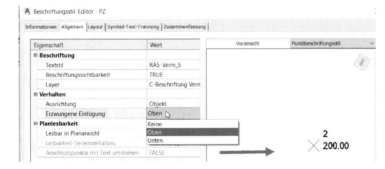

Die dritte Einstellung „Weltkoordinatensystem" wird die Beschriftung konsequent nach dem „WKS" ausrichten. Die Einstellung „Erzwungene Einfügung" kann die Beschriftungsanordnung ausrichten.

Hinweis:

An der Stelle „Erzwungene Einfügung" ist eher „keine" zu empfehlen. Diese Einstellung kann sich mit Einstellungen der Karte „Layout" überlagern.

6 Beschriftungs-Stil-, Beschritungs-Satz-Eigenschaften, Erläuterung an Beispielen

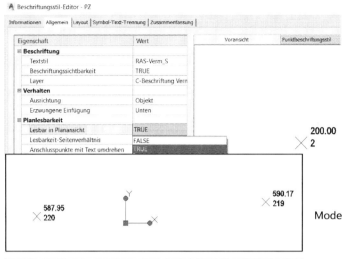

Mit der Einstellung „Lesbarkeit in Planansicht" kann die Beschriftung abhängig von der Drehung der Layoutansicht dargestellt sein (hier Layout = Ansichtsfenster).

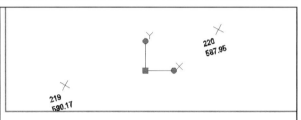

Modellansicht (Modellbereich

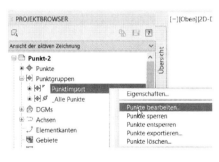

Layout (Ansichtsfenster, gedreht ca. 180°) Die Beschriftung bleibt lesbar ausgerichtet.

„Layout" (Beschriftungseinstellung, Karte Layout)

Die Karte Layout enthält die Verbindung der Beschriftung zur Datenbank des Civil 3D Objektes. Im Bild zu sehen ist die Punkt-Datenbank. Die Datenbank des Punktes oder der Punktgruppe ist einzusehen mit der Funktion „Punkte bearbeiten".

Es können alle Eigenschaften der Datenbank zur Beschriftung aufgerufen sein.

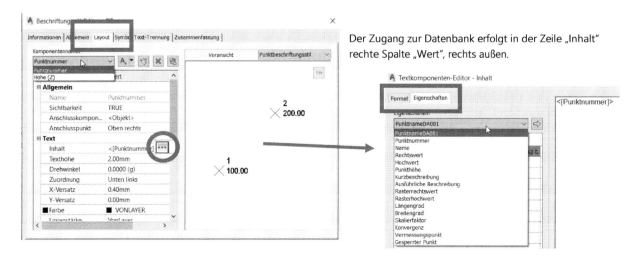

Der Zugang zur Datenbank erfolgt in der Zeile „Inhalt" rechte Spalte „Wert", rechts außen.

Gert Domsch, CAD-Dienstleistung

6 Beschriftungs-Stil-, Beschritungs-Satz-Eigenschaften, Erläuterung an Beispielen

Die abgebildeten „Eigenschaften" im rechten Bild sind Spalten der Datenbank. Diese Datenbank wurde auf am Anfang des Kapitels gezeigt. Der Zugang war die Funktion „Punkte bearbeiten". Bestandteil dieser Zuweisung sind optionale Rundungs-, Beschriftungs-, Bezeichnungsfunktionen oder Formatierungen.

Hinweis-1:

Es ist möglich als Dezimaltrennzeichen in einer Beschriftung ein Komma zu führen!

Beispielhaft wird eine „Kurzbeschreibung" als zusätzliche Beschriftungs-Eigenschaft aufgerufen oder eingetragen.

Hinweis-2:

Im Civil 3D steht „Kurzbeschreibung" für den deutschen Begriff „Vermessungs-Code".

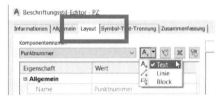

Im ersten Schritt, der Bearbeitung wird eine neue Komponente hinzugefügt, ein Text.

Der Text bekommt den Namen „Vermessungs-Code" und wird als neues Beschriftung-Bestandteil, unterhalb der vorhandenen Beschriftung, der Höhe hinzugefügt.

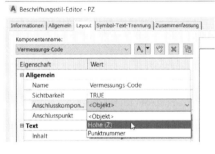

Als Verbindungspunkt der neuen Beschriftung an die vorherige-, wird von der Beschriftung „Höhe" der Text-Feld-Punkt „Unten links" gewählt.

Die neue Beschriftung „Vermessungs-Code" soll „Oben links", das heißt ausgerichtet an der Höhe ausgerichtet, eingefügt sein.

Gert Domsch, CAD-Dienstleistung 313

6 Beschriftungs-Stil-, Beschritungs-Satz-Eigenschaften, Erläuterung an Beispielen

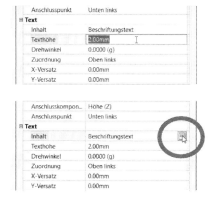

Als Schriftgröße sind 2mm ausreichend. Die Schriftgröße 2mm wird maßstabsabhängig eingefügt sein. Das heißt die Schriftgröße gilt für alle Maßstäbe. Zusätzlich wären „Versätze" in x- und y-Richtung möglich.

Der Zugang zur Datenbank erfolgt über das Feld „Inhalt".

Hier erfolgt jetzt der Aufruf der Eigenschaft „Kurzbeschreibung" (Vermessungs-Code), Karte Eigenschaften.

Optional kann der eingefügte Wert formatiert werden, Karte Format. Die Formatierung erfolgt unabhängig von der bisherigen Punktbeschriftung.

Als einzige der verfügbaren Optionen wird die Farbe „Rot" gewählt.

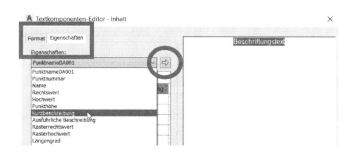

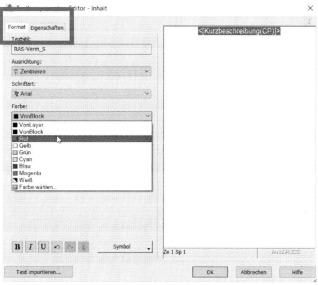

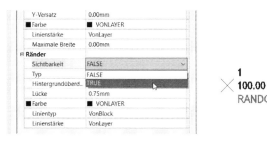

Zusätzlich kann der Beschriftung ein sichtbarer oder unsichtbarer Rahmen eingefügt sein. Innerhalb dieses Bereiches ist eine Hintergrundüberdeckung aktivierbar.

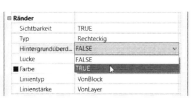

Innerhalb dieser Hintergrundüberdeckung wird jedes andere Zeichnungselement „verdeckt". Im Bild ist die neue Beschriftung des Punktes mit „Vermessungs-Code" (Kurzbeschreibung) sichtbar. Nur die Kurzbeschreibung hat wie aufgerufen einen Rahmen und innerhalb des Rahmens werden andere Zeichnungselemente verdeckt.

„Symbol-Text-Trennung" (Sonder-Option)

Die Erarbeitung der Punktbeschriftung im vorherigen Kapitel hat dazu geführt, dass eine Punkt-Beschriftung durch eine andere überdeckt wird. In einem solchen Fall kann die Beschriftung verschoben werden, umgangssprachlich wird das auch „Freistellen" genannt. Im Fall eine Bearbeitung der Beschriftung ist erforderlich einschließlich das „Freistellen" bei überlappenden Beschriftungen, so sind im Bereich „Symbol-Text-Trennung" die Eigenschaften für eine Freistellung einstellbar oder vorgegeben.

Im ersten Teil „Führung" wird die Art der Verbindungslinie, der Verbindungsdarstellung festgelegt. Es wird vorgegeben, ob es einen Bezugspfeil gibt (True, False) und es kann die Art des Bezugs-Pfeils eingestellt sein.

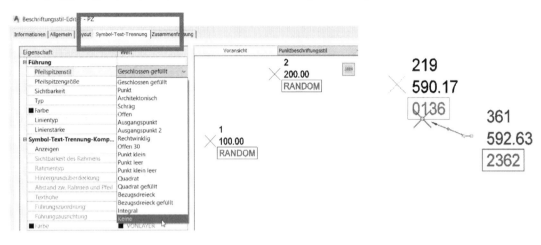

Es sind die Pfeilspitzengröße, die Sichtbarkeit der Verbindungslinie und die Art der Verbindungs-Line einstellbar.

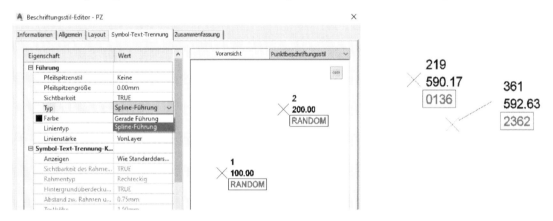

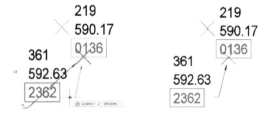

Der Bezugspfeil mit Linienverbindung ist zusätzlich frei positionierbar, um ein Kreuzen mit der Beschriftung zu vermeiden. Hierzu sind alle „cyan-Gripps" (Griffe) am Bezugpfeil zu beachten.

6 Beschriftungs-Stil-, Beschriftungs-Satz-Eigenschaften, Erläuterung an Beispielen

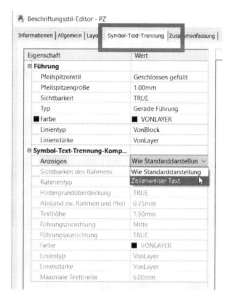

Im Bereich „Symbol-Text-Trennung" kann für den Fall die Beschriftung wird „freigestellt", eine nochmals angepasste Darstellung vorgegeben sein.

Die Voreinstellung ist „Wie Standarddarstellung", das heißt die Beschriftung selbst ändert sich im Fall „Freistellung" nicht.

Mit der Einstellung „Zeilenweiser Text" kann sich die Beschriftungs-Darstellung neu anordnen.

Im Fall Punktbeschriftung ist eine solche Änderung sicher nicht üblich und dient hier lediglich der Erläuterung der Funktion.

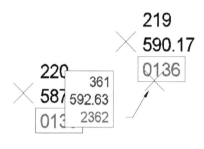

Im Fall Kanal (Schachtbeschriftung) könnte eine solche Änderung durchaus denkbar sein. Um die Reaktion zu zeigen, werden hier Bilder der Haltungsbeschriftung eingeblendet.

Bei der Haltungsbeschriftung ist auf der Karte „Symbol-Text-Trennung" die Option „Zeilenweiser Text" aktiviert. Diese Funktion führt zu folgender Reaktion.

Beschriftung   optionales „Freistellen"   Reaktion der Einstellung auf „Karte Symbol-Text-Trennung" bei Einstellung „Zeilenweiser Text"

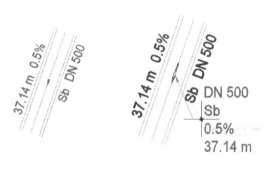
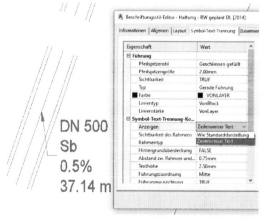

Das Bild zeigt den Wert der Funktion auf „Wie Standardeistellung" zurückgesetzt.

6 Beschriftungs-Stil-, Beschritungs-Satz-Eigenschaften, Erläuterung an Beispielen

Alle Beschriftungen folgen diesem Konzept, vom Punkt- über Achs- bis zur Rohrbeschriftung. In einigen der folgenden Kapitel werden diese Eigenschaften wiederholt, um Aspekte zu zeigen, die hier am Civil 3D-Punkt (C3D-Punkt) nicht zu erläutern sind oder am C3D-Punkt unverständlich bleiben müssen.

6.2 Achse, Achsbeschriftungs-Satz

Die Beschriftung einer Achse wird aus mehreren Einzelbeschriftungen zusammengesetzt. Diese zusammengesetzten Beschriftungen werden als Beschriftungs-Satz bezeichnet. Jeder der ausgewählten oder bereits zugewiesenen Beschriftungs-Sätze kann gegen einen anderen Beschriftung-Satz ausgetauscht werden.

Elemente des Beschriftungs-Satzes „Beschriftung Hauptachsen [2015]":

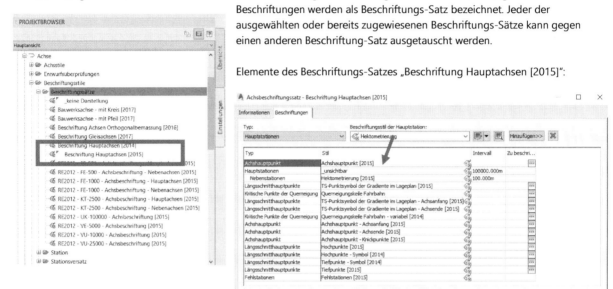

Mit dem Austausch eines Beschriftungssatzes
werden die eigentlichen Beschriftungs-Stile ausgetauscht. Ein Achsbeschriftungssatz wird aus mehreren einzelnen Beschriftungs-Stilen zusammengesetzt. Die Anzahl der Beschriftungs-Stile ist von -Satz zu -Satz sehr unterschiedlich.

Elemente des Beschriftungs-Satzes „Beschriftung Hauptachsen [2014]":

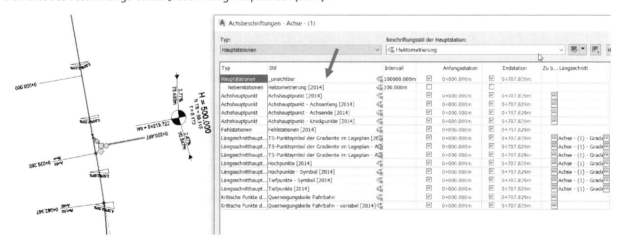

Bei jedem Beschriftungs-Satz können zusätzliche Komponenten hinzugeladen, einzelne Komponenten verändert oder Komponenten gelöscht werden. Im Bild wird ein Beispiel aus der Praxis gezeigt. Es wird die Querneigung des Bankettes zusätzlich zum Achs-Beschriftungs-Satz geladen.

6 Beschriftungs-Stil-, Beschritungs-Satz-Eigenschaften, Erläuterung an Beispielen

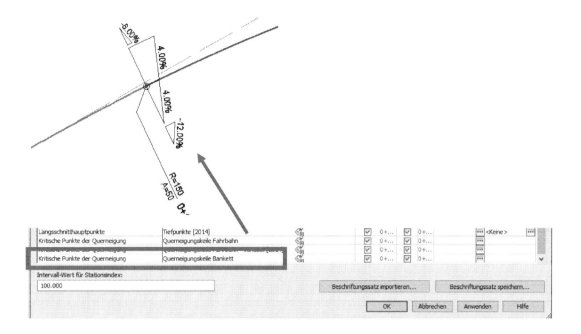

Im Fall der Stationierungs-Anfang ist abweichend vom Achsanfang kann der Wert bzw. die „Null"-Position als Teil der Achseigenschaft neu festgelegt werden.

Die gezeigte Funktion ist Teil der Achseigenschaften.

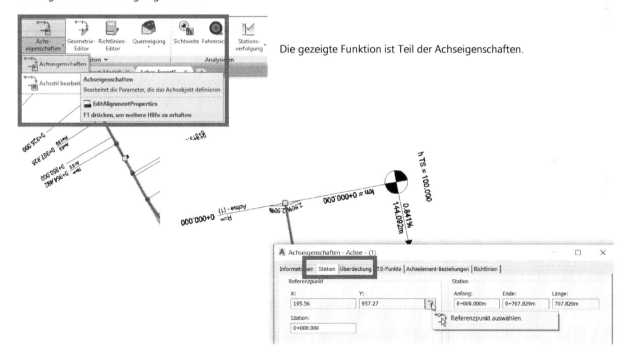

Die Station, die dem Wert „Null" entsprechen soll wird auf der Achse gepickt.

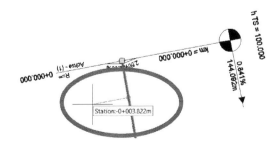

6 Beschriftungs-Stil-, Beschritungs-Satz-Eigenschaften, Erläuterung an Beispielen

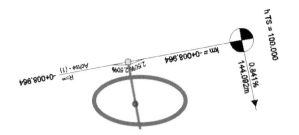

Der neue „Null"-Punkt ist festgelegt, es wird jedoch nur ein Symbol gezeigt (Doppel-Kreis-Symbol). Es fehlt der Stationswert?

In der „...Deutschland.dwt" ist die Beschriftung für die „Hauptstation" unsichtbar, das bedeutet in der Voreinstellung wird der Wert „nicht angezeigt" nicht beschriftet.

Hinweis:

Mit dieser Einstellung wird, im Fall Achsanfang und Stationierungsanfang ist identisch, am Anfang der Achse eine doppelte Beschriftung vermieden!

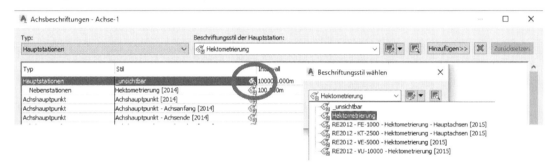

Wird die Voreinstellung von „_unsichtbar" auf „Hektometrierung" umgestellt, so setzt die Beschriftung an der neuen Station „0+000,00" ein.

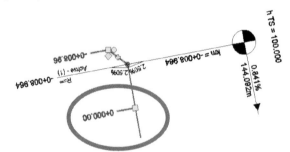

In den seltensten Fällen wird eine voreingestellte, geladene Achs-Beschriftung alle Belange abbilden, die ein Projekt verlangt.

Es wird viel öfter die Regel sein, dass viele Beschriftungs-Bestandteile zu ergänzen oder nachträglich zu bearbeiten sind.

Die Beschriftungselemente selbst sind alle einheitlich aufgebaut. Diese Elemente haben Text-, Linien- und Symbolbestandteile (Blöcke) und die wichtigen Karten „Allgemein", „Layout" und „Symbol-Text-Trennung". Von Beschriftung zu Beschriftung (z.B. Achsen für Straßen oder Rohre/Leitungen) wird der Schwerpunkt für die fachlich richtige Information unterschiedlich sein oder es werden die verwendeten Bestandteile nach anderen Schwerpunkten ausgewählt.

6.2.1 „Achse", Erläuterung der Beschriftungs-Basis, Basis-Bestandteile, Basis-Funktionen, -Optionen

In folgendem Beispiel werden die wesentlichen Beschriftungs-Bestandteile einer „Achse" gezeigt. Etwas detaillierter wird der Aufbau eine „Achshaupt-Punkt"-Beschriftung gezeigt. Wie alle Beschriftungen so sind auch hier die Haupt-Bestandteile die Karten „Information", „Allgemein", „Layout" und „Symbol-Text-Trennung". Auf die Karte Zusammenfassung wird nicht mehr eingegangen.

Diese Karten werden hier wiederholt erläutert, vorrangig um zu zeigen, dass die Grundbestandteile aller Beschriftungen aus einheitlichen Basis-Funktionen aufgebaut sind.

6 Beschriftungs-Stil-, Beschritungs-Satz-Eigenschaften, Erläuterung an Beispielen

Information

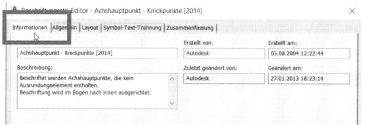

Die Karte Information zeigt den Namen, den Ersteller und den Zeitpunkt der Erstellung.

Allgemein

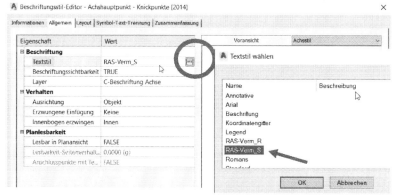

Die Karte „Allgemein" beinhaltete Basiseinstellungen für Beschriftungen. Diese Einstellungen werden nachfolgend einzeln gezeigt.

Hinweis:

Der Textstil „RAS-Verm_S" ist auch hier ein AutoCAD- Textstil und wie bei der Punkt-Beschriftung mit der Schriftart „Arial" verknüpft. Alle Civil 3D-Beschriftungsn haben den Textstil „Ras-Verm_S".

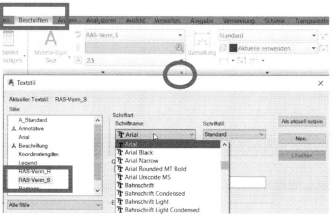

Das heißt, wenn im Projekt eine andere Schriftart benötigt wird, ist eventuell nur die Schriftart als Bestandteil der Textstilfunktion (Beschriften) zu ändern. Ein Wechsel erfolgt optional an der gleichen Stelle im Bereich AutoCAD-Beschriftungs-Stile und wäre auch gleichzeitig für alle Civil 3D-Beschriftungen gültig.

Nachfolgend werden die weiteren Einstellungsoptionen aufgelistet. Diese Einstellungen entsprechen allen bisher beschriebenen Beschriftungs-Stil-Funktionen (Zum Beispiel: „Civil 3D-Punkt").

Option für die Darstellung:

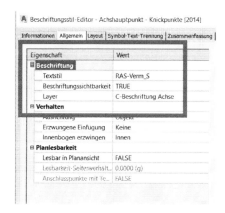

6 Beschriftungs-Stil-, Beschritungs-Satz-Eigenschaften, Erläuterung an Beispielen

Option für den Layer-Aufruf

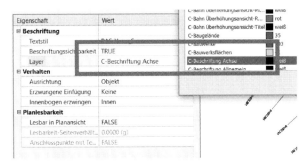

Verhalten der Beschriftung (Ausrichtung am Objekt)

Einige der Einstellungen, die hier zur Verfügung stehen, machen im Zusammenhang mit einer Achse nicht unbedingt Sinn können jedoch im Zusammenhang mit Achsen gut im Bild erläutert werden. Die Einstellungen sind, wie wiederholt angedeutet, allgemeingültig für alle Beschriftungen und stehen auch für eine Punkt-, Kanal-, Schacht, Gradienten- oder Achsbeschriftung gleichberechtigt zur Verfügung.

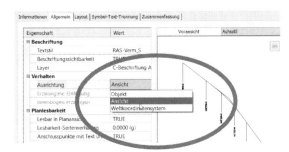

In den folgenden Bildern werden Einstellungs-Optionen des Bereichs „Verhalten" in Bildern erläutert.

Oben

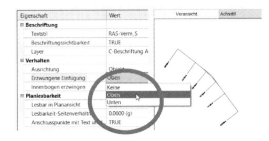

Unten

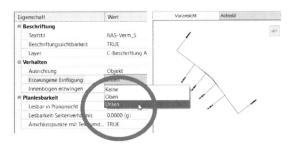

Innen (bezogen auf einen Bogen innerhalb der Achse)

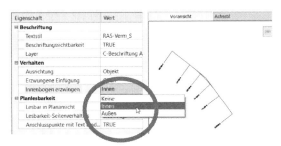

Außen (bezogen auf einen Bogen innerhalb der Achse)

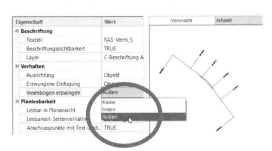

6 Beschriftungs-Stil-, Beschritungs-Satz-Eigenschaften, Erläuterung an Beispielen

In den folgenden Bildern werden Einstellungs-Optionen des Bereichs „Planlesbarkeit" in Bildern erläutert.

Layout

Die Karte „Layout" stellt die Verbindung zum Objekt her, zu den eigentlich zu beschriftenden Objekteigenschaften. Bevor der Zugang zur Datenbank gezeigt wird, werden in Bildern Optionen dieser Karte vorgestellt. In den vorherigen Kapiteln wurde als Bestandteil von Civil 3D-Punkt und Achs-Beschriftung u.a. ein Block (Achse) und ein Text (Punkt) im Beschriftungs-Stil mit Hilfe der hier gezeigten Funktionen eingefügt.

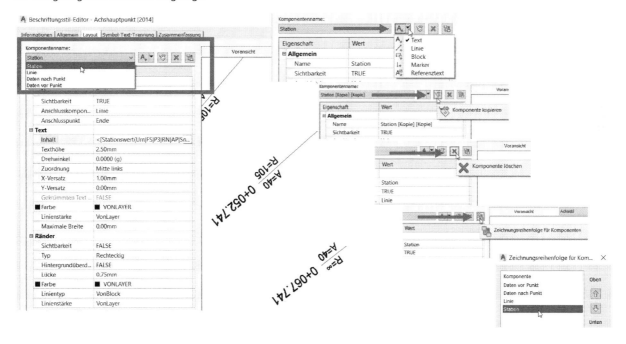

In diesem Teil der Beschreibung von Beschriftung-Stilen wird die Verwendung von Format und Rundungsoptionen gezeigt. Diese Bestandteile sind für technische Beschreibung wichtig. Die hier getroffenen Aussagen sind, so wie mehrfach angesprochen, Bestandteil einer jeden Beschriftung. Diese Funktionen werden nur deshalb hier im Zusammenhang mit der Achse gezeigt, weil diese hier gut und verständlich zu erläutern sind.

6 Beschriftungs-Stil-, Beschritungs-Satz-Eigenschaften, Erläuterung an Beispielen

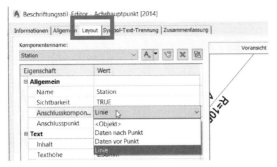

Die Beschreibung der Funktionen konzentriert sich zuerst auf den Stationswert. Der Stationswert wird am Ende einer Verbindungs- oder Bezugs-Linie eingefügt.

Die Verwendung und der Aufruf von Linien (Bezugs-Strichen) wird nicht gesondert beschrieben. Die Verwendung entspricht dem Einfügen von „Blöcken".

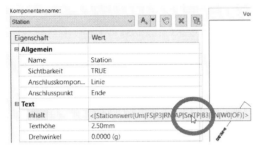

Im Bereich „Text" und „Inhalt" erfolgt die Verbindung zu Datenbank (Daten der Achse).

Das folgende Bild zeigt links alle optionalen Werte der Datenbank (Eigenschaften) und auf der rechten Seite den zugeordneten Wert zur Zeichnung <Stationswert...>

Im Moment hinter nicht zu sehen (im Bild hinter der List der Datenbankwerte) sind Formatierungsbezeichnungen auswählbar, die auf den folgenden Bildern erläutert werden.

Um einen Wert oder auch später eine Einstellung zu verwenden, ist unbedingt der rechts hervorgehobene „Pfeil" zu betätigen. Dieser Pfeil überträgt die Einstellung der Datenbank in die Zeichnung.

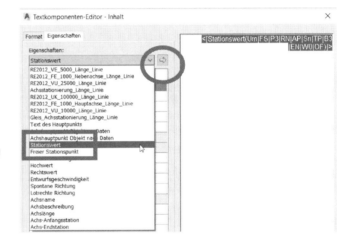

Ist der Datenbank-Wert in die Zeichnung übertragen, so kann er nachfolgend mit den Einstellungen der Karte „Eigenschaften" formatiert werden. Mit jeder Auswahl ist die Übernahme in die Zeichnung, an das Civil 3D-Objekt erst mit der Betätigung des „Pfeils" abgeschlossen!

Eine Vielzahl von Formateinstellungen ist möglich. Unter anderem kann an dieser Stelle das für Autodesk-Produkte übliche dezimal-Trennzeichen von „Punkt" auf „Komma" umgestellt sein. Damit wird in der Zeichnung als Dezimal-Trennzeichen für die Achs-Stationierung ein „Komma" geführt sein!

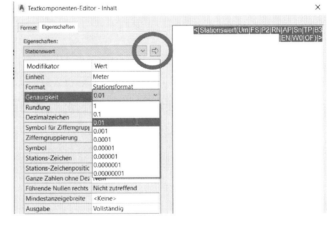

Technisch ist es möglich alle Beschriftungen in der vorgestellten Form zu ändern!

Weitere Einstellungen sind in den folgenden Bildern dargestellt, werden jedoch im Moment nicht aufgerufen oder verwendet.

6 Beschriftungs-Stil-, Beschriftungs-Satz-Eigenschaften, Erläuterung an Beispielen

Lediglich das Dezimal-Trennezichen ist von „Punkt" (Autodesk, amerikanisch) auf „Komma" (EU, deutsch) geändert.

Symbol-Text-Trennung

Das Beschriftungselement kann, wenn erforderlich verschoben oder freigestellt sein. Die Art und Weise der „Freistellung" wird auch hier in der Karte „Symbol-Text-Trennung" vorgegeben.

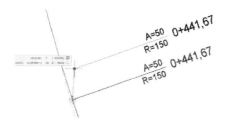

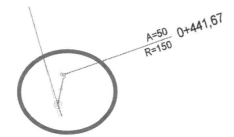

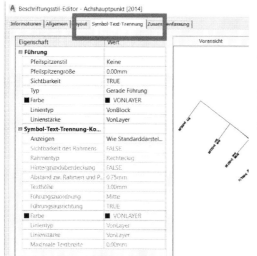

Die Freistellung ist voreingestellt mit einer Einstellung „gerade Führung", „keine" Pfeilspitze.

Die Beschriftung selbst (Texte und Linie) wird ohne Sondereinstellung wie in der Karte „Layout" vorgegeben, übernommen. Das garantiert die Einstellung in der Zeile „Anzeigen" mit dem Wert „Wie Standardeinstellung".

Ausdrücke

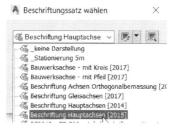

Civil 3D bietet in vielen Bereichen Beschriftungen, bei denen nicht nur der Text auf eine Änderung des Maßstabes reagiert. Linien und Blöcke (Symbole) die Bestandteile von Beschriftungen sind oder können ebenfalls maßstabsabhängig sein oder auf Maßstabs-Einstellungen reagieren. Solche Maßstabs-Einstellungen oder -Faktoren werden in der Regel als „Ausdrücke" übergeben.

Beispiel:

Achsbeschriftungs-Satz „Beschriftung Hauptachsen (2015)"

6 Beschriftungs-Stil-, Beschritungs-Satz-Eigenschaften, Erläuterung an Beispielen

Im Beschriftungssatz „Beschriftung Hauptachsen {2015]" reagiert die Beschriftung mit zwei Funktionen auf den Maßstab. Die erste Funktion ist die Schriftgröße, die zweite Funktion ist die Position des Textes. Bei jeder Änderung des Maßstabes bleibt die Position des Textes augenscheinlich beibehalten und es ändert sich scheinbar die Linienlänge, das Linienelement der Beschriftung.

„Beschriftung Hauptachsen (2015)":

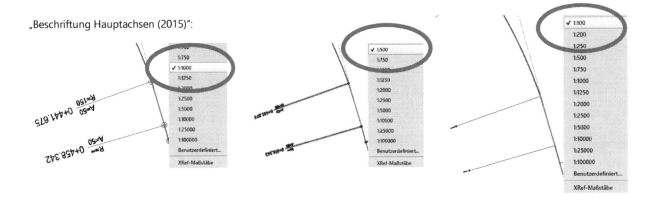

Die Besonderheit bei dieser Beschriftung ist folgendes. Dem Linien-Element ist in der Karte Layout keine feste Länge zu geordnet, sondern ein „Ausdruck". Zur Auswahl stehen mehrere weitere Ausdrücke, die als Bestandteil anderer maßstäblicher Beschriftungen aufgerufen sind.

In der Achs-Beschriftungs-Version „Beschriftung Hauptachsen (2014)" ist an dieser Stelle ein fester Wert aufgerufen.

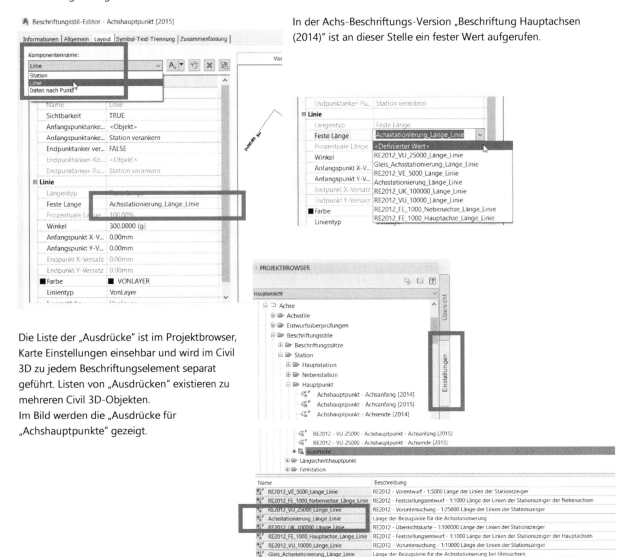

Die Liste der „Ausdrücke" ist im Projektbrowser, Karte Einstellungen einsehbar und wird im Civil 3D zu jedem Beschriftungselement separat geführt. Listen von „Ausdrücken" existieren zu mehreren Civil 3D-Objekten.
Im Bild werden die „Ausdrücke für „Achshauptpunkte" gezeigt.

6 Beschriftungs-Stil-, Beschriftungs-Satz-Eigenschaften, Erläuterung an Beispielen

Der Ausdruck kann bearbeitet werden.

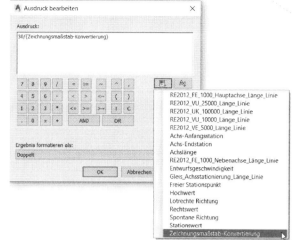

Es wird die Bearbeitungsmaske gezeigt. Der Funktionsumfang zum Erstellen von Ausdrücken ist sehr vielfältig und dient eher Fachleuten, um besondere Projektanforderungen umzusetzen.

6.2.2 Bestandteile eines Beschriftungs-Satzes „Achse", Erläuterung einzelner Achs-Beschriftungs-Stile (-Elemente)

Jede Achs-Beschriftung besteht aus mehreren Komponenten. Das hat für die Anwendung in der Praxis große Bedeutung. Die Achse kann im Civil 3D nicht nur Bestandteil einer Straßen-Konstruktion sein. Die Achse kann auch Mittellinie einer Rohrleitung oder einfach nur als Schnittlinie für eine Schnittdarstellung Verwendung finden (Höhenplan, Querprofilplan).

Mehrere einzelne Beschriftungs-Eigenschaften oder Beschriftungs-Stile können als Beschriftungs-Satz gespeichert sein, um einzelne Beschriftungs-Eigenschaften oder Beschriftungs-Eigenschaften als Paket anderen Achskonstruktionen zu zuordnen. Zusätzlich sind Beschriftungs-Stile oder -Sätze per „Drag & Drop" zwischen Zeichnungen austauschbar.

Diese Beschreibung versucht Aspekte der Achsbeschriftung zu erläutern, die das Civil 3D-Konstruktionselemente „Achsen" in der Darstellung für die verschiedensten Konstruktionen von Straße über Rohr bis Schnittlinie verfügbar machen.

Stationierung

Die Stationsbeschriftung selbst kann bereits aus mehreren Komponenten bestehen. Sollen mehrere Komponenten verwendet werden, so wird zuerst eine „Hauptstationskomponente" geladen und danach eventuell eine oder mehrere „Nebenstationen". Die Gliederung in Haupt- und Nebenstation ermöglich unterschiedliche Darstellungen zum Beispiel in Farbe oder in Schriftgrößen.

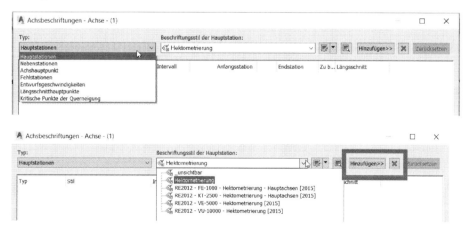

6 Beschriftungs-Stil-, Beschriftungs-Satz-Eigenschaften, Erläuterung an Beispielen

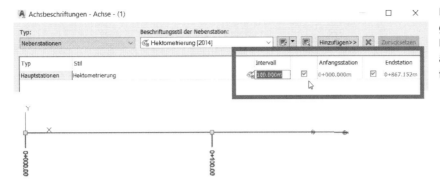

Im Bild ist eine Hauptstationierung geladen mit dem Stationswert 100m. Der Stationswert ist beliebig änderbar und die Beschriftung sind frei wählbare Optionen.

Für das nächste Bild wird der Stationswert von „100m" auf „50m" geändert. Zuvor waren die Optionen „Anfangsstation" und „Endstation" aktiviert im folgenden Bild sind diese Optionen deaktiviert. Es fehlt die Beschriftung des ersten Stationswertes „0+000.00".

Die Hauptstationierung kann durch „Nebenstationswerte" ergänzt sein.

Für die Nebenstationswerte wird der Beschriftungs-Stil „Hauptstationierung [2014] gewählt.

Während für die Hauptstationen Stationswert, Beschriftungs-Anfang und -Ende änderbar sind, kann für die Nebenstationen nur der Stationswert variiert werden. Die Nebenstationswerte werden automatisch an den Hauptstationen weggelassen.

Gert Domsch, CAD-Dienstleistung

6 Beschriftungs-Stil-, Beschriftungs-Satz-Eigenschaften, Erläuterung an Beispielen

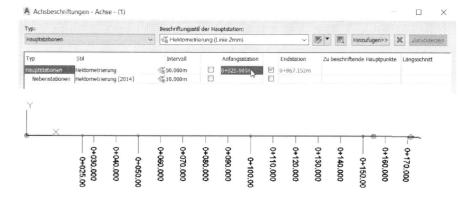

Die Beschriftung ist dynamisch und kann auch live (eventuell innerhalb einer Online-Präsentation) geändert werden.

Hinweis-1:

Unabhängig von dieser vorgegebenen Stationsbeschriftung kann zusätzlich eine manuelle Beschriftung hinzugefügt sein. Die Funktionen der manuellen Beschriftung bleiben zu jedem beliebigen Zeitpunkt verfügbar.

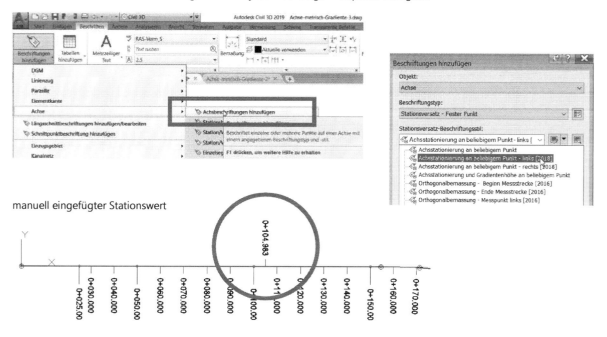

Hinweis-2:

In den vorgegebenen Beschriftungs-Sätzen von Civil 3D (... Deutschland.dwt) ist der Darstellungs-Stil der Hauptstationierung auf „keine Darstellung" gesetzt.

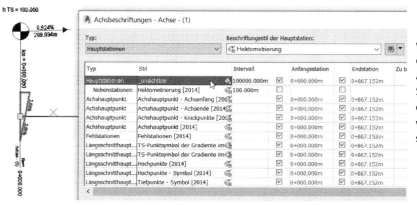

Der Grund hierfür ist folgender, wenn der Achsanfang gleichzeitig den Stationswert „0.00" hat, fällt Achshauptpunktbeschriftung und Stationierung am Achsanfang auf einen Punkt und ist damit doppelt vorhanden oder beschriftet. Das sieht eventuell nicht schön aus.

6 Beschriftungs-Stil-, Beschriftungs-Satz-Eigenschaften, Erläuterung an Beispielen

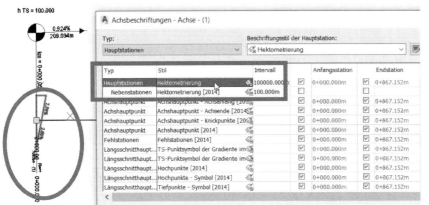

Der optionale Aufruf des Beschriftungs-Stils Hauptstationen, „Hektometrierung" wird nur benötigt, wenn Achsanfang und Hauptstation nicht in einem Punkt zusammenfallen, zum Beispiel wenn Achsanfang ungleich Station „0+00.00" ist. Die Änderung der Anfangsstation (ungleich „0+000.00") ist Bestandteil der „Achseigenschaften".

Wird nach dieser Änderung der Beschriftungs-Stil der Zeile „Hauptstationen" auf „Hektometrierung" gesetzt, so erfolgt die Beschriftung.

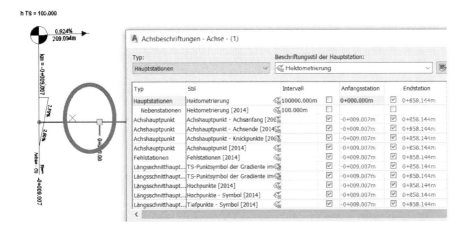

Achshauptpunkte

Wird die Achse als Hauptbestandteil einer Straße oder als Hauptbestandteil einer Abwasser-Rohrleitung (Kanal) benutzt, so ist die Beschriftung der „Knicke", der sogenannten „Hauptpunkte" oder „Achshauptpunkte" wichtig.

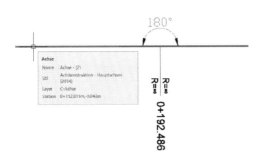

„Knicke", Hauptpunkte oder Achshauptpunkte sind die Punkte einer Achse, bei dem ein Konstruktionselement endet und ein neues Konstruktionselement beginnt. Folgen auf Geraden, Bögen oder Übergangsbögen (Klothoiden) so der Wechsel des Konstruktionselementes deutlich erkennbar und die Beschriftung des „Achshauptpunktes" logisch.

Die Definition „Achshauptpunkt" trifft auch zu, wenn einzelne Geraden oder Bögen aufeinander folgen, unabhängig davon, wie groß der Winkel zwischen beiden Elementen ist. Das heißt, man spricht auch von einem „Knick", Hauptpunkt oder Achshauptpunkt, wenn der Winkel zwischen zwei Geraden exakt 180° beträgt!

6 Beschriftungs-Stil-, Beschritungs-Satz-Eigenschaften, Erläuterung an Beispielen

Alle Beschriftungs-Optionen für Achshauptpunkte (Knicke) sind im Typ „Achshauptpunkt" gelistet.

Der Umfang, der hier zur Verfügung gestellten Beschriftungs-Stile, ist sehr groß und kann im Buch nicht komplett erläutert werden.

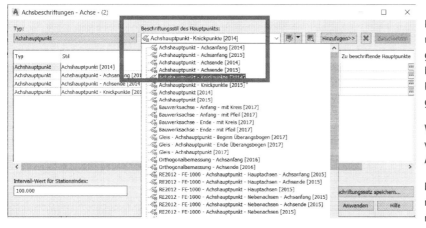

Die vorliegende Beschreibung erläutert nur die Besonderheiten der im Bild gezeigten Achshauptpunkt-Beschriftungen. Das Verstehen der Besonderheiten ist wichtig für das generelle Verständnis von Civil 3D.

Warum gibt es hier 4-mal den Aufruf von Beschriftungs-Stilen für den Achshauptpunkt?

Die Achshauptpunkt-Beschriftung muss unmittelbar im Zusammenhang mit der Spalte „Zu beschriftende Hauptpunkte" gesehen werden.

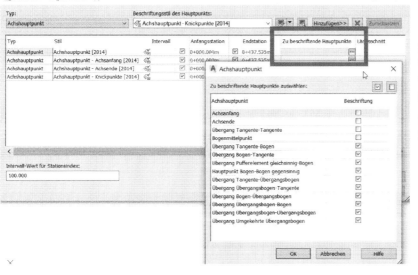

In dieser Spalte wird festgelegt, für welche Art von „Knick", Hauptpunkt oder Achshauptpunkt die Beschriftung gelten soll.

Das Bild zeigt die Einstellungen der Zeile „Achshauptpunkt [2014]".

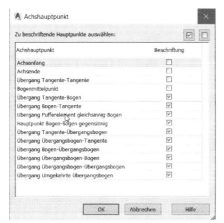

Die hier gezeigte Einstellung bedeutet, die aufgerufene Beschriftung gilt **nicht** für folgende Achs-Bestandteile (-Elemente).

„Achsanfang"
„Achsende"
Unmittelbar aufeinander folgende Geraden („**Übergang Tangente-Tangente**") Beschriftung am **„Bogenmittelpunkt"**. Diese Beschriftung ist in Deutschland nicht üblich, nicht normgerecht. Die Beschriftung wird jedoch weltweit nachgefragt.

6 Beschriftungs-Stil-, Beschritungs-Satz-Eigenschaften, Erläuterung an Beispielen

Das Resultat dieser Einstellung ist folgende Beschriftung.

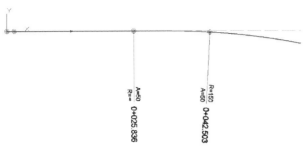

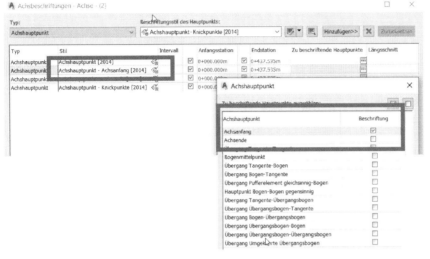

Das Beschriftungselement „Achshauptpunkt-Anfang [2014] gilt nur und ausschließlich für den Achsanfang. Alle anderen „Achshauptpunkt-Optionen" sind für diesen Beschriftungs-Stil ausgeschalten.

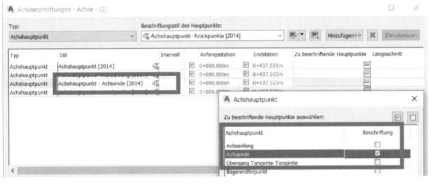

Das Beschriftungselement „Achshauptpunkt-Ende [2014] gilt nur und ausschließlich nur für das Achsende. Alle anderen „Achshauptpunkt-Optionen" sind ausgeschalten.

Die Besonderheit bei diesen beiden Beschriftungselementen besteht darin, dass bei beiden an verschieden Positionen die Datenbank keine Daten beinhaltet also leer bleibt (entweder „Daten vor" oder „Daten nach" bleiben leer). Als Ersatz für die freie Position wird an dieser Stelle der Achsname aufgerufen.

Achsanfang:

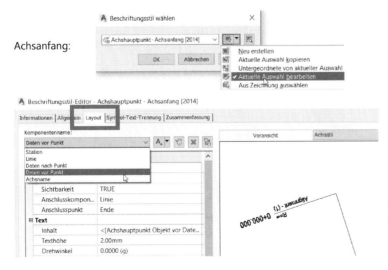

Die Beschriftungseigenschaft ist aufgerufen bleibt aber leer.

6 Beschriftungs-Stil-, Beschriftungs-Satz-Eigenschaften, Erläuterung an Beispielen

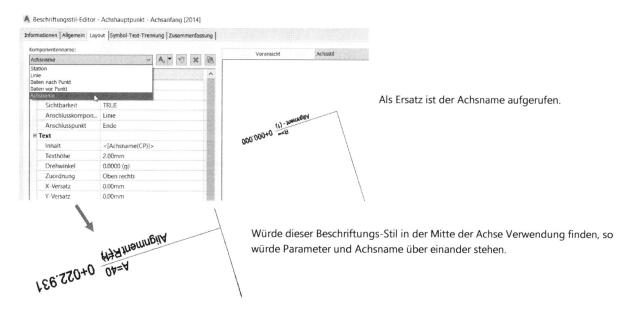

Als Ersatz ist der Achsname aufgerufen.

Würde dieser Beschriftungs-Stil in der Mitte der Achse Verwendung finden, so würde Parameter und Achsname über einander stehen.

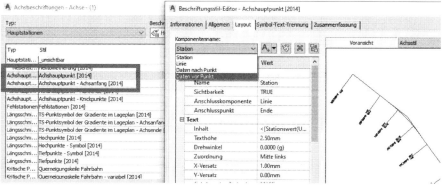

Innerhalb der weiteren Achshauptpunkt-Beschriftung („Achshauptpunkte [2014]") ist der Achs-Name nicht aufgerufen.

Im Feld der zu beschriftenden Eigenschaften ist Achs-Anfang und Achs-Ende nicht aktiviert.

Die Fälle Übergang Tangente-Tangente und Bogenmittelpunkt sind ausgeschalten.

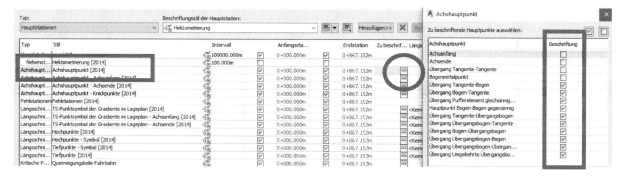

In einigen Beschriftungs-Stilen wird an dieser Stelle ein Text eingefügt, der den „Bauanfang" verdeutlicht, jeder beliebige Text wäre möglich („Beginn der Baumaßnahme", „Baubeginn").

Beispiel, Achsanfang:

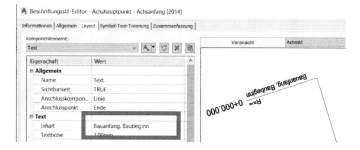

Hier gilt das Gleiche für das Bauende. An dieser Stelle wird ein Text eingefügt, der das „Bauende" verdeutlicht („Ende der Baumaßnahme", „Bauende"). Auch hier wäre jeder beliebige Text möglich.

Beispiel, Achsende:

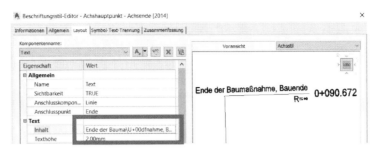

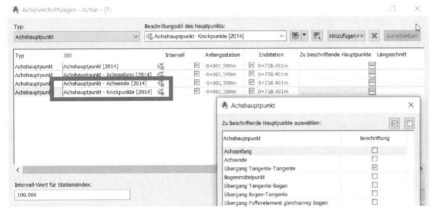

Die Achsbeschriftung „Achshauptpunkte-Knickpunkte [2014]" wird für einen Sonder-Fall aufgerufen.

Dieser Fall tritt auf, wenn Achsen erstellt wurden, die nur aus Geradenelementen bestehen.

Innerhalb einer klassischen Straßenachse tritt dieser Fall nicht auf, weil bei diesen Achsen niemals Geraden in einem Winkel auf einander treffen.

Straßenachsen bestehen aus tangential, einander berührender Folge von „Geraden und Bögen" oder „Gerade-Übergangsbogen-Bogen-...". Innerhalb einer Straßenachse triff dieser Beschriftungsfall nicht auf „Übergang Tangente-Tangente".

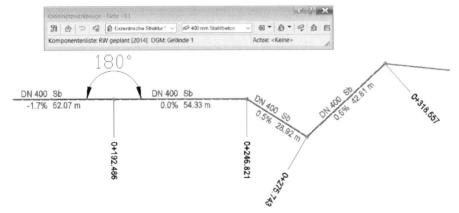

Bei einer Konstruktion von Rohren/Leitungen tritt dieser Fall auf. Haltungen treffen meist innerhalb eines Winkels als Geraden auf einen Schacht. Als Bestandteil von Rohren und Leitungen kann dieser Beschriftungs-Satz ein Netz (deutsch: Strang) stationieren. Die Option „Übergang Tangente-Tangente" wird fast nur im Zusammenhang „Kanal" benötigt (Rohre und Leitungen).

Als Bestandteil dieser Beschriftung wird eine komplette Achshauptpunkt-Beschriftung aufgerufen. Besonderheit dieser Beschriftung „Achshauptpunkte-Knickpunkte [2014]" sind die Daten vor dem Punkt und nach dem Punkt deaktiviert.

6 Beschriftungs-Stil-, Beschriftungs-Satz-Eigenschaften, Erläuterung an Beispielen

Daten vor Punkt: unsichtbar, „FALSE"   Daten nach Punkt: unsichtbar, „FALSE".

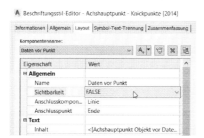 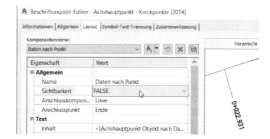

Die Achsparameter sind für dieses Beschriftungs-Element ausgeschalten, die Eigenschaft „Sichtbarkeit" steht auf „FALSE".

Hinweis:

In diesem Fall wäre es auch möglich die Beschriftung „Daten vor Punkt" oder „Daten nach Punkt" zu löschen. Die Beschriftungs-Stile lassen ein Löschen oder deaktivieren bestimmter Passagen ausdrücklich zu.

Fehlstationen, Stationssprung

Zur Erläuterung der Beschriftungs-Funktion „Fehlstationen [2014]" wird der komplette Beschriftungs-Satz „Beschriftung Hauptachsen [2014]" erneut an einer Achse geladen oder auf einen kompletten Beschriftungs-Satz zurückgegriffen.

Bestandteil der Beschriftung sind wieder die komplette Stationierung und alle Achshauptpunkte. Die Funktion „Fehlstationen [2014]" ist sichtbar, ist geladen.

Die Funktion „Fehlstationen" wird am häufigsten im Straßenbau benötigt. Diese Funktion wird gebraucht, wenn es infolge von Straßenbegradigungen, zu einer Verkürzung der geplanten Straße kommt. Die meisten Straßen sind mit der Stationierung Bestandteil eines ganzen Netzes von Straßen oder Bestandteil von Datenbanken (z.B. Straßennetz Deutschland, Navigationssysteme). Jede Änderung eine Straßenführung (Begradigungen oder Umgehungsstraßen) würde zwangsläufig zu einer Änderung der gesamten Datenbank führen. Es kann sinnvoll sein innerhalb von Achsen „Stationssprünge" (Fehlstationen) einzuführen, um nicht bei jeder Baumaßnahme das gesamte Netz ändern zu müssen, das heißt neu Stationieren zu müssen.

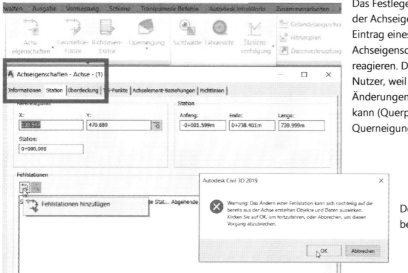

Das Festlegen von Fehlstations-Werten ist Bestandteil der Achseigenschaften, Karte „Station". Mit dem Eintrag eines Stations-Sprunges in den Achseigenschaften wird der Beschriftungs-Stil reagieren. Der nachfolgende Hinweis warnt den Nutzer, weil es infolge der Stationseingabe zu Änderungen aller stationsbezogenen Daten kommen kann (Querprofillinien, Querprofilpläne, Querneigungen, usw.)

Der Hinweis wird mit OK bestätigt. Der betreffende Stationswert wird gepickt.

6 Beschriftungs-Stil-, Beschritungs-Satz-Eigenschaften, Erläuterung an Beispielen

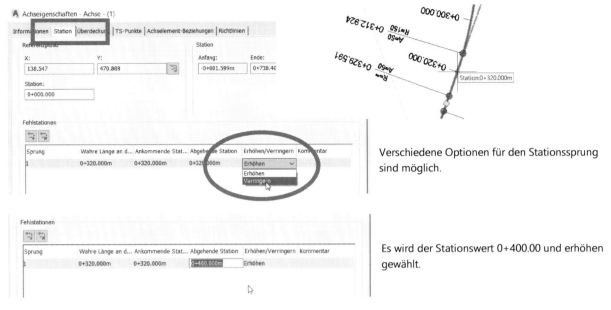

Verschiedene Optionen für den Stationssprung sind möglich.

Es wird der Stationswert 0+400.00 und erhöhen gewählt.

Eventuell sind einzelne Beschriftungselemente nachträglich zu bearbeiten.

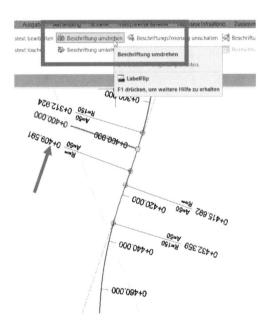

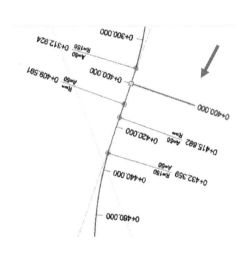

Fehlstation „Verringern" bedeutet, ab dem Eintrag und dem Wert „Abgehende Station" sind die Stationswerte rückläufig.

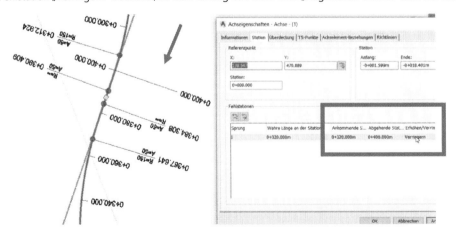

Als etwas nachteilig wird empfunden, das an der Position des Stations-Sprunges (Fehlstation) der ankommende und abgehende Wert nicht angeschrieben ist?

Gert Domsch, CAD-Dienstleistung

6 Beschriftungs-Stil-, Beschritungs-Satz-Eigenschaften, Erläuterung an Beispielen

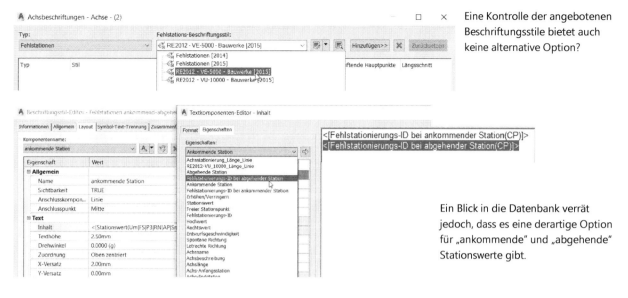

Eine Kontrolle der angebotenen Beschriftungsstile bietet auch keine alternative Option?

Ein Blick in die Datenbank verrät jedoch, dass es eine derartige Option für „ankommende" und „abgehende" Stationswerte gibt.

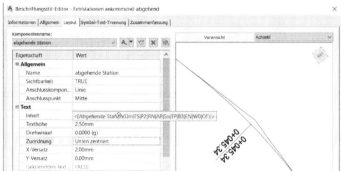

Für das Beispiel wurde ein eigner Beschriftungs-Stil erstellt.

Resultat:

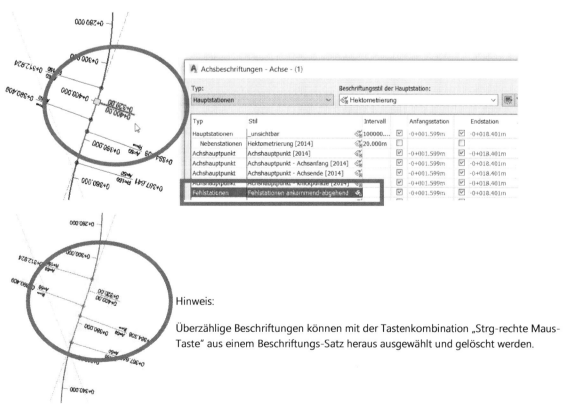

Hinweis:

Überzählige Beschriftungen können mit der Tastenkombination „Strg-rechte Maus-Taste" aus einem Beschriftungs-Satz heraus ausgewählt und gelöscht werden.

Gradienten-Beschriftung im Lageplan

Im Civil 3D, und im CAD unterstützten Straßenbau allgemein, ist es Stand der Technik, dass der konstruierte Längsschnitt (deutsch: Gradiente) innerhalb der räumlichen Position auch an der Achse dargestellt werden kann. Diese Funktion ist eine Option und im Civil 3D Bestandteil des Achs-Beschriftungs-Satzes.

Achse: Zuordnung von Achse und Längsschnitt (Projektbrowser):

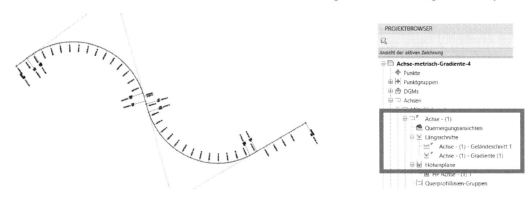

Das Bild zeigt den, der Achse zugeordneten, konstruierten Längsschnitt in den Farben „rot"-Geraden, „blau"-Kuppen und Wannen (deutsch: Gradiente):

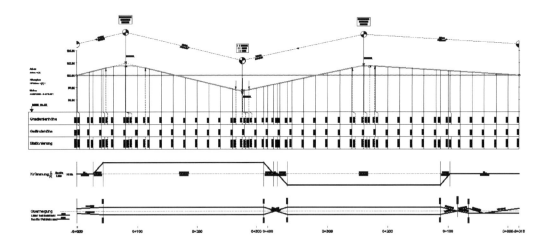

Für die Beschriftung des Längsschnittes im Lageplan (als Bestandteil der Achsbeschriftung) gibt es 7 Einstellungen, die einzeln aufzurufen sind. Hier ist für jede Funktion (technische Darstellung) der konstruierte Längsschnitt (Gradiente) auszuwählen. In der Regel wird es in allen Fällen der gleiche Längsschnitt sein.

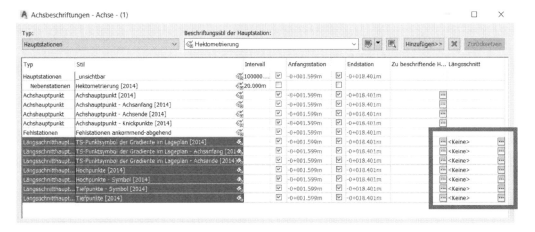

6 Beschriftungs-Stil-, Beschritungs-Satz-Eigenschaften, Erläuterung an Beispielen

Hinweis:

Gelände Längsschnitt (DGM) und konstruierter Längsschnitt (Gradiente) stehen gleichberechtigt zur Auswahl. Im Fall es stehen mehrere Linienführungen in der Höhe zur Diskussion (mehrere Gradienten), so können diese problemlos als Bestandteil der Auswahl mehrfach gewechselt werden oder sogar gleichzeitig geladen sein.

Die Zuordnung erfolgt 7mal, weil die Darstellung an den verschiedenen Positionen (Anfang, Mitte und Ende) variiert und weil es mit Tangentenschnittpunkt, Hoch- und Tiefpunkt unterschiedliche Beschriftungs-Themen und – Positionen gibt.

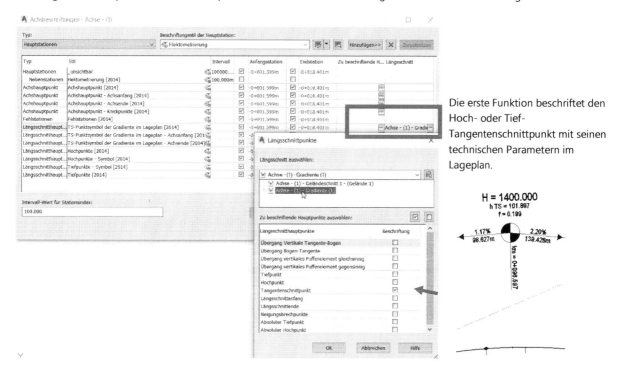

Die erste Funktion beschriftet den Hoch- oder Tief-Tangentenschnittpunkt mit seinen technischen Parametern im Lageplan.

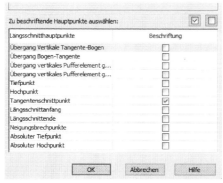

Hinweis-1:

Bitte niemals in der Maske „Längsschnittpunkte", „Zu beschriftende Hauptpunkte auswählen", in der Spalte „Beschriftung" eine Änderung vornehmen! Als Folge davon werden dann die zusätzlich ausgewählten Punkte auch beschriftet und das wäre in diesem Fall ein Fehler!

Hinweis-2:

Wird die Gradiente editiert (geändert) so wird der Eintrag dynamisch im Lageplan mitgeführt. Eine ergänzende Bearbeitung der Beschriftungsfunktion ist nicht erforderlich.

Hinweis-3:

Zur Beschriftung im Lageplan können mit der Voreinstellung (Beschriftungs-Satz) auch zu diesem Thema weitere Beschriftungs-Elemente geladen sein, so dass auch mehrere Gradienten gleichzeitig im Lageplan beschriftet sein können.

6 Beschriftungs-Stil-, Beschritungs-Satz-Eigenschaften, Erläuterung an Beispielen

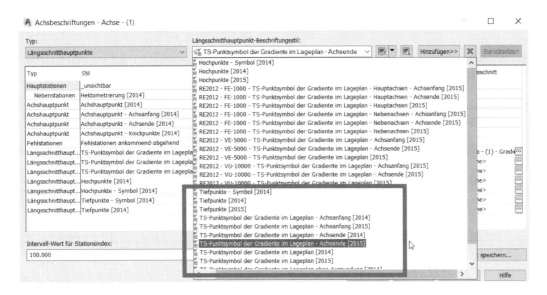

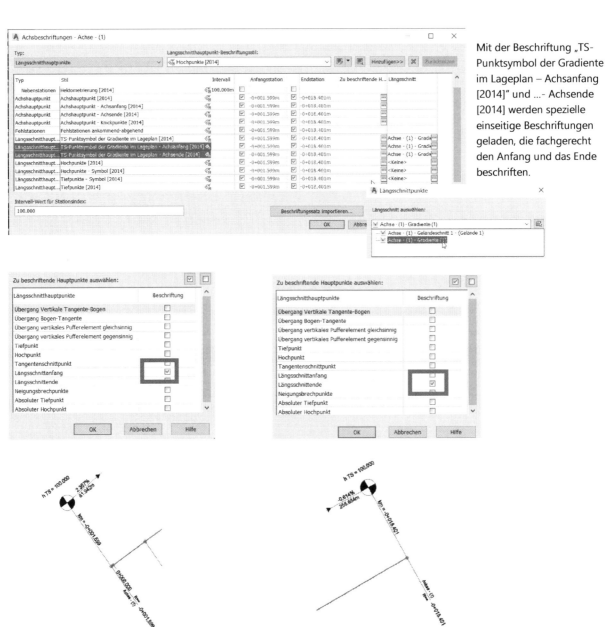

Mit der Beschriftung „TS-Punktsymbol der Gradiente im Lageplan – Achsanfang [2014]" und ...- Achsende [2014] werden spezielle einseitige Beschriftungen geladen, die fachgerecht den Anfang und das Ende beschriften.

6 Beschriftungs-Stil-, Beschritungs-Satz-Eigenschaften, Erläuterung an Beispielen

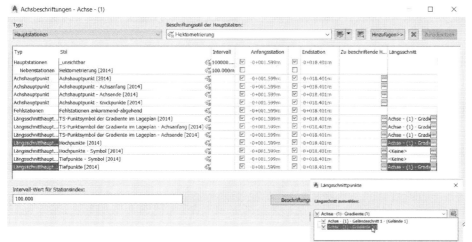

Der Hoch- und Tiefpunkt kann von Tangentenschnittpunkt abweichen, wenn die Neigungen vor und nach dem Tagentenschnittpunkt unterschiedlich sind. Hoch und Tiefpunkte stellen damit eigene Beschriftungs-Kategorien dar.

Der im folgenden Bild gezeigte Beschriftungs-Stil beschriftet den Stationswert der Hoch- und Tiefpunkte.

 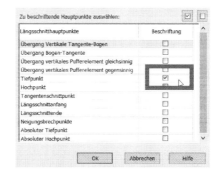

Hochpunkt:
Lageplan :   Höhenplan: Tiefpunkt:
                                 Lageplan: Höhenplan:

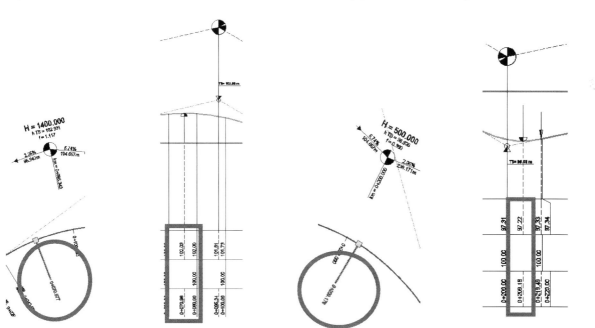

6 Beschriftungs-Stil-, Beschritungs-Satz-Eigenschaften, Erläuterung an Beispielen

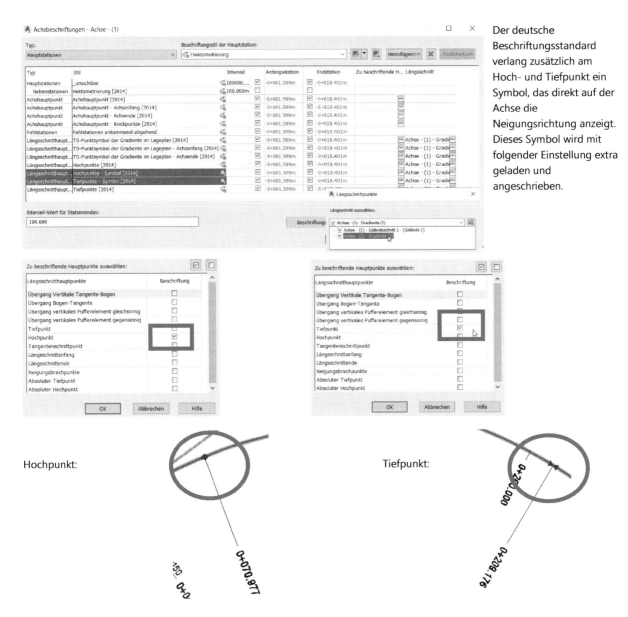

Der deutsche Beschriftungsstandard verlang zusätzlich am Hoch- und Tiefpunkt ein Symbol, das direkt auf der Achse die Neigungsrichtung anzeigt. Dieses Symbol wird mit folgender Einstellung extra geladen und angeschrieben.

Die Beschriftungsoptionen für Gradienten (konstruierte Längsschnitte) sind sehr speziell und ohne „.... Deutschland.dwt" kaum manuell nachzuarbeiten. Im folgenden Bild wird lediglich informativ die Karte Layout des „TS-Punktsymbol" der Gradiente im Lageplan [2014]" gezeigt, um die Komplexität dieses Beschriftung-Stils zu verdeutlichen.

Die Beschriftung eines konstruieren Längsschnitte wird in der „... Deutschland.dwt" aus 16 Unterelementen zusammengesetzt.

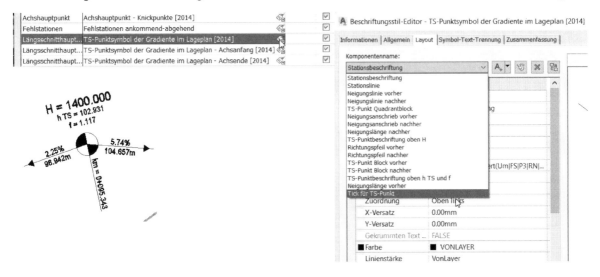

6 Beschriftungs-Stil-, Beschritungs-Satz-Eigenschaften, Erläuterung an Beispielen

In allen Bestandteil sind Linien, Datenbank-Werte und Blöcke kombiniert, um die Beschriftung fachgerecht zu erreichen und gleichzeitig dynamisch zu bleiben.

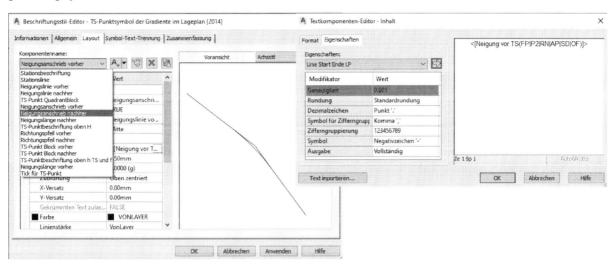

Querneigung

Die Querneigung an der Achse wird unabhängig vom 3D-Profilkörper (eventuell 3D-Straße, 3D-Rohrgraben auch 3D-Damm oder 3D-Fluss) angeschrieben.

Die Beschriftung der Querneigung wird als Bestandteil der Querneigungsberechnung bestimmt.

Wesentliche Parameter sind die Achseigenschaften und die vorgegebene Entwurfsgeschwindigkeit. Sind die entsprechenden Beschriftungs-Stile geladen, dann erfolgt die Beschriftung automatisch und dynamisch an der Achse und im Höhenplan.

Die mit dem Beschriftungs-Satz geladene Einstellung für die Querneigung beinhaltete zwei Beschriftungselemente. Einmal den Beschriftungs-Stil „Querneigungskeile Fahrbahn" für den Anfang und das Ende der Achse. Der zweite Beschriftungs-Stil lautet „Querneigungskeile Fahrbahn – variabel [2014]".

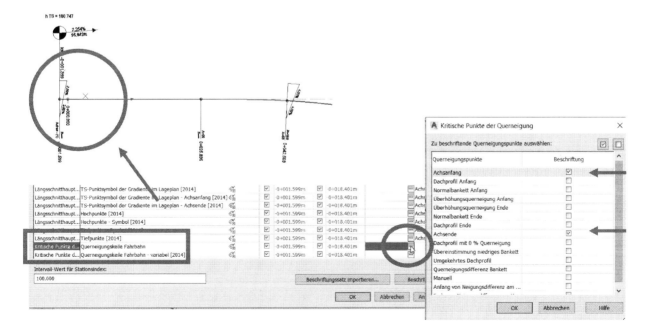

Der zweite Beschriftungs-Stil beschriftet die dazwischen liegenden Positionen.

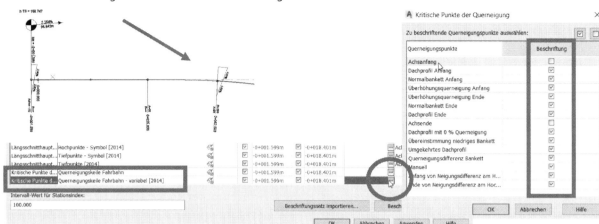

Mit der ausgeführten Berechnung ist gleichzeitig das Querneigungsband eines Höhenplans gefüllt mit den Querneigungsdaten.

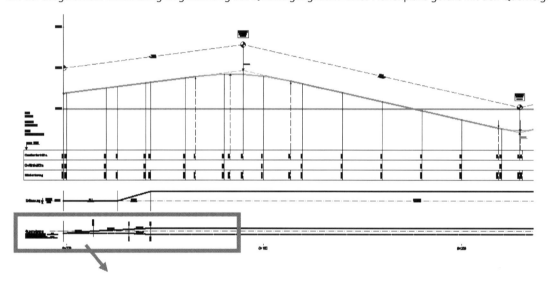

Detail:

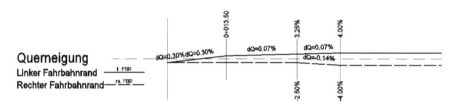

Civil 3D bietet zur Bearbeitung der Querneigung den Tabelleneditor und die Querneigungsansicht. Beide Varianten dienen zur Kontrolle und zur manuellen Nachbearbeitung der Querneigung. Beide Varianten werden in den nachfolgenden Bildern gezeigt.

6 Beschriftungs-Stil-, Beschritungs-Satz-Eigenschaften, Erläuterung an Beispielen

Tabelleneditor:

Der Tabelleneditor zeigt alle Informationen zur Querneigung an und ist dynamisch mit der ausgewählten Querneigung verbunden. Die jeweilige ausgewählte Zeile (Station) in der Tabelle wird im Lageplan mit einem „blauen Strich" markiert.

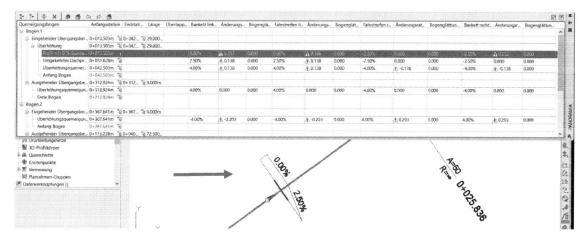

Querneigungsansicht:

Die Querneigungsansicht zeigt die berechnete Station, die Querneigung und optional farblich die Seite der Fahrbahn oder des Bankett. Im Bild wird nur die Fahrbahn gezeigt, rechts-blau, links-rot. An den angezeigten „Gripps" (Griffe) besteht die Option die Querneigungs-Werte und die Stations-Werte zu bearbeiten.

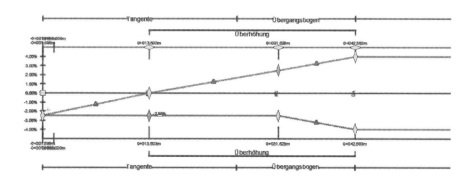

Die Bearbeitungsoptionen oder Eingabeoptionen sind direkt an den Werten verfügbar, wenn die dynamische Eingabe aktiviert ist. Die Aktivierung oder Deaktivierung der dynamischen Eingabe ist Bestandteil der Statuszeile.

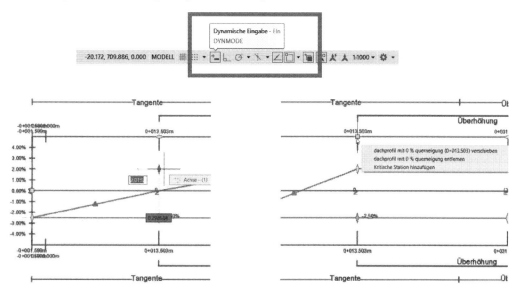

6 Beschriftungs-Stil-, Beschritungs-Satz-Eigenschaften, Erläuterung an Beispielen

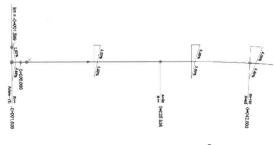

Jede Änderung führt unmittelbar zur Änderung der beschrifteten Querneigung an der Achse und am Höhenplan.

Das Querneigungsband des Höhenplans (z.B. Bandsatz: Straßenbau 2 Nachkommastellen) ist ebenfalls dynamisch mit der Querneigungsansicht verbunden.

Hinweis-1:

Die Querneigung der Achse wird nicht automatisch an den Querschnitt und damit an die Straße weitergegeben (3D-Profilkörper).

- deutsche Straßen-Querschnitte

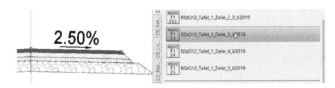

Die Verwendung oder die Zuordnung der Querneigung zum Querschnitt muss aufgerufen sein. Der Grund dafür ist die Option für zweispurige Fahrbahnen und vierspurige Fahrbahnen (Straßen).

Die Querschnittselemente sind allgemein programmiert und können alles abdecken, die jeweilige Art muss jedoch manuell vereinbart oder zugeordnet sein. Die Voreinstellung für die meisten Querschnitts-Elemente ist „kein" oder „None". Mit dieser Voreinstellung wird „nichts" aufgerufen, wird keine Querneigung abgefragt.

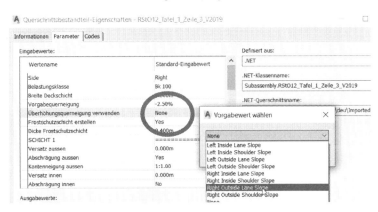

Etwas eigenartig erscheint, deutsche Querschnittselemente haben eine englische Begrifflichkeit und amerikanische Querschnittselemente eine deutsche Begrifflichkeit für den Aufruf der Querneigung?

Civil 3D, amerikanische Straßen-Querschnitte

deutsche Querschnitte

Gert Domsch, CAD-Dienstleistung

6 Beschriftungs-Stil-, Beschritungs-Satz-Eigenschaften, Erläuterung an Beispielen

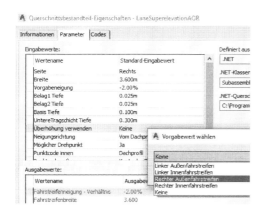 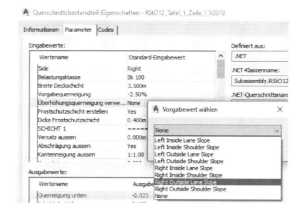

Übersetzung (der Autor)

Right, Left	– rechts, links
Inside, Outside	- innen, außen
	Der jeweilige Begriff gilt für 4spurige Fahrbahnen, „Innensite", „Außenseite" einer 4spurigen Fahrbahn. Bei 2spurigen Fahrbahnen ist nur „Außenseite" (Outside) zu wählen.
Shoulder, Lane	- Bankett, Fahrbahn
Slope	- Neigung

Hilfs-Elemente (ergänzende Querschnittselemente):

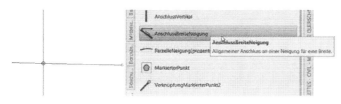

Querschnittselemente, die eher einen ergänzenden Charakter haben, können auch die berechnete Querneigungen der Achse lesen.

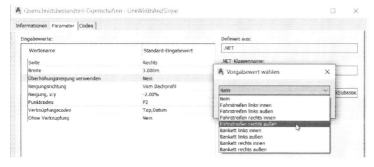

Hinweis-2:

Die Beschriftung der Querneigung kann bei diesen Elementen um die Querneigung des Banketts erweitert werden.

Insofern die Bankettneigung berechnet ist, kann auch für die Bankettneigung ein Beschriftungselement der Achsbeschriftung hinzugefügt sein, dass die berechnete Bankettneigung anzeigt.

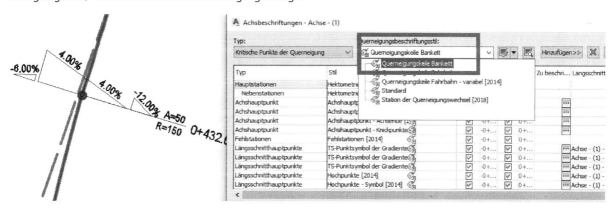

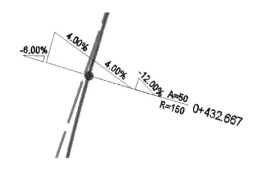
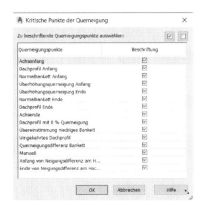

6.3 Gradiente (konstruierter Längsschnitt), -Beschriftungs-Satz

Die Beschriftung einer Gradiente (Civil 3D: konstruierter Längsschnitt) wird ebenfalls aus mehreren Einzelbeschriftungen zusammengesetzt. Diese zusammengesetzten Beschriftungen werden als Beschriftungs-Satz bezeichnet. Jeder der ausgewählten oder bereits zugewiesenen Beschriftungs-Sätze kann auch hier gegen einen anderen Beschriftung-Satz ausgetauscht werden. Die Funktionalität ist bei allen Civil 3D Objekte nahezu die Gleiche.

Mit dem Austausch eines Beschriftungssatzes werden die einzelnen Beschriftungs-Stile ausgetauscht. Ein Gradienten-Beschriftungssatz wird wie bei der „Achse" aus mehreren einzelnen Beschriftungs-Stilen zusammengesetzt. Die Anzahl der Beschriftungselemente ist von Beschriftungs-Satz zu -Satz sehr unterschiedlich.

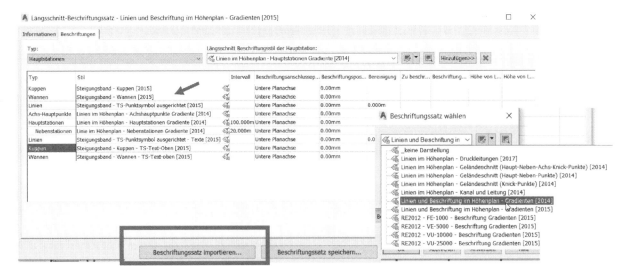

6 Beschriftungs-Stil-, Beschritungs-Satz-Eigenschaften, Erläuterung an Beispielen

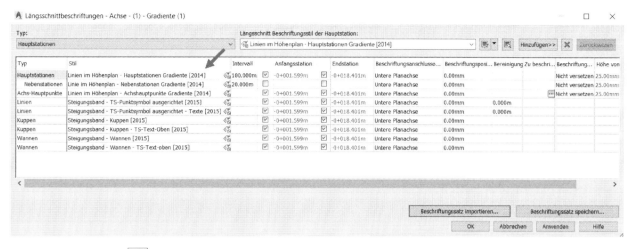

Zu jedem Beschriftungssatz können Beschriftungselemente hinzu geladen sein oder es können Beschriftungs-Elemente manuell herausgelöscht sein.

Für das folgende Bild wurden Beschriftungselemente, die eine reine Stationierung und Konstruktionselemente der Achse zeigen, aus der Beschriftung herausgelöscht. Die Funktionsweise entspricht dem gleichen Beschriftungs-Prinzip wie bereits zur „Achse" vorgestellt.

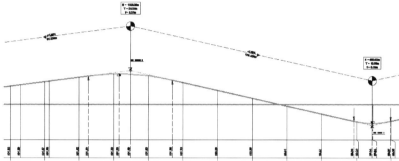

Die ausschließlich stationsbezogenen Beschriftungselemente fehlen im Bild.

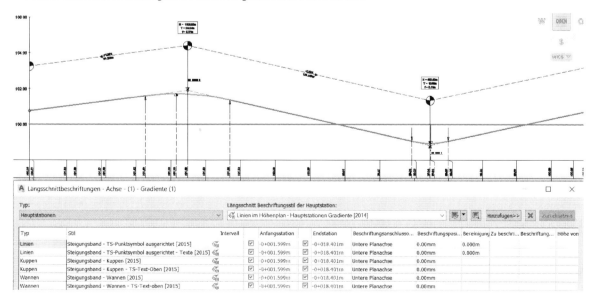

6 Beschriftungs-Stil-, Beschritungs-Satz-Eigenschaften, Erläuterung an Beispielen

Hinweis-1:

Die Beschriftung ist zusammengesetzt aus stationsbezogenen Beschriftungs-Elementen, Beschriftungselementen der Achse und Kuppen- und Wannen-Beschriftungs-Elementen.

Die Beschriftung ist darüber hinaus nochmals in zwei Bereiche geteilt. Einmal die Beschriftung im Band, die Beschriftung in der Band-Zeile (Zahlen) und die vertikale „Verbindungslinie" zwischen Band und Gradiente mit der Neigung, den Knickpunkt-Blöcken und den Text-Feldern für die Parameter der Kuppe oder Wanne (Parameter der Konstruktion).

Im folgenden Bild sind die Verbindungslinien markiert.

Hinweis-2:

Werden Beschriftungselemente angeklickt dann zeigen die Gripps das jeweilige Beschriftungselement an. Ist anschließend sichtbar, dass nicht die komplette Beschriftung hervorgehoben ist, so handelt es sich um eine zusammengesetzte Beschriftung!

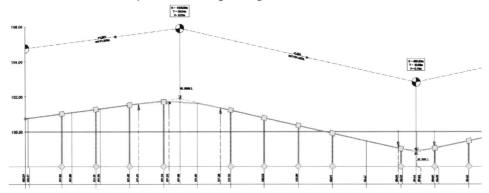

Als nächstes werden die Beschriftungs-Bestandteile im Band ab geschalten. Das zweite Bild zeigt die Band-Eigenschaften, Karte „Anzeige", des Bandes „Gradientenhöhe – 2 Nachkommastellen [2016]". Die Eigenschaft, „Beschriftungen an Hauptstationen", „Beschriftungen an Nebenstationen" und „Beschriftung an Achshauptpunkten" wird deaktiviert.

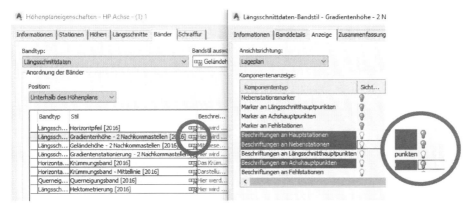

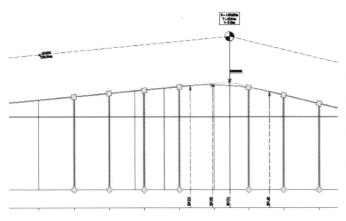

Im Band Gradientenhöhe sind nur noch die Höhen der Gradienten-Kuppen und -Wannen beschriftet.

Die Verbindungs-Linien sind Beschriftungs-Bestandteil der Gradiente, der Linienführung selbst (Civil 3D: konstruierter Längsschnitt). Um diesen Bestandteil zu bearbeiten ist der Zugang auch über mehrere Wege möglich.

6 Beschriftungs-Stil-, Beschritungs-Satz-Eigenschaften, Erläuterung an Beispielen

Das Bild zeigt den „Rechts-Klick" auf die Gradiente und die Funktion „Beschriftung bearbeiten".

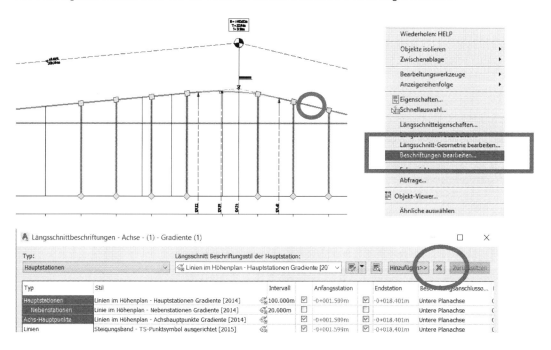

Die Beschreibung wechselt wieder zurück zum „Band" (Zeilen unterhalb des Höhenplans). Die verbleibende Höhenbeschriftung der Kuppen und Wannen sind Bestandteil der Bandeigenschaften, Bestandteil der Zeile „Beschriftung an Längsschnitthauptpunkten". Werden an dieser Stelle alle Beschriftungsoptionen ab geschalten, so bleibt die Zeile „Gradientenhöhe" im Band komplett leer.

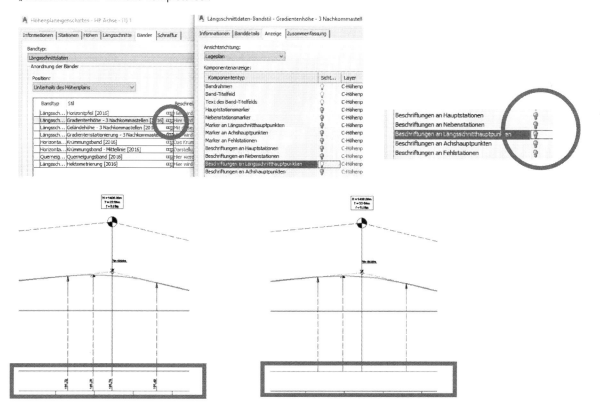

In der Zeichnung bleiben einigen Linien-Elemente. Einmal vertikale Linien unterhalb der Gradiente und über der Gradiente fast horizontale Linien und Beschriftungen. Die Verbindungs-Linien (vertikale Linien) können zusätzlich als Bestandteil der Spalte

6 Beschriftungs-Stil-, Beschriftungs-Satz-Eigenschaften, Erläuterung an Beispielen

Achshautpunkt Karte „Achspunkte" gezeichnet sein. Ist hier kein Eintrag vorhanden, so sind wie im Bild (unten). Es sind nur noch Beschriftungs-Elemente der Gradiente selbst zu sehen.

Diese Beschriftungs-Elemente sind der „blau-roten" Gradienten-Linienführung zugeordnet (Konstruktion).

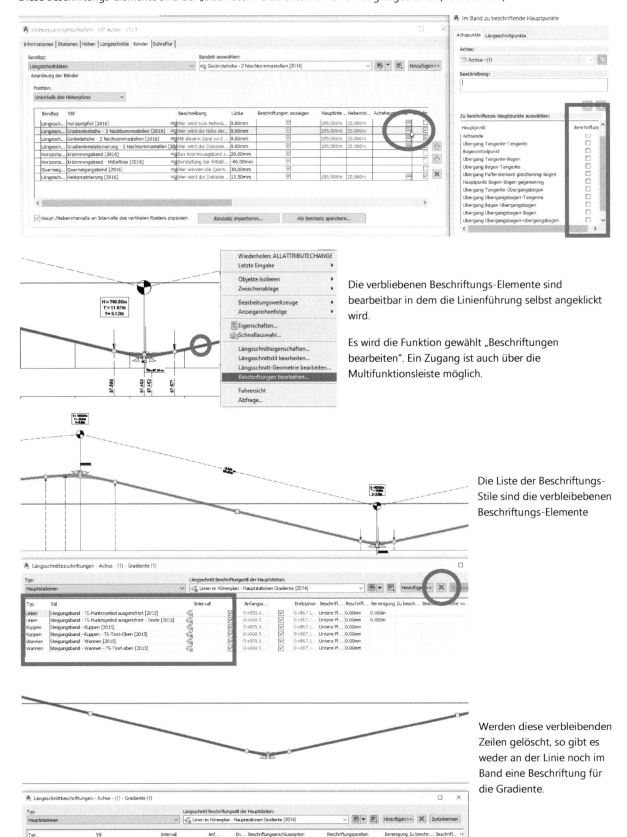

Die verbliebenen Beschriftungs-Elemente sind bearbeitbar in dem die Linienführung selbst angeklickt wird.

Es wird die Funktion gewählt „Beschriftungen bearbeiten". Ein Zugang ist auch über die Multifunktionsleiste möglich.

Die Liste der Beschriftungs-Stile sind die verbleibebenen Beschriftungs-Elemente

Werden diese verbleibenden Zeilen gelöscht, so gibt es weder an der Linie noch im Band eine Beschriftung für die Gradiente.

6 Beschriftungs-Stil-, Beschritungs-Satz-Eigenschaften, Erläuterung an Beispielen

6.3.1 Bestandteile eines jeden Längsschnitt-Beschriftungselementes (Grdienten-TS-Punkt, Tangentenschnittpunkt)

In dem folgenden Beispiel werden die Beschriftungs-Bestandteile und der -Aufbau eines „Gradienten-Haupt-Punktes" (Tangenten-Schnittpunkt) gezeigt. Wie alle Beschriftungen so sind auch hier die Haupt-Bestandteile die Karten Information, Allgemein, Layout und Symbol-Text-Trennung. Diese Karten werden hier wiederholt erläutert, vorrangig um zu zeigen, dass die Grundbestandteile aller Beschriftungen aus einheitlichen Basis-Funktionen aufgebaut sind.

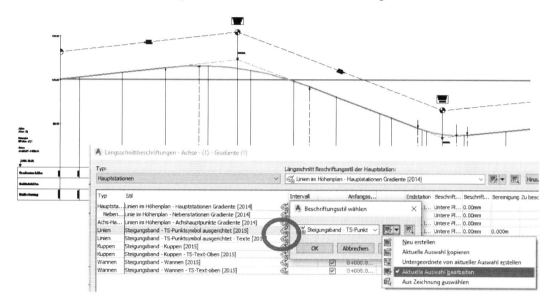

Information

Die Karte Information zeigt auch hier den Namen des Beschriftungs-Stils, den Ersteller und den Zeitpunkt der Erstellung.

Allgemein

Die Karte „Allgemein" beinhaltete Basiseinstellungen für Beschriftungen.

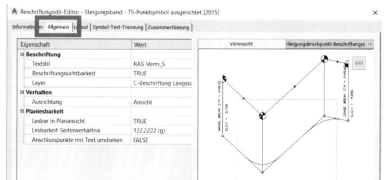

Hinweis:

Der Textstil „RAS-Verm_S" ist auch hier wie bei allen anderen Beschriftungen mit der Schriftart „Arial" verknüpft. Die Verknüpfung und deren AutoCAD-Eigenschaft wurde bereits mehrfach gezeigt.

Layout

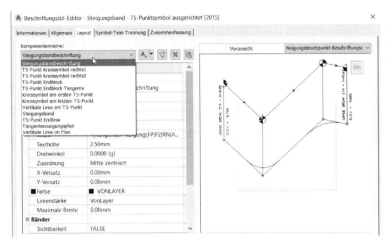

Die Karte „Layout" stellt die Verbindung zum Objekt, zu den eigentlich zu beschriftenden Objekteigenschaften dar. Die Karte stellt die Verbindung zur Datenbank her.

Symbol-Text-Trennung

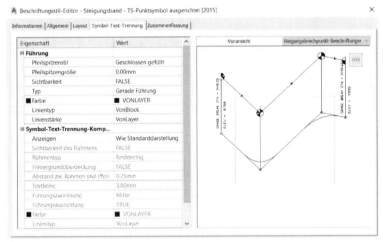

Optional ist das Verschieben von Beschriftungen möglich.

Die Sichtbarkeit der „Führung" ist abgeschalten und „Anzeigen" steht auf „Wie Standardeistellung".

Neupositionieren des Beschriftungsfeldes der „Wanne".

 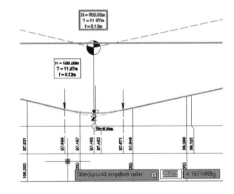 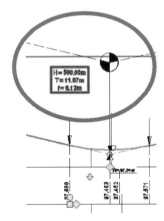

Ausdrücke

Um zusätzliche technische Parameter zu berechnen werden auch hier zusätzlich „Ausdrücke erstellt, die als Bestandteil der Beschriftung aufgerufen werden.

6.3.2 Bestandteile des Beschriftungssatzes (Linien und Beschriftung im Höhenplan - Gradienten [2015])

In der folgenden Beschreibung wird Stück für Stück die Beschriftung der Gradiente (konstruierter Längsschnitt) wieder zusammengebaut. Es ist wichtig zu verstehen, dass viele Funktionen, die als Beschriftung bezeichnet werden nur Linien darstellen. Teile der eigentlichen „Beschriftung" im Höhenplan wie im Querprofilplan sind Linien oder Verbindungslinien!

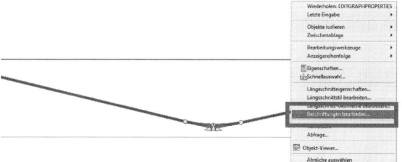

Hinweis:

Ist am Objekt keine Beschriftung, das heißt es kann auch keine Beschriftung angepickt werden, so ist die Beschriftung nur durch „Rechtsklick" auf das Objekt erneut aufzurufen und zu bearbeiten.

Diese Aussage gilt nicht nur für Gradienten, diese Aussage gilt auch für Achsen und weitere Objekte.

Die jeweiligen Funktionen werden aus der Liste „Typ" aufgerufen und mit der entsprechenden Unterauswahl aus „Längsschnitt Beschriftungsstil der Hauptstation" komplettiert.

Schritt für Schritt wird die Beschriftung so zusammengebaut.

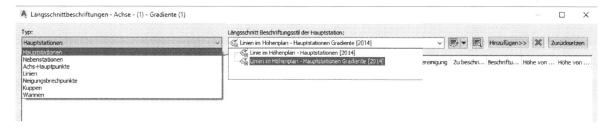

Stationierung

Mit der Stationsbeschriftung werden nur vertikale Linien entlang der Gradiente erstellt, die von der Gradiente selbst aufgrund der in der Spalte „Beschriftungsanschlusso..."eingestellten Eigenschaft „Untere Planachse" nach unten geführt werden.

6 Beschriftungs-Stil-, Beschritungs-Satz-Eigenschaften, Erläuterung an Beispielen

Die Spalten „Intervall" und „Beschriftungsanschlussoption" sind zu beachten. Die hier eingetragenen Werte sind abzustimmen.

Hinweis:

Die Funktion „Beschriftungsanschlussoption" gibt es, weil Bänder oberhalb und unterhalb des Höhenplans positioniert sein können.

Achshauptpunkte

Die Achshauptpunkte der Achse werden ebenfalls als Linien-Elemente übergeben. Die Art der Hauptpunkte, die übergeben werden, sind zusätzlich steuerbar, Spalte „Zu beschri..." (Zu beschriftende Hauptpunkte).

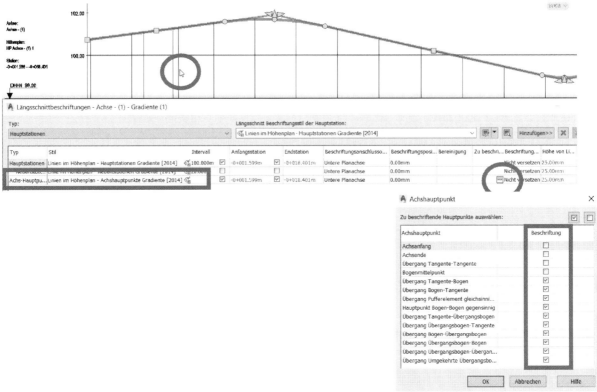

Linien

Unter der Bezeichnung „Linien" wird die deutsche Art der Gradienten-Beschriftung bestimmt, zumindest die Linien, die das spätere Beschriftungs-Feld aufnimmt oder positioniert.

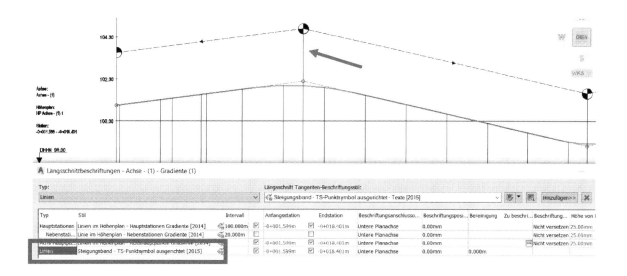

Die zweite Linienoption erstellt die Neigungs-Beschriftung.

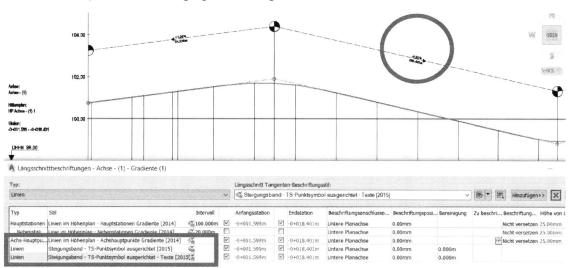

Kuppen

Die Funktion „Steigungsband - Kuppen [2015]" erstellt die Symbole der Kuppen bzw. das Symbol des Hochpunktes.

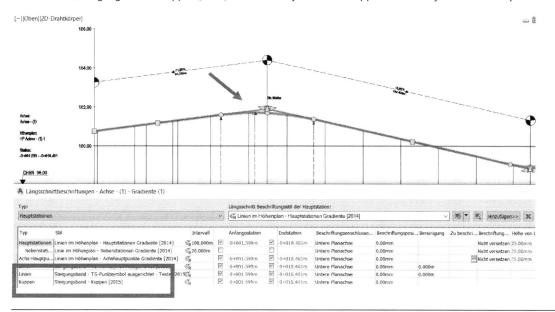

6 Beschriftungs-Stil-, Beschritungs-Satz-Eigenschaften, Erläuterung an Beispielen

Die nächste Zeile „Steigungsband - Kuppen -TS-Text-Oben [2015]" erstellt das Beschriftungsfeld für die Parameter der Kuppe.

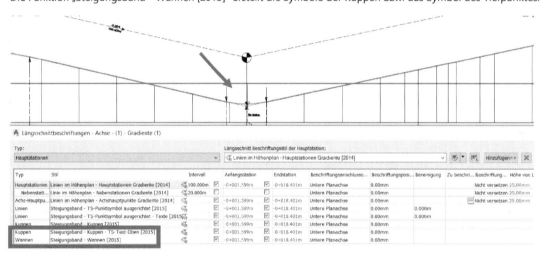

Wannen

Die Funktion „Steigungsband - Wannen [2015]" erstellt die Symbole der Kuppen bzw. das Symbol des Tiefpunktes.

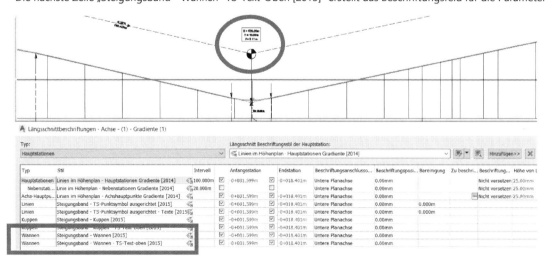

Die nächste Zeile „Steigungsband - Wannen -TS-Text-Oben [2015]" erstellt das Beschriftungsfeld für die Parameter der Wanne.

6 Beschriftungs-Stil-, Beschritungs-Satz-Eigenschaften, Erläuterung an Beispielen

Zu beachten ist, in allen Bildern dieses Abschnittes wurde die Beschriftung an der Linienführung der Gradiente beschrieben (konstruierter Längsschnitt). Die Beschriftung der Zahlen im Band erfolgt mit dem Aufruf der Eigenschaften im Band. Die Bandbeschriftung gehört zu den Höhenplaneigenschaften.

Bisheriges Ergebnis:

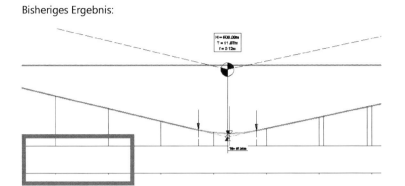

Die Eigenschaften, die im zurückliegenden Kapitel ab geschalten wurden, werden wieder aktiviert.

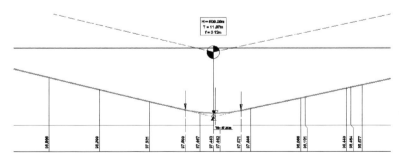

Die Beschriftung ist komplettiert. Die Bestandteile der deutschen Gradienten-Beschriftungen (konstruierter Längsschnitt) sind aus Elementen an der Konstruktion und aus Elementen im Band zusammengesetzt. Die originale amerikanische Beschriftung funktioniert in vielen Teilen anders.

6.4 Querschnitt, Beschriftungs-Optionen im Code-Stil-Satz

Der vorliegende Abschnitt ist eine Ergänzung zum Kapitel „Code-Stil-Satz" und „Nachträgliche Codierung". Dieser Abschnitt geht speziell auf Beschriftungsoptionen im Zusammenhang mit dem „Code-Stil-Satz" ein.

Alle Beschriftungen sind auch hier verbunden mit dem Objekt selbst.

Das Verstehen der Daten der Objekte und die Möglichkeit Objekteigenschaften in eine Beschriftung zu integrieren, ist auch hier ein wichtiger Punkt.

Verknüpfungs-Code (Linien)

Neben der Variante an eine Verknüpfung (Linie) die Neigung in Prozent oder im Verhältnis anzuschreiben, gibt es auch die Möglichkeit den Verknüpfungs-Code selbst anzuschreiben (Linien-Namen). Die Option ist zu nutzen, um Fehler innerhalb der Konstruktion zu sehen oder das Grundkonzept einer Konstruktion zu diskutieren.

Innerhalb der „…Deutschland.dwt" werden Code-Satz-Stile angeboten, die diese Beschriftung voreingestellt übernehmen.

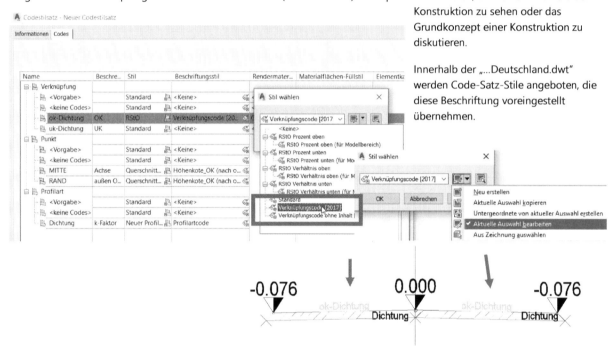

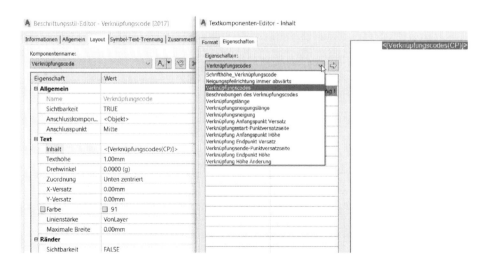

Punkt-Code (Punkte)

Der Punkt-Code kann wie der Verknüpfungs-Code auch am Querprofilplan angeschrieben sein. Beim Punkt-Code ergeben sich jedoch weitere Aspekte. Neben der Information zum Punkt-Code, kann bei bestimmten Projekten, mit dem Punkt-Code die Höhenbeschriftung realisiert sein (z.B.: Brücken, Stützmauern, ergänzende Beton-Bauteile). Diese Beschriftung kann eine Ergänzung zum Schalungsplan darstellen.

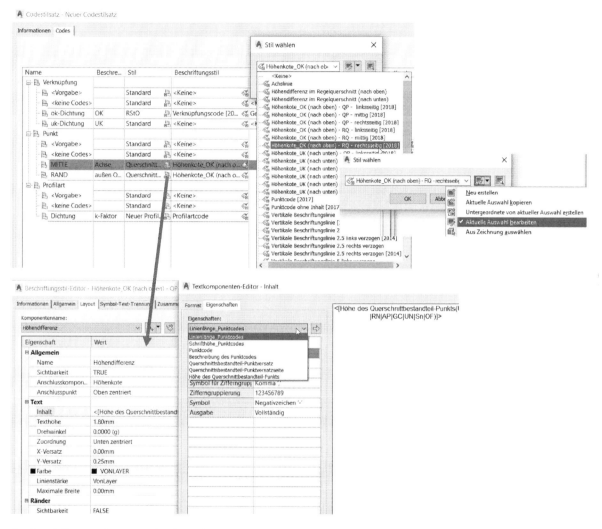

Das Beschriftungs-Element „Höhenkote" kann den Punkt-Code komplettieren und so die Beschriftung passend im Querprofilplan herstellen. Die Beschriftung kann als Symbol mit Höhe am Bauteil erfolgen (Höhenkote) oder als Beschriftungselement in das Band hineinreichen (Band-Zeile).

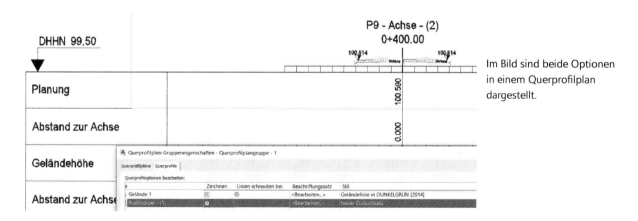

Im Bild sind beide Optionen in einem Querprofilplan dargestellt.

6 Beschriftungs-Stil-, Beschritungs-Satz-Eigenschaften, Erläuterung an Beispielen

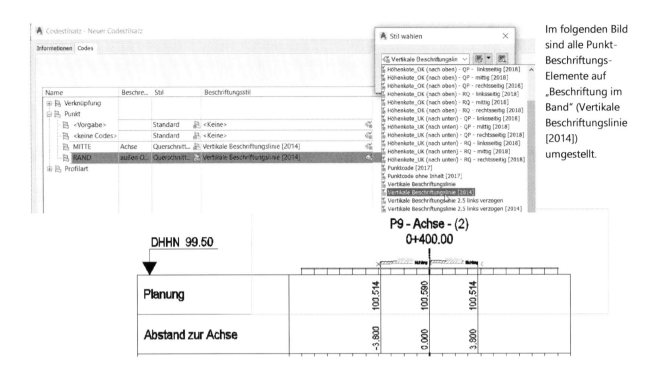

Im folgenden Bild sind alle Punkt-Beschriftungs-Elemente auf „Beschriftung im Band" (Vertikale Beschriftungslinie [2014]) umgestellt.

Profilart (Fläche)

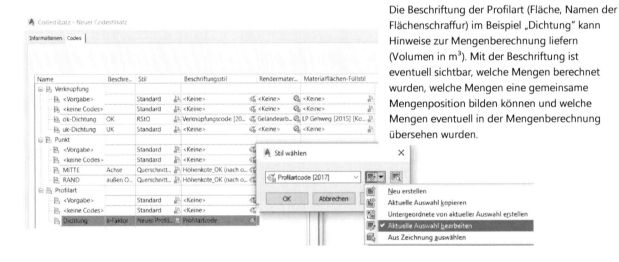

Die Beschriftung der Profilart (Fläche, Namen der Flächenschraffur) im Beispiel „Dichtung" kann Hinweise zur Mengenberechnung liefern (Volumen in m³). Mit der Beschriftung ist eventuell sichtbar, welche Mengen berechnet wurden, welche Mengen eine gemeinsame Mengenposition bilden können und welche Mengen eventuell in der Mengenberechnung übersehen wurden.

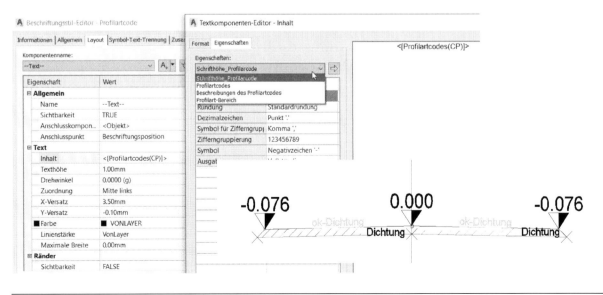

6 Beschriftungs-Stil-, Beschritungs-Satz-Eigenschaften, Erläuterung an Beispielen

6.5 „Kanal", Beschriftung

Die Beschriftung für das Kanal-Netz kann über mehrere Varianten der Konstruktion zugewiesen werden. Die Beschriftung kann bereits mit der Festlegung der Netzeigenschaften aufgerufen sein. Die Art der Beschriftung ist aber auch noch später mit der Funktion „Netzeigenschaften" kontrollierbar oder änderbar. Es ist auch hier eine nachträgliche Beschriftung mit Hilfe der Palette „Anmerkung" möglich.

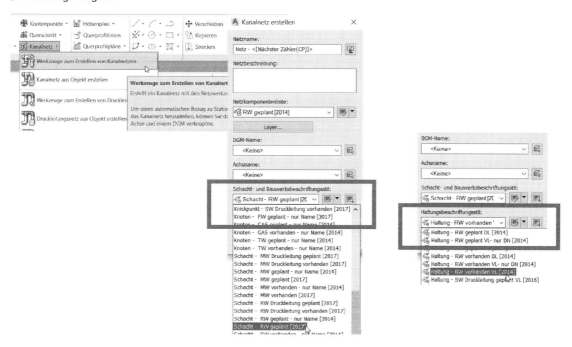

In den nachfolgenden Kapiteln wird der Aufruf oder die Kontrolle der Beschriftung vorrangig über die „Netzeigenschaften" gezeigt.

Auch eine nachträgliche Beschriftung über die Option „Anmerkung" ist möglich. Hier ist insbesondere die Option „Stränge im Lageplan" und Stränge im Längsschnitt" zu beachten.

Hinweis-1:

Mit der Strang-Beschriftung lassen sich Rohre (Haltungen) in einer Beschriftung zusammenfassen, die ohne Schacht oder mit dem Nullschacht miteinander verbunden sind.

Hinweis-2:

Es gibt kein vorbereitetes „Hausanschlusssymbol" oder „Straßeneinlaufsymbol". Alle Anschlüsse, Sinkkästen oder ähnliches werden als 3D-Rohr oder 3D-Konstruktion gehandhabt. Optional wäre jedoch auch ein Hausanschlusssymbol als Blockaufruf und Bestandteil der „Null-Schacht-Darstellung" möglich.

Hinweis-3:

Jeder untergeordnete und direkte Rohranschluss an eine Haltung (z.B.: Hausanschluss) erfolgt automatisch mit einem Nullschacht und mit dem Teilen der Haltung in neue einzelne Haltungen. Um solche aufgebrochenen, einzelnen Haltungen als Ganzes zu zeigen und zu beschriften ist die Beschriftung „Stränge im Lageplan" oder „Stränge im Längsschnitt" zu benutzen.

Um die Haltungsbeschriftung zu erläutern mit deren 3D- und 2D Besonderheiten wird in den folgenden Bildern zusätzlich eine AutoCAD-Bemaßung angetragen.

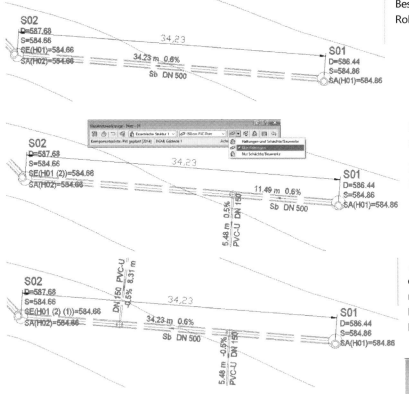

Beschriftung und Längenangabe an einem Rohr mit alternativer AutoCAD-Bemaßung.

Das Hinzufügen von Anschlüssen erfolgt automatisch mit dem Nullschacht.

Die automatische Beschriftung am Nullschacht wurde gelöscht.

Als Resultat der „Hausanschlüsse" entstehen einzelne Haltungen, die sich mit der Beschriftung „Stränge im Lageplan" optisch als eine Haltung beschriften lassen.

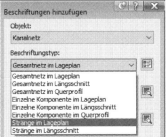

Hinweis-4:

Civil 3D führt in der Datenbank 4 Längenangaben zum Rohr.

- 2D-Länge zur Mitte vom Schacht oder zur Schachtinnenwand,
- 3D Länge zur Mitte vom Schacht oder zur Schachtinnenwand

Bei Bemaßungen oder Längenangaben ist diese Besonderheit zu beachten!

6.5.1 „Kanal", Beschriftung von Haltungen

Die Beschriftung an Haltungen wird mit der Erstellung des Netzes als Eigenschaft vorgegeben. Dabei bedeutet der Begriff „DL" Doppellinie.

Der Begriff Doppellinie bezeichnet eine Haltung, deren Darstellung der Außenwand maßstäblich in der Dimension erstellt ist. Für diese Haltungsdarstellung gibt es angepasste Beschriftungen, die die gleiche Bezeichnung im Namen tragen. Mit dem Aufruf der passenden Beschriftung ist gewährleistet, dass die Beschriftung zur Haltungsdarstellung passt (angepasst an die Außenwand).

Haltung – RW geplant DL [2014]

6 Beschriftungs-Stil-, Beschritungs-Satz-Eigenschaften, Erläuterung an Beispielen

Der Begriff „... VL" bedeutet „Volllinie" (verstärkt dargestellte Mittellinie, nur Mittellinie).

Das folgende Bild zeigt die Auswahl der Beschriftung „Haltung – RW geplant VL [2014]" im Zusammenhang mit der Haltungsdarstellung „Haltung - RW geplant DL [2016]". Es ist zu sehen, der Abstand der Beschriftungs-Elemente ist mit diesem Beschriftungs-Stil nicht unbedingt optimal an die Darstellung der Rohre angepasst.

Haltungsbeschriftung „Haltung – RW geplant VL [2014]"

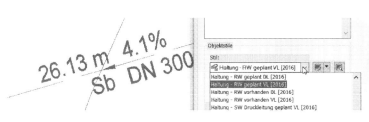

Der Beschriftungs-Stil „Haltung – RW geplant VL [2014]" passt eher zum Rohr-Darstellungs-Stil „VL" wie im folgenden Bild gezeigt.

Es ist ebenfalls nicht immer und überall üblich Rohre mit der Neigungsangabe in „Prozent" zu beschriften. Eine Beschriftung in „Promille" ist wesentlich häufiger.

Hinweis:

In Sonderfällen ist eine Neigungsbeschriftung in 1:x gewünscht. Diese Variante ist auch einstellbar! Eine derartige Umstellung des angezeigten Formates ist in allen Beschriftungen realisierbar. Hier, bei der Beschriftung von Rohren, kommt eine Umstellung oder der Wunsch zur Umstellung am häufigsten vor.

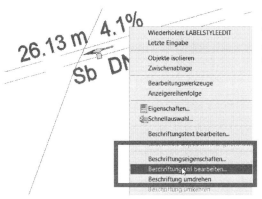

Als Zugang zur „Beschriftungs-Bearbeitung" wird die Funktion „Beschriftung bearbeiten" gewählt. Auch hier sind mehrere Optionen für den Zugang zur Bearbeitung wählbar.

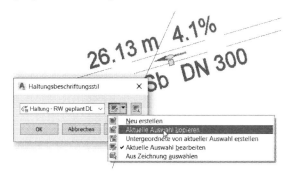

Hier, wie bei allen Beschriftungen besteht die Funktion ebenfalls aus den Karten „Information, Allgemein, Layout und Symbol-Text-Trennung". Die Karte „Information" beinhaltet auch hier in erster Linie den Namen des Beschriftungs-Stils.

6 Beschriftungs-Stil-, Beschritungs-Satz-Eigenschaften, Erläuterung an Beispielen

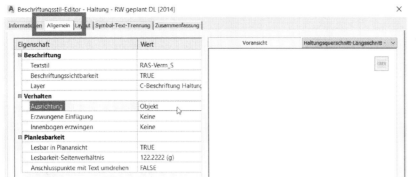

In der Karte „Allgemein" wird in erster Linie die Ausrichtung am „Objekt" vereinbart. Damit ist die Beschriftung am Rohr ausgerichtet.

In der Karte „Layout" werden alle Eigenschaften aus der Datenbank abgerufen, die für die Beschriftung als notwendig angesehen werden.

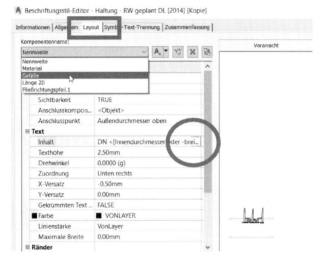

Die Eigenschaft Gefälle wird ausgewählt und bearbeitet.

Der Zugang zur Bearbeitung erfolgt im Bereich „Text" und „Inhalt".

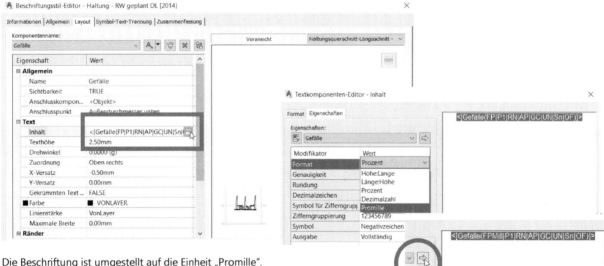

Die Beschriftung ist umgestellt auf die Einheit „Promille".
Die nächste Karte „Symbol-Text-Trennung" legt fest, ob die Art der
Beschriftung, die Anordnung des Textes beibehalten bleibt oder ob diese im Fall des Verschiebens eine andere Form bekommt.
Die optionale andere Form ist „Zeilenweiser Text".

Gert Domsch, CAD-Dienstleistung

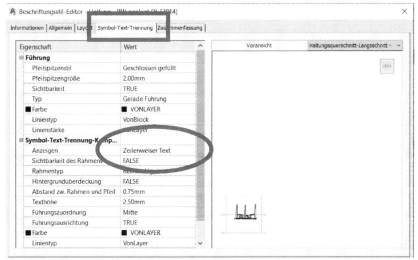

Wird die Beschriftung auf „Wie Standardeinstellung" gesetzt, so fällt die Ausrichtung des Textes auf die Ausgangseinstellung („Standardeinstellung") zurück. Optional ist auch hier das Abschalten des Pfeils und des Bezugs-Strichs möglich.

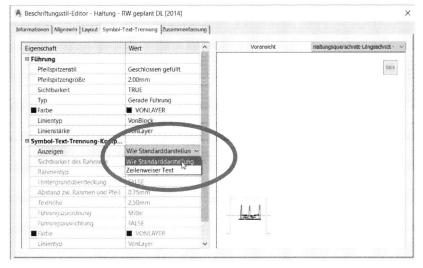

6.5.2 „Kanal", Beschriftung von Schächten

Die Beschriftung von Schächten wird ebenfalls mit der Erstellung des Netzes (Stranges) als Eigenschaft vorgegeben. Hier wird nur zwischen Beschriftung mit ausschließlich „Name" (Bezeichnung oder Nummer) oder in der Version „[2017]" unterschieden.

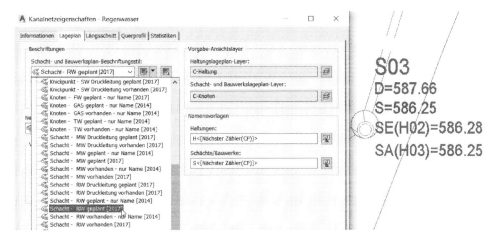

Version „[2017] bedeutet eine Beschriftung mit „Name", Deckel-, Sohl-Höhe vom Schacht und Bezeichnung von Sohl-Höhe der zufließenden Haltung (Haltungen) sowie Sohl-Höhe und Bezeichnung der abfließenden Haltung (Haltungen).

Aus der Bezeichnung des Schacht-Beschriftungs-Stils geht die Art der Beschriftung nicht hervor. Teilweise besteht der Wunsch diese Beschriftung durch eine Angabe der Schacht-Tiefe (in „m") zu ergänzen. Die nachfolgenden Bilder zeigen die Ergänzung der Beschriftung um den Wert „Schacht-Tiefe", Bauwerks-Tiefe". Der Zugang zum Beschriftungs-stil ist auch hier über mehrere Wege möglich.

6 Beschriftungs-Stil-, Beschritungs-Satz-Eigenschaften, Erläuterung an Beispielen

Für die Beschreibung wird „Rechts-Klick" auf die Beschreibung gewählt und es wird die bestehende Beschriftung bearbeitet.

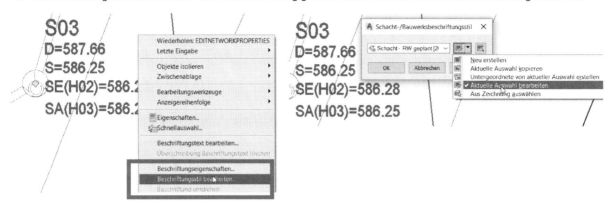

Die Beschriftung eines Schachtes besteht wiederum aus den Karten „Information", „Allgemein", „Layout" und „Symbol-Text-Trennung".

Auf der Karte „Information" wird auch hier der Name der Beschriftung festgelegt. In diesem Fall wird der Name um den Begriff „Tiefe" ergänzt, um die Änderung deutlich zu machen.

Hinweis:

Alle Beschriftungs- und Darstellungs-Stile sind zwischen Zeichnungen per Drag & Drop austauschbar. Das heißt eine Stil-Änderung wird einmal erarbeitet und dann mehrfach oder mittels Ergänzung in der „...Firmen-Vorlage.dwt" dauerhaft genutzt. Ein Erweitern oder Ergänzten der „...Deutschland.dwt" oder ein Erstellen einer eigenen „... Firmenbezeichnung.dwt" ist jederzeit und mit allen Stiländerungen aller Objekte jederzeit möglich.

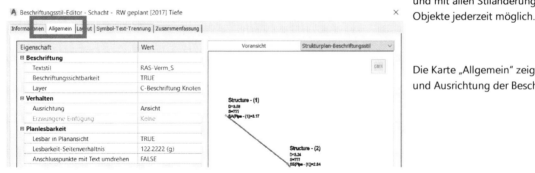

Die Karte „Allgemein" zeigt die Schriftart und Ausrichtung der Beschriftung.

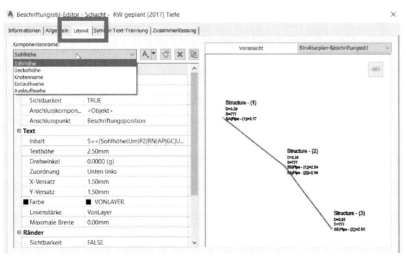

Auf der Karte „Layout erfolgt die Erweiterung der Beschriftung Beschriftungen (Komponentenname) um den Wert der „Tiefe". Auf der Karte „Layout" ist der Zugang zur Datenbank gegeben und hier wird der Wert zur „Bauwerks-Tiefe" zu finden sein.

Der Wert „Tiefe" soll als eigene Beschriftungs-Komponente hinzugefügt sein und soll an den bisher letzten Wert angehangen werden (Auslaufhöhe).

Gert Domsch, CAD-Dienstleistung

6 Beschriftungs-Stil-, Beschritungs-Satz-Eigenschaften, Erläuterung an Beispielen

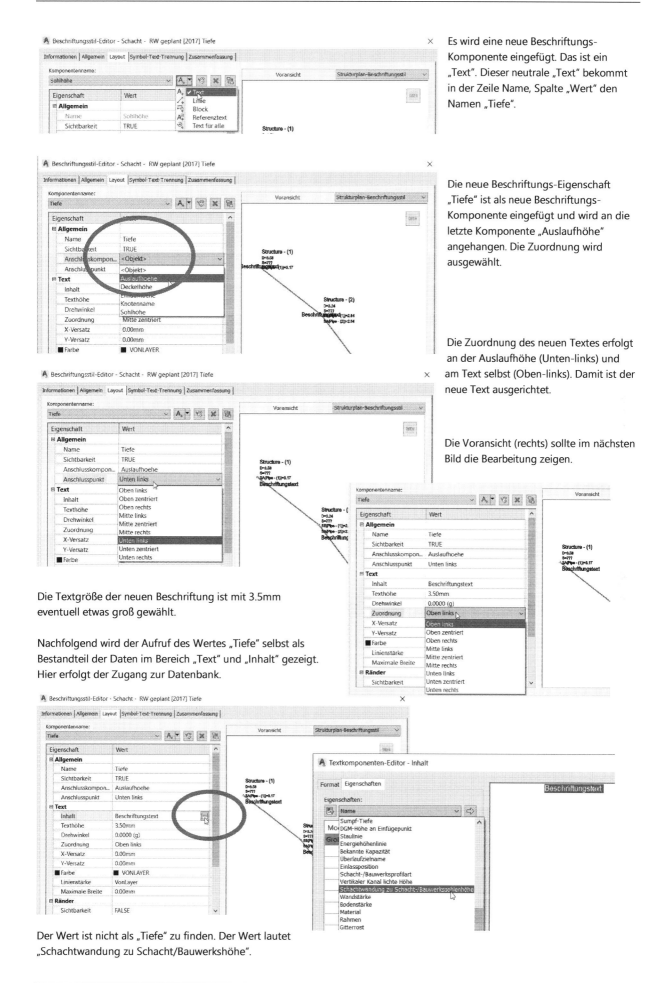

Es wird eine neue Beschriftungs-Komponente eingefügt. Das ist ein „Text". Dieser neutrale „Text" bekommt in der Zeile Name, Spalte „Wert" den Namen „Tiefe".

Die neue Beschriftungs-Eigenschaft „Tiefe" ist als neue Beschriftungs-Komponente eingefügt und wird an die letzte Komponente „Auslaufhöhe" angehangen. Die Zuordnung wird ausgewählt.

Die Zuordnung des neuen Textes erfolgt an der Auslaufhöhe (Unten-links) und am Text selbst (Oben-links). Damit ist der neue Text ausgerichtet.

Die Voransicht (rechts) sollte im nächsten Bild die Bearbeitung zeigen.

Die Textgröße der neuen Beschriftung ist mit 3.5mm eventuell etwas groß gewählt.

Nachfolgend wird der Aufruf des Wertes „Tiefe" selbst als Bestandteil der Daten im Bereich „Text" und „Inhalt" gezeigt. Hier erfolgt der Zugang zur Datenbank.

Der Wert ist nicht als „Tiefe" zu finden. Der Wert lautet „Schachtwandung zu Schacht/Bauwerkshöhe".

Gert Domsch, CAD-Dienstleistung

Der eher schwer verständliche Datenbank-Wert kann um eine eigene eventuell verständlichere Begrifflichkeit ergänzt sein. Der Datenbank-Wert wird um die Zeichen „T=" und die Einheit „m" ergänzt. Die Ergänzung erfolgt über eine einfache Tastatur-Eingabe.

Die Schachtbeschriftung ist um den neuen Wert „Bauwerks-Tiefe ergänzt.

Die Karte „Symbol-Text-Trennung" bietet zusätzlich die Möglichkeit, im Fall ein Verschieben (Neupositionieren) der Beschriftung ist erforderlich, die Beschriftung sinnvoll zu ändern. Dieses Neupositionieren kann die Beschriftung automatisch mit einem Rahmen und einer Bezugslinie versehen.

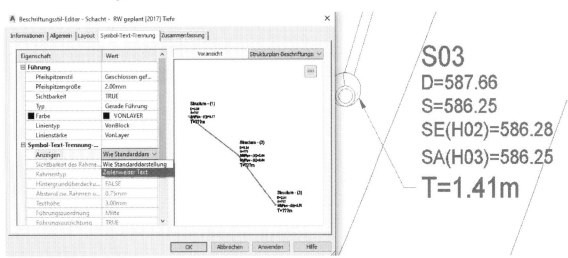

Wird die Option zeilenweiser Text gewählt, so kann das Beschriftungsfeld weitere Eigenschaften bekommen, um eine fachliche Anpassung an die gewünschte Darstellung zu erreichen.

Zusätzlich wurde die „Hintergrundüberdeckung aktiviert. Aus diesem Grund sind die Höhenlinie und ein Text am oberen linken Rand des Rahmens abgedeckt.

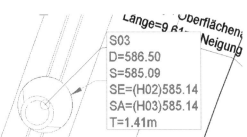

6.6 Beschriftung Druckleitungs-Netze

Die Beschriftung auch für das Druckleitungs-Netz kann über mehrere Varianten der Konstruktion aufgerufen sein. Die Beschriftung kann bereits mit der Festlegung der Netzeigenschaften aufgerufen werden. Die Art der Beschriftung ist aber auch noch später mit der Funktion „Netzeigenschaften" kontrollierbar oder änderbar.

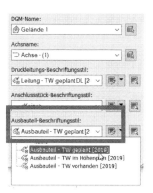

Auch eine nachträgliche Beschriftung über die Option „Anmerkung ist möglich.

In den nachfolgenden Kapiteln wird der Aufruf oder die Kontrolle der Beschriftung über die „Netzeigenschaften" des Druckleitungs-Netzes gezeigt.

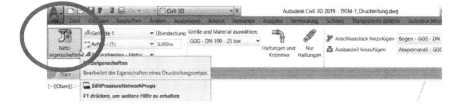

6.6.1 „Druckleitung ", Beschriftung von Rohren

Die Beschriftung folgt auch bei der Druckleitung der bisher beschriebenen, allgemeinen Civil 3D Logik. Die Bezeichnung „DL" steht für „Doppellinie" das heißt maßstäbliche Außenwand. Die Bezeichnung „VL" steht für Mittellinie. Die Basis der Beschriftung selbst sind auch hier die Karten „Allgemein", „Layout" und „Symbol-Text-Trennung".

6 Beschriftungs-Stil-, Beschritungs-Satz-Eigenschaften, Erläuterung an Beispielen

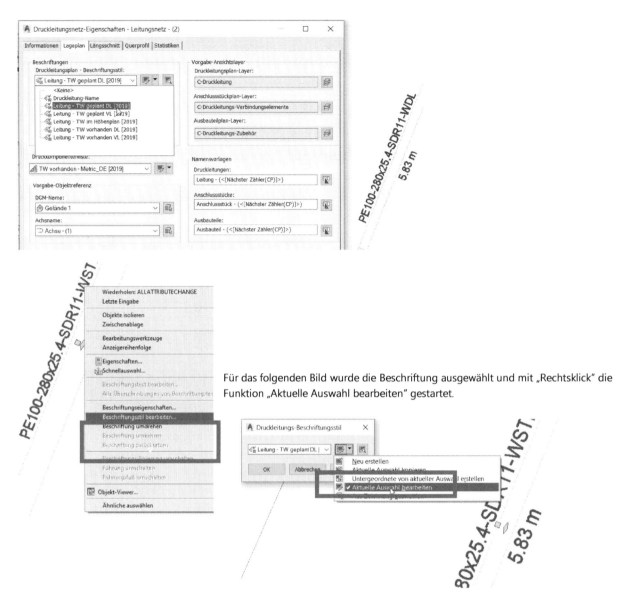

Für das folgenden Bild wurde die Beschriftung ausgewählt und mit „Rechtsklick" die Funktion „Aktuelle Auswahl bearbeiten" gestartet.

In der Karte „Allgemein" finden sich die klassischen Einstellungen u.a. wird die Rohrbeschriftung am Objekt ausgerichtet, das heißt an der Rohrleitung.

Die Karte „Layout" bietet auch hier den Zugang zur Datenbank.

6 Beschriftungs-Stil-, Beschriftungs-Satz-Eigenschaften, Erläuterung an Beispielen

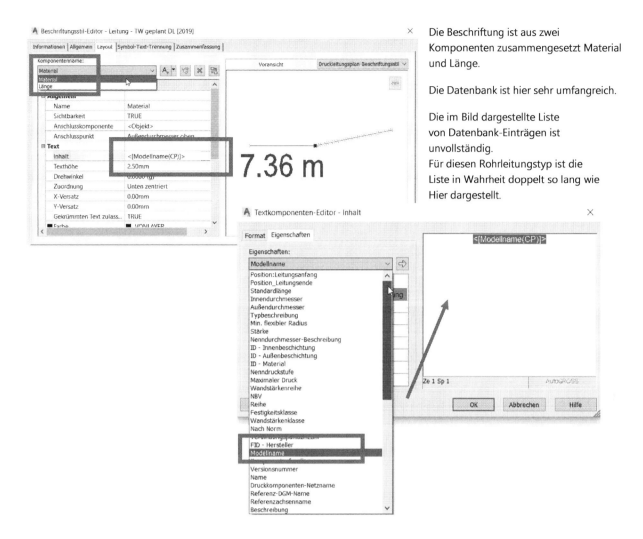

Die Beschriftung ist aus zwei Komponenten zusammengesetzt Material und Länge.

Die Datenbank ist hier sehr umfangreich.

Die im Bild dargestellte Liste von Datenbank-Einträgen ist unvollständig.
Für diesen Rohrleitungstyp ist die Liste in Wahrheit doppelt so lang wie Hier dargestellt.

Der Eintrag-, bzw. die Bezeichnung der Datenbankfelder, entspricht der Datenbank die im Hintergrund zur „Druckleitung" als „Druckleitungsnetz-Katalog" geladen ist.

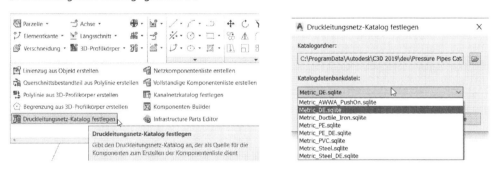

Eine eventuelle Bearbeitung oder Kontrolle des Kataloges ist außerhalb von Civil 3D zu starten. Der Katalog ist über den „Inhaltskatalog-Editor" frei zugänglich und editierbar. Für den Nutzer heißt das, er kann eigene Parameter oder Datenbankfelder anlegen, um so wichtige Bauteilinformationen an der Leitung zu führen.

Das Buch greift auf die Datenbank (Katalog) „Metric_DE.sqlite" zurück. Im nächsten Bild wird der Katalog in Teilen gezeigt.

6 Beschriftungs-Stil-, Beschriftungs-Satz-Eigenschaften, Erläuterung an Beispielen

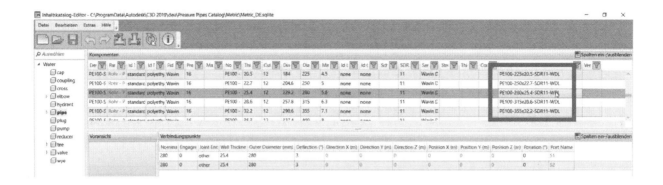

Auf der Karte „Symbol-Text-Trennung" ist auch hier die Einstellung zu finden, die die Ausrichtung der Beschriftung bestimmt, im Fall die Beschriftung wird manuell neu positioniert.

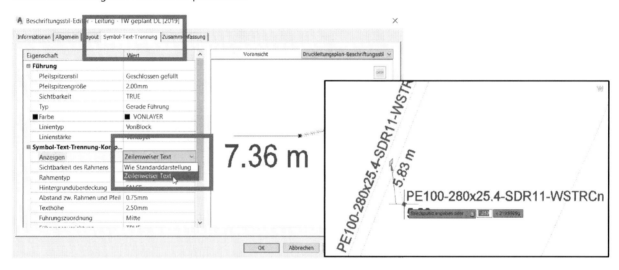

6.6.2 „Druckleitung", Beschriftung von Anschlusstücken

Die Beschriftung von Anschlusstücken folgt der gleichen Struktur. Die Beschriftung gliedert sich in die Bestandteile „Information", „Allgemein", „Layout" und „Symbol-Text-Trennung".

Das folgende Bild zeigt die Funktion „Netzeigenschaften" eines Druckleitungsnetzes, die auch den Zugang zur Beschriftung bietet.

Im Bild ist ein Beschriftungs-Stil aufgerufen und es wird der Zugang zur Beschriftung gezeigt.

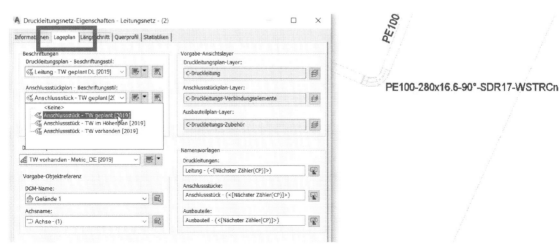

6 Beschriftungs-Stil-, Beschriftungs-Satz-Eigenschaften, Erläuterung an Beispielen

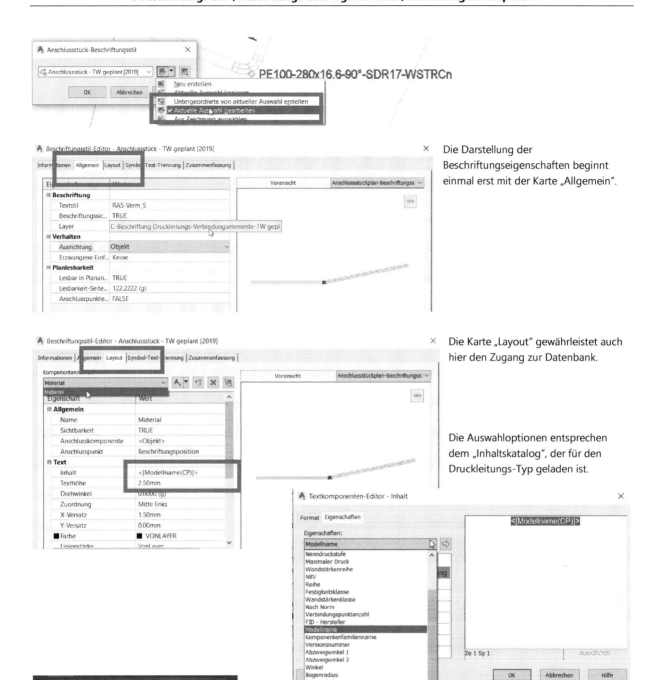

Die Darstellung der Beschriftungseigenschaften beginnt einmal erst mit der Karte „Allgemein".

Die Karte „Layout" gewährleistet auch hier den Zugang zur Datenbank.

Die Auswahloptionen entsprechen dem „Inhaltskatalog", der für den Druckleitungs-Typ geladen ist.

Der Katalog ist über den „Inhaltskatalog-Editor" frei zugänglich und editierbar.

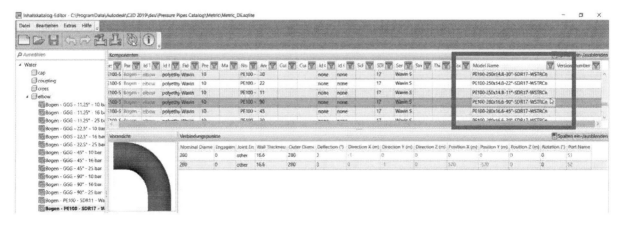

Im Fall der Freistellung oder Neupositionierung sind auch hier zusätzliche Eigenschaften möglich. Die Option „Zeilenweiser Text" oder „Wie Standardeinstellung" ist auch hier vorhanden.

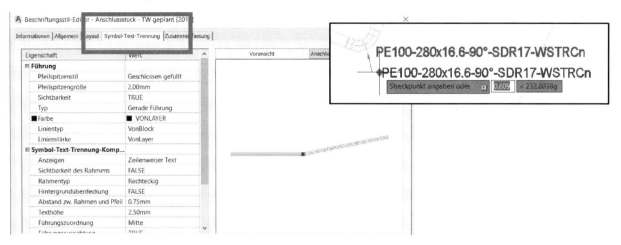

6.6.3 „Druckleitung", Beschriftung von Ausbauteilen

Die Beschriftung von „Ausbauteilen" (z.B.: Schieber und Entlüftungen) folgt dem gleichen Grundprinzip. Der Zugang zur Beschriftung des Druckleitungsnetzes erfolgt über die Druckleitungs-Netzeigenschaften.

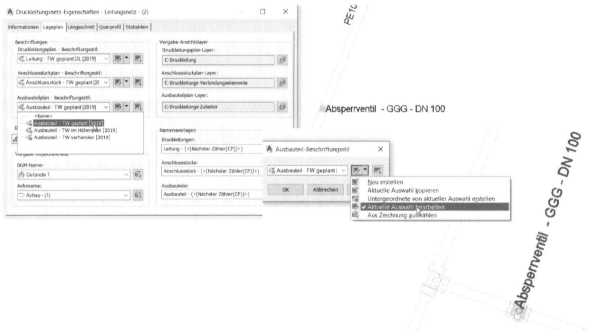

Für diese Beschriftung spielt die Ausrichtung am Objekt keine Rolle.
Diese Beschriftung wird eher nach der Lesbarkeit ausgerichtet.

6 Beschriftungs-Stil-, Beschriftungs-Satz-Eigenschaften, Erläuterung an Beispielen

Die Karte Layout garantiert die Verbindung zur Datenbank.

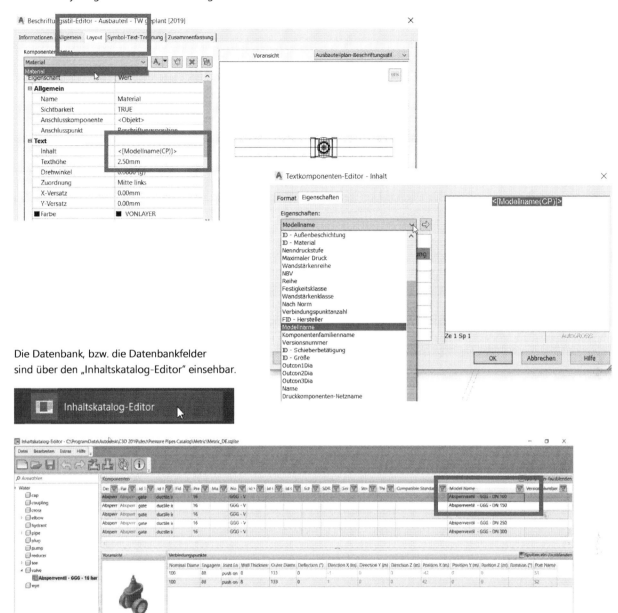

Die Datenbank, bzw. die Datenbankfelder sind über den „Inhaltskatalog-Editor" einsehbar.

Im Fall des Freistellens oder Neupositionierens bestimmt auch hier die Karte „Symbol-Text-Trennung" über die Art der alternativen Darstellung.

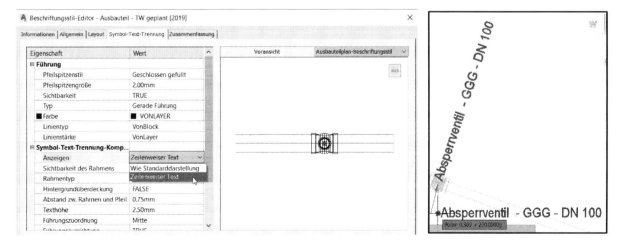

6.7 Höhenplan-Band-Beschriftungs-Satz, (Querprofilplan-Band-Beschriftung)

Höhenplan

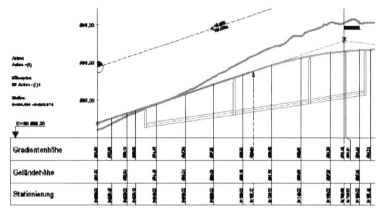

Als Zeile unterhalb des Höhenplans sehen wir jede einzelne Zeile als „einzelnes Beschriftungs-Band".

Die Summe aller Beschriftungs-Bänder ist ein Band-Satz, hier „Bandsatz - Straßenplanung - 2 Nachkommastellen [2016]".

Hinweis:

Auch diese Bandsätze sind frei zusammenstellbar und als Beschriftungs-Stil (Beschriftungs-Satz) frei zwischen Zeichnungen austauschbar (per Drag & Drop).

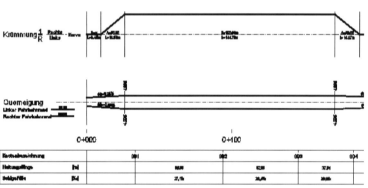

Querprofilplan

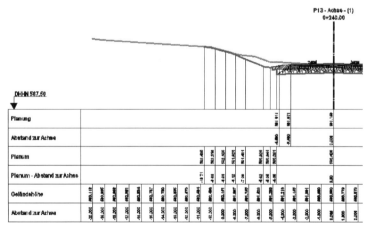

Als Zeile unterhalb des Querprofilplans sehen wir jede einzelne Zeile als „einzelnes Beschriftungs-Band".

Die Summe aller Beschriftungs-Bänder ist ein Band-Satz, hier ein frei zusammengestellter Bandsatz für drei DGMs.

Hinweis:

Band-Sätze sind auch hier frei zusammenstellbar und als Beschriftungs-Stil frei zwischen Zeichnungen austauschbar (per Drag & Drop).

6.7.1 Hinweis, Höhenbezugssystem (DHHN, müNN)

Die jeweils erste Zeile eines Band-Satzes ist in der „... Deutschland.dwt" der Aufruf des Höhenbezugs-Systems oder dem Höhenbezug. Im folgenden Bild wird ein Höhenplan erstellt bei dem der „Band-Satz – Geländeschnitt – 2 Nachkommastellen [2016]" geladen ist.

Der Band-Satz hat auf den ersten Blick drei Zeilen.

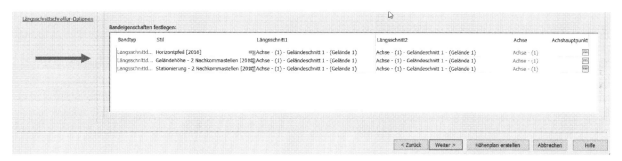

Der erstellte Höhenplan hat jedoch nur zwei Zeilen? Was beschreibt die erste Zeile?

Die jeweils erste Zeile im Höhenplan und im Querprofilplan beschriftet in der „... Deutschland.dwt" das Höhenbezugssystem oder den Höhenbezug.

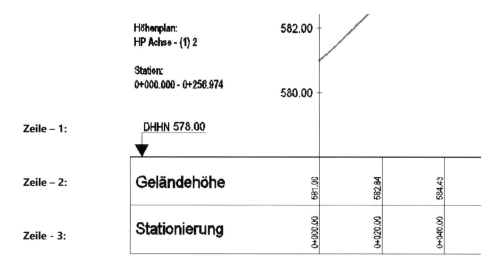

6 Beschriftungs-Stil-, Beschritungs-Satz-Eigenschaften, Erläuterung an Beispielen

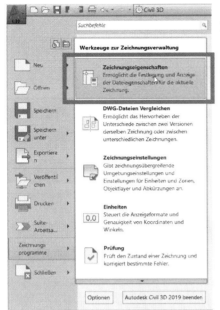

Hierbei besteht folgende Besonderheit, das Höhenbezugssystem wird als Teil der Zeichnungseigenschaften (Zeichnungsprogramme) vorgegeben und diese Besonderheit gilt nur für die „….Deutschland.dwt" ab der Version Civil 3D 2016.

Als „Benutzerspezifischer" Text ist hier der Höhenbezug eingetragen und wird anschließend mit der Erstellung von Höhenplänen oder Querprofilplänen aufgerufen.

Hinweis:

Hierbei handelt es sich ausschließlich um einen informativen Text, der keine Berechnung oder Veränderung der Vermessungs-Daten bewirkt.

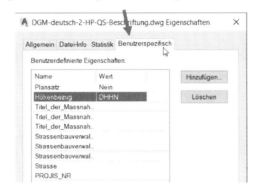

Dieser Text wird anschließend automatisch in einem Block eingetragen und als Block der Beschriftung für Höhenplane und Querprofilpläne übergeben. Das erfolgt jeweils in der ersten Zeile des Bandsatzes, bezeichnet als „Höhenbezug".

Höhenplan: Querprofilplan:

Der Name des Blockes lautet „Höhenbezug für HP" und wird geleichermaßen bei Höhenplanen und Querprofilplänen verwendet. Eine Nachbearbeitung beziehungsweise nachträgliche Änderung ist möglich. Der ebenfalls eingerahmte Block „Höhenkote für HP" ist der Pfeil, der unter dem Höhenbezugssystem und der Höhe aufgerufen ist.

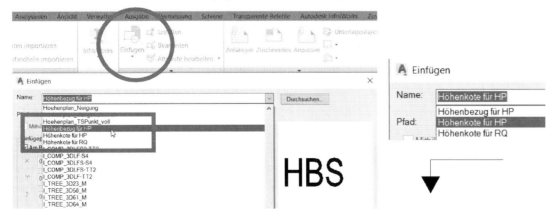

6 Beschriftungs-Stil-, Beschritungs-Satz-Eigenschaften, Erläuterung an Beispielen

Jeweils als Bestandteil der ersten Zeile vom „Höhenplan-Beschriftungsband-Satz" und vom „Querprofil- Beschriftungsband-Satz" ist der Aufruf des Höhenbezugs, unter dem Begriff „Horizontpfeil" eingetragen.

Den Zugang zur Bearbeitungsoption für den Text oder das Höhenbezugssystem bietet das Symbol auf der rechten Seite, die Funktion „Aktuelle Auswahl bearbeiten…".

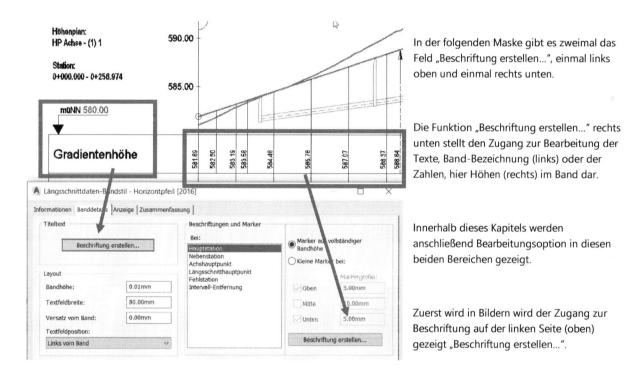

In der folgenden Maske gibt es zweimal das Feld „Beschriftung erstellen…", einmal links oben und einmal rechts unten.

Die Funktion „Beschriftung erstellen…" rechts unten stellt den Zugang zur Bearbeitung der Texte, Band-Bezeichnung (links) oder der Zahlen, hier Höhen (rechts) im Band dar.

Innerhalb dieses Kapitels werden anschließend Bearbeitungsoption in diesen beiden Bereichen gezeigt.

Zuerst wird in Bildern wird der Zugang zur Beschriftung auf der linken Seite (oben) gezeigt „Beschriftung erstellen…".

Auf der linken Seite „Beschriftung erstellen…" erfolgt der Zugang zum Text, zur Band-Bezeichnung, hier Höhenbezugs-System und Bezugs-Pfeil.

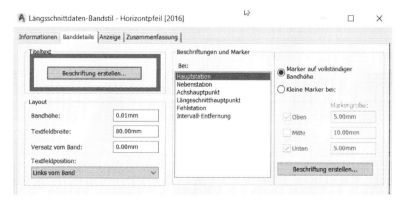

6 Beschriftungs-Stil-, Beschritungs-Satz-Eigenschaften, Erläuterung an Beispielen

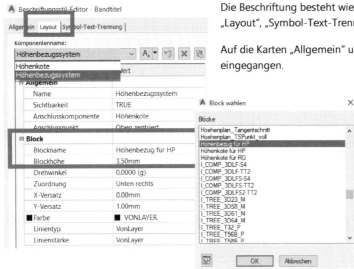

Die Beschriftung besteht wiederum im Detail aus den Karten „Allgemein", „Layout", „Symbol-Text-Trennung".

Auf die Karten „Allgemein" und „Symbol-Text-Trennung" wird hier nicht näher eingegangen.

Im Bild links ist zu sehen, der Block „Höhenbezug für HP" (das Höhenbezugssystem der „… Deutschland.dwt"). Der eingetragene Begriff unter Zeichnungseigenschaften und Benutzerspezifisch „DHHN" wird dem Block „Höhenkote" (Bezugspfeil) zugeordnet.

Die Zuordnungseigenschaften positionieren den Block (Texteintrag unter „Zeichnungseigenschaften, Benutzerspezifisch, hier DHHN) oberhalb des Pfeils.

Ist das Höhenbezugssystem falsch angegeben und zu ändern, so bestehen mehrere Optionen zum Ändern

- Einfügen des Blockes „Höhenbezug für HP" in die Zeichnung und Bearbeitung im Blockeditor, Änderung im Block speichern
- Einfügen des Blockes „Höhenbezug für HP" in die Zeichnung und ATTSYNC und REGEN
- Ändern der Zeichnungseigenschaften (Zeichnungsprogramme), Benutzerspezifisch, Zeichnung speichern schließen und Zeichnung neu öffnen

6.7.2 Bezugshöhe (Wert, Berechnung, Änderung)

Rechts neben dem Höhenbezugssystem (DHHN) steht die Bezugshöhe als Zahlenwert. Die angeschriebene und berechnete Höhe wird als Bestandteil des Höhenplans oder Querprofilplans erstellt. Der Zahlenwert, die Bezugs-Höhe wird nicht als Teil des Bandes angeschrieben. Die Bezugs-Höhe ist nur an dieser Position zu sehen. Der Wert wird als Bestandteil des Höhenplans berechnet und liegt dynamisch verbunden mit dem Höhenplan vor. Das ist in dieser Form erforderlich, weil der Benutzer jederzeit die Höhe oder den Höhenbezug ändern kann.

Höhenplan: Querprofilplan:

Der Wert wird pro Höhenplan und Querprofilplan berechnet und ist einzeln oder zentral für alle Bestandteile einer Höhenplan- oder Querprofilplan-Gruppe änderbar. Der Höhenbezug ist Bestandteil der Höhenplaneigenschaften oder Querprofilplan-Eigenschaft.

6 Beschriftungs-Stil-, Beschritungs-Satz-Eigenschaften, Erläuterung an Beispielen

Nachfolgend wird der Zugang zur Änderung am Höhenplan gezeigt.

Höhenplan:

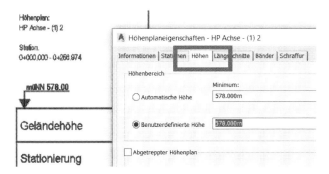

Querprofilplan:

Bei den Querprofilplänen ist zischen einem einzelnen Plan (Funktion: Querprofilplaneigenschaften) und der gesamten Querprofilplan-Gruppe zu unterscheiden (Funktion: Querprofilplan – Gruppeneigenschaften).

Querprofilplaneigenschaften (einzelner Querprofilplan):

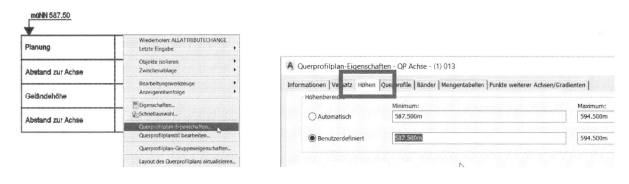

Querprofilplan-Gruppeneigenschaften (gesamte Gruppe von Querprofilplänen):

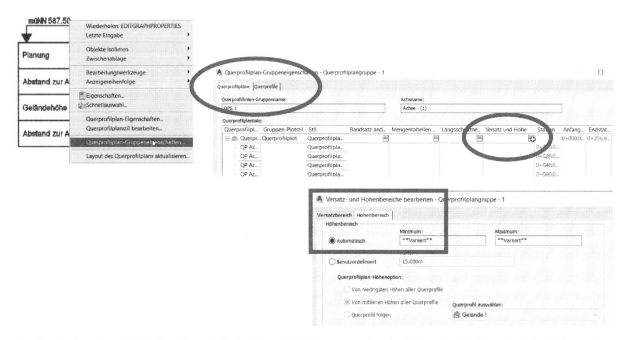

Das Anschreiben bzw. die Schriftgröße und die Position des Zahlenwertes oder der Höhe selbst, ist Bestandteil des Höhen- oder Querprofilplan-Stils.

Höhenplan-Stil:

Der Zugang ist Bestandteil der Karte „Planbeschriftung". Hier ist zwischen allgemeiner Beschriftung, Bezeichnung (links, Plan-Ansichtstitel) und positionsgebundener Beschriftung zu unterscheiden (rechts, Achsentiteltext).

Die Beschriftung der Bezugshöhe ist positionsgebunden und muss damit im Zusammenhang mit den Positionsangaben auf der rechten Seite erfolgen, wird aber für die linke Seite im deutschen Höhenplan vorgenommen.

Hinweis:

Der in diesem Feld vorkommende Begriff „Achse, Achsen" ist in keiner Weise mit dem Konstruktions-Element „Achse" (Straßen-Achse) zu verwechseln. Der Begriff „Achse" ist hier eher als „Rand", als „Höhenplan-Rand" oder Höhenplan-Linie" zu verstehen (vertikaler- und horizontaler Rand oder -Linie).

Achsentiteltext = Randtiteltext

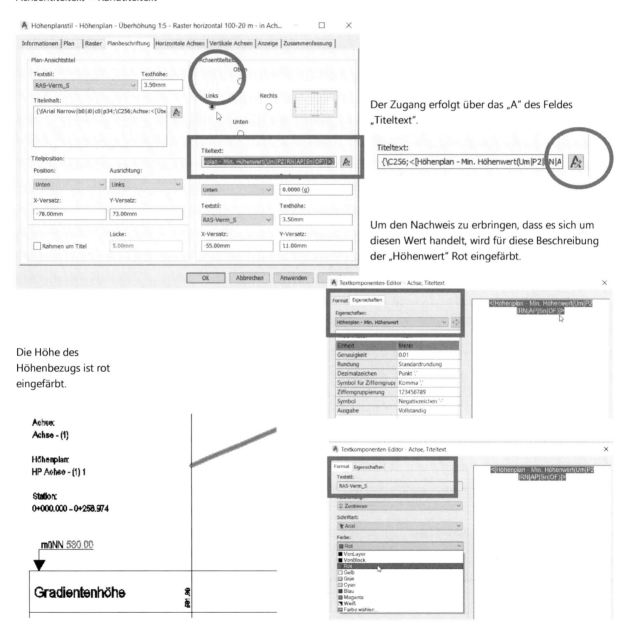

Der Zugang erfolgt über das „A" des Feldes „Titeltext".

Um den Nachweis zu erbringen, dass es sich um diesen Wert handelt, wird für diese Beschreibung der „Höhenwert" Rot eingefärbt.

Die Höhe des Höhenbezugs ist rot eingefärbt.

Querprofilplan-Stil:

Der Zugang ist Bestandteil der Karte „Planbeschriftung". Hier ist ebenfalls zwischen allgemeiner Beschriftung, Bezeichnung und positionsgebundener Beschriftung zu unterscheiden. Die Beschriftung der Bezugshöhe ist positionsgebunden und muss damit im Zusammenhang mit den Positionsangaben auf der rechten Seite erfolgen, wird aber für die linke Seite im deutschen Querprofilplan vorgenommen.

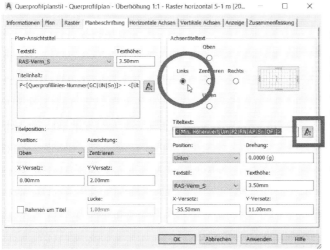

Hinweis:

Der in diesem Feld vorkommende Begriff „Achse, Achsen" ist in keiner Weise mit dem Konstruktions-Element „Achse" (Straßen-Achse) zu verwechseln. Der Begriff „Achse" ist hier eher als „Rand", als „Höhenplan-Rand" oder Höhenplan-Linien" zu verstehen (vertikaler- und horizontaler Rand oder Linie).

Achsentiteltext = Randtiteltext

Um den Nachweis zu erbringen, wird auch für diese Beschreibung der „Höhenwert" Rot eingefärbt.

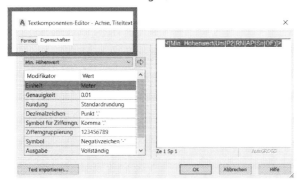 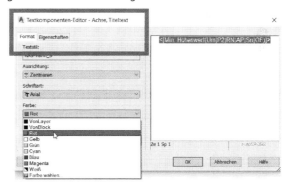

Die Höhe des Höhenbezugs ist rot eingefärbt.

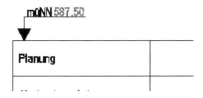

6.7.3 Band Zeile (Umrahmung, Linienfarbe eines Bandes, Zahleneigenschaften)

Im Zusammenhang mit Bändern als Bestandteil der Themen Beschriftung kommt es zu einer Besonderheit.

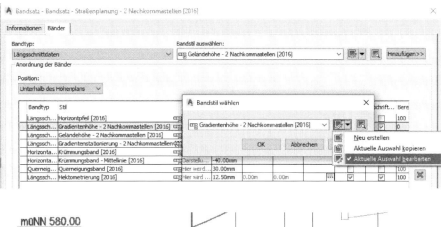

Werden die Eigenschaften eines Beschriftungs-Bandes gezeigt, fehlen auf den ersten Blick die Karten „Allgemein", Layout" und Symbol-Text-Trennung"?

Dafür gibt es die Karte „Anzeige"?

Der Leser wird eventuell bereits festgestellt haben, Hauptbestandteil der Beschriftungs-Stile sind die Karten „Allgemein", „Layout" und „Symbol-Text-Trennung". Die hier gezeigte Karte „Anzeige" (vorletzte Karte, rechts, vor „Zusammenfassung) ist das Haupt-Bestandteil der „Darstellungs-Stile"?

Ist es richtig dieses Thema hier als Teil der Beschriftungs-Stile zu zeigen?

Lange habe ich darüber nachgedacht die nachfolgend beschriebenen Einstellungen auch als Bestandteil der „Darstellungs-Stile" zu bringen. Letztendlich habe ich mich dafür entschieden das Thema der Beschriftung und damit dem Beschriftungs-Satz zu zuordnen.

Ich denke es ist so besser der Zusammenhang dargestellt. Das Verstehen von Beschriftung und Anzeige der Beschriftung ist ein wichtiger Aspekt für die Entscheidung zur richtigen- oder normgerechten Darstellung.

In der Karte Anzeige wird die Farbgebung für den Rahmen, die Begrenzung des Bandes vorgegeben.

Hinweis:

Eine Änderung an dieser Stelle ist eher nicht zu empfehlen. An dieser Stelle ist eher der Zusammenhang zu verstehen zwischen Darstellung, „An/Aus" **Karte Anzeige** (Sichtbarkeit) und der Darstellungseigenschaft auf der **Karte Banddetails**, „Beschriftung erstellen..." („Schriftart/Schriftgröße/Eigenschaften, Nachkommastellen").

6 Beschriftungs-Stil-, Beschriftungs-Satz-Eigenschaften, Erläuterung an Beispielen

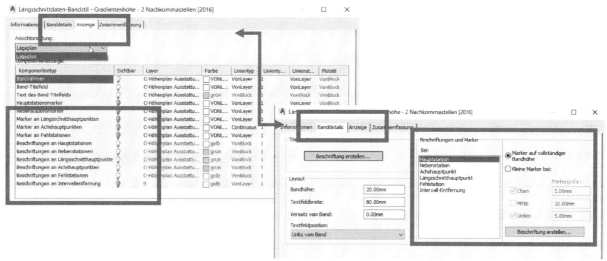

Wichtig erscheint mir, den Zusammenhang zwischen beiden Karten „Anzeige" und „Banddetails" zu erkennen. Der Zusammenhang wird hier ausschließlich gezeigt.

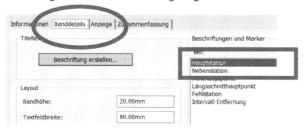

Die Beschriftung bestimmter Details lässt sich so relativ einfach ein- oder ausschalten. Im Beispiel wird die Beschriftung an Haupt- und Nebenpunkten an und ausgeschalten.

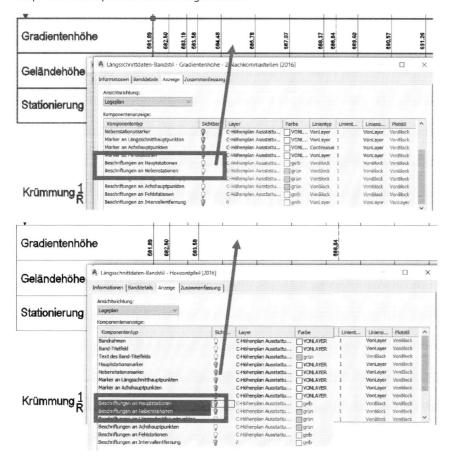

6 Beschriftungs-Stil-, Beschriftungs-Satz-Eigenschaften, Erläuterung an Beispielen

Die hier zur Verfügung gestellten Beschriftungs-Optionen wie „...Marker" und „Intervallentfernung" werden später vorgestellt. Diese Optionen sind in Deutschland eher unüblich. Es wird eher das Freistellen von Beschriftungen (Höhenangaben) im Band verlangt. Dieses „Freistellen wird technisch im Civil 3D anders realisiert. Die Beschreibung folgt in einem der nächsten Kapitel.

Im folgenden Bild sind die Werte „Beschriftung an Hauptstationen" und „Beschriftung an Nebenstationen" erneut eingeschalten. Die Werte werden auf der Karte eingefärbt und in Rot dargestellt.

Das Einfärben erfolgt auf der Karte Banddetails Funktion „Beschriftung erstellen…". Hier ist wieder die Karte „Layout" zu öffnen und die Eigenschaften des Datenbank-Wertes werden geändert.

Hauptstationen: Nebenstationen:

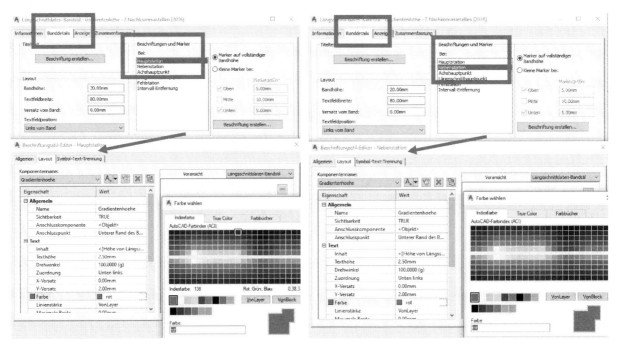

Resultat der Bearbeitung:

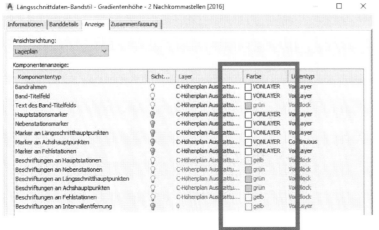

Hinweis:
Für Beschriftungs-Bänder gilt, die Farbe auf der Karte „Anzeige" bestimmt nicht die Farbe und weitere Eigenschaften der Beschriftung. Die Eigenschaften werden durch die Karte „Banddetails" bestimmt.

6.7.4 Band, Zeile, Bezeichnung (Text)

Auf der Karte „Anzeige" wird die Sichtbarkeit gesteuert („An/Aus"). Auf der Karte „Banddetails" sind die für die Praxis wichtigeren Eigenschaften zu finden. Die Karte „Banddetails" hat zweimal den Schalter „Beschriftung erstellen...", einmal links oben und einmal „rechts unten".

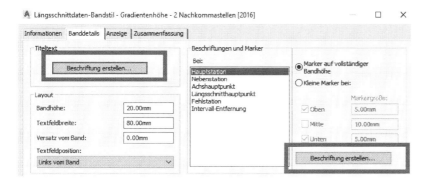

Die Funktion „Beschriftung erstellen..." „links oben" beinhaltet in der Voreinstellung nur einen Text, der keinerlei Beziehung zu den zu beschriftenden Daten aufweist.

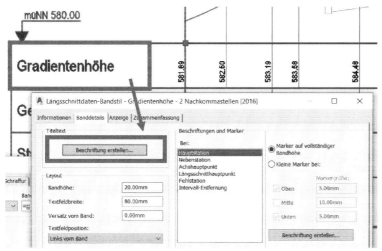

Hinweis:

Einer der häufigsten Fehler ist, zu erwarten, dass der Rechner automatisch der Zeile „Gradientenhöhe" (Band-Zeile) die Daten der Gradiente zuordnet.

Die Zuordnung der Daten erfolgt in den Spalten „Längsschnitt 1" und „Längsschnitt 2". In dem Feld „Beschriftung erstellen..." befindet sich voreingestellt nur ein Text, der hier „Gradiente" lautet!

Für eine eventuell Bearbeitung ist der Zugang mit „Beschriftung erstellen..." auf der Karte Layout über die Zeile „Text" und „Inhalt" zu wählen.

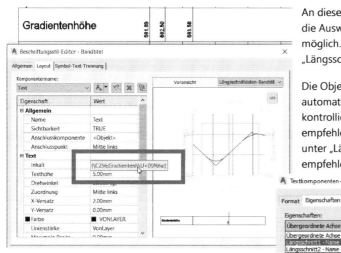

An dieser Stelle kann der Zugang zur Datenbank erfolgen und die Auswahl der Objektbezeichnung (Objekt-Namen) wäre möglich. Es kann das Objekt eingetragen sein, das in der Spalte „Längsschnitt 1" oder „Längsschnitt 2" aufgerufen ist.

Die Objektbezeichnung ist jedoch aufgrund der teilweisen automatischen Namensbildung zu lang und zu wenig kontrollierbar. Eine allgemeine Bezeichnung ist empfehlenswerter und eine anschließende Objektzuweisung unter „Längsschnitt1" und „Längsschnitt2" nicht unbedingt zu empfehlen.

Im folgenden Bild werden die „Eigenschaften:", der Datenbank nicht genutzt es wird ein freier Name eingeben (Text). Der vorgegebene Begriff „Gradientenhöhe" wird durch den Begriff „Rohrsohle" erweitert.

Gert Domsch, CAD-Dienstleistung   388

Dieser Text ist frei änderbar. Die Begrifflichkeit kann jedem technischen Problem angepasst sein. Für die Beschreibung wird ein Doppelbegriff eingetragen. Der zweite Begriff soll zeigen, dass die Gradienten-Konstruktion (Civil 3D: konstruierter Längsschnitt) nicht nur auf eine „Straßen"-Gradiente beschränkt sein muss. Der konstruierte Längsschnitt kann auch eine Rohrsohle oder eine Grabensohle beschreiben. An dieser Stelle ist jeder beliebige Begriff möglich.

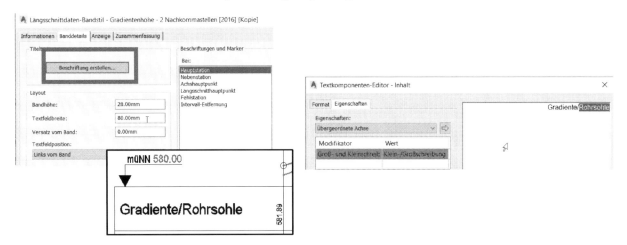

Hinweis:

Feldlänge, Feld-Höhe und Schriftgröße sind zu beachten. Der Text sollte eventuell dem Feld entsprechen oder die Feldgröße ist anzupassen.

An dieser Stelle wird die Alternative zum festen Begriff für die Bandbezeichnung gezeigt. Es ist auch möglich, das Objekt welches in der Spalte „Längsschnitt 1" oder „Längsschnitt 2" aufgerufen wird, exakt mit dem gleichen Namen an dieser Stelle als Bandbezeichnung einzutragen.

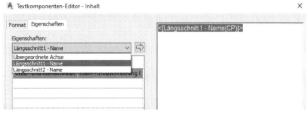

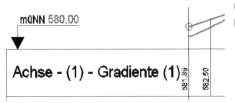

Um diese Funktion zu nutzen ist viel Erfahrung erforderlich. Hier kann die Namens-Länge (Zeichenanzahl) sehr schnell die Feldgröße überschreiten.

Einige der Band-Bezeichnungen sind aus einer Vielzahl von Elementen zusammengesetzt. In der „…Deutschland.dwt" sind diese schwarz/weiß erstellt und nach Kriterien angeordnet, die eher frei gewählt sind. Eine Änderung ist möglich. In der Beschreibung wird nur eine optionale Farbenanpassung gezeigt.

- Krümmungsband

Es wird gezeigt, wie diese Bandbeschriftung zusammengesetzt ist und die Beschriftung „Rechts" (Text) in rot und „Links" (Text) auf blau zu ändern wäre.

6 Beschriftungs-Stil-, Beschritungs-Satz-Eigenschaften, Erläuterung an Beispielen

Resultat der Bearbeitung:

Krümmung $\frac{1}{R}$ $\frac{\text{Rechts}}{\text{Links}}$ - Kurve

- Querneigungsband

Es wird gezeigt, wie diese Bandbeschriftung zusammengesetzt ist und die Linie für „li. FBR" (Strich) in blau und „re. FBR" (Text) in rot zu ändern wäre.

6 Beschriftungs-Stil-, Beschritungs-Satz-Eigenschaften, Erläuterung an Beispielen

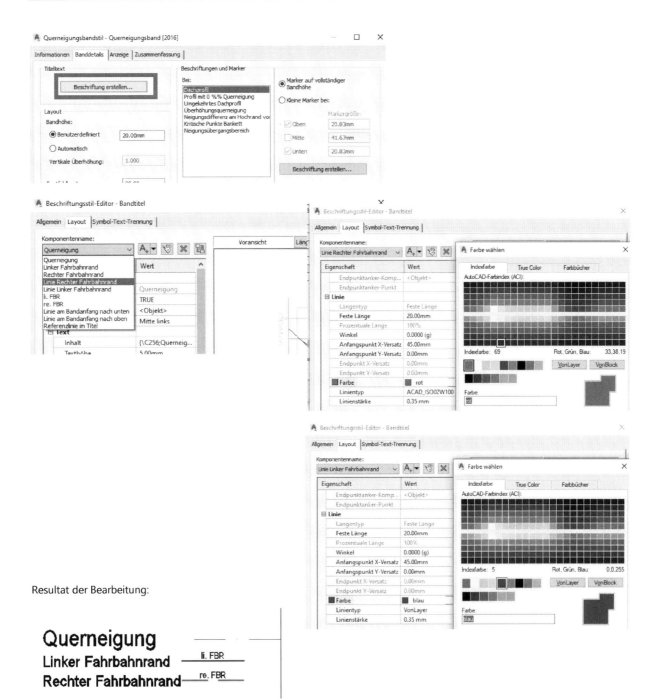

Resultat der Bearbeitung:

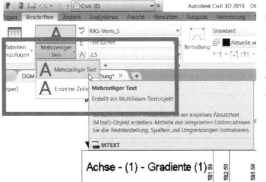

Hinweis:

Die AutoCAD-Option „M-Text" sollte man gerade hier immer im Hinterkopf behalten. Den voreingestellten Text im Band einfach nur durch einen geeigneten „M-Text" mit Hintergrundüberdeckung abzudecken ist eine der einfachsten und schnellsten Lösungen um das Beschriftungsfeld mit einem geeigneten Text schnell zu überschreiben.

Der Text des Feldes wird einfach und schnell durch den „M-Text" überdeckt.

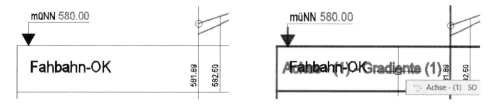

6.7.5 Band, Zeile, berechneter Wert (Zahl)

Für die Darstellung der Zahlen (Schriftgröße, Nachkommastellen, Farbe und Linienunterstützung „Marker") ist die rechte Seite verantwortlich. Der Zugang zur Beschriftung erfolgt über das rechte untere Feld „Beschriftung erstellen...".

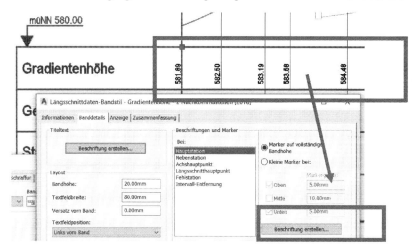

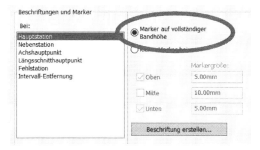

Die Funktion „Marker auf vollständiger Bandhöhe" bedeutet, der Höhenwert wird durch eine Linie (Marker) unterstützt.

Die Linie (Marker) kann die komplette Bandhöhe füllen (auf vollständiger Bandhöhe). In der deutschen Version („... Deutschland.dwt") ist diese Einstellung deaktiviert. Das heißt eine Änderung hier an dieser Stelle wird keine Reaktion zeigen. Um eine Reaktion zu erkennen, sind diese Marker zuerst auf der Karte „Anzeige" anzuschalten und die deutsche „Linien"-Eigenschaft als Bestandteil der Beschriftung zu deaktivieren.

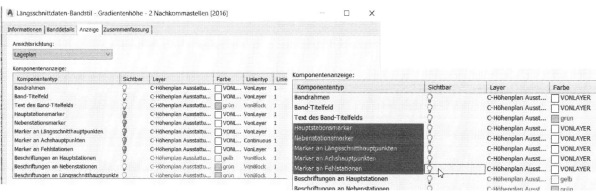

Die Marker werden eingeschalten.

6 Beschriftungs-Stil-, Beschriftungs-Satz-Eigenschaften, Erläuterung an Beispielen

Als Bestandteil der deutschen Beschriftung „…Deutschland.dwt" ist jeder Zahl (z.B. Höhe) im Band eine Linie zugewiesen.

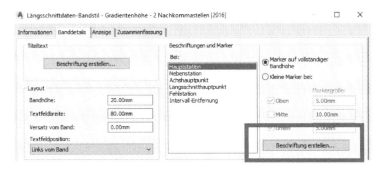

Wird die Sichtbarkeit dieser „deutschen Linie" auf „FALSE" gesetzt, so ist die Linie als Bestandteil der Höhe nicht mehr zu sehen. Um die Marker zu zeigen ist gleichzeitig der Höhenwert auch ausgeschalten.

Die Funktion der Marker ist im nachfolgenden Bild sichtbar, dargestellt.

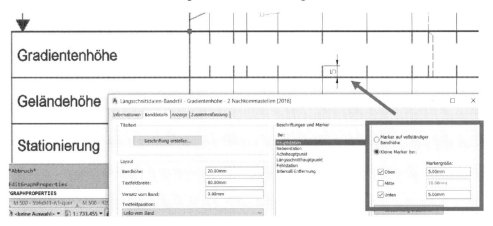

In der deutschen Version („… Deutschland.dwt") ist diese Option deaktiviert. Warum ist diese Funktion in Deutschland eher nicht verfügbar? Warum werden die Linien, die dem Höhenwert hinterlegt sind, auf einer anderen Art und Weise erzeugt? Die Linien sind in der „… Deutschland.dwt" Bestandteil der Beschriftung.

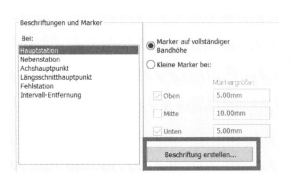

Die deutsche Beschriftungs-Vorstellung versucht eine möglichst genaue „deutsch-exakte" Darstellung zu erreichen. In Deutschland versucht man im DGM (Geländelinie) jeden „Neigungsbrechpunkt" oder „Knick" zu beschriften. Infolge dieser Anforderung kommt es zu überlappenden Beschriftungen.

Durch das gemeinsame Erstellen von Linie und Beschriftung, kann Linie und Beschriftung im Überlappungsfall reagieren und nachfolgende Beschriftungen werden freigestellt.

6 Beschriftungs-Stil-, Beschritungs-Satz-Eigenschaften, Erläuterung an Beispielen

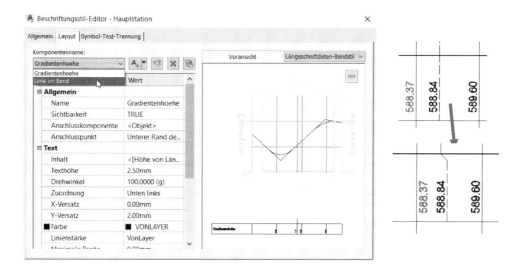

Um die deutsche Funktion zu veranschaulichen wird jede Komponente einzeln vorgestellt (zuerst „Hauptstation") und an der jeweiligen Komponente eine Änderung ausgeführt.

Die Bilder sollen dann zeigen, dass die Änderung nur für diese angesprochene Komponente gilt.

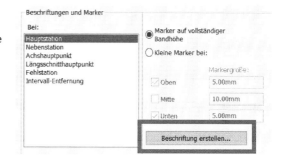

Das jeweilige Beschriftungselement ist zusammengesetzt aus einer Linie im Band und der dazugehörigen Höhe.

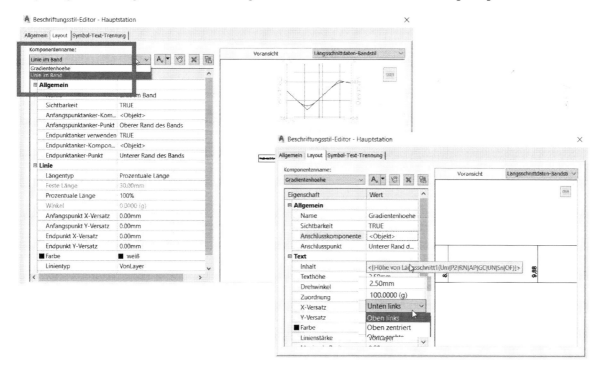

6 Beschriftungs-Stil-, Beschritungs-Satz-Eigenschaften, Erläuterung an Beispielen

Die Ausrichtung und die Farbe der Höhe werden geändert.

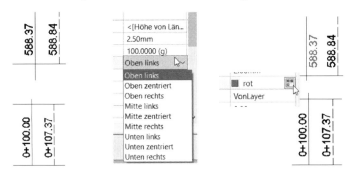

Durch diese Einstellung ist nur der Höhenwert an der Station „0+100.00" geändert. Alle anderen Werte sind unverändert. Der Wert „Hauptstation" entspricht dem Rasterwert (Haupt-Raster).

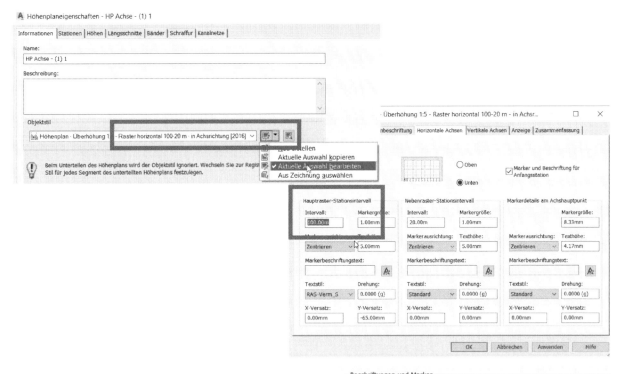

Nur die Hauptstation-Beschriftung ist geändert und von der linken Seite auf die rechte Seite neu positioniert. Die neue Position führt zu einer Beschriftungs-Überlappung und infolge der Einstellung „Nach rechts versetzen" stellt sich die danach folgende Beschriftung automatisch frei, wenn in der Spalte „Beschriftung versetzen" „Nach rechts versetzen" aufgerufen ist.

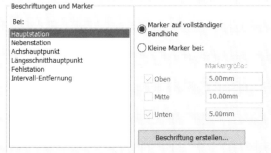

Diese Option ist ganz rechts im Band zu finden.

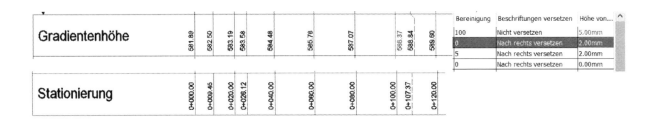

6 Beschriftungs-Stil-, Beschritungs-Satz-Eigenschaften, Erläuterung an Beispielen

In den nächsten Bildern wird die Nebenstation bearbeitete, Farbe in grün und rechts von der Linie angeschrieben.

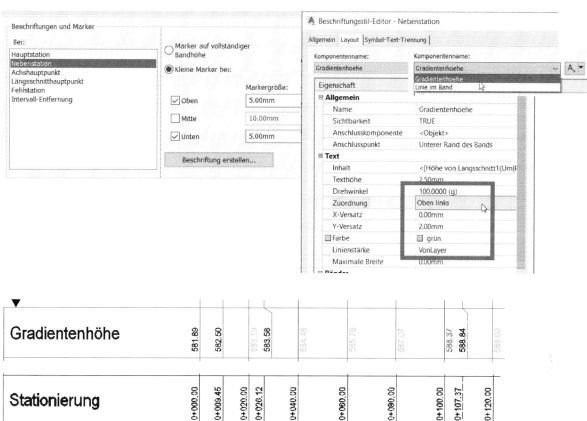

Als nächstes werden die Achshauptpunkte bearbeitete, Farbe Blau und rechts von der Linie angeschrieben.

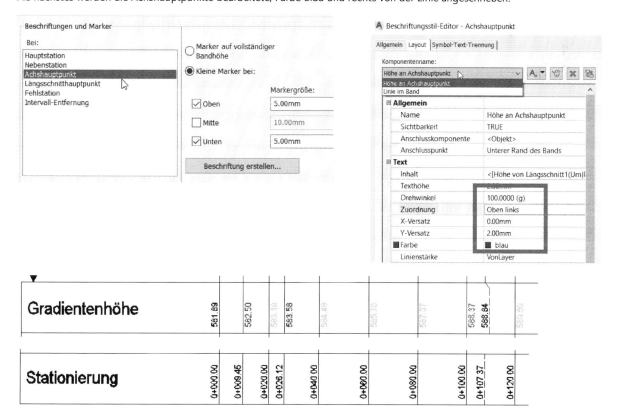

Zuletzt werden Längsschnitthauptpunkte in Magenta dargestellt, um zu zeigen das auch diese Punkte eine eigene Kategorie darstellen.

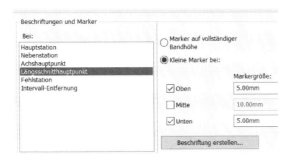

Zu beachten ist, das Band „Stationierung" (Zeile) ist in der Farbe schwarz/weiß verblieben. Die Zeile „Stationierung" beschriftet zwar die gleichen Daten (Gradiente) hat jedoch komplett eigene Eigenschaften.

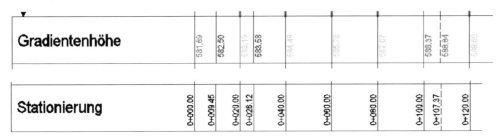

In den nachfolgenden Bildern werden diese Eigenschaften angepasst, so dass Farbgebung und Ausrichtung der Zeile „Stationierung" auch der Zeile „Gradientenhöhe" entspricht.

Alle einzelnen Positionen „Beschriftungen und Marker" werden bearbeitet.

6 Beschriftungs-Stil-, Beschritungs-Satz-Eigenschaften, Erläuterung an Beispielen

Alle Karten werden einzeln bearbeitet.

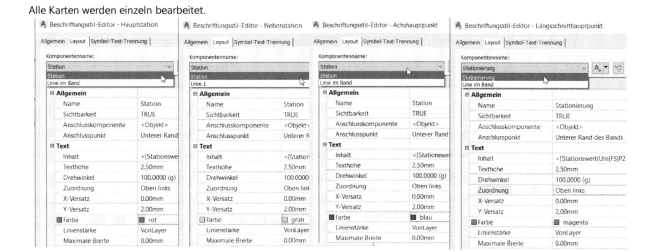

Der Zugang, die Bearbeitung und die Änderung der Eigenschaften des Bandes „Stationierung" entsprechen der Vorgehensweise bei der Zeile „Gradientenhöhe" in allen Details. Nach der Bearbeitung ist der Unterschied zwischen den Zeilen nicht zu erkennen. Es sind und bleiben jedoch komplett getrennte Bänder.

Hinweis:

Beide Bänder sind im Bild etwas auseinandergezogen dargestellt. Dieser Abstand kann durch das Feld „Lücke" gesteuert sein.

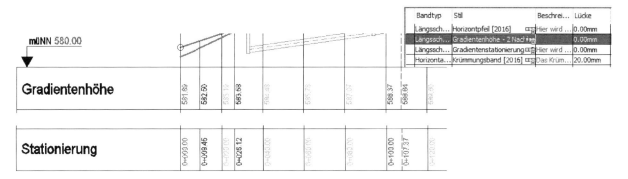

Eine Beschriftung in einem anderen Raster oder einfach mit mehr „Knicken" in der Geländelinie (DGM mit mehr Dreiecksmaschen) führt zu mehr Höhen-Beschriftungen.

Für die Beschreibung wird ein anderes Raster gewählt.

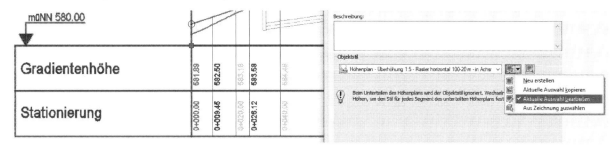

Das Nebenraster wird von 20m auf 5m zurückgesetzt (Karte „Horizontale Achsen").

6 Beschriftungs-Stil-, Beschritungs-Satz-Eigenschaften, Erläuterung an Beispielen

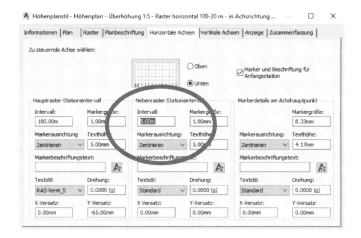

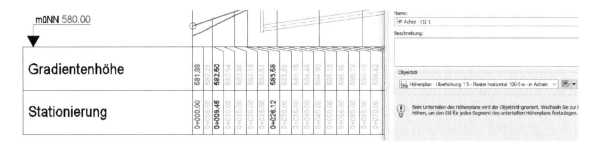

In der Praxis ist dann zu entscheiden, ob die freigestellten, nach rechts ausweichenden Beschriftungen ein Problem darstellen oder „noch" akzeptabel sind. Folgende Lösungen sind möglich.

- Änderung des Maßstabs und Drucken im nächsten kleineren Maßstab

Maßstab 1:1000   Maßstab 1:500

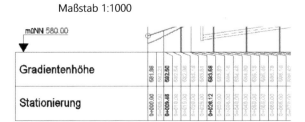   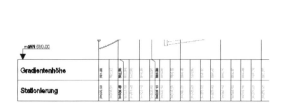

- Im Fall „Neigungsbrechpunkte" („Knick-Punkte") sind beschriftet, hat das Band außen rechts einen „Bereinigungsfaktor". Dieser Bereinigungsfaktor ist eventuell zu vergrößern.

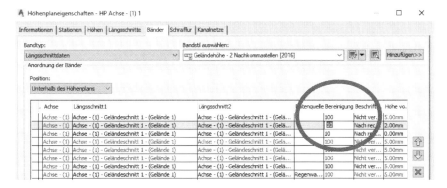

6 Beschriftungs-Stil-, Beschritungs-Satz-Eigenschaften, Erläuterung an Beispielen

Maßstab 1:500, Bereinigung „0"   Maßstab 1:500, Bereinigung „10"

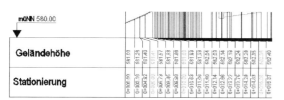 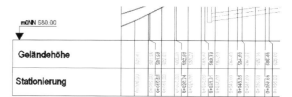

Hinweis:

Der Bereinigungsfaktor wurde auch auf die „Verbindungslinien" („Führungslinien") angewendet. Die Beschriftung der „Zahlen im Band" und die Verbindungs-Linien sind technisch komplett getrennt voneinander, und die Einstellungen dazu sind getrennt voneinander auszuführen. Eine Erläuterung dazu zeigen die nächsten Bilder.

Zuerst wird der Höhenplan ausgewählt. Es folgt eine Bearbeitung der Höhenplan-Eigenschaften.

Maßstab 1:500, Bereinigung „10"

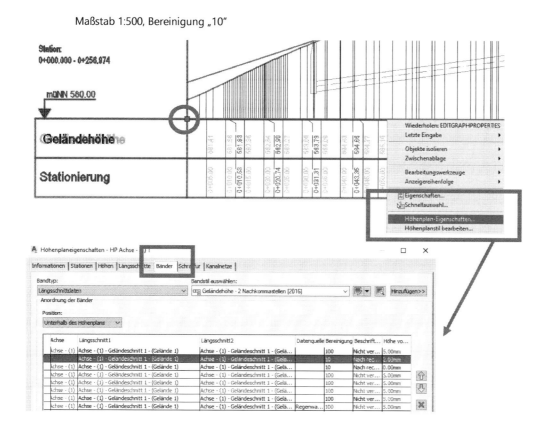

Es wird die Geländelinie ausgewählt. Es werden die Beschriftungs-Eigenschaften der Geländelinie bearbeitet.

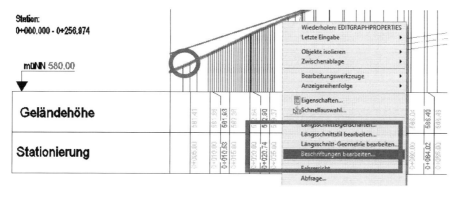

6 Beschriftungs-Stil-, Beschritungs-Satz-Eigenschaften, Erläuterung an Beispielen

Wird die Beschriftung der Neigungsbrechpunkte auch auf den „Bereinigungsfaktor – 10" gestellt und wird die Verbindungslinie für „Achs-Hauptpunkte" entfernt, so stimmt die Beschriftung im Band mit der Anzahl der Verbindungslinien überein. Zusätzlich wird überprüft, ob die Einstellung für „Nebenstationen" (Intervall) der Einstellung entspricht, die aus dem Höhenplan-Stil vorgegeben ist.

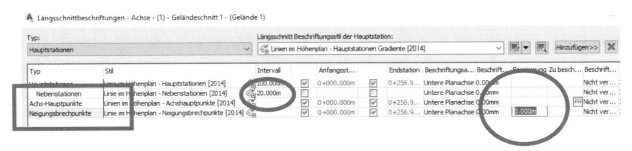

Das Bild zeigt die geänderten Beschriftungs-Eigenschaften.

Resultat der Bearbeitung:

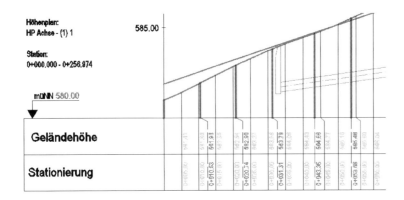

Die Vielzahl der Einstellungen erscheint kompliziert und umfangreich.

Hier ist unbedingt zu beachten, die Art der Darstellung sollte einmal erarbeitet werden und kann als eigener Stil (Darstellungs-Stil, Beschriftungs-Stil und Beschriftungs-Satz) bereits vorliegen, in der „...Deutschland.dwt" oder „...Firmen-Vorlage.dwt" geladen sein. Solche -Stile können per Drag & Drop ausgetauscht werden und beim Start des Projektes bereits.

Der Mitarbeiter, der Projektbearbeiter sollte innerhalb eines Projektes Stile nicht bearbeiten müssen. Der Mitarbeiter sollte innerhalb eines Projektes nur abgestimmte-, innerhalb eines Büros vereinbarte Stile aufrufen und verwenden können.

6 Beschriftungs-Stil-, Beschritungs-Satz-Eigenschaften, Erläuterung an Beispielen

6.8 Elementkanten

Dem Nutzer wird auffallen, als Bestandteil der Elementkanten-Erstellung gibt es keine Option eine Beschriftung aufzurufen. Die Elementkanten-Beschriftung ist eine Zusatzfunktion, die nach Bedarf zusätzlich geladen wird.

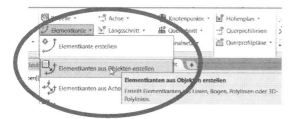

Weder das „Elementkante erstellen" (Elementkante zeichnen) noch die Funktion „Elementkante aus Objekterstellen" (Elementkante aus Polylinie umwandeln) besitzt eine Funktion für die Zuweisung einer Beschriftung.

Den Aufruf einer Beschriftung sucht man hier vergeblich.

Elementkante erstellen:

Elementkanten aus Objekten erstellen:

Die Beschriftung von Elementkanten kann nur als zusätzliche Beschriftungsfunktion ausgeführt werden. Es steht die Funktion „Einzelsegment" (einzelnes Linien-Segment, Segment zwischen zwei Stützpunkten) und „Mehrfachsegment" (alle Linien-Segmente) zur Verfügung.

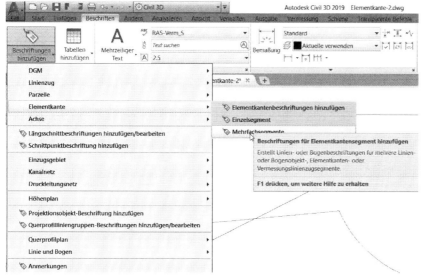

Grundsätzlich empfehle ich diese Funktion „Beschriftung hinzufügen", „Elementkante", „Mehrfachsegment" nicht sofort oder direkt auszuführen (Klick auf die Funktion).

Jede Funktion des Civil 3D beruht auf „-Stilen" hier „Beschriftungs-Stile". Wird die Funktion direkt ausgeführt, so wird „EIN" voreingestellter Stil verwendet, der eine Beschriftung erzeugt, in unmittelbarem Zusammenhang mit „EINEM" hinterlegtem „Beschriftungs-Stil".

Vielfach ist es so, dass gerade dieser Beschriftungs-Stil nicht gewünscht ist oder deren Form und Farbe so nicht gewünscht sind.

Vielfach entsteht dann die Meinung: „Es geht nicht anders" oder „Diese Funktion gibt es nicht". Das ist nicht richtig, die manuelle und bewusste -Stil-Auswahl oder sogar -Stil-Nachbearbeitung kann zur Lösung der konkreten Projektaufgabe führen.

6 Beschriftungs-Stil-, Beschritungs-Satz-Eigenschaften, Erläuterung an Beispielen

Die Funktion „Mehrfachsegment" beschriftet den Stützpunkt doppelt mit der Höhe (Anfang und Ende des Segmentes), der Segment-Länge (Abstand zwischen den Stützpunkten) und der prozentualen Neigung.

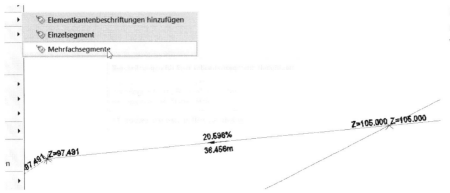

Eventuell werden im Projekt nicht alle angeschriebenen Werte gebraucht?

Die Funktion „Einzelsegment" beschriftet die gleichen Bestandteile, jedoch nur ein einzelnes Linien-Segment, ein einzelnes Segment der gesamten Elementkante. Beide Funktionen unterscheiden, ob es sich bei den Segmenten um Geraden oder Radien handelt. im Fall „Radien" (Bogen) werden Winkel (D=) Radius (R=) und Bogenlänge (L=) beschriftet.

Alle Werte werden als Bestandteil des Projektes für eine Beschriftung benötigt. Aber in den seltensten Fällen ist es erforderlich alle diese Werte gleichzeitig zu beschriften. Es stellt sich die Frage, ob überhaupt so vielen Beschriftungen oder Werte erforderlich sind. Vielfach denke ich Civil 3D will uns zeigen was es alles gibt, welche Funktionen in Summe möglich sind.

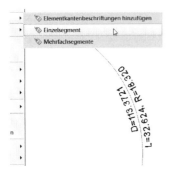
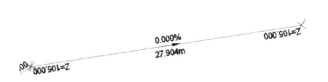

Wird die Funktion nicht sofort ausgeführt, sondern es wird mit der Funktion „Elementkantenbeschriftung hinzufügen" gestartet oder es wird die Funktion „Anmerkungen" ausgeführt (ganz unten), dann ist der zugeordnete Beschriftungs-Stil sichtbar. Eine zusätzliche Auswahl des Beschriftungs-Stils ist möglich und es besteht die Möglichkeit eigenen neue Beschriftungs-Stile zu erarbeiten.

Mit Hilfe der Palette „Anmerkung" (Beschriftungen hinzufügen) kann bewußt ein Beschriftungs-Stil ausgewählt oder zugeordnet werden.

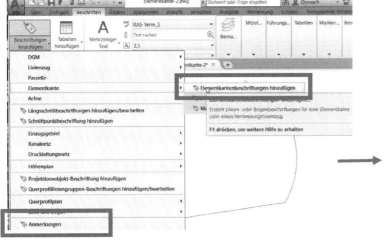

Gert Domsch, CAD-Dienstleistung

6 Beschriftungs-Stil-, Beschritungs-Satz-Eigenschaften, Erläuterung an Beispielen

Hinweis-1:

Die Palette „Anmerkung" gilt nicht nur für Elementkanten. Aus der Palette „Anmerkung" können alle Civil 3D-Objekt ergänzend beschriftet werden.

Hinweis-2

Für eine Elementkante selbst sind wenig Beschriftungen vorbereitet. Speziell für Elementkanten (Linien-Bestandteile) sind die letzten 4 Beschriftungsstile vorgesehen (Bild unten links). Alle oberhalb der roten Markierung dargestellten Beschriftungs-Stile sind eher für (AutoCAD) Linien, Bögen und Polylinien gedacht und im Zusammenhang mit der Tabellenfunktion zu sehen.

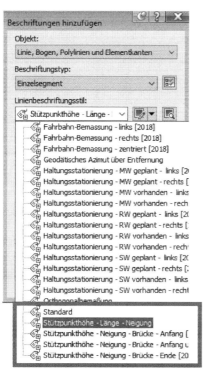

Die voreingestellte Beschriftung für „Elementkanten" sind die hier rot in den Bildern markierten Beschriftungen für Linien-Bestandteile- und für Bögen-Bestandteile von Elementkanten.

Alle Beschriftungs-Stile sind bearbeitbar, so auch hier.

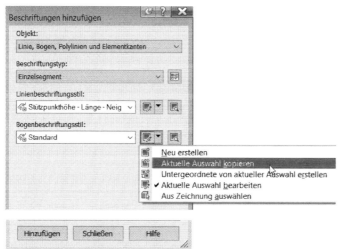

Für die Beschreibung in diesem Buch wird ein -Stil kopiert und bearbeitet, um zu zeigen, dass auch hier das gleiche Beschriftungs-Prinzip gilt.

Die Beschriftung wird über die Karten „Information", „Allgemein", „Layout" und Symbol-Text-Trennung" gesteuert.

6 Beschriftungs-Stil-, Beschritungs-Satz-Eigenschaften, Erläuterung an Beispielen

Es wird ein Name vergeben. Die spätere Beschriftungs-Eigenschaft sollte Bestandteil des Namens sein.

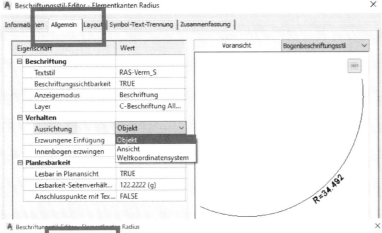

Auf der Karte „Allgemein" sind die üblichen Beschriftungseigenschaften vorgegeben. Die Beschriftung sollte am Objekt erfolgen.

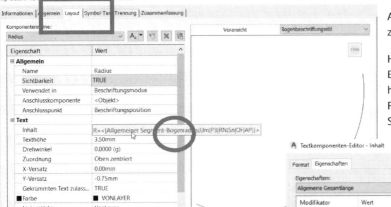

Auf der Karte Layout wird die Verbindung zur Datenbank hergestellt.

Hier besteht zusätzlich die Möglichkeit Ergänzungen der Beschriftung hinzuzufügen (R=) oder das Format, die Farbe oder die Anzahl der Nachkomma-Stellen festzulegen.

Auf der Karte „Symbol-Text-trennung" wird festgelegt, ob im Fall „anfassen" und „Beschriftung neu positionieren"; die Art der Beschriftung zu ändern ist oder nicht.

Im vorliegenden Fall wird die Beschriftung auf „zeilenweiser Text" umschalten.

Das ist jedoch nur eine Option, die nicht ausgewählt sein muss!

An der vorliegenden Elementkante kann die Beschriftung des „Elementkanten-Radius" wie folgt aussehen.

Bewusst Beschriftungs-Stile auswählen, bewusst Beschriftungs-Stile erstellen, konsequent für Beschriftungs-Stile die „Anmerkungs-Palette" verwenden, ist der Schlüssel für die richtige Beschriftung.

Der nächste Schritt der Produktivität ist der Austausch der einmal erarbeiteten Stile zwischen Zeichnungen oder das Sammeln der Stile in einer zentralen Civil 3D „...Firmen-Vorlage.dwt".

6.9 Parzellenbeschriftung

Der Aufruf des Parzellen Beschriftungs-Stils der ist Bestandteil der Parzellenerstellung. Die Beschriftung kann die Parzelle selbst (Fläche) oder die Zeichnungselemente betreffen, die durch die Fläche beschrieben werden (Linien und Bögen).

Parzellen Dartstellungs-Stile   Parzellen-Beschriftungs-Stile

Optionen für Segmentbeschriftung (Parzellen-Linien-Segmente, -Bestandteile)

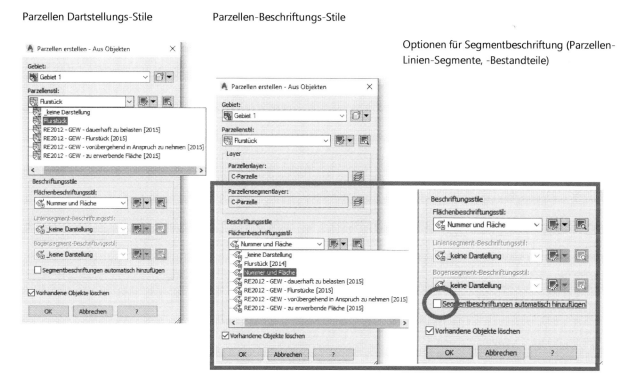

6 Beschriftungs-Stil-, Beschriftungs-Satz-Eigenschaften, Erläuterung an Beispielen

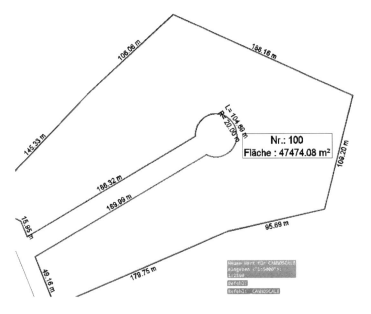

Alle Beschriftungselemente besitzen die gleiche Basis wie alle Beschriftungen des Civil 3D.

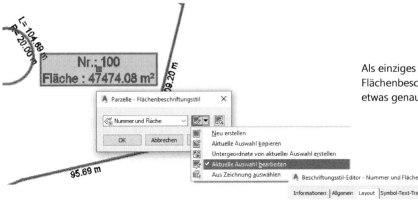

Als einziges Beispiel wird hier nur der Flächenbeschriftungs-Stil „Nummer und Fläche" etwas genauer gezeigt.

Die Beschriftung ist auch hier zusammen gesetzt aus den Karten „Allgemein", „Layout" und „Symbol-Text-Trennung". Die Karte Layout bietet wiederum den Zugang zur Datenbank.

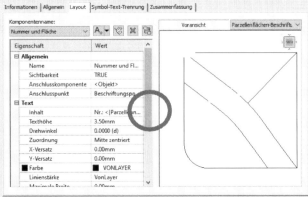

Die Funktion ist hier in einigen Details an die Anforderungen im Straßenbau und den damit verbundenen Grunderwerb angepasst. Es wird die Funktion zum Grunderwerb gezeigt.

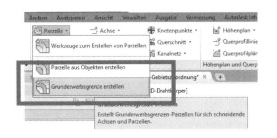
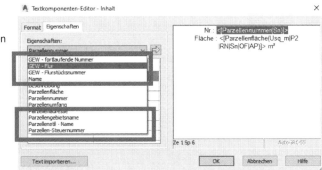

6 Beschriftungs-Stil-, Beschritungs-Satz-Eigenschaften, Erläuterung an Beispielen

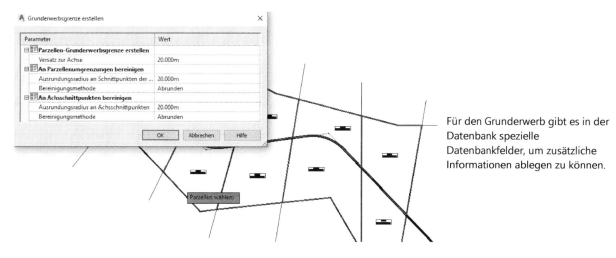

Für den Grunderwerb gibt es in der Datenbank spezielle Datenbankfelder, um zusätzliche Informationen ablegen zu können.

Die Einträge können zusätzlich zur Beschriftung aufgerufen sein.

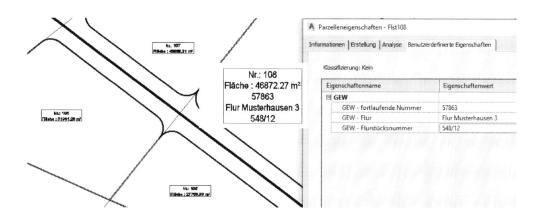

Eine Besonderheit ist die Nummerierung der Parzellen, die Parzellennummer wird aus der Gebietsnummerierung vorgegeben. Ist eine andere Nummernfolge gewünscht, so ist die Gebietsnummer zu ändern.

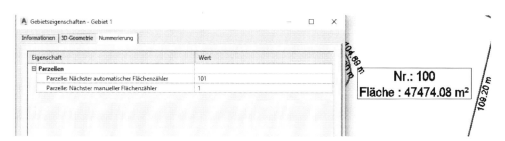

Gert Domsch, CAD-Dienstleistung

6.10 Freie Beschriftungen (Beschriftungen, die nicht zur Norm oder zum Standard gehören)

Die Anmerkungspalette ist der Schlüssel für freie und zusätzliche Beschriftungsfunktionen.

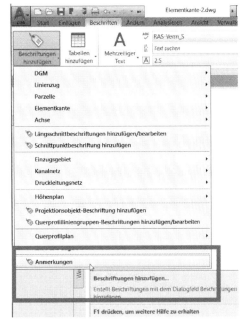

Jedes Civil 3D-Objekt kann mit den Funktionen der Anmerkungspalette zusätzlich beschriftet werden. Es können alle Bestandteile der Datenbank angeschrieben werden, wenn als Voraussetzung dazu ein Beschriftungs-Stil existiert oder erarbeitet wird.

In erster Linie sind hier Beschriftungsfunktionen vorbereitet, die technisch wichtig sind, jedoch nur in bestimmten Sonderfällen benötigt werden. Die Vielzahl der Optionen kann hier in dieser Beschreibung nicht erschöpfend gezeigt werden.

An der Stelle ist es nur möglich einige Beispiele anzusprechen, die dem Leser die Augen öffnen können. Alle Civil 3D-Objekte (Außer Verschneidungen) sind auswählbar. Mit der Kategorie „Linien und Bogen" ist es auch möglich AutoCAD Zeichnungs-Elemente nach Civil 3D Vorstellungen zu beschriften.

Im nachfolgenden Bild werden nur Beschriftungsoptionen von „Anmerkung" gezeigt. Mit der Funktion können auch standardisierte und maßstäbliche Texte erzeugt werden.

Anmerkung:

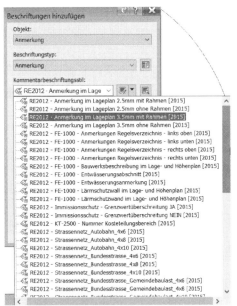

Mit der Funktion wird ein Standardisiertes Textfeld eingefügt.

Anschließend zeigen einige Beispiele an welchen Objekten und in welchen Zusammenhängen diese Beschriftungs-Funktion „Beschriftungen hinzufügen" Verwendung finden kann.

Beispiel „Einzugsgebiet"

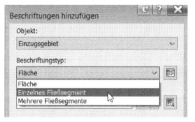

Die Beschriftung von Einzugsgebieten ist als Bestandteil der Funktion „Einzugsgebiet" und auch nachträglich über die Palette „Beschriftung hinzufügen" möglich.

Die nachträgliche Beschriftung ist an erstellten „Einzugsgebieten" oder „Fließsegmenten" ausführbar.

Als Bestandteil der Karte „Layout" ist in einer Voransicht zu sehen, wie später die Beschriftung erfolgt.

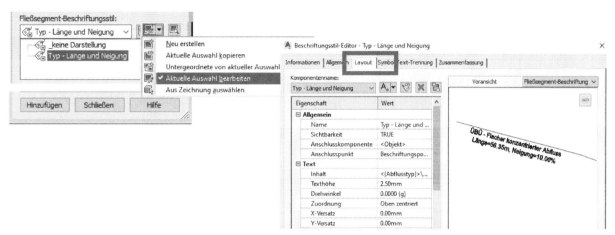

Beispiel „Achse - Kreuzung"

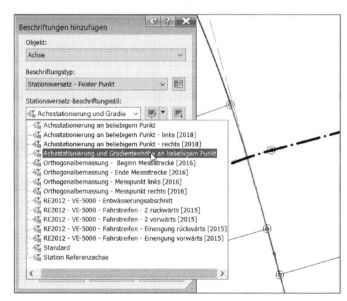

Im Fall der Konstruktion einer Straßenkreuzung ist die Gradienten-Höhe im Schnittpunkt der Achsen abzustimmen. Diese Abstimmung ist erforderlich unabhängig davon, wie die Kreuzung konstruiert wird. Diese Abstimmung ist erforderlich vor der Nutzung der Funktion „Knotenpunkte" oder bei der einer manuellen Erstellung einer Kreuzung (zusammengesetzter 3D-Profilkörper).

Die Beschriftungsfunktion verlangt die Auswahl einer „Achse" und danach die Auswahl des Schnittpunktes beider Achsen, die später die Kreuzung bilden.

Anschließen ist die Konstruktions-Linie im dazugehörigen Höhenplan auszuwählen, die die Gradienten-Konstruktion darstellt (konstruierter Längsschnitt).

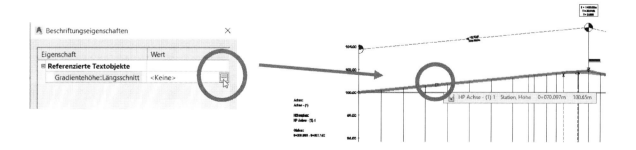

6 Beschriftungs-Stil-, Beschritungs-Satz-Eigenschaften, Erläuterung an Beispielen

Mit der Auswahl der Civil 3D – Objekte erfolgt die Beschriftung. Die Beschriftung ist in der Standard-Ausführung am Objekt ausgerichtet. Jede Civil 3D – Beschriftung verfügt über die Karte „Symbol-Text-Trennung". Mit dieser Option ist eine Neupositionierung oder Ausrichtung möglich.

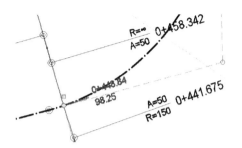 

In dieser Art und Weise können beliebig viele Achsen im Schnittpunkt beschriftet werden, um die erforderliche Gradienten-Höhe zu bestimmen oder abzustimmen.

Im folgenden Kapitel wird eine „Stations-Höhe" im Höhenplan angetragen. Diese Stations-Höhe, die im Zusammenhang mit kreuzenden Leitungen beschrieben wird, könnte auch ein Hilfsmittel sein, um für Gradienten Zwangs-Punkte vorzugeben, die für einen Kreuzungspunkt wichtig sind.

Höhenplan (kreuzende Elemente symbolisieren)

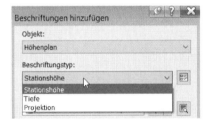

Die Planung von Rohrleitungen innerhalb von Straßen verlangt häufig die Darstellung von vorhandenen Leitungen und Leitungssystemen, die Neuplanungen kreuzen.

Die Funktion „Beschriftung hinzufügen" bietet für die Kategorie „Höhenplan" die Option „Stationshöhe" an.

Mit dieser Option kann, innerhalb eines Höhenplans, ein Stationswert und eine dazugehörige Höhe markiert oder angetragen werden. Der häufigste Anwendungsfall für diese Funktion werden kreuzende Leitungen, innerhalb der Planung sein.

Als vorbereiteter Beschriftungs-Stil sind Beschriftungen mit Stationswert und Höhe oder nur Höhen vorgesehen. Eine Ergänzung der -Stile durch Rohrquerschnitte (Blöcke), die die kreuzende Leitung noch besser darstellen können, ist zu empfehlen.

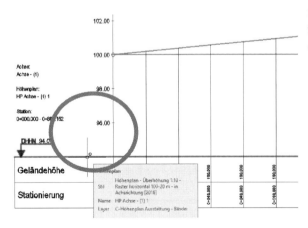

Unabhängig vom Beschriftungs-Stil ist bei dieser Funktion wie folgt vorzugehen. Zuerst ist der Höhenplan auszuwählen. Die Auswahl erfolgt am besten am Beschriftungsfeld.

6 Beschriftungs-Stil-, Beschritungs-Satz-Eigenschaften, Erläuterung an Beispielen

Anschließend wird der Stationswert manuell eingebgeben oder gepickt. Danach ist die Höhe in der gleichen Reihenfolge der Eingaben vorzugeben. Eventuell ist es hilfreich die dynamische Eingabe, in der Statuszeile zu aktivieren.

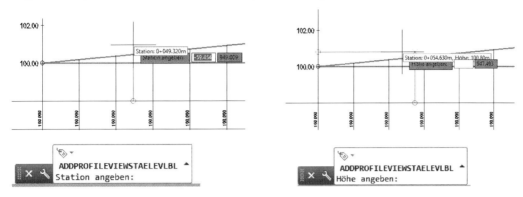

Die Beschriftung kann anschließend manuell nachbearbeitet werden. Es können eigene nicht vorbereitete Texte nachträglich, ergänzend eingetragen sein.

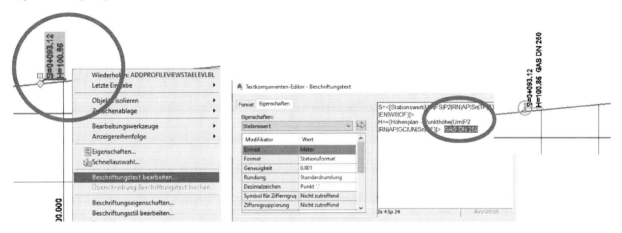

Hinweis:

Ist eine solche Beschriftung ergänzt worden (ergänzender Text mit der Funktion „Beschriftungstext bearbeiten..."), so wird diese Ergänzung mit einem „Überschreibungszeichen" markiert. Das heißt es ist zusätzlich zur Funktion ein abweichender Text eingetragen.

Die Funktion bietet ein „Anzeigen" oder „Ausblenden" der Überschreibungen an.

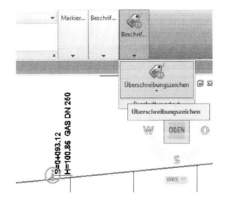
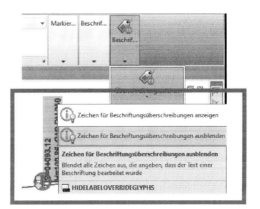

Querprofilplan

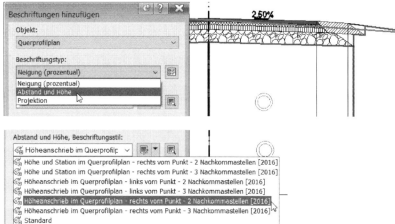

Für den Querprofilplan wird unter dem Begriff „Abstand und Höhe" eine ähnliche Funktion angeboten. Die befehlsreihenfolge gleicht dem Höhenplan, mit einer Besonderheit, der Begriff Station beschreibt hier den Abstand zur Querprofilplan-Mittellinie, in der Regel den Abstand zur Achse.

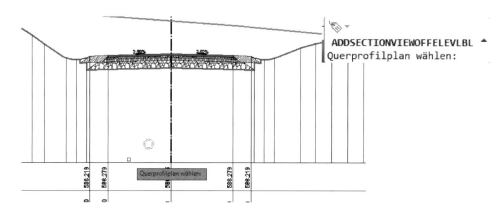

Zuerst ist der Querprofilplan auszuwählen.

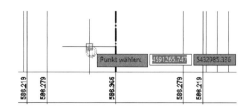

Danach ist der zu beschriftende „Punkt zu wählen.

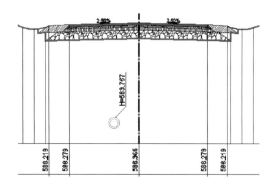

Die angeschriebene Höhe kann auch hier nachträglich durch weitere Informationen ergänzt sein.

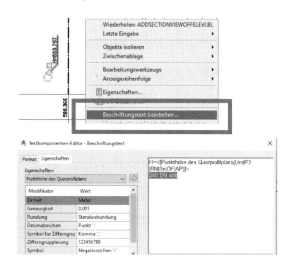

6 Beschriftungs-Stil-, Beschritungs-Satz-Eigenschaften, Erläuterung an Beispielen

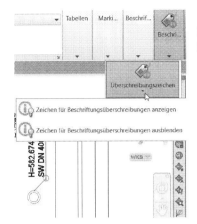

Für solche Ergänzungen in der Beschriftung gelten die gleichen Besonderheiten und Funktionen wie im Höhenplan.

6.11 Hinweis Verschneidung-, 3D-Profilkörper-Beschriftung

Weder als Bestandteil der Objekt-Erstellung (Objekt-Definition) noch als Bestandteil der freien Beschriftung (Ausdrücke) ist die Auswahl von „Verschneidung" oder „3D-Profilkörper" vorgesehen.
Für beide Objekte ist keine separate Beschriftung möglich.

Das bedeutet im Fall Verschneidung:
Wird eine Beschriftung gewünscht, so sind die aus der Verschneidung resultierenden Elementkanten zu beschriften oder es ist ein resultierendes DGM aus der Verschneidung zu erstellen und dann sind DGM-Beschriftungen nutzbar.

Anwendungsfall 3D-Profilkörper:
Für den 3D-Profilkörper gibt es auch keine gesonderte Beschriftung, keine eigene oder 3D-Profilkörper spezifische Beschriftung. Alle Beschriftungen, die im Zusammenhang mit dem 3D-Profilkörper verlangt werden, sind Bestandteilen zugeordnet, die auf der Basis des 3D-Profilkörper berechnet. Zum Beispiel „Deckenbuch" oder „Absteck-Punkte". diese Punkte werden am 3D-Profilkörper berechnet aber als Civil 3D-Punkt mit Zuordnung an eine Punktgruppe angeschrieben. Die Beschriftung dieser Punkte wird im Buch beschrieben als „Civil 3D-Punkt-Beschriftungs-Stil", ist also eine Civil 3D-Punkt-Eigenschaft.
Das zweite Beispiel wäre eine Achsbeschriftung. Die Achsbeschriftung kann als Stationierung des 3D-Profilkörpers dienen.

6.12 Funktion: Ausdrücke

Die Funktion „Ausdrücke" ist als Anlegen eigner Werte bis hin zu Berechnungen in der Datenbank zu verstehen. Diese Werte können mit Parametern kombiniert bzw. multipliziert werden, um ergänzende Werte für die Umsetzung eines Projektes zu erreichen.

Die Aussagen zum Thema „Qvoll und Vvoll" sind im Civil 3D meiner persönlichen Einschätzung nach, nicht unabhängig geprüft.

Die Variante diese Werte als Bestandteil der Funktion „Ausdrücke" zu berechnen, ist eher als Hinweis zu verstehen, für derartige Berechnung die Funktion „Ausdrücke" zu nutzen. Ich denke die bisherige Praxis im Civil 3D zum Thema „Qvoll und Vvoll", ist hier zu überdenken.

6.12.1 Problemanalyse (Analyse der IST-Situation)

Als Bestandteil der CAD-Kanal-Planung bieten deutsche Software Hersteller die Berechnung von „Q voll" (maximale Auslastung, maximaler Volumenstrom in m³/s) und „V voll" an (maximale Fleißgeschwindigkeit in m/s). Diese Angaben sind auch bereits Bestandteil der Längsschnitte im Civil 3D (Höhenplan).

6 Beschriftungs-Stil-, Beschriftungs-Satz-Eigenschaften, Erläuterung an Beispielen

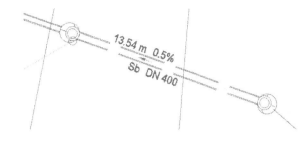

Hinweis-1:

Für Abwassersysteme wird die Angabe bzw. Berechnung von Abfluss „Q voll" und „V voll" bereits als Bestandteil des Höhenplans angeboten?

Warum empfehle ich die Werte als „Ausdruck" zu berechnen offensichtlich gibt es das bereits?

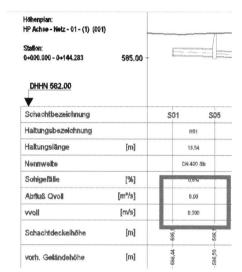

Hinweis-2:

Werden Kanäle und Haltungen mit den Basis-Komponentenlisten erstellt, so bleibt der Wert teilweise auf „Null" („Q voll" und „V voll").

Eine Überprüfung des Wertes (Beschriftungs-Einstellung) zeigt, dass der Abflussbeiwert „Manning/Strickler" abgefragt wird?

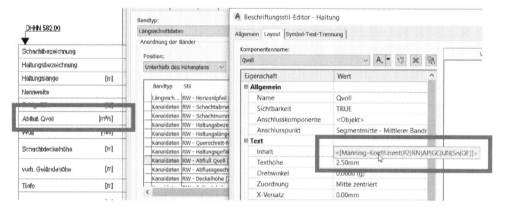

Das heißt, jeder Wert, der als „Manning/Strickler – Koeffizient" eingetragen ist wird als „Abfluss Q voll" angezeigt? Sollte sich der Wert nicht eher aus Rohrquerschnitt (Fläche), Gefälle und Rauigkeit (eventuell Manning/Strickler – Koeffizient) berechnen?

Ähnlich verhält es sich mit dem Wert „Vvoll" der Wert wird aus der Datenbank abgefragt und eingetragen. Wie berechnet sich dieser? Wo kommt der Wert her?

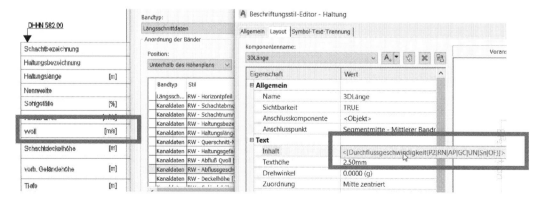

6 Beschriftungs-Stil-, Beschritungs-Satz-Eigenschaften, Erläuterung an Beispielen

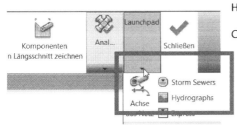

Hinweis-3:

Civil 3D bietet zur Kanaldimensionierung (Berechnung) mehrere Optionen.

In den jeweiligen Berechnungen ist die Angabe eines „Manning/Strickler – Wert" erforderlich (Rauigkeit). Leider wird dieser Wert hin und wieder als „N-Wert" bezeichnet?

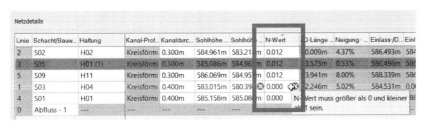

Auszug aus der Autodesk-Hilfe:

Vorgabe für n-Wert

Gibt den standardmäßigen Rauhigkeitskoeffizienten (N-Wert) für die Haltungen an.

Anmerkung: Dieser Standardwert wird immer in den Berechnungen verwendet und ist schreibgeschützt auf der Seite Haltungen des Assistenten, wenn Haltungen neu dimensionieren und Sohlen zurücksetzen auf der Seite Allgemein ausgewählt ist.

An dieser Stelle wird davon ausgegangen, dass der „Manning/Strickler – Wert" und der „N-Wert" gleich oder ein- und derselbe Wert sind (der Autor).

Anmerkung des Autors:

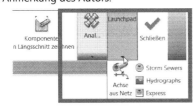

Wird eine Berechnung mit einem der oben genannten Berechnungs- oder Rohrdimensionierungs-Programmen ausgeführt, so muss die Berechnung eine „Rohr-Rauigkeit" bekommen oder berücksichtigen. N-Wert und Manning/Strickler – Koeffizient werden in Dimension und Einheit unterschiedlich gehandhabt!

WIKIPEDIA (Original-Text)

https://de.wikipedia.org/wiki/Flie%C3%9Fformel#Fließformel_nach_Gauckler-Manning-Strickler

Typische Flussbett-Werte (Deutschland, Manning-Strickler):

Oberfläche	k_{st} in $m^{1/3}/s$
Glatter Beton	100

Rauhigkeitswert (Amerika, Manning):

mit dem Rauheitsbeiwert nach Strickler k_{st} in $m^{1/3}/s$ für die Gerinnerauheit

oder im angelsächsischen Raum   mit dem Rauheitsbeiwert nach Manning $n = 1/k_{st}$.

Die Civil 3D-Berechnungen benutzen den „angelsächsischen Wert – N" das heißt „1/kst"! Dieser Wert wird in der deutschen Civil 3D Version „Manning-Wert" bezeichnet (der Autor)!

6 Beschriftungs-Stil-, Beschritungs-Satz-Eigenschaften, Erläuterung an Beispielen

Eine Kanal-Berechnung (Dimensionierung) kann nicht ohne Rauigkeit (Rohr-Rauigkeit) ausgeführt werden. Der Wert kann manuell eingegeben sein oder er wird aus einer Liste von Vorgaben gesetzt. Mit ausgeführter Berechnung ist dieser Wert (n-Wert, Rohr-Rauigkeit) als „Q voll" im Höhenplan eingetragen. Der Wert ist jedoch eher nur als übernommene Rauigkeit zu verstehen!

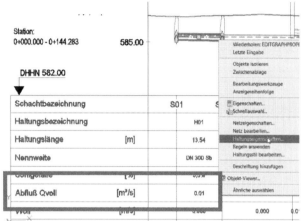

Hinweis-4:

Der Wert „Q voll" ist im Höhenplan eigetragen, wenn der „Manning-Koeffizient" als Bestandteil der Rohreigenschaften vorgegeben ist. Der dreistellige Wert aus den Haltungseigenschaften wird im Band auf zwei Nachkommastellen gerundet.

6.12.2 Optionaler Lösungsansatz

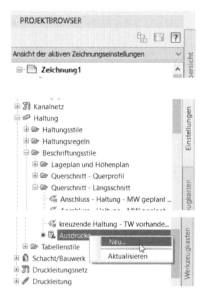

Die Funktion „Ausdrücke" kann hier einen Lösungsansatz bieten.

Ein „Ausdruck" kann die Berechnung ausführen, die als Entscheidungshilfe auch innerhalb der Konstruktion dienen kann.

Nachfolgend wird gezeigt wie eine Berechnung erfolgen kann. Als Beispiel dient die Berechnung von Vvoll und Qvoll. (Einschätzung des Autors)

Von allen zur Verfügung gestellten Funktionen zeigen die nachfolgenden Bilder nur einen Ausschnitt.

V voll

Es wird ein Ausdruck erstellt, der aus den Parametern der verwendeten Haltungen/Rohre den Wert „V voll" berechnet.

Hinweis:

Die Berechnungsvariante ist nicht unabhängig geprüft. Die Berechnungsvariante ist meine eigene Einschätzung und soll aufzeigen wie die Funktion „Ausdrücke" verwendet werden kann.

6 Beschriftungs-Stil-, Beschritungs-Satz-Eigenschaften, Erläuterung an Beispielen

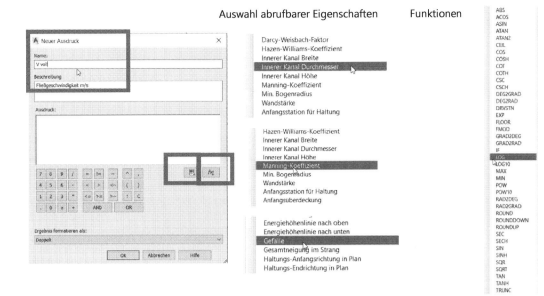

Um an dieser Stelle die Formel richtig einzugeben, wird die Civil 3D-Hilfe zu den Berechnungen zitiert und auf Besonderheiten der Formel hingewiesen.

Die Bilder sind Auszüge aus der Civil 3D Hilfe.

Formel, Seite 3-10

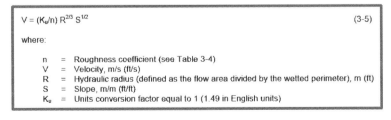

n- Rauigkeit-Wert (Manning)
V- Fließgeschwindigkeit
R- hydraulisch wirksamer Radius, rhy = 0,5 *r
(runde Querschnitte, Schneider Bautabellen, 15. Auflage)
S – Neigung, Gefälle
Ku – Umrechnungsfaktor (metrisch, SI, = 1)

6 Beschriftungs-Stil-, Beschritungs-Satz-Eigenschaften, Erläuterung an Beispielen

Tabelle, Seite 3-14

Table 3-4. Typical Range of Manning's Coefficient (n) for Channels and Pipes.	
Conduit Material	Manning's n*
Closed Conduits	
Concrete pipe	0.010 - 0.015
CMP	0.011 - 0.037
Plastic pipe (smooth)	0.009 - 0.015
Plastic pipe (corrugated)	0.018 - 0.025
Pavement/gutter sections	0.012 - 0.016
Small Open Channels	
Concrete	0.011 - 0.015
Rubble or riprap	0.020 - 0.035
Vegetation	0.020 - 0.150
Bare Soil	0.016 - 0.025
Rock Cut	0.025 - 0.045
Natural channels (minor streams, top width at flood stage <30 m (100 ft))	
Fairly regular section	0.025 - 0.050
Irregular section with pools	0.040 - 0.150
*Lower values are usually for well-constructed and maintained (smoother) pipes and channels	

Der Ausdruck für den Wert „V voll" ist erstellt und kann verwendet werden.

Als Bestandteil der Datenbank ist der Wert unter dem gleichen Namen aufrufbar und wird dem Beschriftungs-Stil hinzugefügt. Die folgenden Bilder zeigen die Vorgehensweise.

6 Beschriftungs-Stil-, Beschritungs-Satz-Eigenschaften, Erläuterung an Beispielen

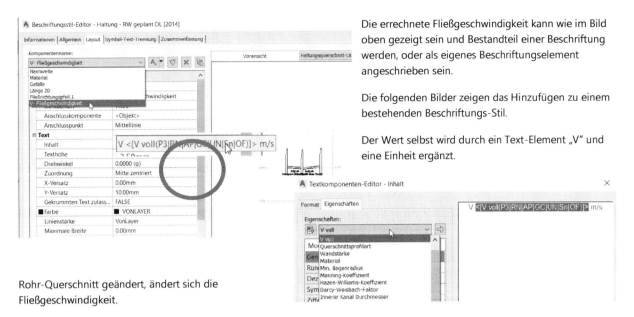

Die errechnete Fließgeschwindigkeit kann wie im Bild oben gezeigt sein und Bestandteil einer Beschriftung werden, oder als eigenes Beschriftungselement angeschrieben sein.

Die folgenden Bilder zeigen das Hinzufügen zu einem bestehenden Beschriftungs-Stil.

Der Wert selbst wird durch ein Text-Element „V" und eine Einheit ergänzt.

Rohr-Querschnitt geändert, ändert sich die Fließgeschwindigkeit.

In den folgenden Bildern wurde der Haltungsdurchmesser geändert. Mit der Änderung ändert sich nachweißlich und dynamisch die Fließgeschwindigkeit.

DN 300   DN 400

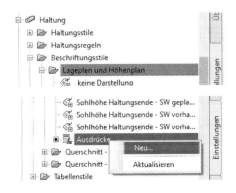 

In der gleichen Art und Weise können „Ausdrücke" für die Querschnittsfläche und im Anschluss das „Q voll" erstellt werden. Um ein „Q voll" zu berechnen wird die Querschnittsfläche des Rohres benötigt. Diese Variante zeigt, das auch „Ausdrücke" Bestandteil von „Ausdrücken" sein können.

Hinweis-1:

„Zirkelbezügen" sollten jedoch auch Ausdrücken vermieden werden.

Fläche

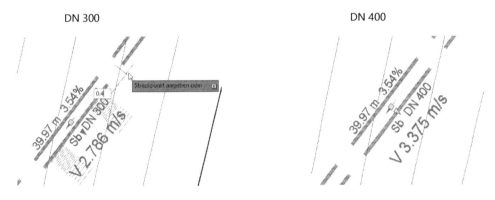

Hinweis-2:

Die Berechnungsvariante ist nicht unabhängig geprüft. Die Berechnungsvariante ist meine eigene Einschätzung und soll eher nur aufzeigen, wie die Funktion „Ausdrücke" verwendet werden kann.

Q voll

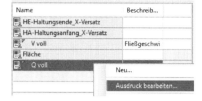

Der zuvor erstellte Ausdruck „Fläche" kann im hier gezeigten Ausdruck „Q voll" aufgerufen sein. Der Ausdruck „Fläche" wird damit auch Bestandteil der Datenbank.

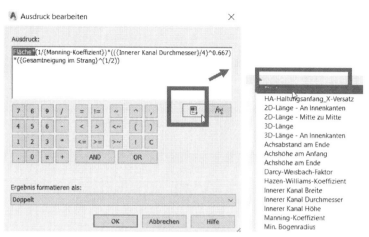

Der neue Ausdruck „Q voll" wird als Bestandteil der Beschriftung aufgerufen.

Als Text wird der Beschriftung ein Hinweis hinzugefügt, der zeigen soll, ob es sich um 100% „Q voll", oder ob es sich um einen bereits abgeminderten Wert handelt.

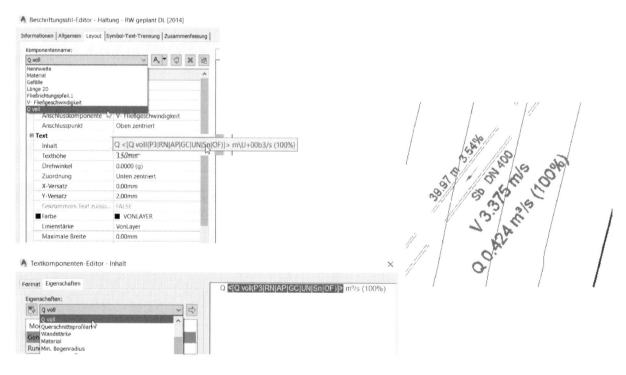

Hinweis-1:

Der hier vorgestellte „Ausdruck" ist nur als Bestandteil der Haltungsbeschriftung aufrufbar. Als Bestandteil des Beschriftungs-Bandes im Höhenplan ist zurzeit noch kein Aufruf möglich (Stand: Civil 3D 2020, 01.01.2020)

Hinweis-2:

Im Höhenplan ist eine Haltungsbeschriftung möglich.

6 Beschriftungs-Stil-, Beschritungs-Satz-Eigenschaften, Erläuterung an Beispielen

Das heißt im Höhenplan können die berechneten Werte am Rohr beschriftet sein.

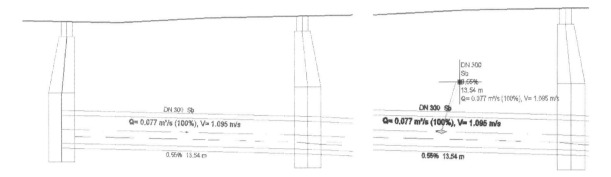

Hinweis-3:

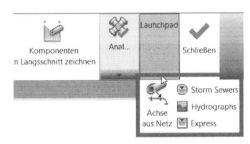

Eine Übergabe der Daten (Netz) an eine der im Civil 3D vorhandenen Berechnungen (Storm Sewers, Rohr-Dimensionierung) zeigt, dass die Fließgeschwindigkeit die gleiche Größenordnung erreicht.

Das Programm Storm Sewers könnte unter Umständen vergleichbar sein mit dem deutschen „Zeitbeiwert-Berechnungsverfahren" (der Autor).

Storm Sewers- Berechnungs-Daten „Results" (Tabelle: FL-DOT)   Civil 3D-Haltungsbeschriftung
Ergänzung durch „Ausdruck"

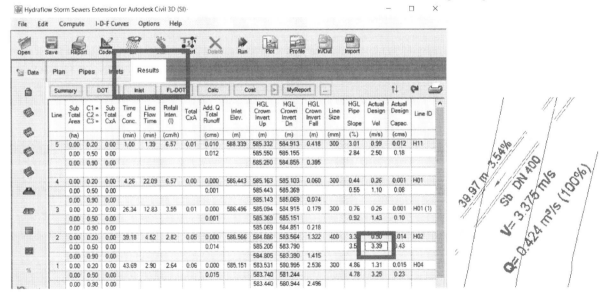

Die Abweichungen ab der 2. Nachkommastelle wird mit der Datenübergabe als Datei begründet. Civil 3D intern (Bestandteil der *.dwg-Daten) arbeitet mit fünf Nachkommastellen. Die Datenübergabe wird sicher mit der Rundung der Daten auf max. 3 Nachkommastellen einhergehen.

6.13 Tabellen

Neben dem Export von Daten bleibt das Erstellen von Tabellen innerhalb von Zeichnungen eine nach wie vor gefragte Funktion. Das Erstellen von Tabellen bedeutet Daten in eine eventuell andere, übersichtliche Form zu bringen. Das kann auch erforderlich sein, um eine Zeichnung mit numerischen Daten übersichtlich zu komplettieren.

Als Voraussetzung ist es wichtig zu wissen, für das Erstellen von Tabellen und die Tabellenfunktion müssen die Daten selbst, die später in der Tabelle zusammengefasst werden, in der Zeichnung erstellt bzw. vorhanden oder berechnet sein. Das heißt, die Daten sind bereits erstellt und werden in einer Tabelle nur neu dargestellt oder zusammengefasst!

Punkttabelle

Als Voraussetzung für die Erstellung einer Punkttabelle müssen Punkte in der Zeichnung erstellt sein. Von Vorteil ist es, diese Punkte in einer Punktgruppe zusammengefasst zu haben. Die Tabellen-Funktion kann auf die Gruppe beschränkt sein.

Im Bild wird die Funktion für das Erstellen einer Punktgruppe am 3D-Profilkörper gezeigt. Diese Punktgruppe „Absteck-Punkte" kann zum Beispiel ein „Deckenbuch" beschreiben.

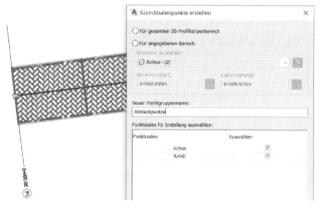

Die erstellte Punktgruppe kann mit allen Daten der Datenbank in eine Datei nach „außen" exportiert werden oder als Tabelle und damit als Bestandteil der Zeichnung, eingefügt sein.

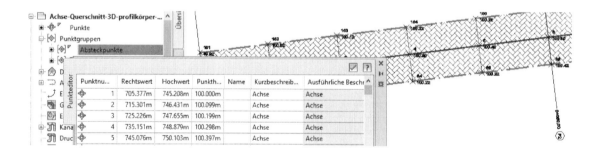

Es wir die Funktion „Punkttabelle hinzufügen" aufgerufen.

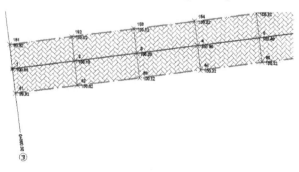

Die Tabellenfunktion ist aufgerufen und es werden Eigenschaften der Tabelle gezeigt.

Tabellen sind frei bearbeitbar. Jede Spalte stellt einen Verweis zu Eigenschaften der Objekte her, um diese Eigenschaft später in der Tabelle zu zeigen. Die Anzahl der Spalten und die abgefragten Daten aus der Datenbank sind frei wählbar. Für die Beschreibung wird auf eine, als Bestandteil der „…Deutschland.dwt" bereitgestellte Tabelle, zurückgegriffen. Die Eigenschaften werden mit Hilfe der Funktion „Aktuelle Auswahl bearbeiten" vorgestellt.

Die vorrangige Funktion, Punkte für das Schreiben in einer Punkt-Tabelle, wird die Auswahl einer Punktgruppe sein. Alternativ ist es möglich Punkte manuell auszuwählen.

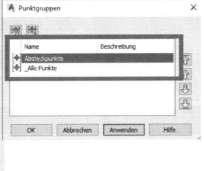

Die manuelle Auswahl ist an folgendem Symbol zu erkennen.

Ist die Punktanzahl sehr groß, so kann die Zeilen-Anzahl der Tabellen, die Anordnung der Tabellen untereinander und der Aktualisierungs-Modus bewusst gesteuert sein, um die Tabellen aktuell zu halten und an jede Plangröße oder Druckerausgabe anzupassen.

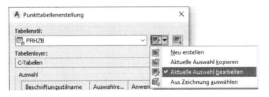

Zu beachten sind die Einstellungen für Tabellen (Tabelleneinstellungen) und die Schriftgrößen (Texteinstellungen).

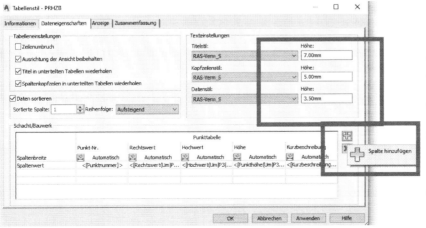

Hinweis:

Die im Civil 3D für Tabellen vorgegeben Schriftgrößen sind eventuell zu groß.

Jede Tabelle kann, wenn erforderlich mit weiteren Spalten komplettiert sein. Diese Option wird auf den nächsten Seiten gezeigt.

Der Tabellenkopf (Spalte oder Titel) sind ebenfalls frei bearbeitbar. Das Datenfeld ist ebenfalls frei wählbar.

6 Beschriftungs-Stil-, Beschriftungs-Satz-Eigenschaften, Erläuterung an Beispielen

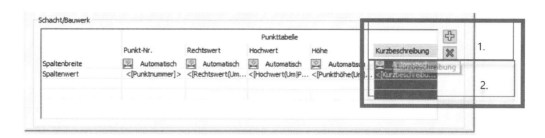

1. Wird der Tabellenkopf bearbeitet, so wird nur ein „Text" mit „optionaler Einheit" eingetragen der die Zahlenwerte der Spalte beschreibt.

2. Im Feld unterhalb wird die Datenbankeigenschaft abgefragt. Zusätzlich ist hier die Einstellung diverser Eigenschaften möglich (Format, Nachkommastellen, Farbe, …).

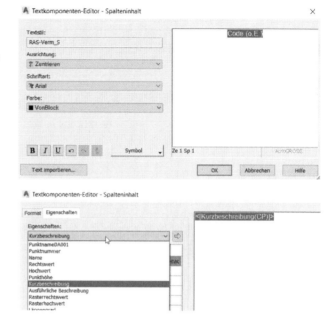

Das Bild zeigt nochmals den Aufruf der Tabellenfunktion „Punkttabelle hinzufügen" und einen kleinen Ausschnitt der in die Zeichnung eingefügten Tabellen mit Punkten.

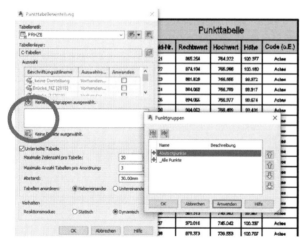

DGM Legendentabelle

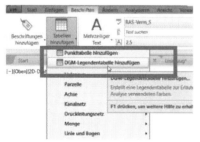

Das Erstellen einer DGM-Legende gehört auch zur Tabellen-Funktion.

Die Voraussetzung für die Erstellung einer DGM-Legendentabelle ist das Ausführen der „Analyse"-Funktion als Bestandteil der DGM-Eigenschaft.

Bereits bei der Ausführung der Analyse-Funktion steht der Tabellen-Stil zur Auswahl bereit, der später für die Darstellung der Legende (Tabelle) verantwortlich ist.

6 Beschriftungs-Stil-, Beschritungs-Satz-Eigenschaften, Erläuterung an Beispielen

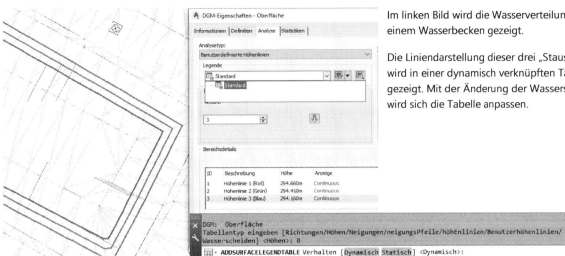

Im linken Bild wird die Wasserverteilung in einem Wasserbecken gezeigt.

Die Liniendarstellung dieser drei „Staustufen" wird in einer dynamisch verknüpften Tabelle gezeigt. Mit der Änderung der Wasserstände wird sich die Tabelle anpassen.

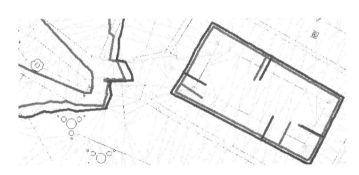

Für den Aufruf und das Einfügen der Legenden-Tabelle sind umfangreiche Einstellungen zu beachten. In der Befehlszeile ist der legenden-Typ zu wählen und die Entscheidung „Statisch" oder „Dynamisch" zu treffen.

Die Tabelle (Legende) ist dynamisch verknüpft. Im Fall es ändern sich die Höhen so ändert sich die Tabelle.

Die Tabelleneigenschaften selbst sind zu beachten. Eventuell sind die Schriftgrößen zu bearbeiten oder Datenbankfelder anzupassen. Der allgemeine Aufbau der Tabellen ist bei jeder Tabellenfunktion sehr ähnlich. In den folgenden Bildern wird die Legenden-Tabelle bearbeitet und damit wird der Aufbau gezeigt. Der Aufbau entspricht der „Punkttabelle".

6 Beschriftungs-Stil-, Beschritungs-Satz-Eigenschaften, Erläuterung an Beispielen

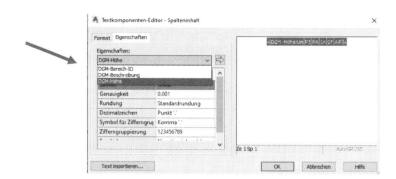

Ein zweites Beispiel für eine Legenden Tabelle ist das Anschreiben der „Neigungspfeile" bei einem 3D-Profilkörper-DGM.

Die Neigungspfeile können sehr gut die potenzielle Position von Straßeneinläufen bei einer Straßenoberfläche symbolisieren. Damit die Darstellung der ausgeführten „Analyse-Neigungspfeile" in der Zeichnung erfolgt, ist die Analyse-Funktion als Bestandteil der DGM-Darstellungseigenschaft zu aktivieren oder einzuschalten (Karte Anzeige, DGM-Darstellungs-Stil).

Nur unter dieser Voraussetzung ist die Eigenschaft sichtbar.

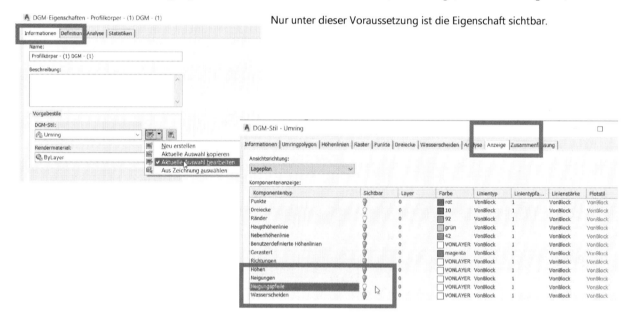

Als Option ist zu beachten, dass alle „Analyse"-Optionen, hier gezeigt die Neigungs-Pfeile, selbst eine Voreinstellung in Farbe und Größenordnung haben (Karte Analyse). Diese Voreinstellung kann die Übersichtlichkeit in der Zeichnung unterstützen, ist aber keine Voraussetzung.

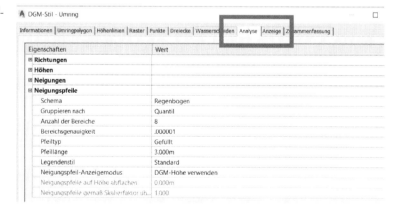

Die Voraussetzung für DGM-Tabellen, das Einfügen der späteren Legende, ist das Verstehen der Karte Analyse als Bestandteil der DGM-Eigenschaften.

6 Beschriftungs-Stil-, Beschritungs-Satz-Eigenschaften, Erläuterung an Beispielen

Im Bereich „Analyse" sind alle Zahlenwerte und Farben, wenn vorhanden auch Linien-Stile bearbeitbar.

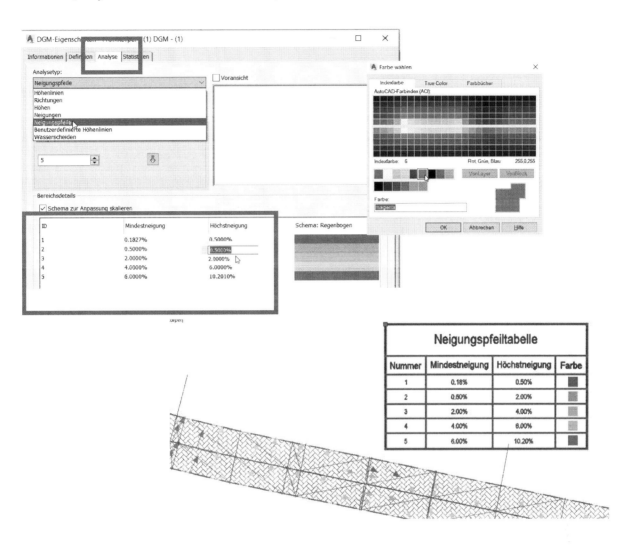

Linienzug

Als Voraussetzung für die Erstellung einer Linienzugtabelle, muss ein Linienzug oder müssen Linienzüge beschriftet sein. Das heißt wie in den Kapiteln zuvor, es müssen die Daten zuerst erzeugt sein. Die Daten müssen bereits vorliegen.

Die Daten werden in der Tabelle nur nochmals neu zusammengestellt.

Das folgende Bild zeigt die Ausführung der Tabellenfunktion im Zusammenhang mit einen „Vermessungs-Linienzug, jedoch ohne Ergebnis.

Die Funktion wird nicht ausgeführt.

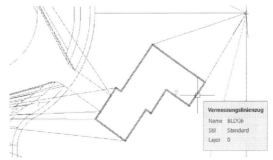

6 Beschriftungs-Stil-, Beschriftungs-Satz-Eigenschaften, Erläuterung an Beispielen

Für diese Beschriftung eines Linienzuges wird die „Anmerkungspalette" empfohlen. In der Praxis sind hierfür eventuell Stile zu bearbeiten. Für Linienzüge liegen in der „...Deutschland.dwt" keine speziell vorbereiteten Beschriftungen vor. Für diese Beschreibung bleibt „Standard" als Beschriftungs-Stil voreingestellt.

Ist die Beschriftung ausgefürt, so können die Werte in eine Tabelle übetragen werden.

Für die Tabelle „Linienzug" ist in der „...Deutschland.dwt" nur ein Tabellen-Stil angelegt, der eher englische oder amerikanische Bezeichnungen besitzt. Eventuell ist die Tabelle zu bearbeiten oder eine neue Tabelle nach eigenen Anforderungen zu erstellen.

Erst wenn Vermessungslinienzüge beschriftet sind, ist das Erstellen einer Tabelle möglich.

Für die nachfolgende Tabelle wurden die Liniezug-Beschriftungen manuell ausgewählt (8 Stück).
Die Funktion ordenet die Werte der Beschriftungen in der Tabelle neu an.

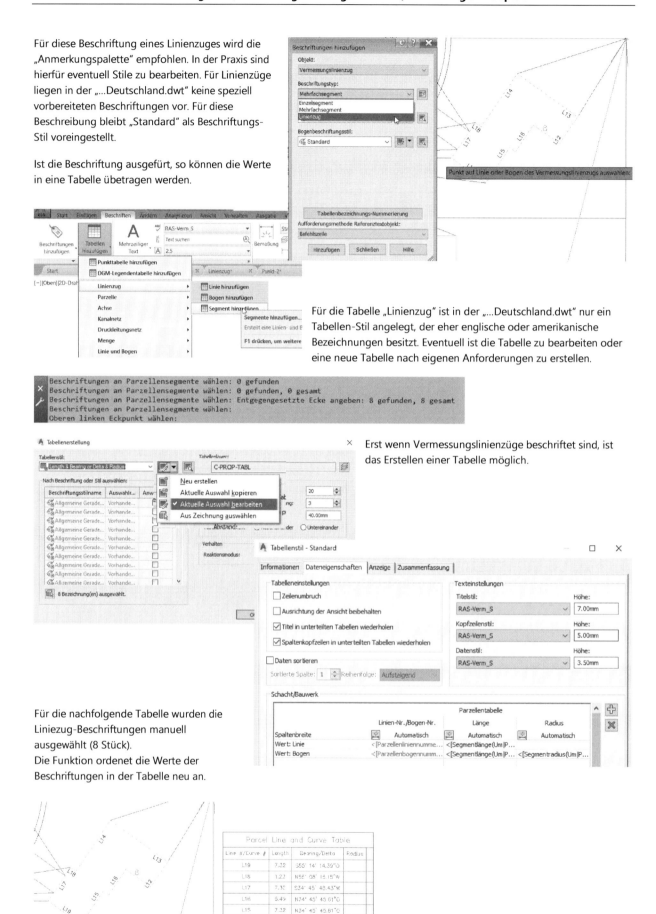

Parzelle

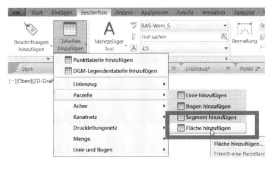

Als Voraussetzung für die Erstellung einer Parzellentabelle, müssen Parzellen beschriftet sein. Liegen die Daten bereits vor, so werden die Daten in der Tabelle nur nochmals neu zusammengestellt.

Bei Parzellen-Tabellen gibt es jedoch eine weitere Besonderheit.

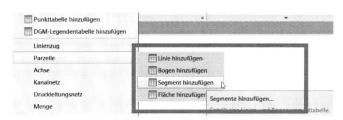

Parzellen bestehen aus separaten Linien, separaten Bögen, aus Linien und Bögen zusammengesetzten „Segmenten" und aus Flächen. Für alle diese Bestandteile können eigene Tabellen geschrieben sein.

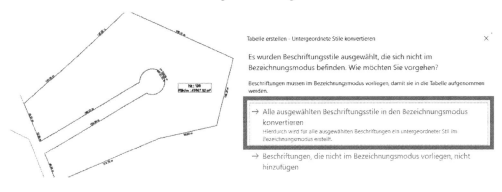

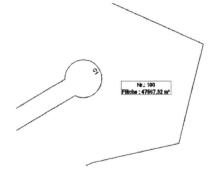

Als Teil der Funktion wird hier eine zusätzliche Datenverknüpfung (Wechsel der Beschriftung in „Bezeichnung" oder „Nummerierung") erzeugt. Diese Nummern kann die anschließende Tabellenfunktion lesen und dynamisch verknüpft halten.

In den folgenden Bildern ist der Beschriftungsstil in den „Bezeichnungsmodus" konvertiert. Der Bezeichnungsmodus (Nummerierung) ist die Voraussetzung das Schreiben einer Parzellen-Tabelle.

In den folgenden Bildern werden aus der Basis-Parzelle weitere untergeordnete Parzellen erstellt. Hier wird die Maske gezeigt die auf den „Bezeichnungs-Modus" hinweist.

6 Beschriftungs-Stil-, Beschriftungs-Satz-Eigenschaften, Erläuterung an Beispielen

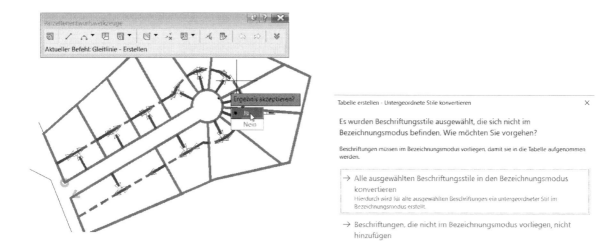

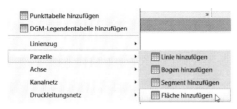

Linie und Bogen sind einzelne Tabellen. Die Option „Segmente" fasst Linien und Bögen zusammen. Die Funktion „Fläche hinzufügen" ist wiederum eine eigene Tabelle.

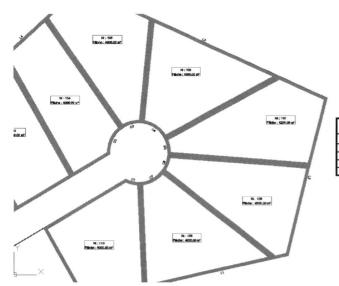

Achse

Als Voraussetzung für die Erstellung einer Achstabelle, muss die Achse beschriftet sein. Das heißt wie in den Kapiteln zuvor, müssen die Daten erzeugt sein. Die Daten werden in der Tabelle nur nochmals neu zusammengestellt.

Bei Achs-Tabellen gibt es die Besonderheit, dass die deutsche Beschriftung („...Deutschland.dwt") nicht als Beschriftung im Sinne der Tabelle gilt. Wird die Beschriftung aus der „Anmerkung" heraus ausgeführt dann hat die Beschriftung die entsprechenden Datenbank-Adressen.

6 Beschriftungs-Stil-, Beschriftungs-Satz-Eigenschaften, Erläuterung an Beispielen

Achse mit Standard-Beschriftung (deutsche Beschriftung)

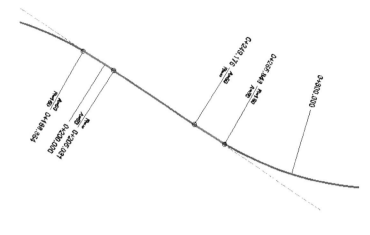

Die Tabellen-Funktion für Achsen reagiert nicht, obwohl die Achse beschriftet ist?

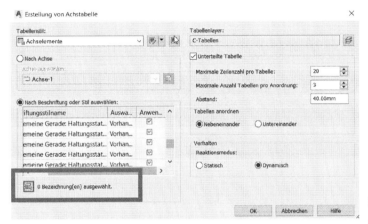

Die Beschriftungs-Funktion aus der Palette „Anmerkung" heraus erzeugt die erforderliche „Tabellenbezeichnungs-Nummerierung". Das ist die Voraussetzung für die Tabellen-Beschriftung.

Die Funktion „Mehrfachsegment" umfasst alle Bestandteile der Achse.

Mit der Funktion, in den „Bezeichnungsmodus konvertieren", wird die Beschriftung durch eine Nummerierung ersetzt.

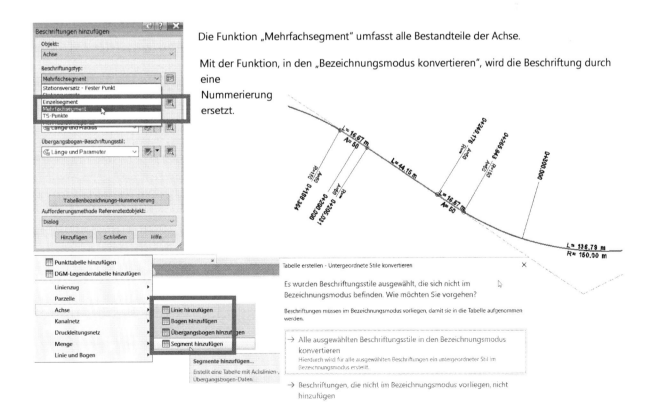

6 Beschriftungs-Stil-, Beschritungs-Satz-Eigenschaften, Erläuterung an Beispielen

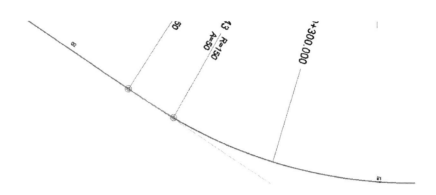

Hinweis:

Warum Klothoiden nicht nummeriert werden konnte bisher noch nicht geklärt werden (Stand 01.01. 2020).

In den folgenden Bildern wird die Tabelle selbst genauer gezeigt.

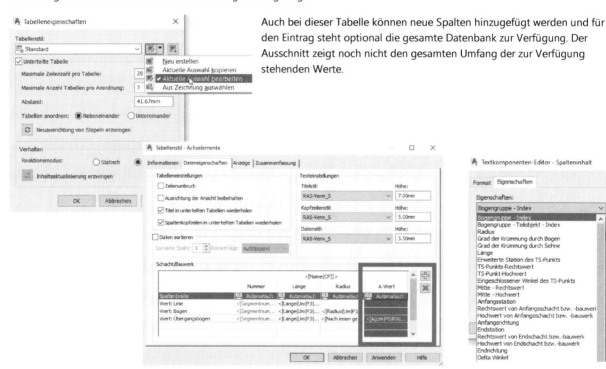

Auch bei dieser Tabelle können neue Spalten hinzugefügt werden und für den Eintrag steht optional die gesamte Datenbank zur Verfügung. Der Ausschnitt zeigt noch nicht den gesamten Umfang der zur Verfügung stehenden Werte.

Linientabelle: Achsen				
Linien-Nr.	Länge	Richtung	Startpunkt	Endpunkt
S???	16.667	S95.7043O	(526.6141,540.3511)	(541.7927,547.2302)
S???	16.667	S95.7043O	(380.7029,558.1165)	(394.8180,549.2578)
S???	16.667	S97.7009O	(329.6375,591.1308)	(343.7525,582.2720)
S???	16.667	S97.7009O	(174.5335,588.3859)	(189.2511,596.2029)
B1	136.787	S95.7043O	(394.8180,549.2578)	(526.6141,540.3511)
B2	146.196	S97.7009O	(189.2511,596.2029)	(329.6375,591.1308)
G1	89.464	N71.7317O	(541.7927,547.2302)	(604.5201,577.0710)
G2	44.145	S63.1403O	(343.7525,582.2720)	(380.7029,558.1165)
G3	25.501	N87.7385O	(152.2376,576.0091)	(174.5335,588.3859)

Gert Domsch, CAD-Dienstleistung

Kanalnetz

Währen bei anderen Objekten, für das Erstellen von Tabellen bestimmte Voraussetzungen, zum Teil auch bestimmte Beschriftungen, erforderlich sind, funktioniert das Erstellen von Tabellen mit Haltungen und Schächten, die im Zusammenhang mit „Kanal" konstruiert sind, direkt.

Die Funktion kann sofort mit dem Erstellten des „Kanal-Netzes" ausgeführt werden.

Mit der der Option „Nach Netz" werden alle Haltungen oder Schächte in die Tabelle eingetragen.

Haltungstabelle "Netz - 01"

Haltungsname	von Schacht	nach Schacht	Nennweite	Material	Rohrlänge	Gefälle
H01	S01	S05	300	Sb	12.34	0.55%
H01 {1}	S05	S02	300	Sb	22.38	0.92%
H02	S02	S03	400	Sb	38.81	3.54%
H04	S03	S07	300	Sb	51.63	4.78%
H11	S09	S02	300	Sb	12.71	2.84%

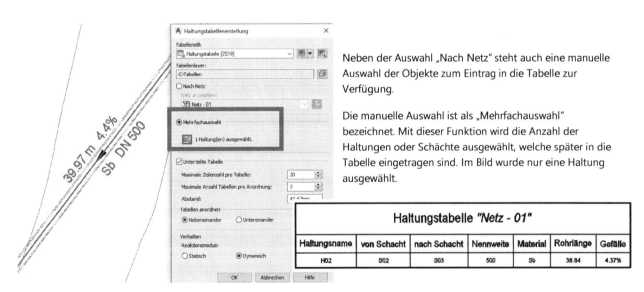

Neben der Auswahl „Nach Netz" steht auch eine manuelle Auswahl der Objekte zum Eintrag in die Tabelle zur Verfügung.

Die manuelle Auswahl ist als „Mehrfachauswahl" bezeichnet. Mit dieser Funktion wird die Anzahl der Haltungen oder Schächte ausgewählt, welche später in die Tabelle eingetragen sind. Im Bild wurde nur eine Haltung ausgewählt.

Haltungstabelle "Netz - 01"

Haltungsname	von Schacht	nach Schacht	Nennweite	Material	Rohrlänge	Gefälle
H02	S02	S03	500	Sb	38.84	4.37%

In den folgenden Bildern wird die Tabelle selbst gezeigt.

6 Beschriftungs-Stil-, Beschritungs-Satz-Eigenschaften, Erläuterung an Beispielen

Tabellen lassen sich die beliebig erweitern oder bearbeiten.

Dieser Tabelle wird eine zusätzliche Spalte eingefügt. Zur Auswahl steht auch der Ausdruck („V voll"), dessen Erstellung in den vorherigen Kapiteln als „Ausdruck" beschrieben war.

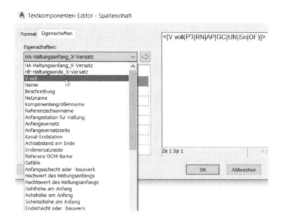

Druckleitungsnetz

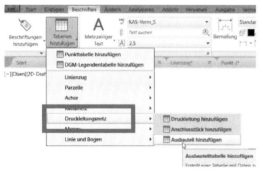

Währen bei anderen Objekten, für das Erstellen von Tabellen bestimmte Voraussetzungen, zum Teil auch bestimmte Beschriftungen, erforderlich sind, funktioniert das Erstellen von Tabellen mit Rohren, Leitungen, Anschlusstücken und Ausbauteilen die im Zusammenhang mit „Druckleitungsnetz" konstruiert sind, unmittelbar.

Die Funktion „Tabellen hinzufügen" kann sofort nach dem Erstellten des „Druckleitungsnetzes" ausgeführt werden.

6 Beschriftungs-Stil-, Beschriftungs-Satz-Eigenschaften, Erläuterung an Beispielen

Die Tabelle selbst ist auch hier bearbeitbar und kann nach eigenem Ermessen erweitert sein.

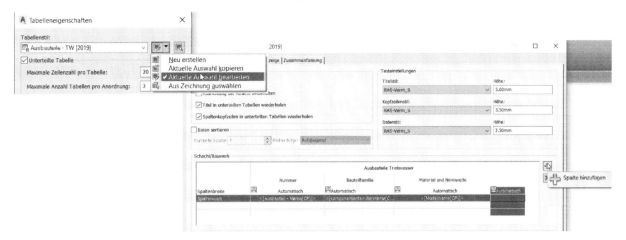

Die im Hintergrund verwendete Datenbank (Pressure-Pipes-Catalog) ist bearbeitbar und kann durch eigene Einträge komplettiert sein.

Originaler Eintrag in der Datenbank   Ergänzung

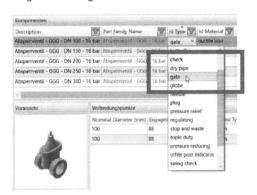   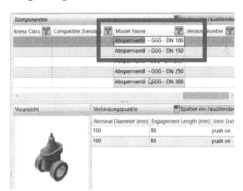

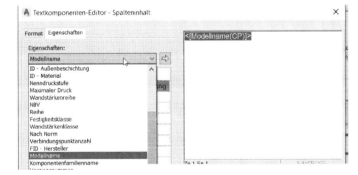

Jeder Eintrag ist aus der Datenbank abrufbar.

6 Beschriftungs-Stil-, Beschritungs-Satz-Eigenschaften, Erläuterung an Beispielen

Menge

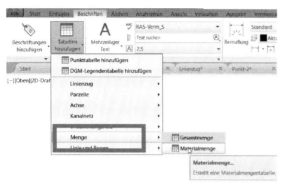

Die hier beschriebenen Tabellenfunktionen schreiben Mengen, die als Mengenberechnung aus Querprofilen bestimmt wurden. Die Mengenberechnung aus Querprofilen heißt im Civil 3D „Materialien berechnen".

Im Prinzip multipliziert die Funktion codierte Querschnittsflächen im Querprofilplan mit dem Stationsabstand. Grundsätzlich ist es so, wenn der einzelne Querprofilplan eine Fläche bestimmt oder beschreibt, so kann aus der Fläche über die Mengenberechnung eine Menge (Volumen) bestimmt werden.

Im Zusammenhang mit „Mengen" (Mengen als Volumen-Berechnung in m³) gibt es zwei Tabellen-Funktionen, die nicht miteinander zu verwechseln sind.

Mengen-Tabellen als separate Funktion unabhängig von der Konstruktion

Materialmenge   **Gesamtmenge**

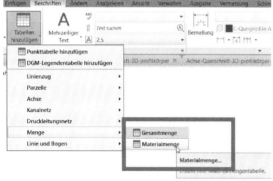

Der Begriff „Materialmenge" ist als Teilmenge, einzelne Mengenpositionen zu verstehen, „Auf-" und „Abtrag" und jede weitere bestimmte Teilmenge. Die Anzahl der Mengenpositionen ist nach oben offen. Das heißt, es können beliebig viele Teilmengen bestimmt werden.

Der Begriff „Gesamtmenge" ist als Berechnung von ausschließlich „Auf" und „Abtrag" zu verstehen. Die Bilder dazu folgen auf den nächsten Seiten.

- **zu Materialmenge**   - **zu Gesamtmenge**

Gert Domsch, CAD-Dienstleistung   437

6 Beschriftungs-Stil-, Beschritungs-Satz-Eigenschaften, Erläuterung an Beispielen

Ergebnis-Tabellen

- **zu Materialmenge**
- zu Gesamtmenge

Material: Bodenabtrag Achse: Zufahrt (1)			
Station	Fläche [m²]	Menge [m³]	Menge kum. [m³]
0+400.000	0,00	0,00	4843,10
0+420.000	0,00	0,00	4843,10
0+440.000	0,00	0,00	4843,10
0+460.000	0,00	0,00	4843,10
0+480.000	4,99	49,90	4893,00
0+500.000	29,95	289,44	5182,44
0+518.447	119,58	1324,78	6507,22

Erdaushub Achse: Zufahrt (1)							
Station	Abtragsfläche [m²]	Auftragsfläche [m²]	Abtragsmenge [m³]	Auftragsmenge [m³]	Abtragsmenge kum. [m³]	Auftragsmenge kum. [m³]	Nettomenge [m³]
0+400.000	0,00	31,03	0,00	562,31	4843,10	2663,35	2179,75
0+420.000	0,00	34,06	0,00	661,85	4843,10	3315,20	1527,90
0+440.000	0,00	28,74	0,00	547,51	4843,10	3862,70	980,40

Die Tabelleneigenschaften für die Mengenberechnung sind auch hier frei bearbeitbar.

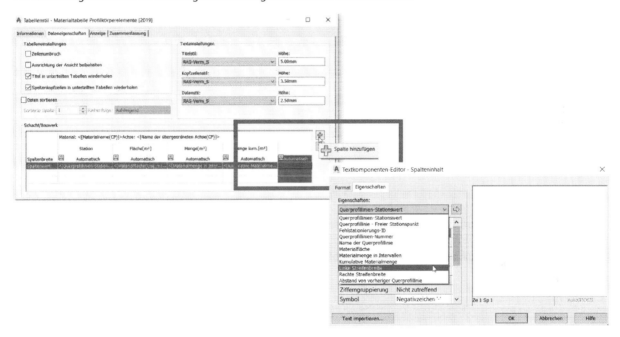

Tabellen als Bestandteil der Querprofile (Querprofilplan-Eigenschaft)

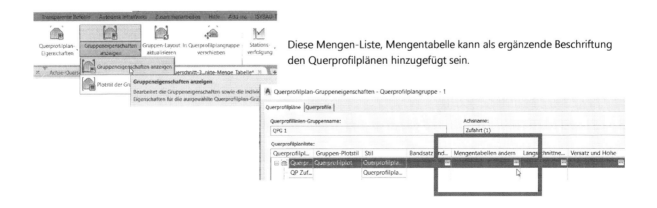

Diese Mengen-Liste, Mengentabelle kann als ergänzende Beschriftung den Querprofilplänen hinzugefügt sein.

Die Querprofilplan-Tabelle wird hier nur in Bildern gezeigt.

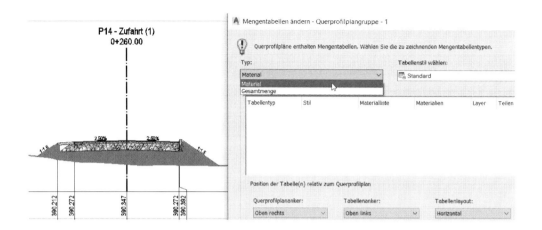

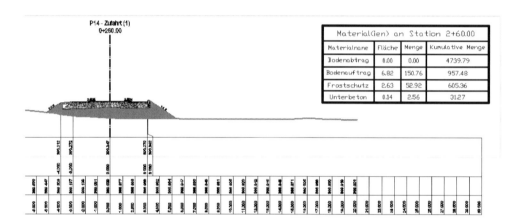

Linie und Bogen

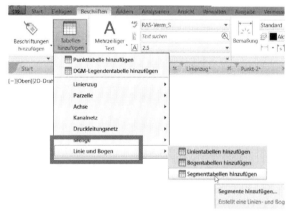

Als Voraussetzung für die Erstellung einer Linien- und Bogen-Beschriftungs-Tabelle müssen die aufzulistenden Linien oder Bögen beschriftet sein. Das heißt wie in den Kapiteln zuvor, müssen die Daten erzeugt sein, müssen die Daten bereits am Objekt vorliegen. Die Daten werden in der Tabelle nur nochmals neu zusammengestellt.

Zum Erstellen der Beschriftung von Linien oder Bögen wird die Anmerkungs-Palette benutzt. Mit der Funktion „Tabellenbezeichnungs-Nummerierung" kann der Zähler voreigestellt sein, um eventuell die Nummerierung an ein bestehendes Projekt anzupassen.

6 Beschriftungs-Stil-, Beschritungs-Satz-Eigenschaften, Erläuterung an Beispielen

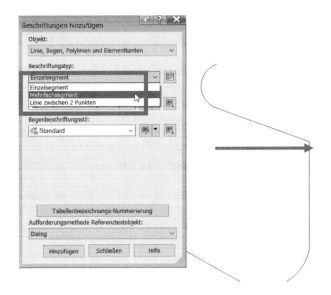

Für Linien und Bögen gibt es verschiedene vorbereitete Beschriftungs-Stile.

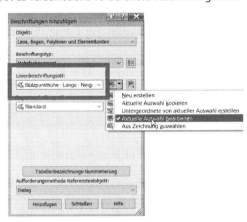
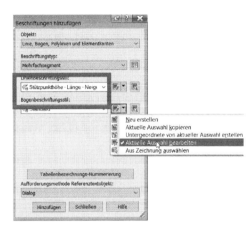

voreingestellte Linien-Beschriftung   voreingestellte Bogen-Beschriftung

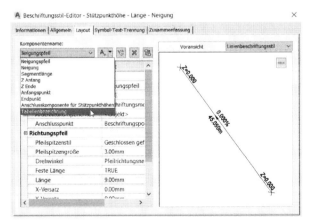
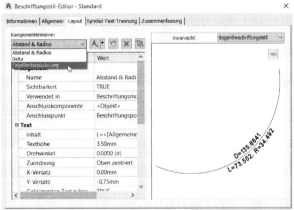

Die Option „Linientabellen hinzufügen" würde lediglich „Linien-Bestandteile" auflisten und die Option „Bogentabellen hinzufügen" würde lediglich „Bögen-Parameter" in eine Tabelle schreiben. Die Funktion „Segmenttabellen hinzufügen" erstellt eine Tabelle mit Linien und Bögen. Linien und Bögen können als gleichberechtigte Bestandteile in einer Polylinie vorkommen (2D-Polylinie, LW-Polylinie).

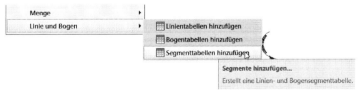

6 Beschriftungs-Stil-, Beschritungs-Satz-Eigenschaften, Erläuterung an Beispielen

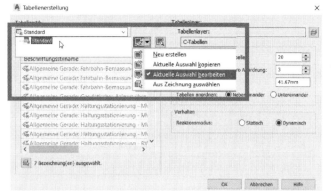

Hinweis:

Als Tabellen-Stil steht nur eine Auswahl zur Verfügung „Standard".

Diese Auswahl hat einen etwas irritierenden „Tabellen-Kopf".

Im Kopf steht „Parzellentabelle"?

Eventuell ist für diese Funktion als Bestandteil der „… Deutschland.dwt" ein eigener Tabellen-Stil zu erstellen.

Es wird eine Tabelle für „Linien und Bögen" erstellt (Karte „Information").

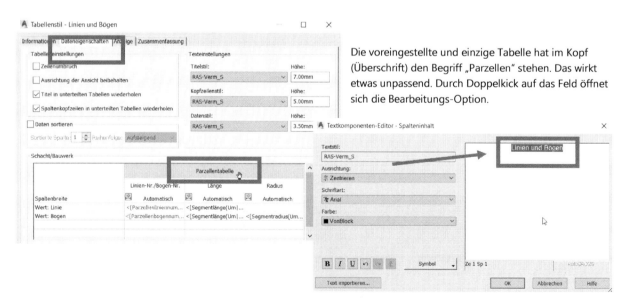

Die voreingestellte und einzige Tabelle hat im Kopf (Überschrift) den Begriff „Parzellen" stehen. Das wirkt etwas unpassend. Durch Doppelkick auf das Feld öffnet sich die Bearbeitungs-Option.

Gert Domsch, CAD-Dienstleistung

6 Beschriftungs-Stil-, Beschritungs-Satz-Eigenschaften, Erläuterung an Beispielen

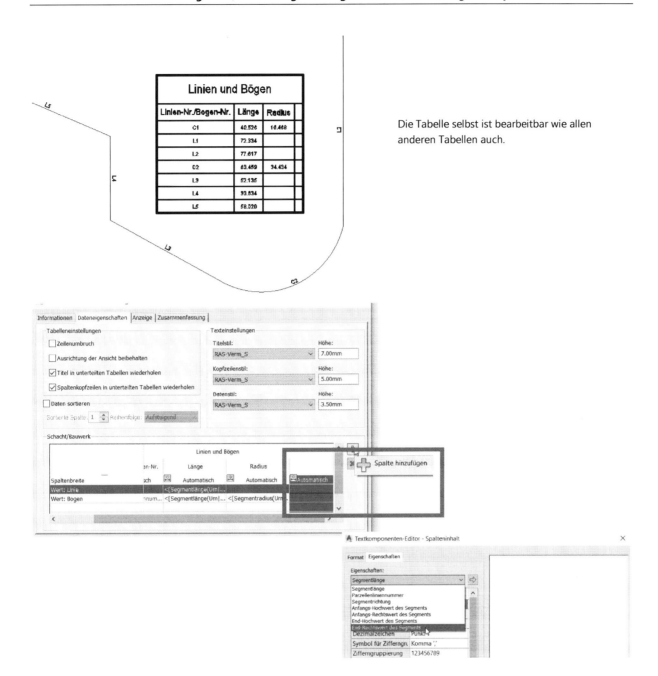

Die Tabelle selbst ist bearbeitbar wie allen anderen Tabellen auch.

7 Beschriftung alternative Bauteile „Volumenkörper"

Höhenplan

Mit der Funktion „Objekt in Höhenplan projizieren" können beliebige 3D-Zeichnungselemente im Höhenplan dargestellt sein. Diesen Zeichnungselementen kann, als Bestandteil der Funktion „Objekte in Höhenplan projizieren" auch ein Beschriftungs-Stil zugewiesen sein.

Die Funktion verlangt, abhängig vom Objekt die Auswahl eines Projektions-Stils (Darstellungs-Stils). Unabhängig von Darstellungs-Stil erfolgt die Zuweisung der Beschriftungs-Eigenschaft. Die Auswahl der Beschriftung erfolgt rechts davon in der Spalte „Beschriftungs-Stil".

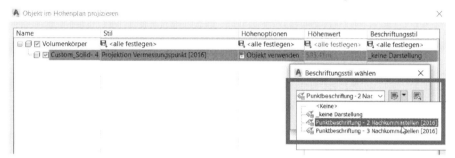

Die Beschriftung mit dem voreingestellten -Stil erfolgt in der Mitte des zugewiesenen Objektes. Bei einem solchen Objekt wie einem Volumenkörper macht das nicht unbedingt Sinn. Diese Art der Beschriftung ist zweckmäßig für einen Punkt oder eine kreuzende Linie (Polylinie, 3D-Polylinie). Im Fall Beschriftung eines Volumenkörpers (3D-Objekt) empfehle ich auf die „Anmerkung" zurückzugreifen und die hier vorhandenen Funktionen zu nutzen. Diese Empfehlung gilt für Höhenpläne und Querprofilpläne.

Beschriftungs-Stil als Bestandteil der Projektion   Projektion-Beschriftung und Anmerkung

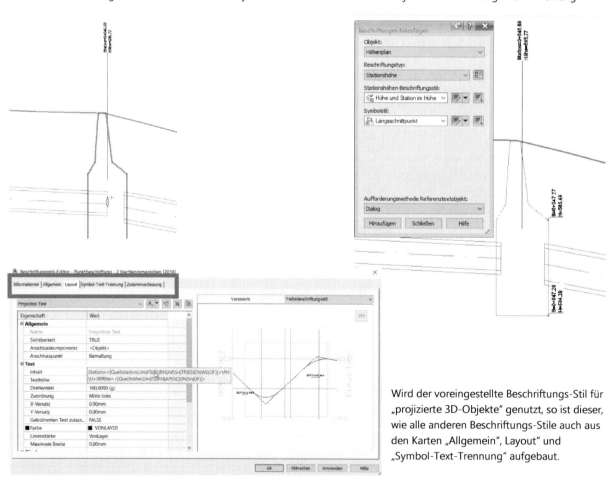

Wird der voreingestellte Beschriftungs-Stil für „projizierte 3D-Objekte" genutzt, so ist dieser, wie alle anderen Beschriftungs-Stile auch aus den Karten „Allgemein", Layout" und „Symbol-Text-Trennung" aufgebaut.

Querprofilplan

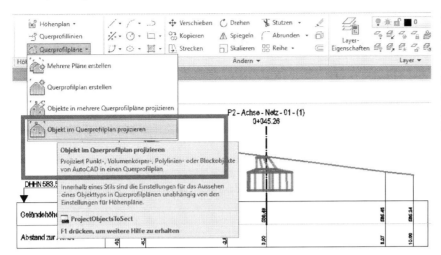

Für den Querprofilplan gelten die gleichen Aussagen. Eine optionale Beschriftung erfolgt mit der Standard-funktion in der „Volumen-Körper-Mitte". Eine Beschriftung mit der Funktionalität der „Anmerkung" (Abstand und Höhe) ist eventuell die bessere Wahl.

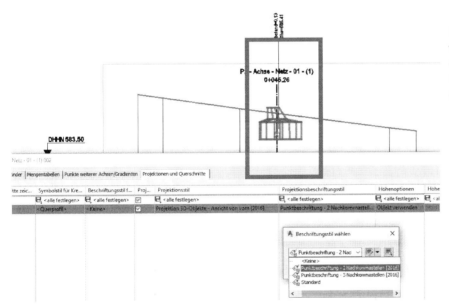

Die Beschriftung mit dem vorgegebenen Beschriftungs-Stil erfolgt in der Mitte des Projizierten Objektes. Das erscheint nicht unbedingt sinnvoll.

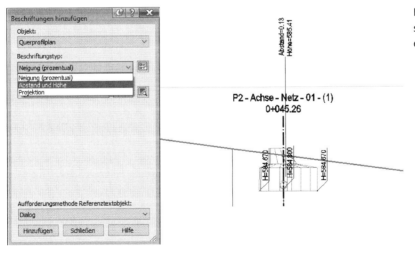

Eine sinnvolle Beschriftungs-Alternative stellt auch hier die „Anmerkungs-Palette" dar.

8 Stilbesonderheiten beim Export nach AutoCAD (Objektlayer, Layer „0")

Im Fall die Zeichnung wird nicht ausschließlich mit Civil 3D verwendet, sondern mit AutoCAD oder auch mit Software die eher nur einem „AutoCAD" entspricht, so werden die Civil 3D Objekte nicht dargestellt oder sind nicht bearbeitbar.

Die Objekte haben keine „Griffe" (Gripps) oder sind eventuell nur als „Rechteck" dargestellt und sind damit nicht bearbeitbar (reines AutoCAD, ohne ergänzender Software „Objekt Enabler").

AutoCAD mit „Objekt Enabler für Civil 3D"   reines AutoCAD oder AutoCAD LT

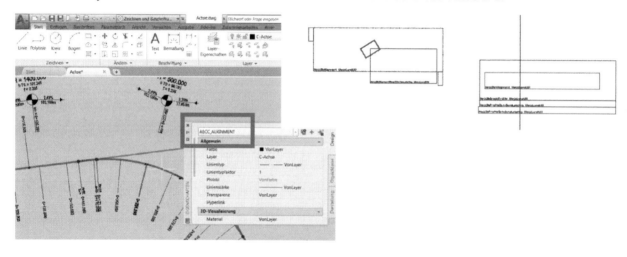

Civil 3D bietet für diese Fälle einen Export nach AutoCAD an.

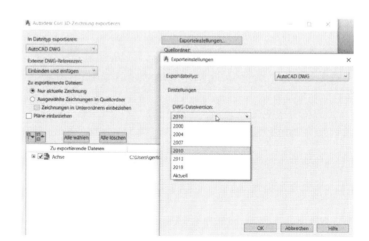

Hinweis:

Die Objekte und die Beschriftung bleiben dann auf dem Layer des Darstellungs-Stils oder des Beschriftungs-Stils. Der Objektlayer geht verloren!

8 Stilbesonderheiten beim Export nach AutoCAD (Objektlayer, Layer „0")

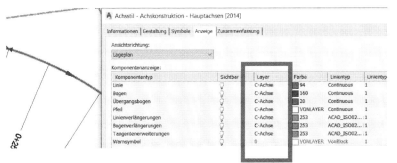

Standard-Layer des Darstellung-Stils einer Achse:

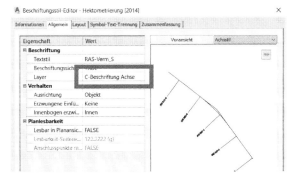

Standard-Layer des Beschriftungs-Stils „Hektometrierung":

Beispiel:

Liegen folgende Objektlayer-Einstellung vor, so werden die Objekte selbst, eventuell auch Beschriftungen und Tabellen, im Civil 3D auf folgenden Layern abgelegt.

Die Achse wird mit dem Namen „Baustraße" angelegt. Es entsteht automatisch folgender ergänzender Eintrag am Objekt-Layer und am Layer der Beschriftung.

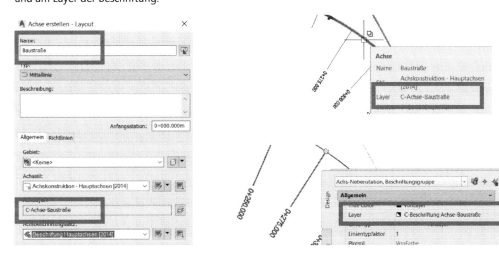

Im Fall des Exports nach „AutoCAD" gehen die Objekt-Layer verloren. Die verbleibenden Zeichnungselemente liegen auf dem Layer, der durch den Darstellungs-Stil oder Beschriftungs-Stil vorgegeben war.

8 Stilbesonderheiten beim Export nach AutoCAD (Objektlayer, Layer „0")

Layer der Zeichnungselemente

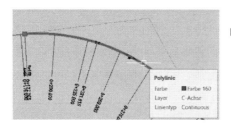

Layer des Textes

Das ist nicht immer der gewünschte Effekt. Wenn Objektlayer angelegt sind, könnte dieser Layer eine Forderung des Auftraggebers sein. Eventuell muss auch im Fall eines Exports nach AutoCAD in erste Linie der Objektlayer erhalten bleiben und nicht der Layer des Stils.

8.1 Objekt-Layer, Objektbeschriftung auf Layer „Null"

Werden alle Objekt-Stile und Beschriftungs-Stile bearbeitet, die Objekt- und Beschriftungs-Layer auf „Layer 0" gesetzt, so bleibt beim Export nach AutoCAD der als Objekt-Layer erzeugte Layer erhalten.

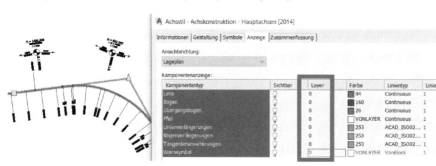

Layer des Darstellung-Stils einer Achse gesetzt aus Layer „0":

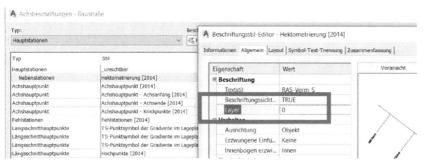

Layer des Beschriftungs-Stils „Hektometrierung" gesetzt auf Layer „0":

Im Fall Objekt-Stil und Beschriftungs-Stil verweisen auf den Layer „0", so sind die exportieren Bestandteile des Objektes (Vektoren und Beschriftung) auf den jeweils vorgegebenen Objektlayer zu finden.

Layer-Bezeichnung der AutoCAD-Zeichnungselemente als Resultat der Ausgabe nach AutoCAD. Der Objektlayer ist übergeben.

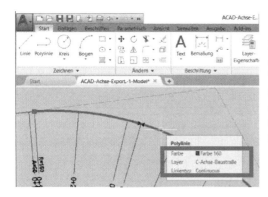

Layer-Bezeichnung der AutoCAD-Linien und Textelemente als Resultat der Ausgabe nach AutoCAD. Der Objektlayer ist übergeben.

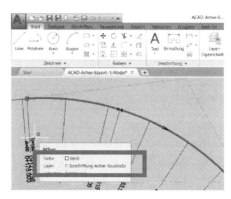

Ende

Druck:
Customized Business Services GmbH
im Auftrag der
KNV Zeitfracht GmbH
Ein Unternehmen der Zeitfracht - Gruppe
Ferdinand-Jühlke-Str. 7
99095 Erfurt